新一代通信技术
新兴领域“十四五”
高等教育教材

智能无线通信

主编 张 平 崔琪楣

编著 张 平 崔琪楣
李立华 胡 铮
秦晓琦 祝 闯
刘宜明 杨 阳

Intelligent Wireless Communication

中国教育出版传媒集团
高等教育出版社 · 北京

内容简介

本书首先回顾了移动通信系统从第一代演进到第五代的发展历程，以及人工智能的历史、关键技术与应用进展；然后深入剖析了人工智能与无线通信融合的驱动力和必然性，对人工智能与无线通信融合的主要方向、典型场景及案例、国际标准化进展进行了全方位的讲解和分析；最后分别从物理层和网络侧选取了人工智能与无线通信融合的四个典型应用深入讲述，并提供了一些翔实的工程实践案例。本书是一本面向无线通信与人工智能领域跨学科交叉的教材，内容上将前沿技术研究和案例实践强结合。每一章均融入了与章节内容相关的中国传统文化知识，是一本具有互动性学习体验的新形态教材。

本书适用于通信工程、电子科学与技术及人工智能等相关专业领域的学生，从事移动通信及人工智能相关工作的工程师及技术人员，以及所有希望深入了解并掌握智能无线通信理论与实践的读者阅读。

图书在版编目（CIP）数据

智能无线通信 / 张平，崔琪楣主编 ；张平等编著. 北京 ：高等教育出版社，2024. 9（2025. 1重印）.
-- ISBN 978-7-04-063172-2

Ⅰ. TN92-39

中国国家版本馆 CIP 数据核字第 20244SD306 号

Zhineng Wuxian Tongxin

策划编辑	吴陈滨　王　楠	责任编辑	王　楠	封面设计	李树龙	版式设计	杨　树
责任绘图	黄云燕	责任校对	刘娟娟	责任印制	耿　轩		

出版发行	高等教育出版社	网　　址	http://www.hep.edu.cn
社　　址	北京市西城区德外大街 4 号		http://www.hep.com.cn
邮政编码	100120	网上订购	http://www.hepmall.com.cn
印　　刷	河北信瑞彩印刷有限公司		http://www.hepmall.com
开　　本	787 mm×1092 mm　1/16		http://www.hepmall.cn
印　　张	16.75		
字　　数	390 千字	版　　次	2024 年 9 月第 1 版
购书热线	010-58581118	印　　次	2025 年 1 月第 2 次印刷
咨询电话	400-810-0598	定　　价	39.50 元

本书如有缺页、倒页、脱页等质量问题，请到所购图书销售部门联系调换

物 料 号　63172-00

新形态教材网使用说明

智能无线通信

主编　张　平　崔琪楣

编著　张　平　崔琪楣
　　　李立华　胡　铮
　　　秦晓琦　祝　闯
　　　刘宜明　杨　阳

1 计算机访问https://abooks.hep.com.cn/63172或手机微信扫描下方二维码进入新形态教材网。

2 注册并登录后，计算机端进入“个人中心”，点击“绑定防伪码”，输入图书封底防伪码（20位密码，刮开涂层可见），完成课程绑定；或手机端点击“扫码”按钮，使用“扫码绑图书”功能，完成课程绑定。

3 在“个人中心”→“我的学习”或“我的图书”中选择本书，开始学习。

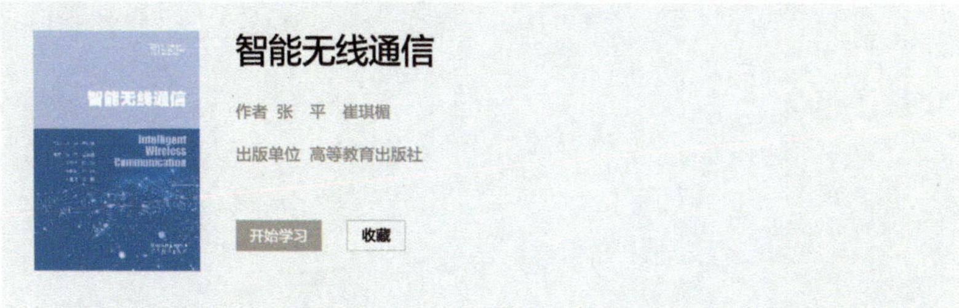

绑定成功后，课程使用有效期为一年。受硬件限制，部分内容可能无法在手机端显示，请按照提示通过计算机访问学习。

如有使用问题，请直接在页面点击答疑图标进行咨询。

https://abooks.hep.com.cn/63172

序

伴随着社会需求的不断提高和技术的飞速发展，通信技术实现了跨越式发展，为信息通信网络基础设施的建设提供了有力支撑。同时，目前通信技术已经接近香农信息论所预言的理论极限，面对可持续发展的巨大挑战，我国对未来通信人才的培养提出了更高要求。

坚持以习近平新时代中国特色社会主义思想为指导，立足于“新一代通信技术”这一战略性新兴领域对人才的需求，结合国际进展和中国特色，发挥我国在前沿通信技术领域的引领性，打造启智增慧的“新一代通信技术”高质量教材体系，是通信人的使命和责任。为此，北京邮电大学张平院士组织了来自七所知名高校和四大领先企业的学者和专家，组建了编写团队，共同编写了“新一代通信技术新兴领域‘十四五’高等教育教材”系列教材。编写团队入选了教育部“战略性新兴领域‘十四五’高等教育教材体系建设团队”。

“新一代通信技术新兴领域‘十四五’高等教育教材”系列教材共20本，该系列教材注重守正创新，致力于推动思教融合、科教融合和产教融合，其主要特色是：

(1)“分层递进、纵向贯通”的教材体系。根据通信技术的知识结构和特点，结合学生的认知规律，构建了以“基础电路、综合信号、前沿通信、智能网络”四个层次逐级递进、以“校内实验-校外实践”纵向贯通的教材体系。首先在以《电子电路基础》为代表的电路教材基础上，设计编写包含各类信号处理的教材；然后以《通信原理》教材为基础，打造移动通信、光通信、微波通信和空间通信等核心专业教材；最后编著以《智能无线网络》为代表的多种新兴网络技术教材；同时，《通信与网络综合实验教程》教材以综合性、挑战性实验的形式实现四个层次教材的纵向贯通；充分体现出教材体系的完备性、系统性和科学性。

(2)“四位一体、协同融合”的专业内容。从通信技术的基础理论出发，结合我国在该领域的科技前沿成果和产业创新实践，打造出以“坚实基础理论、前沿通信技术、智能组网应用、唯真唯实实践”四位一体为特色的新一代通信技术专业内容；同时，注重基础内容和前沿技术的协同融合，理论知识和工程实践的融会贯通。教材内容的科学性、启发性和先进性突出，有助于培养学生的创新精神和实践能力。

(3)“数智赋能、多态并举”的建设方法。面向教育数字化和人工智能应用加速的未来趋势，该系列教材的建设依托教育部的虚拟教研室信息平台展开，构建了“新一代通信技术”核心专业全域知识图谱；建设了慕课、微课、智慧学习和在线实训等一系列数字资源；打造了多本具有富媒体呈现和智能化互动等特征的新形态教材；为推动人工智能赋能高等教育创造了良好条件，有助于激发学生的学习兴趣和创新潜力。

尺寸教材，国之大者。教材是立德树人的重要载体，希望以“新一代通信技术新兴领域

'十四五'高等教育教材"系列教材以及相关核心课程和实践项目的建设为着力点，推动"新工科"本科教学和人才培养的质效提升，为增强我国在新一代通信技术领域竞争力提供高素质人才支撑。

费爱国

中国工程院院士

2024 年 6 月

前言

在移动通信发展的初期，通信业务主要是语音业务。当发展到第四代移动通信系统(the 4th generation mobile communication system，4G)时，网络基本实现了全IP(internet protocol)化，通信业务主要包括语音与数据业务，同时智能终端的普及极大地推动了移动互联网及数据相关业务的蓬勃发展。随着第五代移动通信系统(the 5th generation mobile communication system，5G)大规模商用，5G逐渐成为构筑万物互联的核心基础设施，并开始赋能垂直行业。而随着人类社会活动正在从地面向空天地海多维空间扩展，移动通信网络愈加复杂，通信业务和应用场景更加多样化，不断挑战着传统网络的处理模式和管理能力，移动通信网络自动化与智能化的需求和发展理念越来越突出。

以机器学习为代表的人工智能技术正在与各个行业深度融合，改变着人们的生产与生活方式。当无线通信与人工智能结合时，人工智能将赋予无线通信"自主"与"智能"，无线通信则将赋予人工智能广阔的应用空间，形成双向循环使能。党的二十大报告指出，要构建人工智能等一批新的增长引擎，加快发展数字经济。无线通信与人工智能这两个密不可分的战略发展领域，将持续促进信息通信计算的融合创新和技术革新，实现人们在时空范畴、信息交互类型和跨行业融合创新应用的愿景展望。

由于行业需求变化之快，前沿知识更迭加速，跨学科领域交叉融合加剧，当前部分信息通信工程、电子信息工程等相关专业的教材内容更新速度跟不上科技发展的步伐，且缺乏学科交叉。《智能无线通信》在此背景下孕育而生，它是一本面向无线通信和人工智能领域交叉融合、研究与实践强结合的新形态教材。希望读者通过本书的学习，能对移动通信系统智能化设计和优化的概念、知识和方法形成全局性认知，能尝试运用人工智能技术分析、建模并解决移动通信网络中的工程问题，提升跨学科迁移学习思维和能力。

编者将国家重大科技项目的研究成果与前沿知识及时融入实践案例中，具有很强的可读性和科学性。由于篇幅所限，一些更详细的知识讲解和案例资料以二维码形态嵌入各章节中，读者可以扫描二维码进行浏览。

另外，本书的每一章均引入了与章节内容相关的中国传统文化知识与名人故事，给出了一些古人从事与通信、人工智能相关的发明创造事例，让读者更深入地了解古代先贤们的智慧和创新精神。

本书内容组织如下：

第1章总体介绍了移动通信系统从第一代演进到第五代的发展史，详细介绍了移动通信网络业务的需求、应用场景、性能指标，概述了移动通信系统架构及关键技术，总结了移动通信的发展趋势。

第2章主要介绍了人工智能的基础知识，包括人工智能的历史与应用进展、神经网络的基础知识、关键技术及深度学习框架。

第 3 章首先讲述了当前移动通信网络在后 5G 时代面临的需求与挑战；然后重点介绍了人工智能与无线通信深度融合的驱动力；最后探讨了人工智能在移动通信网络体系中的发展，概述了人工智能赋能无线通信的主要方向、智能无线通信的应用和 6G 网络中的人工智能技术。

第 4~7 章从物理层和网络侧选取了人工智能与无线通信融合的四个典型应用进行深入讲述。其中，第 4 章重点介绍了人工智能在端到端物理层关键技术中的应用，基于通信原理的深度理解，引入人工智能技术开展智能无线空口的创新设计；第 5 章重点介绍了基于人工智能的移动流量需求预测，包括时空栅格数据及其建模方式、人工智能技术在移动流量预测中的应用实践等内容，基于移动大数据的感知智能实现指标预测；第 6 章重点介绍了移动性管理中人工智能应用，从移动性管理的概念及过程入手，介绍人工智能驱动下的移动性管理实战；第 7 章重点介绍了无线网络资源管理中人工智能的应用，包括基于 Q-learning 的边缘计算任务卸载策略和基于深度强化学习的网络切片动态资源管理两个案例。

本书主编张平院士从教学理论、学术研究、行业应用等多角度系统地进行了顶层设计，全程参与教材编写和校审工作。本书主编崔琪楣负责全书的编写、组织、协调、统稿、校审和修订工作。本书的第 1 章由张平和刘宜明合作编写，第 2 章由祝闯编写，前言和第 3 章由崔琪楣编写，第 4 章由李立华编写，第 5 章由胡铮编写，第 6 章由崔琪楣和杨阳合作编写，第 7 章由秦晓琦编写。本书的中国传统文化知识与名人故事导引部分由张平和崔琪楣编写。赵博睿、郭嘉宁、张昕宸、周约翰、余康佳、穆雅轩、梁盛源等参与了本书的文字校对，为本书编写做出了贡献。在本书的编写和出版过程中还得到了杨鸿文、纪阳、朱新宁的大力支持和协助，以及北京邮电大学教材中心的有关专家和高等教育出版社相关编辑的指导和帮助，在此致以衷心的感谢。同时，对本书所参考的所有文献的作者们表示诚挚的谢意。

智能无线通信是一个日新月异、不断发展的课题，由于编者时间、知识结构和精力有限，书中难免出现错误或疏漏，如有不妥之处，恳请广大读者批评指正，以便编写组继续学习、完善本书。编者邮箱：cuiqimei@ bupt.edu.cn。

编者

2024 年 4 月

目　录

第1章 移动通信导论

【导引】

通信是发送者和接收者之间通过某种媒介以某种格式进行的信息传递。人们在移动中进行信息传递的需求古已有之。例如,结绳记事就是一种通过在绳索类物件上打结的方法记录、交流和传播信息的方式,曾广泛存在于世界上许多民族之中。《周易·系辞》记载:"上古结绳而治,后世圣人易之以书契,百官以治,万民以察。"《庄子·胠箧》记载:"昔者容成氏、大庭氏、伯皇氏、中央氏、栗陆氏、骊畜氏、轩辕氏、赫胥氏、尊卢氏、祝融氏、伏羲氏、神农氏,当是时也,民结绳而用之。"这些都说明结绳记事出现在文字出现之前的氏族部落阶段,有着悠久的历史。绳索可以捆扎器具、捆绑野兽、缝制衣服、制作篱笆、装饰身体等。在相当长的时间里,它是人们生活中频繁使用的重要工具和重要发明,也就渐渐被赋予了记录数字与事件的功能。一些原始部落和民族仍然保留了原古结绳记事的风俗,例如,我国云南独龙族、佤族等地区,亲友相邀约会时互送结绳,以绳结表示其事和日期。独龙族节前家家户户用结绳的方式向亲朋好友发出邀请,还会用结绳下战表。

在古代,人们通过旗语、击鼓鸣金、烽火狼烟、飞鸽传书等方式进行信息传递。其中,烽火是一种远程通信手段。古代在边境建造烽火台,隔二三十里一个烽火台,几十个烽火台烽烽相望,烽火燃起表示的是国家战事的出现,而连片接力传递的烽火则能够把信息一站接一站,传递到遥远的地方。考古学家研究出土的汉代居延汉简发现,古人使用烽、表、灶、苣、积薪、鼓等信息器具,按照事先约定的对入侵敌人多少、方位和距离远近的情况,进行不同的组合排列举示,让相邻烽燧得到信息,依次将敌情传递到远处。这一详细的信息表征体系,称为烽火品约。通过烽火品约提供的精准信息,可以使防守方根据敌方入侵人数和入侵程度决定投入多少兵力及如何进行反击。

移动通信系统已经成为人类生活、生产中不可缺少的一部分,其不仅是连接人与人之间的桥梁,同时也促进了工业的信息化和数字化。自诞生以来,移动通信系统历经数十年的迭代升级,已实现了从第一代移动通信系统到第五代移动通信系统的跨越,并正蓄势待发迈向第六代移动通信系统的新纪元。这一进程中,频谱资源的优化配置与核心技术的持续创新,成为推动移动通信不断突破界限、开启新应用领域的关键力量。

为了全面理解历代移动通信系统的特征和差异,本章首先讲述了移动通信系统从第一代到第五代的发展史,然后介绍了每一代移动通信系统的业务需求、应用场景与性能指标,并从无线接入网和核心网方面详细讲述了每一代移动通信系统所涉及的关键技术,最后概述了第六代移动通信系统的发展状况。具体内容如下:

1.1 节主要介绍了移动通信的发展历程。1.2 节概括介绍了移动通信系统特征和移动通信的频谱发展及规划，简述了移动通信系统的基础，包括无线传播特性、无线信道的特性、移动通信的损耗等。1.3 节主要介绍了移动通信系统业务需求、应用场景和性能指标。1.4 节重点介绍了移动通信系统及关键技术，包括移动通信系统架构、无线接入网技术和核心网技术。1.5 节主要介绍了第六代移动通信系统的发展概况及趋势，包括业务场景、性能需求和潜在使能技术。

1.1 移动通信的发展史

通信（communication）是指信息传递的过程，它是人类社会交往的基本方式之一。广义上的通信包括各种形式的信息交换。狭义上的通信通常指利用电信技术进行的信息传递过程，它涉及信息发送者（sender）、接收者（receiver）、信道（channel）、信息（message）及噪声（noise）等多个要素。在古代，人们通过飞鸽传书、击鼓鸣金、烽火狼烟、旗语等方式进行信息传递。当今，我们将电信号作为信息的载体，利用电信号来传递消息的通信方法称为电信。1837 年，美国人莫尔斯发明了莫尔斯电码和有线电报，开启了电信的新时代。

近现代的无线通信（wireless communication）是指利用电磁波信号在自由空间中传播的特性，进行信息交互的通信方式。1901 年，意大利人马可尼通过风筝牵引的天线，在加拿大纽芬兰市的圣约翰斯的信号山成功地接收到英格兰康沃尔郡波尔图高功率站发送的信号，实现了自英国到加拿大，跨越大西洋长达 3 000 多千米的无线电传输，至此开启了人类无线通信新时代。与无线通信（静止状态或准静止状态）相比，移动通信（mobile communication）是指通信双方至少有一方在移动中（或暂时停留在某一非预定的位置上）进行信息传输和交换，包括移动体和固定点之间的通信、移动体和移动体之间的通信。这种通信方式摆脱了固定通信对受话方地点的束缚，使得人可以在步行、车载等移动状态下通信，实现人类“自由通信”的夙愿。

移动通信系统的起源可以追溯到 20 世纪初，特别是在 20 世纪 20 年代至 40 年代期间的一个重要里程碑事件——美国底特律警方引入了专用车载移动通信系统，这一创举标志着移动通信技术开始在公共服务领域中发挥作用，尤其是在紧急服务和执法领域。在这个时期，移动通信还处于非常原始的阶段，设备庞大、笨重，且通信覆盖范围有限。底特律警察所使用的系统允许警车与指挥中心进行基本的语音通信，虽然与现代标准相比功能有限，但它为后续移动通信技术的发展奠定了基础。这项技术的应用极大地提高了应急响应效率和城市管理能力，展现了无线通信在提高公共服务效率方面的巨大潜力。

第二次世界大战后，军用移动通信技术在民用领域逐步得到应用。美国相继推出了移动电话服务（mobile telephone service，MTS）系统和改进型移动电话服务（improved mobile telephone service，IMTS）系统。MTS 系统和 IMTS 系统均采用大区制，即在其覆盖区域中心采用高架天线、设置大功率基站，信号覆盖范围为 30~50 km。

大区制移动通信系统的网络结构十分简单，并未采用任何多用户复用技术，因此可支持的并发通话数有限。为了解决一定地理区域内有限的容量供给与持续增长的用户数之间的矛盾，美国贝尔实验室在 20 世纪 70 年代首次提出了小区制、蜂窝组网的理论，将大区制移动通信系统推进到了小区制移动通信系统，在移动通信发展史上具有里程碑意义，是现代移动通信发展的基础。

小区制是指把整个通信服务区域分为若干个无线小区(cell)，每个小区分别设置一个基站，负责本小区中移动台的通信服务。其特点是：小区覆盖半径小，可用较小的发射功率实现基站与移动台之间的通信。若干个小区采用频谱复用技术提高频谱利用效率，并构成大面积的覆盖，有效增加系统容量。频谱复用技术是指相邻小区占用不同的频段以避免干扰，而相隔较远的小区由于基站功率有限，因此可以占用相同的频段且彼此的干扰程度很低。在相同频谱资源的条件下，相比大区制方式，小区制通过频谱复用技术，大大提高了系统容量和频谱利用率。为了实现无缝隙、无重叠覆盖，蜂窝式六边形结构是小区形态中的最佳选择。在理想平面上，全向天线辐射的覆盖区应是以天线辐射源为中心的圆形，为了实现无缝隙覆盖，若干天线辐射源产生的覆盖圆形必然会产生重叠。在通信中，重叠区就是干扰区。在一定面积的服务范围内，蜂窝式的正六边形重叠面积最小，最接近理想的天线覆盖圆形区。因此，选用无缝隙的正六边形蜂窝作为移动通信的小区，称为蜂窝小区，该通信网络称为蜂窝网络。

在日益丰富的移动无线业务需求和不断普及的移动终端设备等驱动下，20 世纪 80 年代后期至今，移动通信系统大约每十年经历一次标志性的技术革新，为社会带来了深刻的信息化变革。在 20 世纪 80 年代初，以模拟蜂窝网络为主要特征的第一代移动通信系统(the 1st generation mobile system，1G)实现商用。1G 主要采用频分多址接入(frequency division multiple access，FDMA)技术和模拟调制技术，将模拟信号进行调制和解调，然后分配频谱资源进行多用户通信。FDMA 技术是指按照频谱资源划分信道，即给不同的用户分配不同的载波频率并通过无线信道进行通信。具有代表性的 1G 包括美国的先进移动电话系统(advanced mobile phone system，AMPS)、英国的全接入通信系统(total access communication system，TACS)等。这些系统使用模拟信号进行语音传输，首次实现了大规模的无线电话通话。我国 1G 采用的是英国 TACS 制式，于 1987 年 11 月在广东第六届全国运动会上开通并正式商用。

由于 1G 存在容量小、业务种类单一、保密性差、标准不兼容等缺点，第二代移动通信系统(the 2nd generation mobile system，2G)以数字通信技术为核心，主要采用时分多址接入(time division multiple access，TDMA)技术和码分多址接入(code division multiple access，CDMA)技术，提供数字化的语音业务及低速数据业务，在 20 世纪 90 年代初开始全球广泛部署。TDMA 技术是指按照时隙来划分不同的信道，即给不同的用户分配不同的时隙并通过无线信道进行通信。TDMA 技术在相同的载波资源上，把时间分成周期性的帧，每一帧再分割为若干时隙，分配给不同的用户。CDMA 技术是指按照码序列区分用户，每个用户占用唯一的伪随机码序列，不同用户的码序列相互准正交，即给不同的用户分配不同的码序列并通过无线信道进行通信。2G 主要包括欧洲提出的全球移动通信系统(global system for mobile communications，GSM)和美国提出的 IS-95 系统等。但是，国际之间的移动通信标准因制式不同而没有完全统一，用户只能在同一制式覆盖的范围内进行漫游，因此 2G 仍不能完全提供全球漫游业务。此外，由于 2G 的带宽有限，极大限制了数据业务的应用。

移动互联网的发展促进了数据和多媒体通信业务的快速发展，以多媒体业务为主要特征的第三代移动通信系统(the 3rd generation mobile communication system,3G)自21世纪初走向商用。中国自主提出了时分同步码分多址(time division-synchronous code division multiple access,TD-SCDMA)标准,与欧洲、日本等主导的宽带码分多址(wideband code division multiple access,WCDMA)、美国提出的CDMA2000被国际电信联盟(International Telecommunication Union,ITU)共同列为3G通信的三大主流标准,是我国通信行业自主创新的重要里程碑。相比1G和2G,3G已经从以语音业务为中心的移动通信系统,逐渐向以数据业务为中心的移动通信系统演进。

ITU对第四代移动通信系统(the 4th generation mobile communication system,4G)的性能提出了一系列要求,称为高级国际移动通信(international mobile telecommunication-advanced,IMT-Advanced)规范。与此同时,第三代合作伙伴计划(the 3rd generation partner project,3GPP)标准化组织启动了4G标准制定工作,所提出的长期演进(long-term evolution,LTE)技术于2009年正式作为4G候选方案提交给ITU。其中,欧美主导制定的FDD-LTE和中国主导制定的TD-LTE(均归属于LTE)并列成为4G国际标准。增强型LTE(LTE-Advanced,LTE-A)是LTE的升级版。与前三代移动通信系统相比,4G支持基于互联网协议(internet protocol,IP)的通信,全部采用分组域交换,称为全IP网络,并引入两个核心技术,即多输入多输出(multiple input and multiple output,MIMO)和正交频分复用多址接入(orthogonal frequency division multiple access,OFDMA)技术,满足了用户的高速数据业务需求。

在4G商用逐步展开的同时,ITU于2012年初启动了“2020年及以后的IMT”计划,开始了第五代移动通信系统(the 5th generation mobile system,5G)的前期研究。在2015年6月,ITU公布了5G发展的总体路线图,并将5G正式命名为“IMT-2020”。在ITU的整体指导下,3GPP于2016年3月开启5G新空口(new radio,NR)的研究工作。面向垂直行业的蓬勃发展,ITU定义了5G三大典型应用场景,即增强移动宽带(enhanced mobile broadband,eMBB)、低时延高可靠(ultra-reliable low latency communications,uRLLC)和海量机器类通信(massive machine type communications,mMTC)。2019年,5G开始全球商用部署,在提供多样化移动通信个人业务的同时,进一步赋能垂直行业的数字化、网络化、智能化发展。

纵观移动通信的发展历程,移动通信技术的演进始终紧密跟随并服务于经济社会发展的步伐,其每一次飞跃都是对日益增长的通信需求的积极响应。当前阶段,移动通信的生态系统呈现多元化发展态势,2G、3G和4G网络并存共融,共同支撑广泛的通信服务,而5G网络则作为新一代技术核心,正在全球范围内加速其商业化部署进程,不断拓展应用场景,深化网络覆盖与性能,引领移动通信进入一个全新的发展阶段。表1-1-1概述了1G到5G的移动通信系统特征。

表1-1-1　1G到5G的移动通信系统特征

通信系统	1G	2G	3G	4G	5G
时间范围	20世纪80年代,模拟通信	20世纪90年代,数字通信的开端	21世纪初至21世纪10年代初,移动互联网的诞生	21世纪10年代至今,高速移动宽带时代	2019年至今,超高速与低时延的新时代

续表

通信系统	1G	2G	3G	4G	5G
主流标准	AMPS、TACS等	GSM、IS-95等	WCDMA、CDMA2000、TD-SCDMA	LTE/LTE-A、WiMAX	3GPP R15、R16、R17、R18、R20
代表技术	FDMA、蜂窝小区	TDMA	CDMA	OFDM、MIMO、OFDMA	大规模MIMO、软件定义网络、网络功能虚拟化、网络切片、边缘计算
业务能力	语音业务	语音业务、低速数据业务	多媒体业务	移动互联网业务	eMBB、uRLLC、mMTC

1.2 移动通信系统的基础

1.2.1 无线通信中的信道特性

移动通信系统可以视作由发送端、信道和接收端三大部分组成,发送端通过无线信道借助电磁波信号向接收端传递信息。无线信道被认为是随参信道,主要原因是无线信号在空间中自由传播,受到外界信道条件的影响很大,例如,天气的变化、建筑物或移动物体的遮挡、反射和散射等传播作用,以及用户运动造成的多普勒频移等。这导致无线信道的传输特性随机变化,下面对无线通信中的传播特性和信道特性进行分析和讨论。

1. 无线传播特性

移动通信系统的性能主要受到移动无线信道的制约,移动无线信道主要受到无线传播环境的影响。无线传播环境的特征主要体现在以下三个方面。

传播的开放性:与有线通信相比,无线信号在自由空间中传播,没有物理导体限制,这使得信号能够覆盖更广阔的区域,同时也增加了信号受干扰的风险。开放环境下的传播会遭遇大气衰减、多径效应及各种障碍物的阻挡或反射,导致信号强度波动和传播延迟。

地理环境的复杂多样性:不同的地理特征,如密集城区、一般城区、郊区、农村及远郊区,会以不同方式影响无线信号的传播路径和强度。例如,城市中的建筑物会造成严重的多径效应和阴影效应,而开阔地带则可能使信号直接传播,减少损耗。

用户的移动性:无线通信用户(如手机用户)的不断移动,导致接收端的位置和环境条件不断变化,这对通信系统的稳定性提出了挑战。用户的移动不仅改变信号到达的角度和路径,还可能导致快速激烈的信号强度变化,即所谓的"快衰落"现象。

无线传播环境在实际中比较复杂,电磁波的传播方式可以汇总为视距(line of sight, LOS)传播、非视距(non-line-of-sight, NLOS)传播以及穿透到室内的传播方式。当发射源(如一个基站)和接收器(如一台手机)之间没有物体遮挡视线时,信号可以直线传播,这是典型的视距传播情况。相反,当发射源和接收器之间存在遮挡,视线不能直接到达时,信号需要通过空气或其他介质进行间接传播，这就是非视距传播。非视距传播经常出现在无线通信系统中，特别是在信号传输距离较长的情况下，信号可能要经历多次绕射、散射、反射等过程，导致信号能量损失，所以视距传播的距离往往比非视距传播更远。

由于无线传播的物理特性，终端用户接收到的无线电波主要有直射波、反射波、绕射波、散射波等，如图 1-2-1 所示。

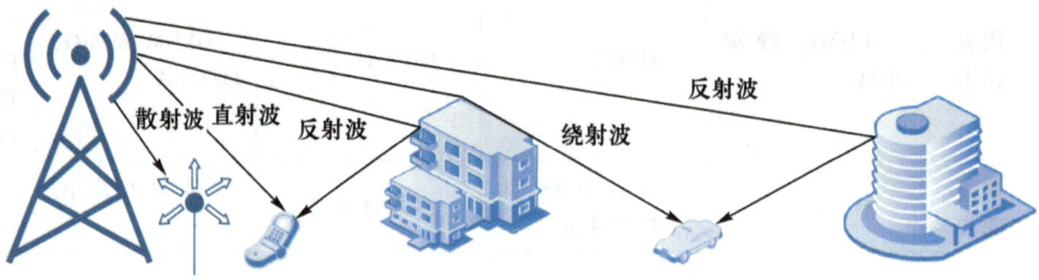

彩图 1-2-1

图 1-2-1 电磁波传播过程

直射波：是指在视距覆盖区内无遮挡地传播。从发送端的发射天线直接到达接收端的电磁波，即电磁波在自由空间传输时，没有任何障碍物。直射波的信号强度是最强的。

反射波：是指从发送端的发射天线经地面反射到达接收端的电磁波，常出现在地球表面、建筑物和墙体表面等。当电磁波遇到比其波长大得多的物体，就会产生反射。

绕射波：是指绕过障碍物继续传播的电磁波，也称为衍射波。当发送端与接收端直接的无线路径被尖利的边缘阻挡时发生的一种电磁波传播现象。无线电磁波的绕射能力与波长和障碍物的几何尺寸有关，当障碍物的大小一定时，波长越长，绕射能力越强；波长越短，绕射能力越弱。

散射波：是指当无线电波在传播过程中遇到尺寸与波长相当或者远小于波长的物体时，发生散射现象，即入射波的一部分能量被这些物体散开，向各个方向重新发射出去形成的波。散射波一般发生在粗糙表面、小物体或者其他不规则物体表面，如树叶、街道标志和灯柱等都是散射体。

在移动通信系统中，一般情况下，直射波的信号强度是最强的，而散射波的信号强度是最弱的。另外，除了上述直射波、反射波、绕射波和散射波，在电磁波传播过程中还可能产生透射波。透射波是指当电磁波遇到物质界面时，部分能量穿过该界面继续向前传播的部分。透射主要发生在室外向室内传播的情况下，而对室内覆盖、地下设施通信或卫星通信穿越大气层等情况，透射波的作用也不可忽视。

2. 无线信道的特性

由于无线电磁波传播特性的影响，无线信道具有四种不同类型的效应，即多径效应、多普勒效应、远近效应和阴影效应，同时还存在三种典型的损耗，即路径传播损耗、慢衰落损耗和快衰落损耗。

多径效应：是指在无线电磁波信号通过多个不同的路径传播并到达接收端时，由于各个路径的长度不同，信号会以不同的时间到达，导致信号的相位发生改变，从而引起信号干涉和衰落的现象。这种效应是由于信号在传播过程中反射、折射和散射等因素形成多个传播路径，导致在接收端接收到的信号存在微小的时延差，再经过矢量叠加会引起信号幅度的变化，其变化的程度取决于多径信号的幅度、时延以及传播信号的带宽。

多普勒效应：本质上是物理学中的一个现象，当观察者与声源或光源之间有相对运动时，观察到的频率会与实际发射的频率不同。如果观察者向声源移动，接收到的频率会变高；如果观察者远离声源，接收到的频率会变低。在无线通信中，移动通信设备（如手机）与基站之间的相对速度会导致接收信号的频率变化，影响通信效果，频率的变化程度与用户移动速度成正比。

远近效应：在无线通信中，远近效应是指由于距离较近的信号源比距离较远的信号源产生的信号强度大，导致近处的信号掩盖远处的信号，从而使接收器难以同时处理所有信号。由于用户终端的随机移动特性，即使每个用户终端发射信号功率相同，到达基站时各用户的信号强弱也会具有差异。

阴影效应：主要发生在无线通信的视距传播中，当信号穿过建筑物、山丘、树木等物体时，由于这些物体对信号的阻挡，会形成阴影区域，导致信号强度显著降低。这种效应也被称为“地理遮挡”或“地形遮挡”，在城市环境中尤为明显，会对无线通信的覆盖范围和信号质量产生影响。

前述无线信道传播上的特征对接收点的信号会产生三类不同的衰落损耗，分别是路径传播损耗、慢衰落损耗和快衰落损耗。如图 1-2-2 所示，信号的传播损耗分别由大范围的路径传播损耗、中范围的慢衰落损耗和小范围的快衰落损耗共同决定。由于传播损耗主要取决于传播的环境与条件，很难从理论角度推演出一个精确、完整的公式。因此，在工程上一般采用一些经验公式与模型，如奥村-哈塔（Okumura-Hata）模型、室内传播模型等。

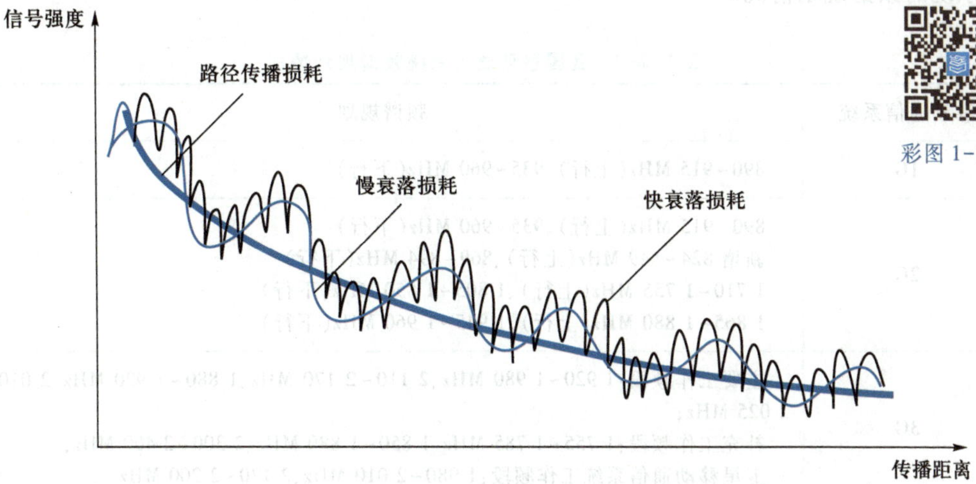

彩图 1-2-2

图 1-2-2　无线信道的衰落损耗模型

路径传播损耗：是指无线电波在自由空间中传播所产生的损耗。路径传播损耗反映了接收信号电平平均值在宏观大范围（千米量级）的空间距离上的变化趋势。

慢衰落损耗：是指无线电波传输路径上由于受到建筑物或山丘等的阻挡所引起的阴影效应而产生的损耗。慢衰落损耗反映了接收信号电平平均值在中等范围内数百波长量级上的变化趋势。

快衰落损耗:是指移动台附近的散射体(地形、地物和移动体等)造成的多径传播信号在接收点叠加,导致接收信号快速起伏,即信号幅度出现快速、深度衰落,致使接收信号场强的瞬间变化达 1 000 倍以上。快衰落反映了接收电平平均值在微观小范围(数十波长以下量级)上的起伏变化趋势。

无线信道中的许多物理因素影响小尺度衰落和大尺度衰落。小尺度衰落和大尺度衰落是无线通信领域中描述信号传输过程中波动的两种现象,对通信系统的性能产生重要影响。小尺度衰落是指在信号传播过程中因多径效应、多普勒频移等引起的接收信号强度在短距离和短时间内快速随机波动的现象。大尺度衰落是指由于路径传播损耗、环境的宏观变化(如地形、建筑物布局)以及信号频率等因素引起的接收信号功率的缓慢变化。大尺度衰落关注的是信号的平均接收功率水平随距离或环境的宏观变化,这种衰落效应通常影响较广的地理区域,影响范围可以从几千米到几十千米不等。

1.2.2 移动通信的频谱发展及规划

1. 移动通信的频谱发展

频谱是最基本的无线通信资源,与车流量受道路宽度、周边环境和其他车辆数量等因素影响类似,无线信道所能传输数据的容量会受到频谱带宽、信噪比等客观物理条件的制约。随着通信业务的爆发式增长,用户对速率的要求也急剧增加,导致对移动通信系统的频谱需求也快速提升,中低频段愈加拥挤。因此,为了追求更大的带宽容量和更高的数据传输速率,移动通信系统不断向尚未充分利用的较高频段拓展。表 1-2-1 给出了我国历代移动通信系统的频谱规划情况。

表 1-2-1 我国移动通信系统频谱规划情况

移动通信系统	频谱规划
1G	890~915 MHz(上行)、935~960 MHz(下行)
2G	890~915 MHz(上行)、935~960 MHz(下行) 新增 824~849 MHz(上行)、869~894 MHz(下行) 1 710~1 755 MHz(上行)、1 805~1 850 MHz(下行) 1 865~1 880 MHz(上行)、1 945~1 960 MHz(下行)
3G	主要工作频段:1 920~1 980 MHz、2 110~2 170 MHz、1 880~1 920 MHz、2 010~2 025 MHz; 补充工作频段:1 755~1 785 MHz、1 850~1 880 MHz、2 300~2 400 MHz; 卫星移动通信系统工作频段:1 980~2 010 MHz、2 170~2 200 MHz
4G	原 3G 规划频率统一调整为 IMT 系统工作频率,新增 2.30~2.69 GHz,同时新增 800 MHz、900 MHz、1 800 MHz、2 100 MHz 部分频段资源重耕
5G	中低频段:3.3~3.6 GHz 4.8~5.0 GHz,同时新增 700 MHz、800 MHz、900 MHz 频段资源重耕; 高频段:24.75~27.5 GHz、37~42.5 GHz

注:1 GHz = 10^3 MHz = 10^9 Hz,1 Gbit/s = 10^3 Mbit/s = 10^6 kbit/s = 10^9 bit/s。

2. 移动通信的频谱规划

为了满足用户国内或国际漫游等需求，有限的频谱资源通常需要国内或国际统一划分。因此，在每一代移动通信系统商用前，很多国家会通过公开拍卖的方式出售特定频谱使用权给电信运营商。各国监管机构负责在国内层面规划和管理这些频谱资源，颁发相应的运营牌照，以此促进市场的公平竞争，保障通信服务的质量与效率。ITU 每隔几年会召开世界无线电通信大会会议，讨论并更新《无线电规则》中的国际频率分配表，这个分配表为全球无线电通信服务划定了频率波段，包括但不限于移动通信、广播服务、卫星通信、航空导航等多个领域。这些分配考虑了全球大区域的需求和业务类型，旨在确保频率资源在不同国家和地区之间高效且无冲突地使用。各国基于这个国际框架，结合本国的具体需求、技术发展状况、现有服务的兼容性等因素，对频率进行进一步的国家层面规划和微调，最终确定适合本国国情的频谱分配方案，并通过国家监管机构实施管理和监督。

关于移动通信频谱规划的详细介绍，下面将从不同频段、不同国家的频谱规划等方面展开。

(1) 中、低频段规划

中、低频段一般是指 6 GHz 以下频段。其中，低频段一般是指 3 GHz 以下频段，中频段一般是指 3~6 GHz 频段。低频信号具有波长较长、绕射穿墙能力较强、衰减较慢等优点，用于支持城市、郊区和农村等不同地区的网络覆盖，并支持物联网服务。然而，低频信号难以提供足够的带宽，不能满足未来爆炸式的流量增长及海量的接入设备等需求。相比之下，中频段在覆盖范围与系统容量之间提供了一个较为平衡的解决方案，它能够提供比低频段更宽的带宽以支持更高的数据传输速率，同时相比毫米波等更高频段又拥有更好的穿透能力和覆盖范围，因此成了 2020 年前 5G 部署初期的重点频段之一。

目前，5G 系统使用的中频段主要为 3~5 GHz，其中 3 300~3 800 MHz 频段已在全球范围内被众多国家视为 5G 部署的核心频段，每个 5G 网络运营商预计从该频段至少分配 80~100 MHz 的连续带宽；3 800~4 200 MHz 频段主要用于固定卫星服务，但考虑到固定卫星服务地球站的数量相对较少，一些国家已经发布或计划为 5G 释放 3 800~4 200 MHz 频段。对于难以提供 80~100 MHz 连续频谱的国家，2 500~2 690 MHz 和 2 300~2 400 MHz 频段可为其提供中频段高达 290 MHz 的 5G 主频谱；但仍然有一些国家很难为 5G 释放以上频段，故利用4 800~4 990 MHz 替代 5G 主频段，同样也可以在覆盖范围和系统容量之间达到折中。

2023 年，ITU WRC 大会在 3 GHz 频段进行了划分：1 区（欧洲、非洲、中东、独立国家联合体）增加了非洲 15 国及蒙古共 16 个国家划分 3 300~3 400 MHz 频段用于国际移动通信（international mobile telecommunications，IMT）系统，2 区 **16 个**国家将 3 700~3 800 MHz 频段用于 IMT 系统；同时，在 6 GHz 频段进行了划分：1 区（欧洲、非洲、俄罗斯和阿拉伯国家地区）和 2 区（美洲地区）部分国家将 6 425~7 125 MHz 频段用于 IMT 系统；3 区部分国家划分 6 425~7 025 MHz 频段用于 IMT 系统，而 3 区（亚太地区）将 7 025~7 125 MHz 频段用于 IMT 系统；另外，在 10 GHz 频段方面也进行了划分：允许 2 区（美洲地区）IMT 系统按照所制定的技术标准在 10~10.5 GHz 频段内使用。

(2) 高频段规划

5G 使用的毫米波频段在 24.25 GHz 以上，具有丰富的空闲频谱资源，可提供 400 MHz

的大带宽。2019 年，ITU WRC 大会确定了 5G 毫米波频段标识，在 24.25 ~71 GHz 频谱范围内划分了 3 个频段，分别是 24.25 ~ 27.5 GHz、37 ~ 43.5 GHz、66 ~ 71 GHz。3 个频段共 14.75 GHz 带宽，在全球范围内标识用于 5G 及未来 IMT 系统；在 45.5 ~ 47 GHz 频段，部分国家标识用于 IMT 系统；在 47.2 ~ 48.2 GHz 频段，2 区（美洲地区）部分国家和部分地区标识用于 IMT 系统，如图 1-2-3 所示。

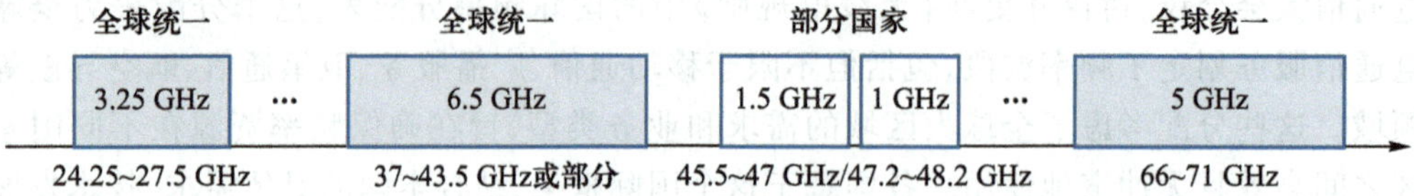

图 1-2-3 ITU WRC 大会 5G 毫米波频段标识

1.2.3 移动通信的理论基础

移动通信的物理实现建立在电磁波理论基础之上，而移动通信的信息传输建立在经典信息论基础之上。1948 年，香农的《通信的数学理论》论文发表，宣告了一门崭新的关于信息发展的理论基础学科——信息论的诞生。1949 年，香农发表了另外一篇著名论文《噪声下的通信》。两篇论文成了信息论的奠基性著作。在两篇论文中，香农阐明了通信的基本问题，给出了通信系统的模型及信息度量的数学表达式。下面将简单介绍香农信息论中信息度量和信道传输容量两大重要理论模型，即信息熵和香农容量公式。

熵的概念来源于热力学，热熵的物理意义是体系混乱程度的度量，热熵越大越混乱。如图 1-2-4 所示，分子运动状态总是朝着无序的方向发展，分子有序状态下热熵小，无序状态下热熵大。热熵可以反映系统的“不确定性”，假设首先观察封闭容器内分子的运动规律，然后伸手去拿红色分子，在无序状态下拿到红色分子的不确定性更大，则无序状态下热熵也更大。信息熵表达的含义与热熵类似，事件的不确定性越大，信息熵越大。下面将围绕信息的不确定性和信息熵进行简单探讨。

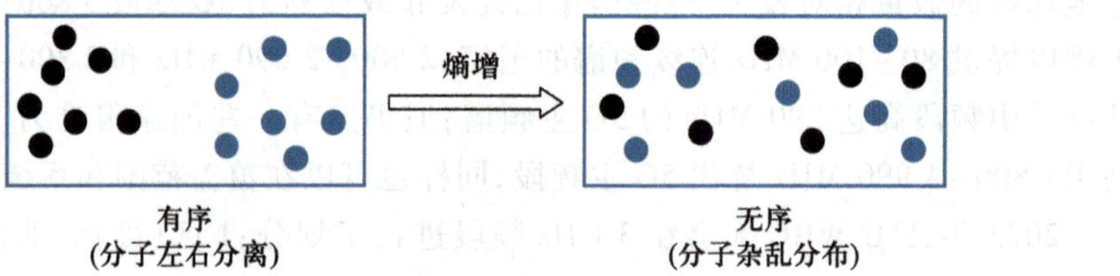

彩图 1-2-4

图 1-2-4 “有序”与“无序”状态下熵对比

一个消息之所以会含有信息，是因为它具有不确定性，而香农指出“信息是用来消除不确定性的东西”。在通信系统中，接收端未收到信息前无法知晓发送端发出了什么信息，只有在收到消息后才能消除通信前存在的不确定性。不确定性与“多种结果的可能性”相联系，在数学上这些“可能性”可以使用概率来度量。香农信息论研究的正是概率信息，也就是基于概率对信息的不确定性进行度量。简单地说，信息量的大小跟随机事件发生的概率相关：越不确定（小概率）的事情发生，其产生的信息量越大；越确定（大概率）的事情发生，其产生的信息量越小。例如，太阳从东方升起（肯定会发生的事件，没有任何信息量)。

香农正是基于离散随机事件的出现概率定义了信息熵 $H(X)$,并从数学上严格证明了随机变量不确定性度量函数具有唯一形式,即用随机事件出现概率的对数负值的期望来表示。假设一个随机变量 X,其可能出现的取值是 $x, x \in X$,每个取值的概率表示为 $p(x)$,那么信息熵 $H(X)$ 可以表示为

$$H(X) = -\sum_{x \in X} p(x) \log p(x) \tag{1-2-1}$$

根据公式(1-2-1),可以看出确定事件发生所产生的信息量为零,如太阳从东方升起的信息熵为零。信息熵 $H(X)$ 的提出第一次定量地描述了信源(通信系统中信息的来源,香农将信源建模为随机事件或随机过程)的不确定性,即信源所蕴含信息量的多少,解决了信息的度量问题。它在数学上量化了移动通信系统中信源的信息量是多少,提出了比特(bit)的概念,从此信息有了现在广为人知的度量单位,将移动通信系统的设计从工程问题转变为真正的科学问题。

在提出信息熵这一具有划时代意义的概念之后,香农为了解决通信系统信道传输容量问题,又提出了通信领域最为著名的公式之一,即香农信道容量公式。香农信道容量公式从理论上给出了加性高斯白噪声信道的容量限制,即信道传输数据速率的上限。香农信道容量公式如下:

$$C = W \times \log_2(1 + S/N) \tag{1-2-2}$$

其中,W 表示信道带宽,S 表示信号功率(单位:W),N 表示噪声功率(单位:W)。C 表示信道容量(单位:bit/s)。

1.3 移动通信网络的业务需求、应用场景与性能指标

历经几十年的快速发展,移动通信系统已经由最初的模拟通信系统演化成全新的 5G,业务需求逐渐得到拓展,应用场景更加广泛,性能指标也在不断优化。

1.3.1 移动通信网络的业务需求

随着移动通信技术的持续发展和革新,业务应用日益成为移动通信行业及关联产业板块的核心关注点和驱动力。1G 主要提供模拟语音业务,但是 1G 存在通话质量低、容量受限、制式繁多且互不兼容、保密性差以及无法提供数据服务和自动漫游等问题。2G 仍然以语音通话为主要业务,但可以提供数字化语音服务和低速数据服务,如短信、彩信和手机报等。与 1G 相比,2G 改善了话音质量和保密性,具有保密性强、频谱利用效率高等优势。尽管 2G 完成了模拟技术向数字技术的演进,但由于采用不同制式,导致移动通信标准不统一,用户只能在同一制式覆盖的范围内漫游,无法实现全球漫游。此外,由于带宽有限,2G 无法支持高速率的业务。互联网与移动通信的融合发展,为 3G 的移动业务发展创造了极具增长潜力的市场空间。3G 可以提供基本语音通信、移动数据通信、多媒体通信等业务。手机功能逐渐从简单的语音工具演变为数据信息终端。4G 有效满足了移动用户的高速数据业务,并促进了宽带移动多媒体业务的不断扩展。

社会的飞速发展催生了通信领域更深层次的多样化需求与目标，为 5G 的应用带来了新的业务场景与挑战。虚拟现实（virtual reality，VR）、增强现实（augmented reality，AR）、超高清视频、交互类应用等通信业务不断丰富和快速发展，对 5G 提出了更高的要求。同时，人们期望在不同类型的通信服务场景中获得一致的良好业务体验，如超密集场景（体育场、演唱会等）或高速移动场景（车载、地铁、高铁等）。另外，移动通信技术与垂直行业的深度融合，将为移动通信领域的发展带来新的机遇和挑战。5G 需要提供泛在的无线连接能力，支持海量设备连接和大量小数据包的高频次传输，以满足大规模设备的连接及传输需求。对于车联网和工业控制等业务，5G 需要满足毫秒级时延的要求，并需要具有极高的可靠性。而且，数据泄露等安全问题日益严峻，为了满足垂直行业领域对极高安全性的要求，需要 5G 提供更高的安全保障。

1.3.2　移动通信的应用场景

1G 主要用于提供人们之间的远距离无线语音通话服务，1G 的出现标志着移动通信时代的开始，使得用户首次可以在移动状态下进行电话通信，不再局限于固定电话的使用。与 1G 相比，2G 提高了通话质量及抗干扰能力，并能提供一些低速率的数据服务，如短信、图片、音频等。同时，2G 还被用于物联网领域，如儿童手表（仅具备通话和定位功能的型号）、定位、共享单车等。3G 显著增强了移动网络的数据传输能力，从而支持了更多样化的移动多媒体和流媒体服务，可以为用户提供新闻、娱乐、游戏等实时服务。4G 进一步拓展了移动互联网的应用场景，如社交媒体与即时通信、移动视频、远程办公等，其在技术指标上有了大幅提高，用户应用体验明显提升。

由于 5G 需要满足人与人、人与物、物与物的信息交互，应用场景更加复杂和精细化。2014 年，IMT-2020（5G）推进组发布的《5G 愿景与需求白皮书》定义了四类主要应用场景，即连续广域覆盖、热点高容量、低时延高可靠、低功耗大连接。2015 年，ITU-R 5D 完成了 5G 愿景建议书，定义 5G 将支持增强移动宽带（enhanced mobile broadband，eMBB）、低功耗大连接（massive machine type communications，mMTC）、低时延高可靠（ultra-reliable low latency communications，URLLC）三大场景，如图 1-3-1 所示。

在移动互联网场景下，5G 为用户提供丰富的媒体类业务，包括超高清视频、VR、AR、云桌面及在线游戏等。与此同时，5G 还将渗透到物联网及各垂直行业领域，支持智慧医疗、自动驾驶、智能家居、智慧城市等垂直行业领域的多样化业务需求。在推进 5G 发展的过程中，垂直行业应用是 5G 发展的关键，将对整个垂直行业系统产生深远影响。

5G 在公共交通行业的应用，包括高速移动场景下的移动用户接入服务和车联网中的数据实时交互等，如交通流量视频实时监控、无人机路况巡查、基于 AR 的导航应用等。在工业制造行业方面，5G 可以用于园区、厂区或车间内传感器数据的实时传输，利用高清视频或现场传感器进行数据回传，有望实现对智能机器人的远程集中控制、对工厂设备或者工业机器人的维护及监测等。在医疗健康行业方面，5G 可以用于运动监控、实时用户健康感知、医疗提示和健康监视等个人医疗服务，以及医院对病人的远程监视、远程健康服务，甚至实现远程手术等。在公共安全行业方面，5G 可以用于支持监控图像或视频数据的高速传输，实现智能视频监控分析与告警等。在农业领域，5G 的应用主要体现在支持广泛部署的传感器和电动装置传输关于测量的土壤质量、降雨量、温度和风速等相关信息。在教育领域,5G 的应用主要集中在基于大数据、云平台的智慧校园,以及基于 VR、AR 的沉浸式教学平台(如地震、火灾等应急模拟演习,太空、深海等科普教学),基于大数据的课堂、学习、教学等行为智能分析和可视化管理以及远程实时互动教学等。

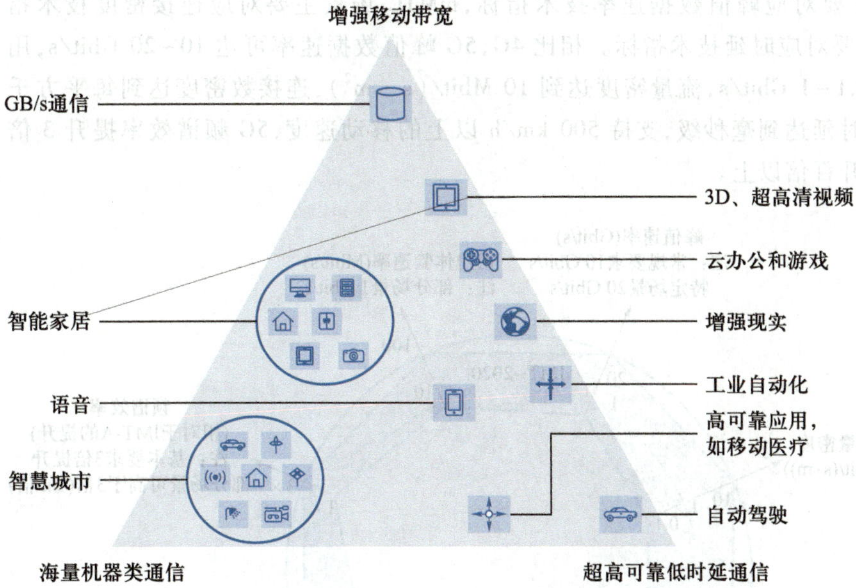

图 1-3-1 ITU 定义的 5G 三大场景

彩图 1-3-1

综上所述,每一代移动通信系统的应用场景受到当时网络性能指标的影响,其所能提供的应用和服务是与当时的网络承载能力和速率等性能指标相匹配的。1G 到 4G 主要是面向人的服务,其主要目标是提供高效的数据传输服务,5G 将提供更高的峰值速率、更低的空口时延和更大规模的连接能力,支撑各行业全面数字化和网络化快速演进发展。

1.3.3 移动通信系统的性能指标

1G 采用模拟调制技术和 FDMA 技术,主要解决模拟语音信号的传输问题,由于受到传输带宽的限制,其峰值数据传输速率仅有 2.4 kbit/s。2G 以数字传输技术为核心,主要支持窄带的分组数据通信,用户体验速率可达 64 kbit/s(IS-95B 系统)。3G 以 CDMA 技术为核心,可提供宽带的移动多媒体服务,IMT-2000 的愿景定义 3G 的传输速率在高速移动环境中支持 144 kbit/s,步行慢速移动环境中支持 384 kbit/s,静止状态下支持 2 Mbit/s。

相较于 1G 到 3G 技术,4G 在承载移动互联网应用方面具有显著优势,实现了多项性能指标的提升。ITU 定义的 4G(IMT-Advanced)关键性能指标如下:① 用户峰值数据传输速率在静止或低速状态下达到 1 Gbit/s,高速移动状态下达到 100 Mbit/s。② 能够动态地共享和利用网络资源来支持每单元多用户同时使用,使用 5~20 MHz 可扩展的信道带宽,最高可达 40 MHz。③ 链路的峰值频谱效率为 15 bit/(s · Hz)(下行)和 6.75 bit/(s · Hz)(上行),系统频谱效率下行为 3 bit/(s · Hz · cell)和室内为 2.25 bit/(s · Hz · cell)。链路频谱效率是一个衡量数据通信系统效率的重要指标,它描述了在给定的频谱带宽内系统传输信息的能力，其定义为净比特率（扣除开销后的实际有效信息速率）或最大吞吐量除以通信信道或数据链路的带宽。系统频谱效率更多地考虑整个网络层面的效率，即在单位带宽内能为多少用户提供服务。④ 跨不同系统网络的平滑切换，具备支持新一代多媒体的传输能力。

在2015年，ITU发布了5G愿景建议书，给出了5G的八大技术指标，如图1-3-2所示。其中，eMBB场景主要对应峰值数据速率技术指标，mMTC场景主要对应连接密度技术指标，URLLC场景主要对应时延技术指标。相比4G，5G峰值数据速率可达10~20 Gbit/s，用户体验速率达到0.1~1 Gbit/s，流量密度达到10 Mbit/(s·m^2)，连接数密度达到每平方千米百万设备，空口时延达到毫秒级，支持500 km/h以上的移动速度，5G频谱效率提升3倍以上，能量效率提升百倍以上。

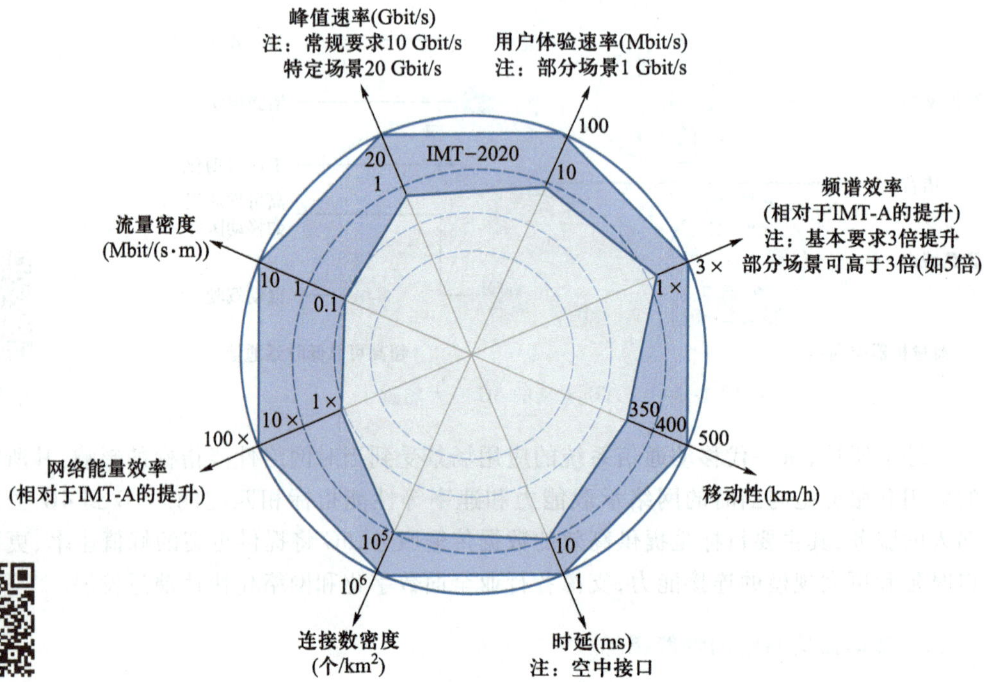

彩图1-3-2

图1-3-2 ITU定义的5G八大技术指标

1.4 移动通信系统及关键技术概述

1.4.1 移动通信系统架构

移动通信系统架构包含终端、无线网、承载传送网、核心网等。终端除了大家熟知的手机，还可以是内置通信功能的无人机、机器人等多种形态。无线网由负责用户无线接入的不同类型基站组网而成。承载传送网是移动通信系统的关键组成部分，负责无线网和核心网之间的有线连接和数据传输。核心网是整个移动通信网络的中枢，提供用户开户、安全接入、计费、用户移动时的管理和控制等功能，还提供流量、语音、消息等典型的移动通信基础业务。5G 网络的应用从消费互联网拓展到产业互联网和物联网等领域,为社会创新水平的整体跃升和生产力的跨越式发展奠定坚实基础。在 5G 时代,网络架构、无线接入网、核心网等多个层面在 4G 网络的基础上进行增强或革新。

如图 1-4-1 所示,为满足用户不断增长、应用种类繁多的业务需求,5G 在网络架构方面实现了跨越式的变化。5G 无线接入网采用新型编码、调制、波束赋形、先进的多址接入、空间域的大规模扩展、频率域的高带宽获取、地理域的超密集组网等技术,使终端和基站之间的信息能够更高效、可靠地传输。5G 核心网引入软件定义网络(software-defined networking,SDN)、网络功能虚拟化(network function virtualization,NFV)、云原生等新技术,支撑了更灵活高效的网络管理和服务部署,满足不同场景的应用需求。

移动通信网络在近几十年的发展历程中,不断进行着技术变革。从网络架构方面来看,从 1G 的电路域,到 2G 和 3G 的电路域和分组域共存,再到 4G 基于全 IP 的网络。在这个演进过程中,网络架构从四层变成三层,再到两层,变得越来越扁平化,减少网络层级以降低时延、提高效率。

2G 网络初期给用户提供的主要是单一的语音业务,整个网络中只有电路域。之后,引入了通用分组无线服务(general packet radio service,GPRS)技术,通过分组交换功能为用户提供数据业务。如图 1-4-2 所示,2G 时代接入网由基站(base transceiver station,BTS)和基站控制器(base station controller,BSC)构成。核心网包括电路域的控制网元移动交换中心/拜访位置寄存器(mobile switching center/visitor location register,MSC/VLR)、网关移动交换中心(gateway mobile switching center,GMSC)、分组域的接入控制网元(serving GPRS support node,SGSN)和互联网接入网关(gateway GPRS support node,GGSN)等。MSC 负责呼叫控制和连接管理;VLR 主要负责存储并管理在其区域内活动的移动用户信息;GMSC 负责提供接入外部网络接口;SGSN 主要负责移动性管理和用户数据在 2G/3G 网络内部的路由,而 GGSN 负责连接外部 IP 网络(如 Internet),两者共同处理分组数据。

在 3G 网络中,如图 1-4-3 所示,基站(NodeB)和网络控制器(radio network controller,RNC)替代了 2G 网络中的 BTS 和 BSC。NodeB 在接入网中承担了两个核心功能:射频处理和基带处理。射频处理主要涉及发送和接收高频无线信号,以及将这些高频信号与基带信号进行相互转换。而基带处理则涉及信道编码和解码、复用和解复用、扩频调制以及解扩和解调等多种功能。另外,RNC 负责基站之间的控制和协调,负责系统接入控制、承载控制、移动性管理、宏分集合并以及无线资源管理等多个控制功能。核心网基本延续了 2G 网络的架构,依然分为电路域和分组域,但是由于 3G 时代数据业务量的迅猛增长,分组域逐渐占据主导地位。

4G 时代,移动宽带业务迅猛增长。为了进一步提升用户业务体验,降低端到端时延,4G 网络的网络架构从四层变为三层,呈现出"扁平化"趋势。在 4G 网络中,新型基站 eNodeB 取代了 NodeB 和 RNC,用户数据包从基站可以直接发往核心网。如图1-4-4 所示,4G 核心网实现了全 IP 化,核心网中实现了控制面与用户面的初步分离,SGSN 的功能分别演进为移动性管理实体(mobility management entity,MME)处理控制面,以及服务网关(serving gateway,SGW)处理用户面,GGSN 演变成为分组数据网络网关(packet data network gateway,PGW)。

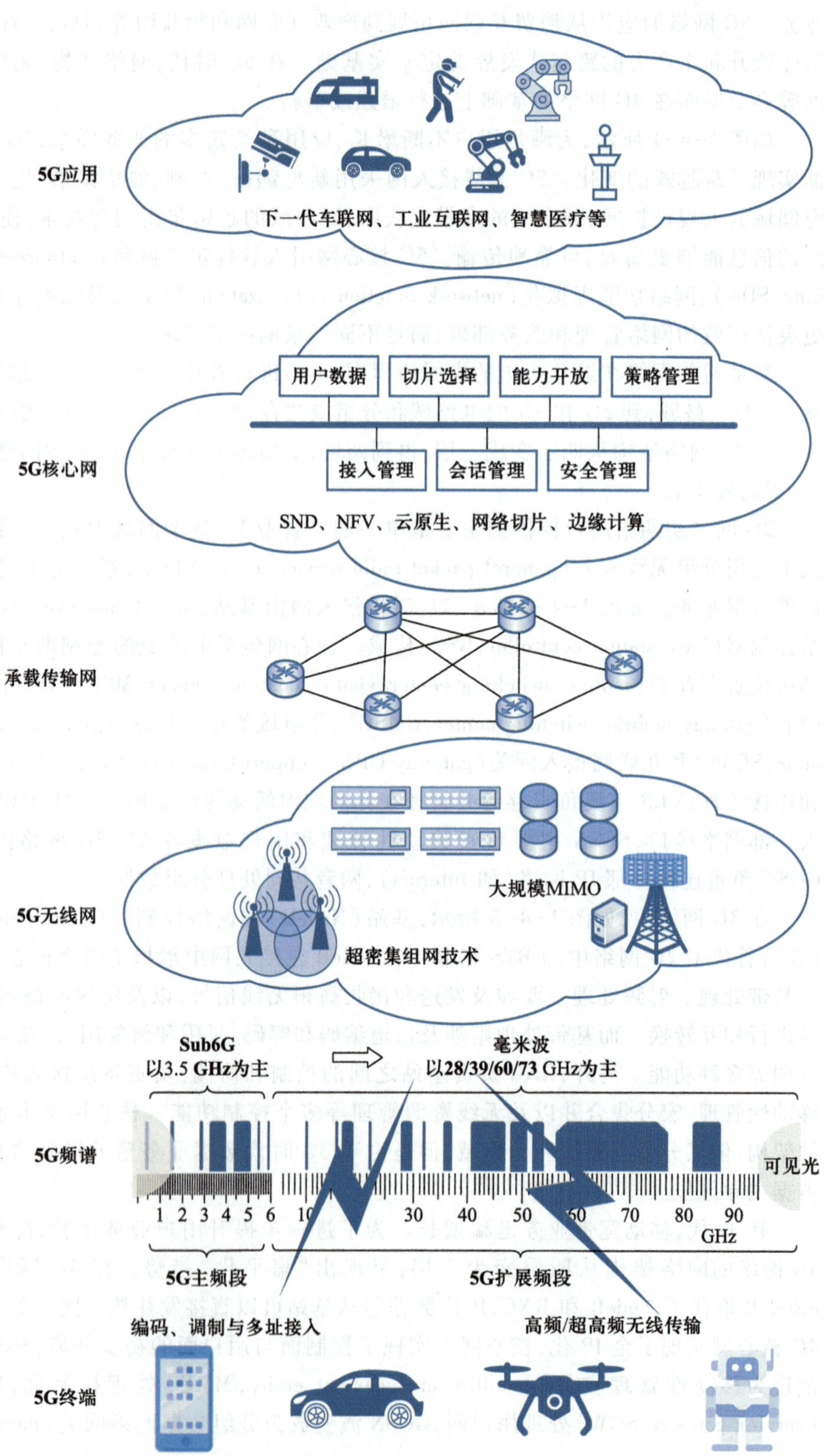

彩图 1-4-1

图 1-4-1 5G 网络的系统架构

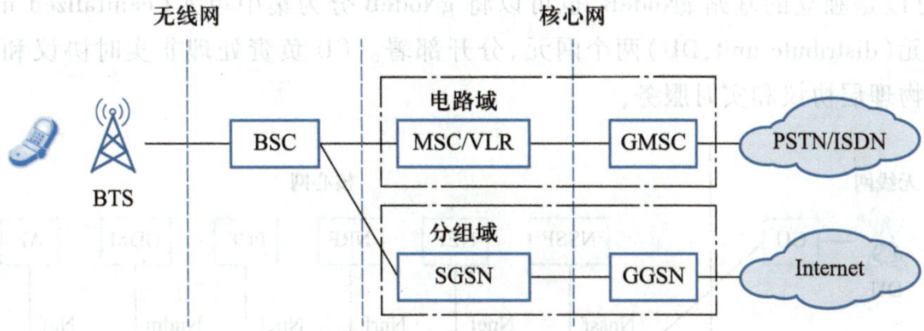

图 1-4-2 2G 网络架构(四层)

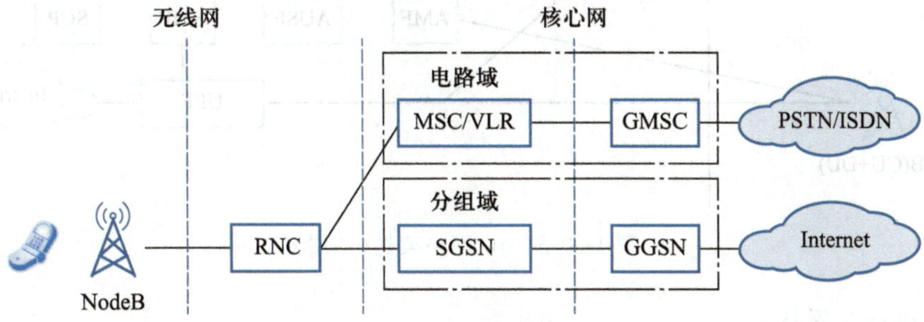

图 1-4-3 3G 网络架构(四层)

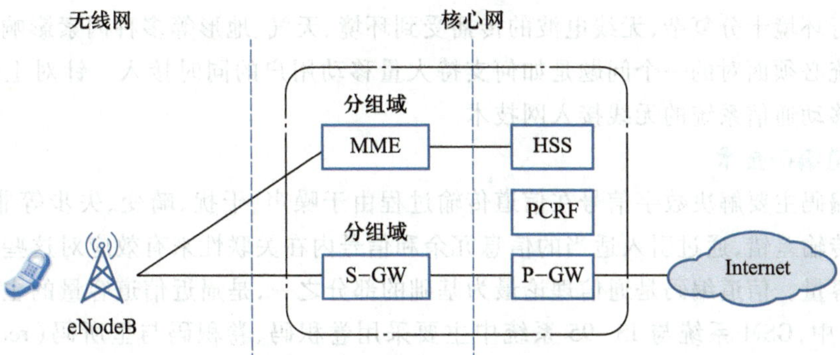

图 1-4-4 4G 网络架构(三层)

相比 1G 到 4G 的移动通信系统,5G 网络在网络架构方面实现了跨越式的变化,如图 1-4-5 所示。5G 除了传输速率大幅提升,还有超低时延、高可靠、海量连接、低成本等多方面需求。5G 所承载的业务,特性各异,对网络的要求也千差万别。因此,5G 网络架构在设计时充分考虑了 5G 的需求、场景和指标要求,采纳并结合了信息技术(information technology,IT)和互联网领域前沿的思想和技术,在 4G 核心网的基础上进行了革命性的重新设计。5G 引入服务化架构(service-based architecture,SBA)的理念,使整个系统在大幅提升通信能力的同时,也具备了 IT 系统的灵活性。通过引入单一的数据面网元等方式,实现了极简的架构设计,将网络架构压缩为两级,尽可能地提升了数据转发性能,提高了网络控制的灵活性。在无线接入网方面,为了促进组网方式更加灵活、满足 5G 多样化的需求,无线接入网有两种形式,可以是独立的基站 gNodeB,也可以将 gNodeB 分为集中单元(centralized unit,CU)、分布式单元(distribute unit,DU)两个网元,分开部署。CU 负责处理非实时协议和服务,DU 负责处理物理层协议和实时服务。

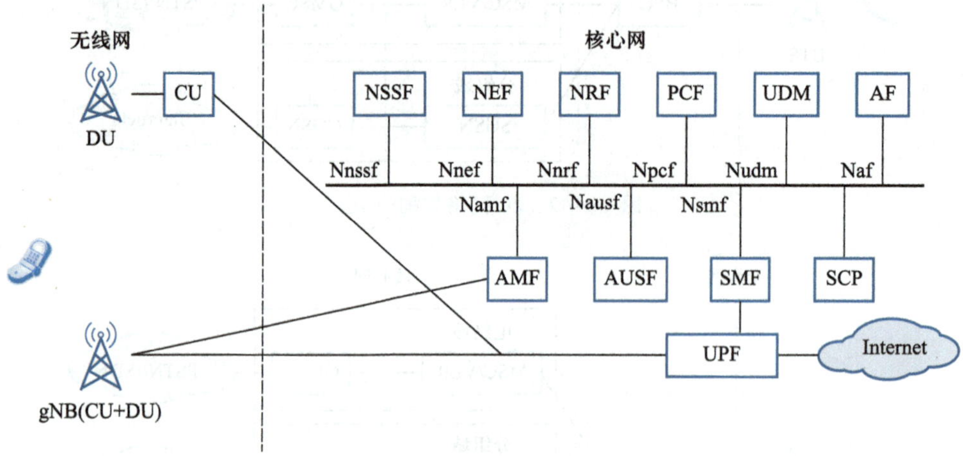

图 1-4-5 5G 网络架构(二层)

1.4.2 无线接入网技术

无线接入网技术主要解决"终端-基站"的信息高效传递问题。由前述内容可知,移动通信的运行环境十分复杂,无线电波的传播受到环境、天气、地形等多种因素影响。同时,移动通信系统必须面对的一个问题是如何支持大量移动用户的同时接入。针对上述问题,下面将介绍移动通信系统的无线接入网技术。

1. 信道编码技术

信道编码主要解决数字信号在信道传输过程由于噪声、干扰、畸变、失步等非理想特性所引起的传输差错,通过引入适当的信息冗余和信号内在关联性来有效应对这些差错,进而逼近信道容量。信道编码是通信理论最为基础的部分之一,是逼近信道容量的主要手段。

在 2G 中,GSM 系统与 IS-95 系统中主要采用卷积码、卷积码与里所码(reed-solomon codes,RS codes)的级联码。在 3G 中,采用的信道编码类型主要有卷积码和 Turbo 码。在 4G 中,LTE 有三种基本的信道编码,即为循环冗余校验(cyclic redundancy check,CRC)码、卷积码、Turbo 码。经过两年的标准化过程,5G 新空口(new radio,NR)确定了极化(Polar)码作为 5G eMBB 场景控制信道的编码方案,低密度奇偶校验(low density parity check,LDPC)码作为 eMBB 场景中数据信道的编码方案。表 1-4-1 给出了历代移动通信系统主要采用的信道编码方案。

表 1-4-1 历代移动通信系统主要采用的信道编码方案

通信系统	2G	3G	4G	5G
信道编码技术	卷积码、卷积码与 RS 码的级联码	卷积码和 Turbo 码	CRC 码、卷积码、Turbo 码	Polar 码和 LDPC 码等

Polar 码是一种基于信道极化现象的新型信道编码方案。Polar 码是一种线性纠错码，通过信道合并(channel combination)和信道分裂(channel splitting)得到了合成信道和若干分裂子信道，合成信道的总容量是各个子信道的容量之和，容量守恒；分裂子信道的信道容量呈现出两极分化的趋势。对于二元对称离散无记忆信道(binary discrete memoryless channel,BDMC)，一部分分裂子信道的信道容量趋近于无噪声信道的信道容量 1，另一部分分裂子信道的信道容量趋近于 0，即完全噪声信道下的信道容量。Polar 码理论上接近香农极限，其编译码复杂度相对 Turbo 码等其他高级编码技术较低，但在实际应用中，特别是对于较短的码长，达到极限性能存在挑战。在频谱利用效率和中短码长下的性能方面，Polar 码不如多元 LDPC 码。

LDPC 码是一种校验矩阵密度极低的线性分组码，核心思想是用一个稀疏的向量空间把信息分散到整个码字中，被公认为是性能最接近香农极限的信道编码之一。虽然 LDPC 码有很好的抗干扰性能，但是 LDPC 码的编译码的复杂性较高。5G-NR LDPC 编码链路中包含码块分段、CRC、LDPC 编码、速率匹配、交织，如图 1-4-6 所示。物理层在收到媒体接入控制(media access control,MAC)层的一个传输块后，首先添加一个 16 bit 或 24 bit 的 CRC，用于接收端错误检测。在添加 CRC 后，如果传输块包含的比特数超过了一定值，则把它分为若干个码块，各个码块再各自添加 CRC，而后进行独立的 LDPC 编码。最后，每个编码后的码块分别进行速率匹配、混合自动重传请求处理和交织。

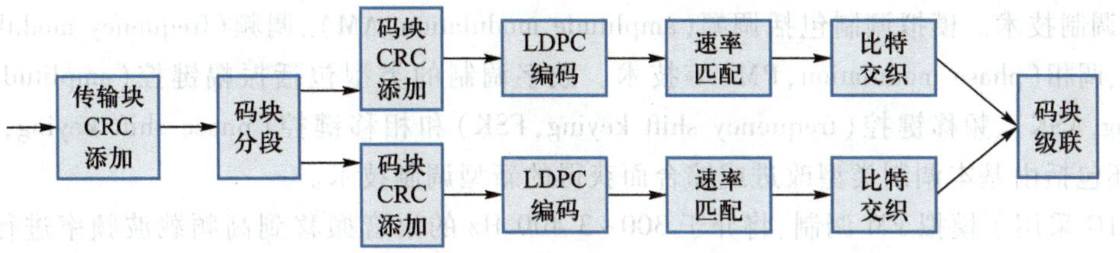

图 1-4-6 LDPC 编码流程图

2. 调制技术

在无线通信中，比特信息由电磁波携带并经过复杂的无线信道传播到接收端。不同频段的电磁波具有不同的传播特性，必须要将信息转换成适合信道传播的电波信号才能完成信息传输，这个转换过程总称为调制。如图 1-4-7(a)所示，首先，需要将经过编码的比特流串并变换后映射成一串表征各种物理量(如幅度、相位、时长等)的符号序列，这一步骤称为映射，并通常用图来形象地表示这种比特到符号的映射关系，这种图称为星座图，因此常将该映射称为星座图映射；其次，将映射所得到的符号序列进行数模变换(digital to analog, D/A)，得到相应的基带信号；再次，根据基带信号对载波相应的物理量进行控制，使载波的相应物理量随着基带信号的改变而改变，这一步骤称为载波调制；然后，根据可用电磁频段的频率要求，将载波频率变换到相应的许可电磁频段，这一步骤称为上变频；在上变频的过程中通常会产生不需要的镜像频率分量，通过适当的滤波可消除其影响；最后，经功率放大和天线发射将信号发射到空中。

发射信号经过空中传播后，在接收端将经历相反的解调过程实现信号的恢复。如图 1-4-

7(b)所示，首先，将天线接收下来的微弱信号进行滤波放大，再进行下变频，将信号变到合适的中频甚至基带频率上，通过获取载波的对应物理量（如幅度、相位、时长等）得到连续的基带信号，然后进行模数变换（analog to digital, A/D），恢复出携带信息的符号序列，最后对该符号序列进行解映射和译码，即可恢复出原始的信息比特流。

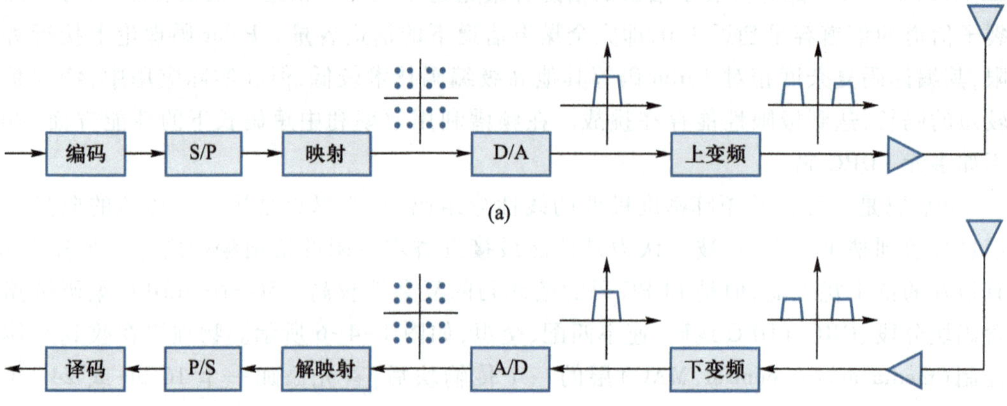

图 1-4-7 调制/解调过程概念框图

移动通信系统的调制技术包括应用于1G的模拟调制技术和应用于2G/3G/4G/5G的数字调制技术。模拟调制包括调幅（amplitude modulation, AM）、调频（frequency modulation, FM）、调相（phase modulation, PM）等技术。数字调制的类型包括振幅键控（amplitude shift keying, ASK）、频移键控（frequency shift keying, FSK）和相移键控（phase shift keying, PSK）等，还包括由基本调制类型改进或综合而获得的新型调制技术。

1G采用了模拟FM调制，将介于300~3 400 Hz的语音搬移到高频载波频率进行无线传输，能够支持语音通话业务。在2G时代，GSM系统结合了TDMA、高斯最小频移键控（Gaussian minimum frequency-shift keying, GMSK）调制等新技术来传送信号。3G主要包括WCDMA、CDMA2000和TD-SCDMA。WCDMA和CDMA2000的信号调制上行采用的是BPSK调制方式，下行采用的是QPSK调制方式。TD-SCDMA采用正交相移键控（quadrature phase shift keying, QPSK）和8PSK方式进行调制。4G选用QPSK、16正交幅度调制（quadrature amplitude modulation, QAM）和64QAM作为主要的调制方案，能有效满足4G的传输速率要求。在QAM调制中，载波幅度和相位被同时利用来传递信息比特，实现更高的频带利用率，并且增大噪声容限，一定程度上保证系统的误码性能。然而，相比于4G，5G在传输速率及覆盖性能方面有了量级的提升，需要引入新的高阶调制技术以满足5G的速率要求。5G NR支持的调制方案包括 $\pi/2$-BPSK/BPSK、QPSK、16QAM/64QAM/256QAM方式。其中，为了提高小区边缘的覆盖可选用 $\pi/2$-BPSK，为了提高系统容量可选用256QAM。

表1-4-2总结了历代移动通信系统主要采用的调制技术。

表 1-4-2 移动通信调制技术演进

通信系统	1G	2G	3G	4G	5G
调制技术	模拟式的 FM 调制	GMSK 调制等	BPSK 调制、QPSK 调制等	QPSK、16QAM 和 64QAM 调制等	π/2 - BPSK、BPSK、QPSK、16QAM、64QAM、256QAM 调制等

与有线通信方式不同，移动通信系统设计需要考虑复杂的无线环境及受限的频谱资源，因此，需要设计抗衰落性能良好和频谱利用效率高的调制方式。在对抗多径衰落方面，一般采取多载波和单载波两种基本传输技术来实现无线通信。正交频分复用（orthogonal frequency-division multiplexing，OFDM）是一种典型的多载波调制技术，通过将高速的数据流通过串并变换分配到多个并行的正交子载波上同时进行数据传输，可以有效提高传输效率。OFDM 的基本原理是经过快速傅里叶逆变换（inverse fast fourier transform，IFFT），将信号调制到正交的子载波上进行传输。OFDM 技术是 4G 的核心技术之一，并沿用到 5G。此外，5G NR 的一个关键创新之处是采用了可扩展的 OFDM 参数配置，实现了子载波间隔能随信道宽度以 2^n 倍扩展，以支持多种频谱频段、类型和部署模式。

3. 多输入多输出技术

在传统的无线通信系统中，发送端和接收端通常都采用单天线结构，即单输入单输出（single-input single-output，SISO）系统。香农容量公式确定了 SISO 系统在加性高斯白噪声信道中进行可靠通信的理论最大速率，即无论采用何种调制编码或者波形设计方案，SISO 系统的实际传输速率都不会突破香农提出的极限。

为了突破传统 SISO 无线通信系统的信道容量极限，Telatar 以及 Foschini 和 Gans 等学者开创了多天线信息理论。天线数量的增加引入了空间维数的概念，为信号设计增加了额外的自由度，原本在低维空间中比较困难的优化问题，在高维空间中有可能不再困难，从而获得更好的系统性能。理论上，对于理想的随机信道，只要付出足够的天线成本和提供更多的空间，便可获得无限大的信道容量。因此，多输入多输出（multiple input and multiple output，MIMO）技术成为 4G 关键技术之一，也是移动通信领域的重大技术突破之一。

MIMO 技术是指在发送端和接收端分别使用多个发送天线和接收天线，每个收发天线之间形成一个 MIMO 子信道，假定发送端存在 m 个发送天线，接收端有 n 个接收天线，系统框图如图 1-4-8 所示。与传统的信号处理方式不同，MIMO 技术可以同时从时间和空间两个方面研究信号的处理问题，从而能够在不增加带宽与发射功率的前提下，提高系统的数据速率、减少误比特率。

为了进一步提升系统频谱效率、功率效率、用户终端连接数和速率容量，大规模 MIMO 技术在基站侧配置更大规模天线阵列，其天线单元数为数十甚至数百个以上，从而利用大规模天线配置所提供的空间自由度，不同用户在同一时频资源上的通信提升了频谱资源在多个用户之间的复用能力、各个用户链路的频谱效率以及小区间的抗干扰能力，由此大幅提升频谱资源的整体利用率。因此，大规模 MIMO 技术通过利用不同的维度（空域、时域、频域、极化域），可以极大提升频谱利用效率和能量利用效率，是 5G 重要使能技术。如图 1-4-9 所示，在大规模 MIMO 通信系统中，分布在基站覆盖区内的多个用户发送端可以利用多个天线各自独立发送信号，在同一时频资源上与基站进行通信，基站利用多个天线完成信息的接收。目前，大规模 MIMO 技术依然处于研究阶段，需要在信道信息获取、信道测量与反馈、参考信号设计、天线阵列设计和码本设计等关键技术方面进行深入研究。

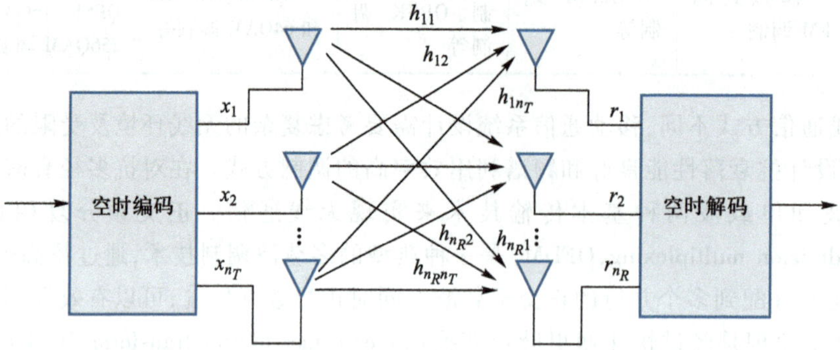

图 1-4-8 MIMO 系统框图

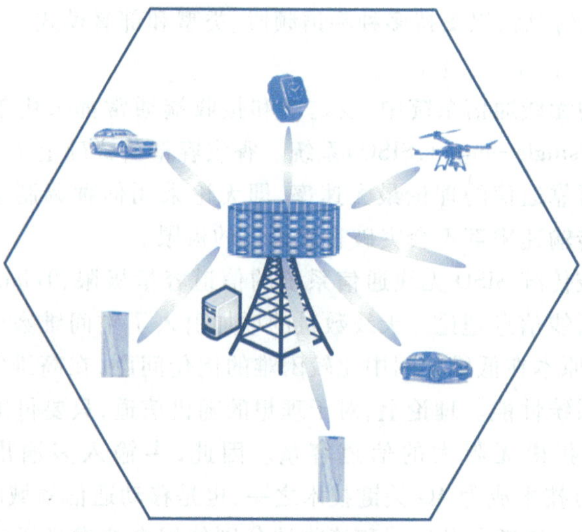

彩图 1-4-9

图 1-4-9 大规模 MIMO 通信系统场景示意图

4. 毫米波通信技术

毫米波通信是指利用毫米波频段（通常指频率在 30~300 GHz，波长为 1~10 mm）作为承载信息的载体完成无线通信。毫米波频谱资源丰富，可提供的带宽远大于传统无线通信频段，能够支持极高的数据传输速率，这对于满足 5G 及以后的移动通信系统中大量数据传输的业务需求至关重要，如超高清视频、虚拟现实（VR）、增强现实（AR）和大规模物联网（IoT）等应用。由于毫米波的波长短，同等天线增益下，毫米波天线的尺寸可以做得比低频段天线小得多，便于集成在小型设备中，如智能手机和平板电脑。此外，毫米波技术常采用大规模多输入多输出技术，通过数组小天线实现波束赋形和空间多路复用，进一步提高系统容量和通信质量。毫米波的短波长特性使其具有良好的方向性和空间分辨力，可以减少信号干扰，实现更精准的信号定向传输和接收，这一点对于提高频谱利用率、减少同频干扰和增加安全性尤为重要。

与此同时,毫米波通信也面临了诸多挑战。例如,更高载波频率的毫米波信号容易被大气中的水分吸收,且易被树叶、墙壁等障碍物阻挡,会导致更高的路径损耗与大气分子吸收损耗;由于波长短,当毫米波信号遇到阻塞时无法通过衍射建立链路。这要求毫米波系统设计时需考虑有效的信号绕射、反射和穿透技术,以及更为密集的基站布局来克服信号衰减问题。目前,以毫米波为代表的高频段在5G中主要应用于两类场景,即基于宏微结合增强高速移动环境下的用户体验和基于毫米波的无线回程链路。而事实上,毫米波通信技术不仅在移动宽带通信领域有广泛应用前景,还在雷达探测、卫星通信、安全检查、医疗成像等领域展现出巨大潜力。

5. 多址接入技术

移动通信系统以信道来区分通信对象,每个信道通常只支持一个用户进行通信,多个用户同时通信则以不同的信道加以区分,通过多个信道实现许多用户同时接入需要采用多址技术。如图1-4-10所示,在移动通信系统中,多址接入技术主要解决的问题:如何实现不同用户占用不同的移动通信系统信道进行同时通信,且尽可能减少干扰。

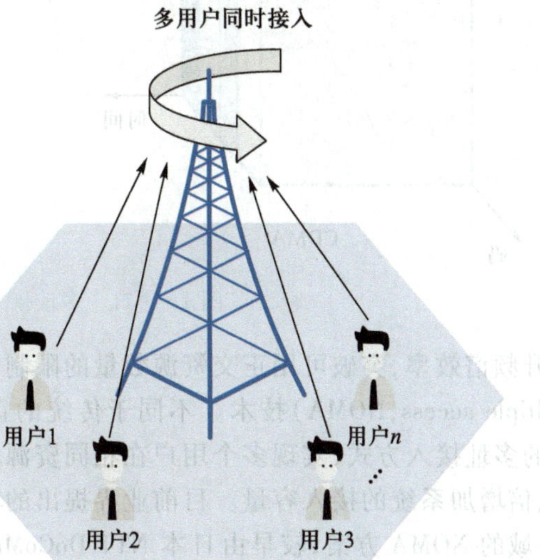

图1-4-10 多址接入示意图

支撑大规模设备接入的关键是设计合适的多址接入技术。1G至4G均采用了正交多址接入技术。例如,1G使用了FDMA技术,2G主要使用了TDMA技术,3G使用了CDMA技术,4G使用了OFDMA技术。具体来说,如图1-4-11所示,在基于FDMA的1G中,所分配的频谱划为多个子带,又称为信道,每一个用户占用一个信道;在基于TDMA的2G中,若干用户共用相同的频带,采用占用不同时隙的方法进行用户区分;在基于CDMA的3G中,若干用户共用相同的时隙、频带,采用占用不同码字的方式进行用户区分;在基于OFDMA的4G中,则将频带划分成正交的互不重叠的一系列子载波集(对应不同的子带),在不同时隙将不同的子载波集分配给不同的用户实现多址。

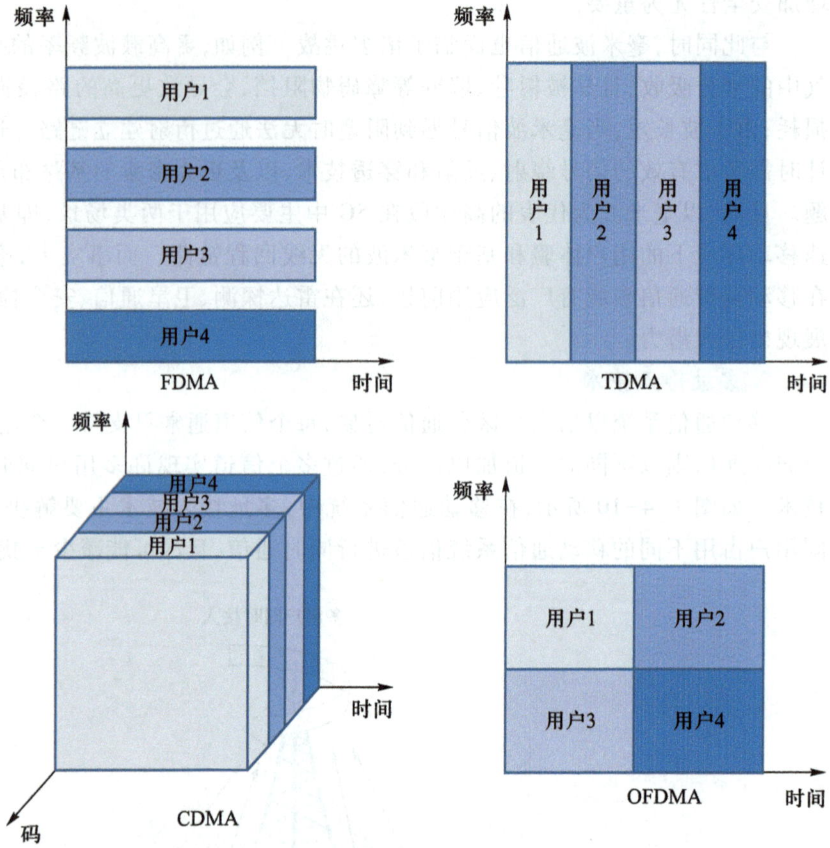

彩图 1-4-11

图 1-4-11　多址接入技术

为了进一步提升频谱效率,突破可用正交资源数量的限制,业界提出了非正交多址接入(non-orthogonal multiple access,NOMA)技术。不同于传统的正交多址接入技术,NOMA 技术通过使用非正交的多址接入方式,实现多个用户在相同资源块上叠加传输,从而有效地提升系统频谱效率、成倍增加系统的接入容量。目前业界提出的非正交多址的方案,主要分为两类,一是基于功率域的 NOMA 方案,较早由日本 NTT DoCoMo 公司提出,在发送端利用叠加编码(superposition coding,SC)技术,接收端利用串行干扰消除(successive interference cancellation,SIC)技术进行解调,提高频谱利用效率;二是基于编码域的 NOMA 方案,即采用用户特定的传播序列使多个用户共享相同的时间或频率资源。与传统的 CDMA 方案相比,编码域 NOMA 方案的扩展序列主要面向稀疏序列或非正交的低互相关序列。编码域 NOMA 方案主要包括华为公司提出的稀疏码多址(sparse code multiple access,SCMA)、中兴通讯提出的多用户共享多址(multi-user shared access,MUSA)、大唐移动提出的图样分割多址(pattern division multiple access,PDMA)以及美国高通公司提出的资源扩频(resource spread multiple access,RSMA)等方案。

基于短序列扩频的非正交多址方案,主要实现方式有设计高性能的扩频码来实现高维调制,如 SCMA 和 MUSA;而 PDMA 则是针对不同过载情况设计不同的扩频图样。这三者的共同特点是都采用了稀疏的扩频码,即在相同时频资源上叠加多个用户的低码率传输数据,而在接收端牺牲复杂度以获得更多的用户复用。RSMA 虽然没有设计新的扩频码字,而是采用性能较好的 LDPC 信道编码,通过低码率的 LDPC 信道编码,从而达到足够的码字长度,因此能够利用具有稀疏性的校验矩阵特性,在接收端采用消息传递算法(message passing algorithm,MPA)实现多用户联合检测。

6. 密集化无线组网技术

无线组网技术构建在无线传输技术基础上,将无线接入网中的物理实体之间建立连接关系,包括终端和基站等设备。在早期的无线组网技术中,如 1G、2G,主要支持点到点传输,无线组网结构也相对简单。随着无线传输技术的不断演进,特别是 MIMO、多点协作传输等技术的出现,可以支持多点到多点之间的无线传输,相应也促进了无线组网技术的不断演进。如何采用高效的无线组网技术来充分发挥无线传输技术的性能优势,提升网络吞吐量、降低干扰、提高业务连续性,是每一代移动通信系统必须解决的关键问题之一。

20 世纪 80 年代初期,以模拟蜂窝网络为主要特征的 1G 商业化落地,该系统主要采用了频分多址(frequency division multiple access,FDMA)技术来区分不同的用户。然而,该系统的容量十分受限且资源利用率较低,难以满足日益增长的用户数量和多样化服务的需求。以 GSM、IS-95 为代表的 2G 在频率资源基础上进一步增加了资源维度,系统容量也因此扩大。进入 3G 时代后,为了进一步提升网络容量,WCDMA 系统在蜂窝组网技术的基础上进一步引入了分层蜂窝网络技术。分层蜂窝网络技术中包含宏基站和微基站两类基站设备,宏基站负责大区域的网络覆盖,微基站则负责小区域的覆盖,两者的覆盖区域互相重叠,构成了分层蜂窝网络覆盖。微基站组网形式简单,且无须改变原有的网络架构,可以直接加到现有的网络中,快速解决覆盖盲区、热点区域通信等问题。

随着移动通信系统演进至 4G 时代,蜂窝组网技术也产生了突破性的技术变革——协作组网和异构组网技术获得了广泛的应用。协作组网技术是指网络中多个无线接入基站同时为一个移动终端设备传输数据或者联合接收来自一个手机设备的数据。协作组网技术通过相邻小区间的信号联合处理,抑制小区间干扰,提高系统容量。特别地,针对小区边缘用户,协作组网技术可以使边缘用户接收信号的质量和频谱效率得到大幅提升。异构组网技术可以发挥不同类型基站的优势,解决蜂窝网络覆盖的广度和深度问题。异构组网技术通过在一个区域内重叠部署不同类型小区,其中,宏基站提供网络的基础覆盖,小基站进行热点区域的网络覆盖,可以有效提升网络容量。随着 4G 向 5G 演进,为了应对 5G 对容量快速增长的需求,经评估,在相同区域内,相比于 4G 网络,5G 网络需部署约十倍的基站数才能支持所需的容量需求。因此,5G 蜂窝组网技术又面临着新的变革需求,于是 5G 超密集组网技术(ultra-dense network,UDN)应运而生。表 1-4-3 详细总结了历代移动通信组网技术。

表 1-4-3 无线组网技术演进总结

时间	无线组网形式	无线组网技术特点
早期移动通信系统(1970 年之前)	大区制组网	结构简单,容量小

续表

时间	无线组网形式	无线组网技术特点
1G(1980年—)	模拟式蜂窝小区组网	基站数量增加、发射功率降低,用户与基站的距离减小,终端能耗降低,网络容量小
2G(1990年—)	数字式蜂窝小区组网	采用小区分裂、扇区化等技术,频谱利用率提高,网络容量进一步提升,覆盖范围进一步扩展
3G(2000年—)	分层组网	宏微基站重叠分层覆盖,微基站部署灵活,网络容量进一步提升,覆盖性能提升
4G(2010年—)	协作组网、异构组网	支持多种类型基站异构组网,支持基于多点协作传输技术的协作组网,网络容量进一步提升,覆盖性能进一步提升
5G(2020年—)	超密集组网	支持网络密集部署、基站向小型化和异构化进一步发展,网络容量大,覆盖性能进一步提升,用户服务质量提高

在超密集网络中,微蜂窝(microcell)、皮蜂窝(picocell)、飞蜂窝(femtocell)、中继基站(relay station)等多种无线传输技术的低功率基站,站点间距缩小到10 m甚至更小,其部署密度将达到4G基站部署密度的10倍以上。密集化的部署可以消除宏基站的覆盖盲区,将小区基站与用户的距离拉近,有效解决边缘用户覆盖问题,大幅提升频谱效率和网络容量,降低传输时延,并提升业务在各种接入技术和各覆盖层次间分流卸载的灵活性。

如图1-4-12所示,在网络原有基站部署的基础上,增加小基站的数量,逐渐形成超密集网络。超密集组网技术以宏基站为“面”,在室内外热点区域,密集部署低功率的小基站,形成“宏-微”密集立体化组网方案,提高了频谱利用效率,增大了单位面积内的用户连接数量,消除了信号盲点,改善了网络覆盖环境,打破了以往扁平化、单层网状的传统网络覆盖方式。但是,由于节点之间距离的减小,将导致一些与现有系统不同的问题,例如,干扰问题、能耗问题、移动性管理和同步问题等,需要进行深入研究。

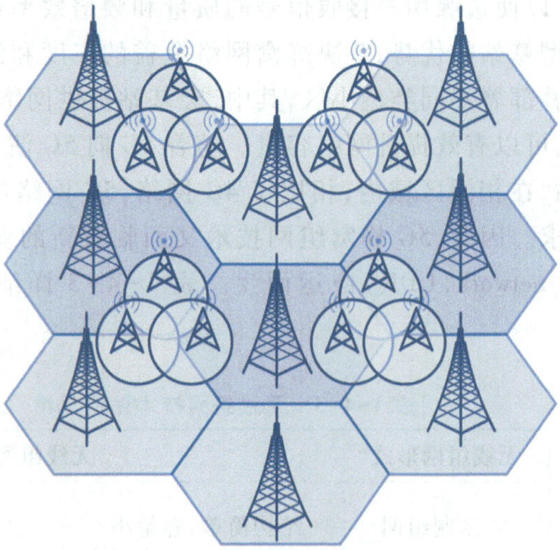

彩图1-4-12

图1-4-12　5G超密集组网技术

1.4.3 核心网技术

无线接入网技术保证了“终端—基站”的信息高效传递,但这种信息传递通常受限于局部地理区域。从图 1-4-5 可以看出,为了服务数以亿计的移动用户,还需要实现用户到互联网的高效信息交互,涉及经由核心网的广域高效信息传递问题,需要完成对终端的接入控制、数据路由、签约和计费等功能。总体来说,核心网肩负着承上启下、融会贯通的使命,其功能复杂,因此核心网必须具备高性能、灵活开放等特点。一方面需要对大量基站、海量终端进行管理,另一方面需要满足各种应用的网络需求。移动通信核心网主要由交换网和业务网构成,负责对语音及数据业务进行交换和路由查找,以便将业务连接至外部网络。

为了适应移动数据业务和多媒体业务的快速发展,核心网也随之发生相应的变化。在 2G 向 3G 演进过程中,3G 网络体系与 2G 保持兼容,核心网分为电路域和分组域。对于电路域业务,3G 除了提供 2G 的所有业务,还需提供 2G 难以提供的业务,如多媒体可视电话业务等;对于分组域业务,可以提供高速上网、视频点播等更加丰富的数据业务。3G 核心网络包括移动交换网和业务服务网,移动交换网完成无线网同固定网的互联互通和终端移动性管理功能,而业务服务网则向移动用户提供与固定用户所能获得的相同业务和服务质量。4G 在网络架构方面,取消了 3G 标准中采用的无线网络设备 RNC 节点,代之以全新的扁平结构。在核心网方面,只存在分组域演进的分组核心(evolved packet core,EPC),只提供分组业务。对语音业务的实现,4G 可以通过 IP 多媒体核心网子系统(IP multimedia core network sub-system,IMS)实现 VoIP 业务,4G 业务分为分组域业务和 IMS 域业务。核心网包括众多的技术,如移动性管理和资源管理等。

相比于 4G 核心网,5G 核心网采用原生适配云平台的设计思路、服务化架构及微服务功能,提供更灵活的控制和转发能力。5G 核心网的网元从 4G 核心网专有网络设备变成了 5G 云化“网络功能(network function)”,并引入统一的用户数据网元、单一的数据面网元等方式,有效提高了网络控制的灵活性、可扩展性和定制化能力。同时,5G 核心网的革新引入了许多新的技术,基于 SDN、NFV 和边缘计算等技术融合,支持构建更加灵活、智能、高效的网络系统。

1. SDN 技术

SDN 技术是一种网络设计理念和新型开放网络架构,具有控制与转发分离、控制逻辑集中和网络可编程三大特征。SDN 技术通过分离网络控制面与转发面实现集中控制,通过开放的网络可编程接口实现跨域跨平台的业务协同简化运维,适应以云为中心的新型网络演进,实现全局视角网络资源灵活调度和新业务的快速部署。这一技术旨在简化运维流程,提高网络资源利用率,并提升对业务的感知。

如图 1-4-13 所示,开放网络基金会(Open Networking Foundation,ONF)组织提出的 SDN 架构主要分为三层,即网络设备构成的基础设施层、网络操作系统构成的控制层、商业应用构成的应用层。基础设施层由多张网络组成,通过控制层的 SDN 控制软件对外提供可编程的接口来实现本网络能力的开放,完成数据处理和转发;控制层的网络操作系统整合多张网络的控制器协同多网络,实现网络连接端到端的协同开通和管理;应用层包括大量的应用服务,通过开放的北向应用程序编程接口(application programming interface,API)对网络资源进行调用。SDN 技术通过软件与控制分离、软件与硬件解耦、业务和网络解耦的方式，可以有效增强集中计算控制能力，实现网络智能灵活调度，提升网络的开放性，简化网络的运维管理。

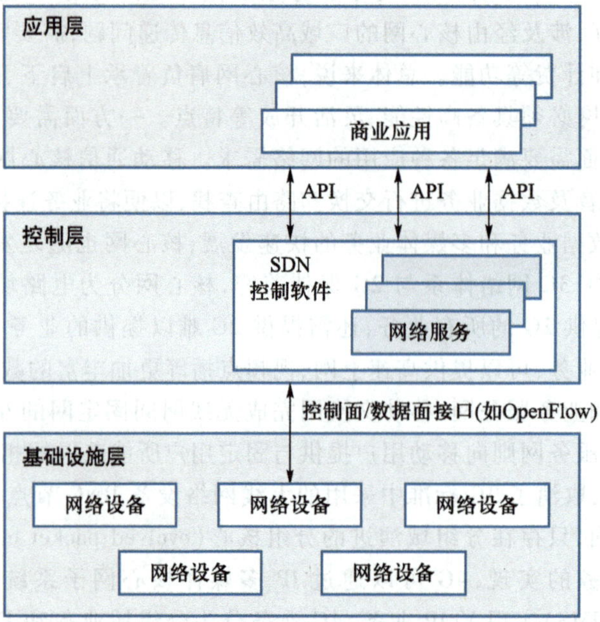

图 1-4-13 SDN 架构示意图

5G 核心网借鉴了 SDN 的理念，设计了控制平面和转发平面共同组成的 5G 网络逻辑架构。SDN 技术横跨核心网、无线接入网、承载传送网进行资源分配，对流量进行管理。通过使用 SDN 集中管理所有网络，一方面可以端到端的分配网络资源并打通连接，另一方面还可以对外开放网络能力，实现网络和业务的分离。除 5G 承载传送网之外，SDN 技术还在和 5G 密切相关的数据中心、广域网等领域得到了广泛应用。数据中心内部网络通过 SDN 技术可实现自助开通，以及多租户网络逻辑隔离、业务灵活调度；在 IP 承载传送网（广域网）场景中进行全网网络流量实时感知、全局流量集中调度、IP 网络带宽利用率提升以及关键业务质量保障。

2. NFV 及云原生技术

NFV 技术是由电信运营商联盟提出的一种软件与硬件分离的架构，利用虚拟化技术，针对不同的业务应用需求，通过加载软件实现功能重构和网络智能编排，以降低设备成本、加快网络和业务的部署速度。如图 1-4-14 所示，NFV 技术的核心思想是运用虚拟化和云计算技术将传统电信设备网络逻辑功能与物理硬件解耦，采用通用服务器代替原有的先进的电信计算平台（advanced telecom computing architecture，ATCA）专用硬件，将虚拟网络功能（virtual network function，VNF）以软件形式运行在通用 IT 云环境中，并通过引入的管理和网络编排（management and network orchestration，MANO）系统实现网络的动态扩（缩）容和敏捷运营，最终实现缩短业务上线时间，大幅降低基础设施硬件成本。

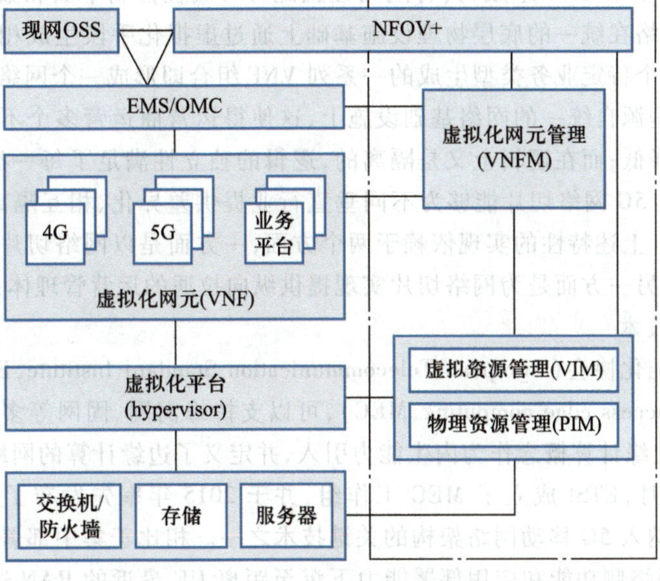

图 1-4-14　NFV 系统结构图

面向 5G 网络未来承载更多样化的业务场景，在 NFV 技术基础上进一步提出了云原生(cloud native)概念，借鉴 IT 领域的微服务架构，将 VNF 技术按更细粒度进行重构，以解决当前 NFV 网络的资源利用率低、平台与业务解耦困难等问题。云原生是一系列云计算技术体系和管理方法的集合，其典型代表技术包括容器、微服务、不可变基础设施等。理论上讲，基于云原生的不可变基础设施，可以解决平台与多厂家硬件资源适配的兼容性问题；基于微服务重构网络功能软件架构，可实现业务的敏捷开发与快速迭代；基于容器构建网络功能，可提高资源利用率。然而，与 IT 业务相比，电信业务具有高可用、高可靠和低时延等需求，网络功能设计与通信仍需遵循特定协议与规范要求，因此 IT 云原生技术如何与电信业务深度融合，仍需要进一步的探索和研究。

3. 服务化架构及微服务技术

为了满足多样化的通信服务需求，5G 核心网借鉴微服务的理念，采用了服务化架构(service-based architecture，SBA)，基于移动通信系统的功能和逻辑，对 5G 网络功能解耦，由模块化、可独立管理的原子“服务”来构建网络功能(network function，NF)，具备灵活可编排、解耦、开放等特点，是支持垂直行业通信服务的重要变革。其中，每个 5G 软件功能由细粒度的服务来定义，采用可灵活调用的 API 交互，实现“服务”之间的灵活调用。网元提供的服务包含接入管理、鉴权管理、会话管理、用户数据管理、策略管理、QoS 管理、计费管理、定位管理等，一方面实现了通过一个融合化接口管理多个不同模块的功能，另一方面第三方可通过能力开放平台访问或调用不同服务，为实现深度网络能力开放打下基础。

4. 网络切片技术

端到端的网络切片是 5G 支撑多业务的基础，也是 5G 网络架构演进的关键技术。网络切片的实现主要基于三大原则，即隔离性、定制化和端到端。ITU将网络切片定义为逻辑隔离的网络分区，由多个VNF组成，具有隔离性且配有可编程控制平面和数据平面。根据不同的业务需求，网络在统一的底层物理设施基础上通过虚拟化手段生成相应的网络拓扑及网络功能，为每一个特定业务类型生成的一系列VNF组合即形成一个网络切片。每一个网络切片在物理上是源自统一的网络基础设施上，这使得运营商运营多个不同业务类型的网络建设成本大大降低；而在逻辑上又是隔离的，逻辑的独立性满足了每一类业务功能定制、独立运维的需求。5G网络切片能够为不同垂直行业提供差异化、相互隔离、功能和容量可定制的网络服务。上述特性的实现依赖于两个方面，一方面是以网络切片标识为纽带的业务流端到端贯通，另一方面是为网络切片实现提供纵向拉通的运营管理体系。

5. 边缘计算技术

欧洲电信标准化协会（European Telecommunication Standard Institute，ETSI）提出了边缘计算技术（multi-access edge computing，MEC），可以支持蜂窝网、固网等多种接入技术。同时，5G标准也将边缘计算概念作为内生能力引入，并定义了边缘计算的网络架构。

在2014年9月，ETSI成立了MEC工作组，并于2015年率先发布了MEC白皮书，而3GPP也将MEC纳入5G移动网络架构的关键技术之一。相比于集中部署的中心云计算服务，MEC通过将网络侧功能和应用部署能力下沉至距离UE最近的RAN边缘，为应用开发商和内容供应商提供云计算能力和IT服务环境，这使得应用部署更加灵活，网络能力可以按需进行编排，业务处理更加靠近用户，更好地满足高带宽、低时延等业务应用需求。对于高清、超清视频等高带宽业务，通过在网络边缘缓存热点内容，能够有效降低用户访问时延，从而提升业务体验。对于低时延业务，将计算能力下沉到网络边缘即更靠近用户的位置，可以缩短终端到服务器端的传输距离，使得网络响应用户请求的时延大大降低。

1.5 6G移动通信的发展概述

用户通信需求的提升和通信技术的革新一直是推动移动通信系统演进的原动力。面向2030年以后的通信需求，第六代移动通信系统（the 6th generation mobile communication system，6G）将致力于实现真实物理世界与虚拟数字世界的深度融合，推动全息通信、感官互联、智慧交互、通信感知、普惠智能、数字孪生、全域覆盖等业务的广泛深入应用，构建万物智联、数字孪生的全新世界。

1.5.1 6G业务场景

2023年6月，ITU-R审议通过《IMT面向2030及未来发展的框架和总体目标建议书》。该建议书提出了IMT-2030（6G）的研究目标、发展趋势、典型场景及能力指标体系。如图1-5-1所示，ITU在该建议书中定义了6G的典型场景，即沉浸式通信、超大规模连接、极高可靠低时延、人工智能与通信的融合、感知与通信的融合、泛在连接这六大场景。

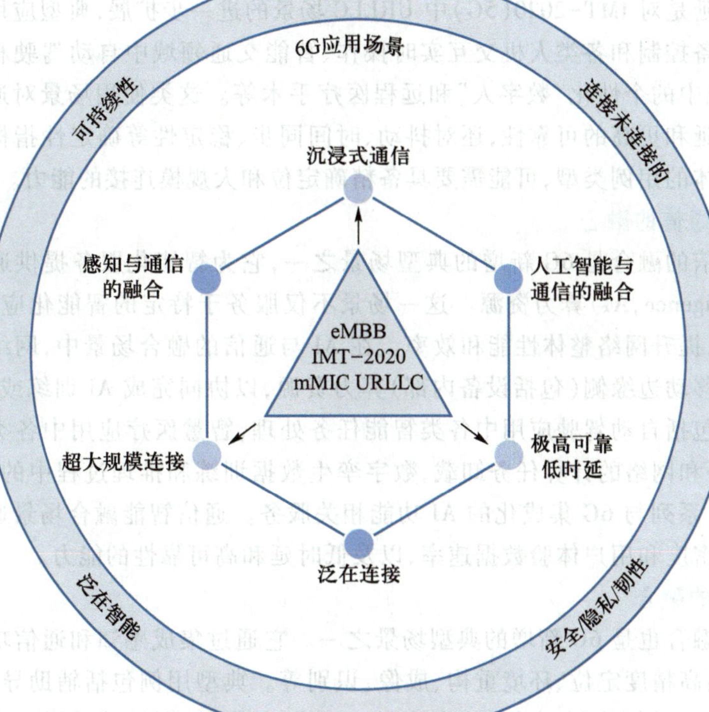

图 1-5-1 IMT-2030 的六大场景

彩图 1-5-1

1. 沉浸式通信

沉浸式通信是对 IMT-2020(5G) 中 eMBB 场景的进一步扩展,为处于热点区域、城市,以及乡村的用户提供丰富的交互式视频(沉浸式)体验。沉浸式通信系统需要支持用户和环境之间语音、手势、头部、眼球、动作等多层次的复杂交互,且需要保障多路信号之间的对齐与同步,对通信时延和超高带宽提出了严格要求,以确保用户获得优质的服务体验。此外,未来通信业务将进一步丰富,将可能支持各类感官信息(视觉、听觉、触觉、嗅觉和味觉等)的有效传输,感官互联有望在医疗健康、技能学习、娱乐生活、工业机械和情感交互等领域得到广泛应用。最后,全息通信业务要求网络能够支持实现大尺寸、高分辨率的全息显示数据传输,并行承载上千个并发数据流,同时保证全息交互的实时性,其对峰值速率、低时延等网络指标均提出了较高要求。

2. 超大规模连接

超大规模连接是对 IMT-2020(5G) 中 mMTC 场景的扩展,旨在支持大量设备或传感器的连接。典型用例包括智慧城市、智慧交通、智慧农业、物流、健康、能源、环境监测和诸多新领域的扩展应用等。相较于仅支持大规模设备的低速率传输的 5G,6G 超大规模连接设备将具备高连接密度,并根据具体用例支持不同的数据传输速率、低功耗、移动性、扩展覆盖范围及高安全性和可靠性等能力。

3. 极高可靠低时延

极高可靠低时延是对IMT-2020(5G)中URLLC场景的进一步扩展,典型应用包括智慧工业领域中机器设备控制和各类人机交互实时操作、智能交通领域中自动驾驶相关的信息交互、智慧医疗领域中的个性化“数字人”和远程医疗手术等。这类使用场景对通信的要求不仅包括更低的时延和更高的可靠性,还对抖动、时间同步、稳定性等确定性指标提出了极高的需求。根据具体的用例类型,可能需要具备精确定位和大规模连接的能力。

4. 人工智能与通信的融合

人工智能与通信的融合是6G新增的典型场景之一,它为智能化服务提供通信及人工智能(artificial intelligence,AI)算力资源。这一场景不仅服务于特定的智能化应用,未来还将支持通信系统,以提升网络整体性能和效率。在AI与通信的融合场景中,网络中的大量智能体将充分利用移动边缘侧(包括设备内部)算力资源,以协同完成AI训练或推理任务。该场景的典型应用包括自动驾驶应用中各类智能任务处理,智慧医疗应用中各类设备之间的自主协作、跨设备和网络的计算任务卸载,数字孪生数据训练和推理过程中的图像识别、生成和预测,以及一系列与6G集成化的AI功能相关服务。通信智能融合场景通常需要支持极高的区域流量密度和用户体验数据速率,以及低时延和高可靠性的能力。

5. 感知与通信的融合

感知与通信的融合也是6G新增的典型场景之一。它通过集成感知和通信功能将提供多样化的能力,包括高精度定位、环境重构、成像、识别等。典型用例包括辅助导航、移动跟踪(如姿势/姿态识别、跌倒检测、车辆/行人检测)、环境监测(如雨量监测、污染检测),以及供给人工智能、XR和数字孪生应用的环境传感数据/信息。该场景增加了对距离、速度、角度的感知分辨率、感知精度、检测概率等新的性能维度要求,以及对于定位、成像、检测和环境重构等功能,其指标需求因应用而异。

6. 泛在连接

泛在连接是指未来6G将解决目前尚未覆盖或覆盖率极低地区的通信问题,满足农村和偏远地区、无人区、远洋海域等5G无法满足的地区的覆盖需求。同时,随着业务的逐渐融合和部署场景的不断扩展,6G将实现地面网络与非地面网络的融合,构建全球广域覆盖的空天地一体化的三维立体网络,为各类用户提供无盲区的宽带移动通信服务。

1.5.2 6G性能需求

如图1-5-2所示,相较于5G,6G具有更多的性能指标,6G的峰值速率、用户体验速率、时延、流量密度、连接数密度、移动性、频谱效率、定位能力、频谱支持能力和网络能效等关键指标都将得到明显提升。6G需在峰值速率上提升50倍,在用户体验速率上提升10倍,在吞吐量密度上提升100倍,在连接密度上提升100~10 000倍,在频谱效率上提升10倍。同时,6G将与人工智能、机器学习深度融合,智能传感、智能定位、智能资源分配、智能接口切换等都将成为现实,智能程度大幅提升。为了满足未来6G泛在智能化服务,计算效率会成为新的关键需求,6G计算效率将会比5G提升100倍。

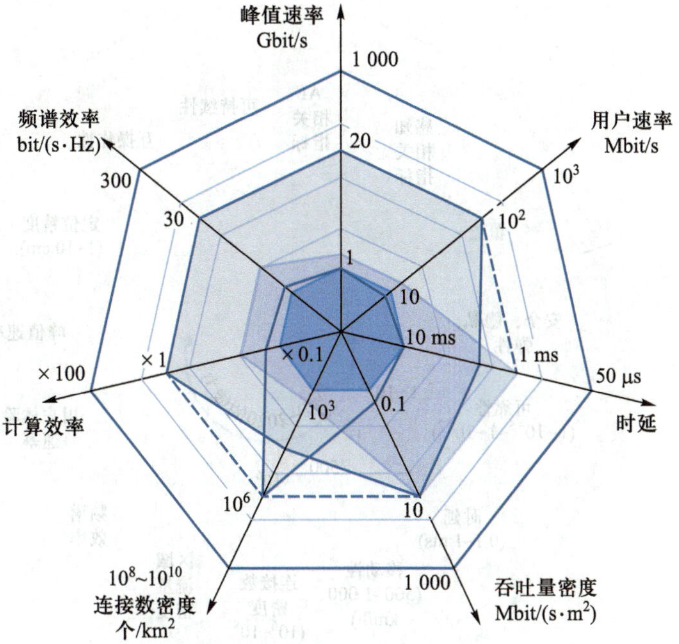

图 1-5-2 6G 网络性能的需求指标

彩图 1-5-2

ITU 在《IMT 面向 2030 及未来发展的框架和总体目标建议书》中提出了面向 IMT-2030(6G)的能力指标,可以大致分为两类:一是 5G 已有能力指标的增强,包括安全/隐私/弹性、可靠性、时延、移动性、连接数密度、区域流量密度、频谱效率、用户体验速率、峰值速率 9 个能力指标;二是面向 6G 新增的能力指标,包括覆盖能力、感知相关指标、AI 相关指标、可持续性、互操作性、定位精度,如图 1-5-3 所示。6G 的关键能力指标相较于 5G(IMT-2020)均有明显提升。其中,连接数密度达到 10^6 ~ 10^8 个/km^2;移动性方面,支持的移动速度达到 500 ~ 1 000 km/h;空口时延为 0.1 ~ 1 ms;在可靠性方面,中断概率为 10^{-5} ~ $1-10^{-7}$;定位精度为 1 ~ 10 cm。

如图 1-5-4 所示,IMT-2030(6G)推进组在发布的《6G 典型场景和关键能力》白皮书中给出了 6G 关键能力指标,分为性能指标和效率指标。性能指标主要包括用户峰值速率、体验速率、区域流量密度、空口时延、同步和抖动、连接数密度、移动性、可靠性、覆盖、感知/定位精度、AI 服务精度/效率等。性能指标将在原有 5G 的基础上实现十至百倍提升,用户体验速率达到 Gbit/s 级别,连接数密度将到达每平方千米千万至上亿的设备,空口时延达到毫秒甚至亚毫秒级,流量密度达到 0.1 ~ n+Gbit/(s · m^2),支持的移动速度将达到 1 000 km/h 以上。此外,6G 还进一步扩展了新的能力范畴,将需要支持 μs 级的抖动,厘米级的感知和定位精度,人工智能的服务精度和效率也将达到 90% 以上。在效率指标方面,包括频谱效率、能量效率、可信度和成本控制。相比 5G,预计 6G 频谱效率将提升 1.5 ~ 3 倍,能量效率提升 20 倍。

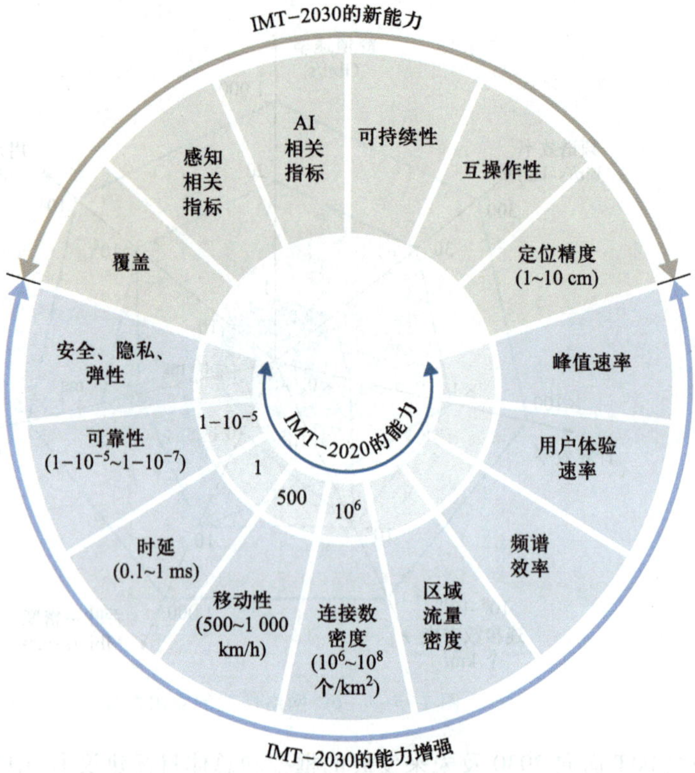

彩图 1-5-3

图 1-5-3 IMT-2030 能力指标体系

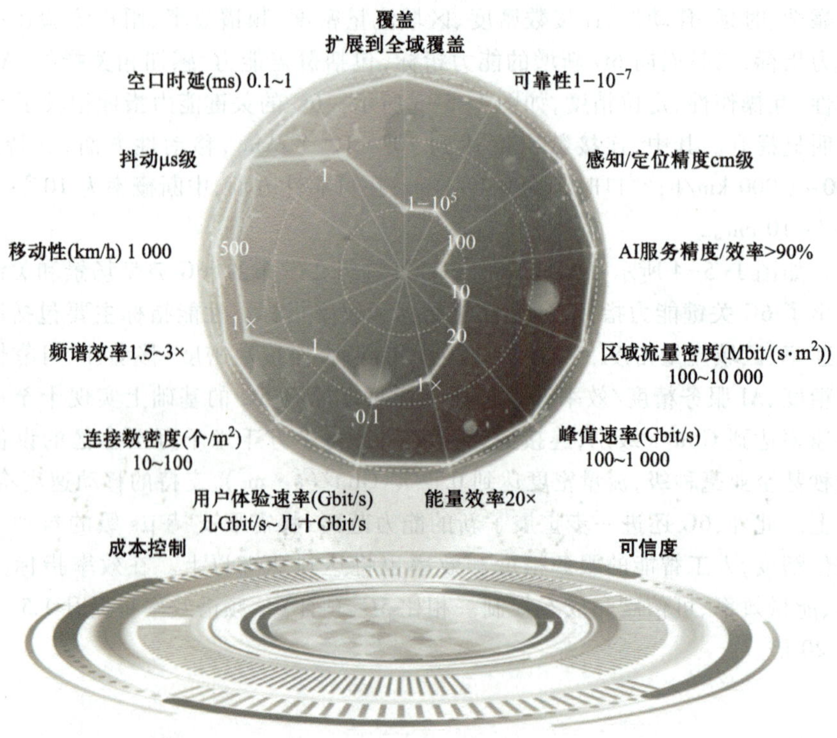

彩图 1-5-4

图 1-5-4 IMT-2030(6G)推进组定义 6G 关键能力指标

1.5.3　6G 潜在使能技术

为了满足上述性能指标，ITU 标准组织及世界多国已开始推动 6G 的研究工作。2022 年 3 月，ITU 正式启动 6G 研究，明确了 6G 国际标准工作计划。2022 年 11 月，ITU 发布了《面向 2030 年及未来国际移动通信技术趋势》研究报告，其中指出，未来移动通信的关键使能技术将包括新兴技术（如原生 AI 通信、通信感知一体化等）、增强型无线空口技术（如超大规模天线、新型调制编码、多址接入、智能超表面、太赫兹通信等）以及新型无线网络架构等，逐步形成了 6G 总体技术框架。

1. 新兴技术

（1）通信与 AI 融合

传统移动通信以数据速率为主要目标，基于数学模型进行优化设计，无法适应超密集通信架构、巨量通信节点、海量通信数据、智能通信业务等需求。移动通信亟须与 AI 深度融合，实现智能化变革，移动通信网络的内生智能化成为国内外研究的重要关注方向。

AI 在无线通信系统中应用层方面的应用主要是利用 AI 技术的学习表征能力完成预测、推理，以及决策生成。部署在应用层的 AI 功能通过学习来自用户、环境和网络设备生成的数据集，可以有效提高对无线网络多样化业务中各类情境的理解。例如，AI 能够分析和预测用户的可用性状态和内容请求，使得基站能够提前辨识用户关心的内容并进行缓存，从而降低数据流量负载。部署在网络层的 AI 功能可以通过学习无线网络环境特征，并根据环境的变化采取不同的解决方案，赋能设备自主决策，实现网络的智能化部署和运维。AI 用于物理层传输大致可以分为基于 AI 的端到端贯通式一体化设计和基于 AI 的分离式模块优化设计两种类型。在基于 AI 的端到端贯通式一体化设计中，无线通信系统的各功能模块通过深度学习网络替代，并依赖大量训练数据完成输入到输出的训练。而在基于 AI 的分离式模块优化设计中，不改变原有无线通信系统的模型结构，而是在其基础上利用深度学习网络替代某个模块或训练相关参数，以提升特定模块的性能。

（2）通信感知一体化

通信感知一体化是指通过信号与协议一体设计、信息共享或软硬件资源共享，同时实现通信与感知多功能协同的新型信号处理与组网技术，能够有效提升系统频谱效率、硬件效率和信息处理效率。通过对环境感知信息的获取、实时交互与共享、信息流闭环控制与智能处理，通信感知一体化将有力支撑以万物智联、通感共生、虚实交融为特征的新型信息基础设施的加速构建，赋予 6G 网络无处不在地感知物理世界和镜像映射数字世界的能力。一方面，通信系统可以充分利用相同的频谱，甚至复用硬件或信号处理模块，以完成多样化的感知服务。另一方面，感知结果则可用于辅助通信接入或资源管理，提高服务质量和通信效率。然而，通信感知一体化涉及通信与雷达等多个学科的交叉融合，通信与感知一体化设计仍然面临一些理论与技术挑战，主要包括通信与感知最优波形设计与系统性能的理论界分析、通信与感知同频信号自干扰消除、通感智能信号及数据处理算法等。

2. 增强型无线空口技术

（1）超大规模 MIMO 技术

超大规模 MIMO 技术是大规模 MIMO 技术的升级演进，将进一步增加天线数量，可能采用数百甚至数千个天线的超大规模配置,以提高系统的频谱效率、系统容量。超大规模MIMO技术可以分为集中式超大规模MIMO和分布式超大规模MIMO两种类型。一方面,随着新材料技术和天线形态、布局方式的演进,集中式超大规模MIMO通过应用新材料,可以进一步提升通信容量和频谱利用效率。另一方面,分布式超大规模MIMO有助于构建规模巨大的天线阵列,提供一致的用户体验、获得更高的频谱效率及降低系统的传输能耗。然而,超大规模MIMO技术仍然面临一些挑战,包括大规模物理天线设计制造方面、多用户容量域刻画与分析理论、基带信号处理与网络设计方面、高密度信号处理及射频芯片等。

(2) 智能超表面无线通信技术

智能超表面(reconfigurable intelligent surface,RIS)无线通信技术是电磁与通信学科的交叉融合,是支撑未来6G的潜在使能技术之一。源于超材料技术的发展,智能超表面是一种具有可编程电磁特性的人工电磁表面结构,由精心设计的电磁单元组成。通过给电磁单元上的可调元件施加控制信号,智能超表面能够主动智能地调节空间电磁波的幅度、相位、极化、频率和波前方向等参数。在无线传输环境中部署智能超表面有望克服传统无线信道的不可控性,构建智能可编程无线环境的新范式,提升无线网络的覆盖和容量。此外,利用智能超表面还可以实现基带信息直接调制至射频载波,从而构建新型阵列体制发射机架构,有望降低硬件复杂度和成本。因此,在6G候选新技术中,智能超表面无线通信技术凭借其低成本、低能耗、可编程、易部署等特点备受关注。

智能超表面无线通信技术的突出特点在于能够打破传统无线信道的不可控特性,实现对无线传播环境的主动控制,通过三维空间内的信号传播方向调控和增强,构建智能可编程无线环境的新范式。作为一种全新而极具潜力的基础性关键技术,有望解决无线通信中的覆盖空洞问题,并有效扩展覆盖范围,抑制电磁干扰,提升传输自由度,支持大规模连接,以及实现高精度感知和定位等。然而,智能超表面无线通信技术也面临一些挑战和难题,包括超表面材料的物理模型与设计、信道建模、信道状态信息获取、波束赋形设计、被动信息传输等。

(3) 新型调制编码与多址接入技术

以编码调制与波形设计为代表的空口物理层基础技术,首要目标就是逼近信道容量极限,提高链路频谱效率。设计逼近信道容量的编码方案始终是信道编码领域研究的中心目标。5G选用了Polar码和LDPC码作为物理层信道编码方案。面向未来6G超高峰值速率的需求,现有的LDPC码设计难以满足Tbit/s级别的峰值速率需求,需要进一步研究中高码率LDPC码的新构造方法。针对6G超低时延需求,需要进一步优化译码效率。同时,学术界和工业界也在广泛探究基于AI的信道编码构造方法,以满足高效传输需求。在调制方面,通过更高阶的QAM星座图设计所能获得的边际收益逐渐降低,需要进一步研究调制技术,包括在QAM调制星座的概率整形和几何整形、APSK调制等领域。

多址接入技术是移动通信系统的基础性技术,可以实现不同用户动态共享有限的无线资源,提升系统容量。从资源共享方式而言,多址可以分为正交和非正交两种类型。从1G到5G,正交多址一直是多址接入的主要方式,如FDMA、TDMA、CDMA和OFDMA技术。非正交多址技术方案在3GPP R14的下行MUST和3GPP R15中进行了研究立项,但由于应用场景不明确、性能增益不明显和接收复杂度高等问题,最终没有在5G标准中被采纳,

OFDMA 技术仍然是 5G 的基本多址接入方式。面向 6G,更大的连接规模、更低的时延、更高的可靠性、更低的终端功耗、更高的频谱效率等新需求推动着多址接入技术的发展演进。非正交多址方案有望大幅提升终端连接数密度,有力支持 6G 低功耗、超大规模连接场景,将作为物理层基础技术在 6G 新空口中开展研究。

(4) 太赫兹通信技术

移动通信现有中、低频段和毫米波频段难以满足太比特超高速率连接需求,通信频段将向具有超丰富频率资源的更高毫米波频段甚至太赫兹频段延伸。太赫兹频段(300 GHz~3 THz)处于微波与可见光之间,频段资源极为丰富,可支持 100 Gbit/s~1 Tbit/s 超高速率无线通信,被普遍认为是未来 6G 的核心组成部分,同时也为探测系统提供高精度的空间感知能力。在无线数据传输方面,典型的应用包括高通量卫星通信、下一代移动通信、高频高速 Wi-Fi 通信等;在探测方面,典型的应用包括汽车雷达、高精度成像系统等。

在太赫兹频谱分配方面,ITU 已经完成 100~275 GHz 用频业务的频段划分工作。在 2019 年世界无线电大会(WRC-19)上,为陆地移动业务和固定业务在 275~450 GHz 频段范围内新增四个全球标识的移动业务频段。但由于太赫兹器件材料工艺物理受限,对太赫兹核心器件制造带来了线性和非线性的失真挑战。同时太赫兹频段的超高频、超宽带、独特的分子吸收特性,太赫兹信道建模及关键技术,如基带信号处理、超大规模天线设计、极窄波束管理、定向组网和通信感知一体化等,有待实现突破。

3. 无线网络演进技术

面向 IMT-2030 的无线网络技术演进,通过网络架构的设计与创新来提升网络性能、保障业务传输性能,并提供灵活、弹性和安全可信的网络服务。

(1) 空天地一体化通信技术

空天地一体化通信技术是助力 6G 实现“全域覆盖”的核心基础技术之一,目标是提供全球无缝的信息服务能力。在空天地一体化通信系统中,将包括卫星、高空平台、地面信关站、移动终端、舰船、水下传感器等信息基础设施,同时结合通信、计算机、大数据、AI、先进制造等技术,形成全域信息的感知、传输、存储、管理、应用的综合一体化能力。当前,空天地一体化通信技术主要面向初期小型网络构建和少量典型功能的试验,相关技术仍处于基础理论与模型的研究阶段。未来的 6G 要进一步扩展通信覆盖的广度和深度,需要探索地面蜂窝网络与非地面网络的融合,包括卫星通信等,实现空中、陆地、海洋等自然空间的全面覆盖

(2) 移动算力网络

随着信息与通信技术不断融合、AI 加速渗透,未来 6G 智能化业务、沉浸式业务和数字孪生业务等新业务不断发展,催生“元宇宙”等典型新业态。现阶段,AI 使能无线通信主要利用深度学习方法和复杂的神经网络模型,借助深度神经网络(deep neural network,DNN)的强大表征学习和抽象表达能力进行智能化业务的处理,如预测、推理与行为决策等。由于深度神经网络的大规模参数特性,利用 DNN 模型训练及推理过程往往需要较强的算力支撑。基于此,算力作为人工智能的三大要素之一,是 6G 智能特性实现过程中不可缺少的要素,算力也已成为数字经济时代新的生产力。移动算力网络既要为 AI 提供可靠传输的网络,又要提供分布、高效计算的算力,以及灵活多变的资源调度方式,从而更好地支持无处不在的具有感知、通信和计算能力的基站和终端,支持大规模分布式智能服务。

(3) 数字孪生技术

数字孪生技术综合运用感知、计算、建模、仿真、通信等技术，实现虚实映射与交互，正在成为构建新一代数字基础设施的关键技术。数字孪生网络(digital twin network，DTN)是一个包含物理网络实体的虚拟孪生体，以数字化方式创建物理网络实体，并实现实时交互映射的网络系统。数字孪生网络的核心要素包括数据、模型、交互和映射。基于其对物理网络的高保真模拟和实时交互，数字孪生网络可以实现对物理网络的高效分析、诊断、仿真和控制。

构建数字孪生网络系统的技术体系包括数据采集、数据服务、网络建模、网络验证、接口协议等关键技术。在虚拟环境中创建其准确的数字孪生体，实现网络虚实实时、安全可靠的交互映射能力的同时，需要考虑价值增益，通过成本和效益的平衡，实现6G网络孪生的全域高效部署。基于数字孪生网络，未来6G网络可以进行更深度实时且多维度多模态的状态同步，并提前进行故障预防、寻优尝试和策略效果性能预验证。同时，可以助力未来网络实现自生长、自演进的智能自治愿景。

本章小结

为了深入了解移动通信的演进与技术发展，本章围绕移动通信演进历史、业务场景、关键技术及发展趋势等进行详细介绍。首先，介绍了移动通信的发展史，回顾了1G到5G的移动通信系统演进过程，并对每一代移动通信系统所涉及的关键技术和业务能力进行了总结；其次，详细介绍了每一代移动通信系统基础知识，包括信道的传播特性、频谱规划及通信理论基础；然后，对每一代移动通信的业务需求，应用场景和性能指标进行了对比分析；另外讨论了移动通信系统架构和关键技术，主要包括无线接入网技术和核心网技术。最后，对未来移动通信发展趋势和未来的关键技术进行了展望。

习　题

1. 简述移动通信的发展过程与发展趋势。
2. 介绍每一代移动通信系统的特点和所涉及的关键技术。
3. 试论述5G所采用的关键技术，具有什么优势。
4. 简述每一代移动通信系统的频谱划分。
5. 论述历代移动通信系统的性能指标。

参考文献

第 2 章　人工智能导论

【导引】

在战国时期,《列子·汤问》里记录了一个"偃师造倡"的故事,可能是最早的关于"人工智能"和"机器人"的科幻寓言。故事翻译后的意思是,周穆王去西方巡视,归途遇见一位技艺高超的巧匠,名叫偃师。偃师说他造出一些新奇东西,想请周穆王看看。第二天偃师拜见,穆王问:"跟你同来的是何人?"偃师答:"是我造的能歌善舞的倡者。"穆王惊奇地看,只见那人疾走缓行和弯腰抬头的样子,完全像个真人。偃师摇一下那人的头,它唱起歌来,歌声合乎乐律;偃师动一下那人的手,它跳起舞来,舞步符合节拍,其动作千变万化,惟意所适。周穆王赞叹不已地说:"人之巧乃可与造化者同功乎。"

战国时期墨子和鲁班已经有了大量的机械发明,《黄帝内经》也在这一时期成书,建立起了五脏与五官具备内在联系的中医理论。偃师所造的倡者能够舞蹈歌唱,甚至能够表露自己的情感,已经具备很高的"智能"。因此这则寓言是列子在当时科技发展基础上的科幻创想。周穆王的感叹"人之巧乃可与造化者同功乎"更说明这是一种工程师的科幻,揭示了人类试图揣摩并模拟大自然造物的努力和雄心。

我们在第 1 章已经学习了无线通信的相关知识,本章将对人工智能进行介绍。近几年,随着人工智能技术尤其是以神经网络为基础的深度学习方法的不断发展,人类社会的诸多领域发生了翻天覆地的变化。如何将人工智能技术应用在无线通信领域,从而探索解决无线通信网络问题的新方法,是当前研究的热点之一。

本章主要介绍人工智能的基础知识,包括人工智能的历史与应用进展、神经网络的基础、关键技术及深度学习框架。通过本章的介绍,读者将会对人工智能及其方法有一个全面而系统的理解。具体内容如下:

2.1 节主要讲述人工智能的基本概念及其历史与发展,包括人工智能的概念、人工智能的发展历史、当下人工智能的新特点等。2.2 节主要讲述神经网络的基础,介绍生物神经元到人工神经元的数学模型,再到人工神经网络的结构、激活函数、优化算法及学习过程中常出现的欠拟合与过拟合问题。2.3 节主要讲述现代基于神经网络的人工智能关键技术,本节重点关注卷积神经网络、循环神经网络、生成对抗网络和强化学习四个部分。2.4 节主要讲述人工智能当前在不同领域内的应用进展,如医疗卫生、无人驾驶、教育、娱乐及无线通信等诸多领域内的发展现状。2.5 节主要讲述深度学习开发中常用的几种框架平台,通过介绍它们各自优缺点,使读者能根据自身的需求进行选择。

2.1 人工智能的起源与发展

2.1.1 什么是人工智能

人工智能(artificial intelligence,AI)是一门通过研究人类的智能活动,进一步构建能够模拟人类智能的人工系统学科。换句话说,人工智能是一门研究如何使计算机执行先前需要人类智能完成的任务的学科,它涉及的主要内容是如何把某些人类智能行为的基本理论、方法和技术用计算机软硬件来模拟。与人工智能相关的应用在日常生活中随处可见,如智能制造生产线上的机器人、Google 自动驾驶汽车、AlphaGo 围棋程序,以及苹果公司终端产品的语音助手 Siri 等。这些人工智能应用试图通过模拟人的学习、推理和思考等行为来实现高层次的智能行为。这个模拟过程通常涉及哲学、数学、经济学、心理学、计算机工程等多种学科。

如何衡量所设计的计算机是否真的具有智能,就不得不提到图灵测试(Turingtest)。阿兰 · 图灵(Alan Turing)在 1950 年提出了图灵测试,其目的是为智能提供一个具有可操作性的定义。具体来说,图灵测试是指人作为测试者,机器作为被测者,人可以通过键盘等设备向被测者提问,判断被测者是人还是机器,如图 2-1-1 所示。如果超过 30% 的测试者不能对被测试者的身份做出肯定的判断,则认为该机器成功通过了图灵测试,具有一定的人类智能。

彩图 2-1-1

图 2-1-1 图灵测试示意

2.1.2 人工智能的发展历史

1. 孕育与诞生

从 1943 年开始,人工智能的萌芽产生:沃伦·麦克库洛克和沃尔特·皮茨基于生理学知识、命题逻辑及图灵的计算理论突破性地提出了一种人工神经元模型,并通过实验证明了任何可计算函数都可通过神经元的相互连接来实现;阿兰·图灵在 1950 年发表了《计算机器与智能》,提出了图灵测试、机器学习和强化学习等一系列人工智能的重要概念;世界上第一台神经网络计算机 SNARC 在 1951 年被马文·明斯基和他的同学迪恩·埃德蒙兹建造了出来。这些研究成果为人工智能的发展奠定了坚实的基础。1956 年夏,美国达特茅斯学院的约翰·麦卡锡、明斯基、克劳德·香农和内森尼尔·罗切斯特等科学家开展了为期两个月的研讨会,探讨"如何用机器模拟人类智能",首次提出了人工智能的概念,标志着人工智能学科的诞生。

2. 第一阶段

人工智能发展的第一阶段为 1952—1969 年。这段时间为人工智能刚刚诞生的早期研究阶段,人们对人工智能充满了无限热情,并且人工智能在部分领域取得了一定成功。

在 1956 年人工智能刚诞生时,人工智能的主要研究方向有博弈、翻译、定理证明等。这一年,美国心理学家纽俄尔和西蒙在定理证明这个研究方向上实现了历史性突破,也就此打开了用计算机程序模拟人类思维的道路。通用问题求解器(general problem solver,GPS)是在纽俄尔和西蒙的研究基础上发明的,一开始便被用来模仿人类问题求解协议,它或许是第一个"像人一样思考"的程序。GPS 及之后一些程序的成功使纽俄尔和西蒙提出了著名的物理符号系统假设,假设主要表达的意思是:任何一个智能系统都可以被视为一个物理符号系统,通过操作由符号组成的数据结构来使其运作。

在国际商业机器(International Business Machines,IBM)公司,内森尼尔·罗切斯特和他的同事们一起发明了一些最基本的人工智能程序。赫伯特·格伦特发明了几何证明器,阿瑟·萨缪尔编写了西洋跳棋程序,可以跟业余高手进行对决。在麻省理工学院(Massachusetts Institute of Technology,MIT),约翰·麦卡锡于 1958 年至 1959 年两年间作出了三项历史性贡献:发明了高级语言 Lisp,提出了兼容分时系统和发表了一篇题目为"有常识的程序"的论文。Lisp 编程语言后来占领人工智能编程语言的统领地位整整 30 年,兼容分时系统可用于解决访问稀少、昂贵的计算机资源,发表的论文中提出的假想程序被看作第一个完整的人工智能程序。

3. 第二阶段

1967 年到 1970 年,在经过早期科学家们对人工智能初步简单的认识与探索后,科学家们渴望对其进行更深层次的探索,但却在这个阶段碰到了巨大的难题——人工智能研究中遇到的问题无法被当代计算机技术和理论解决,更智能程序的研究需要计算机具有更快的运行速度和更大的存储能力。

在这一阶段,科学家们首先遇到的困难起源于很多早期的程序对研究课题的一无所知。例如,曾经美国国家委员会慷慨资助,试图加速俄语科学论文的翻译,但是科学家们却低估了翻译的难度,误以为利用英语和俄语的简单语法变换及单词替换就可以完美翻译出句子原本的意思,却忽略了不同文化之间的表达差异。此外,科学家们面临的困难还在于人工智能尝试解决的问题本身的复杂性。在人工智能发展的早期阶段,许多人工智能程序都是通过对步骤的不同组合来解决问题的。但是科学家们很快发现这种方法并不能证明包含数十条事实的定理。类似的“组合爆炸”问题很快让科学家们意识到问题本身的复杂性。

诸如以上种种困难,全球各界科研委员会纷纷停止对人工智能的研究,人工智能的发展也因此进入了低谷萧条的阶段。

4. 第三阶段

自1980年开始直到现在,随着计算机技术的迅猛发展,对人工智能研究的软、硬件条件都已充分具备,因此各个国家重新开始投入大量资金进行人工智能的研究。各种AI实用系统被开发出来投入商业市场谋利。人工智能也从单纯的技术研究转变为产业化发展,并发展迅速。

1981年,日本宣布开始“第五代计算机”计划,进行为期十年的研制能运行Prolog语言的智能计算机计划。同时,美国建立了微电子和计算机技术公司(MCC),制定了包含AI研究的研究计划。1982年,科学家们发明了第一个在商业上成功应用的专家系统RI,该系统在数据设备公司(DEC)运行,为新计算机系统配置订单,到1986年,该系统每年为公司节省了估计四千万美元。1984年,研究人员启动了百科全书(CYC)项目,目标是将人工智能应用于类似人类思维和推理的任务。

从2006年开始,基于神经网络的深度学习技术,逐步进入人们的视野,尤其是2012年深度学习技术在IMAGENET比赛中的亮眼表现,加速了以深度学习技术为基础的人工智能在各行各业的落地。以2022年发布的ChatGPT为代表的大模型技术又把人工智能推到了一个全新的发展阶段。目前,人工智能已经进入了有条不紊的发展阶段,相信在未来的发展中,人工智能的技术也会更加完善,带领人们加速开启一个智能的新时代。

2.1.3 当下的人工智能新特征

人工智能的层次结构。如图2-1-2所示,人工智能包含了基础设施、算法、技术方向、

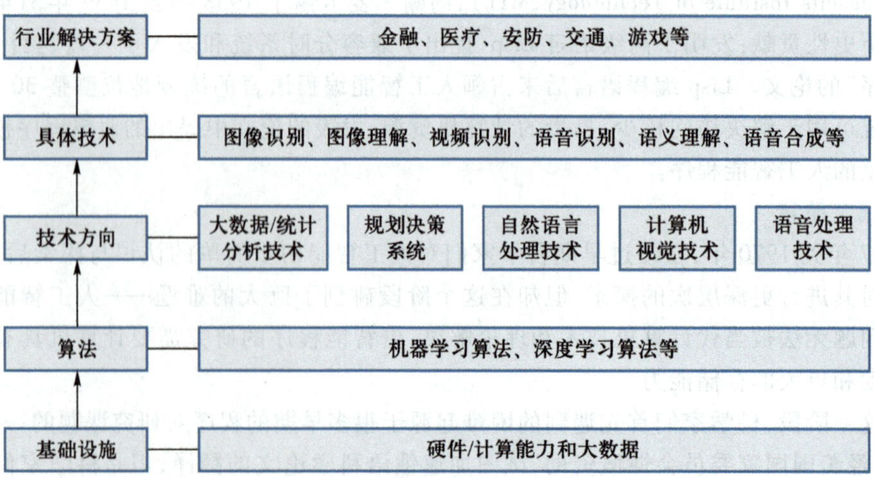

图2-1-2 人工智能的层次结构

具体技术和行业解决方案等多个层次。基础设施层包括硬件/计算能力和大数据;算法层包括机器学习算法、深度学习算法等;技术方向层包括大数据/统计分析技术、规划决策系统、自然语言处理技术、计算机视觉技术和语音处理技术等;具体技术层包含图像识别、图像理解、视频识别、语音识别、语义理解、语音合成等;人工智能结构的最顶层是行业解决方案,包括金融、医疗、安防、交通、游戏等。

在人工智能层次结构中,算法层的机器学习和深度学习具有重要的地位。机器学习是实现人工智能的关键途径,其中深度学习是近年来迅速崛起的一种技术,它基于深度神经网络,构成了机器学习的一个重要子领域。

机器学习三要素。机器学习是指通过合适的学习算法和模型使机器能从大量历史数据中学习规律,从而能够对新的未知输入样本做决策的过程,如图 2-1-3 所示。机器学习包含模型、学习算法和学习准则三个要素。模型代表了机器学习中所使用的数学模型,从数据学习的规律表征为模型和模型的参数;学习算法指学习模型过程当中使用的优化求解方法,如通常用到的梯度下降法(gradient descent,GD);学习准则指学习算法的指导准则,如具体使用的损失函数(loss function)。

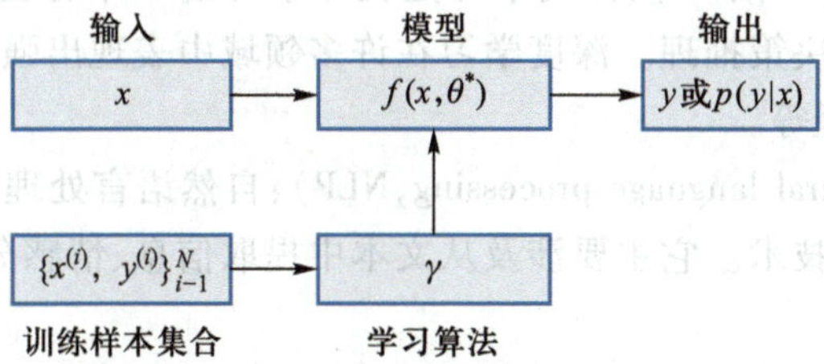

图 2-1-3 机器学习框架结构

依据训练样本、优化目标和学习准则等的不同,机器学习算法通常可以分为监督学习、无监督学习和强化学习,如表 2-1-1 所示。常见的监督学习方法有线性回归、朴素贝叶斯、神经网络、支持向量机、随机森林和 K 近邻(K-nearest neighbors,KNN)算法等;常见的无监督学习有聚类和降维等;常见的强化学习有 Q-learning 等。

表 2-1-1 机器学习类型

分类原则	类型		
	监督学习	无监督学习	强化学习
训练样本	$\{(x^{(n)},y^{(n)})\}_{n=1}^{N}$	$\{x^{n}\}_{n=1}^{N}$	智能体和环境交互的轨迹 τ 和累计奖励 G_τ
优化目标	$y=f(x)$ 或 $p(y\mid x)$	$p(x)$ 或带隐变量 z 的 $p(x\mid z)$	期望总回报 $E_\tau[G_\tau]$
学习准则	期望风险最小化、最大似然估计	最大似然估计、最小重构错误	策略评估、策略改进

人工智能的新特点。随着人工智能在诸多实际领域不断落地,它在计算机视觉、自然语言处理等方面取得的成功已经给人类的生活带来了巨大便利,无论是在消费者端还是在企

业端,许多人工智能技术的应用开始渗透到人们生活的方方面面。2017 年 7 月 21 日举行的国务院政策例行吹风会对当今人工智能领域发展的新特点作出了阐述:第一是从人工知识认知与表达转向大数据驱动的知识自动学习;第二是从分类的多媒体数据向跨媒体认知和学习转化;第三是从追求机器智能到追求高水平的人机协作;第四是从个体智能到基于互联网和大数据技术的群体智能;第五是从拟人化的个体机器人转向更通用的智能自主系统。现代人工智能强依托于深度学习技术,随着深度学习技术的进一步发展,人工智能也将取得更大的成功。

2.1.4 基本术语

人工智能(artificial intelligence,AI):人工智能是一种模拟和复制人类智能行为的科学和工程。它涵盖了从计算机视觉、自然语言处理到机器学习和深度学习等一系列技术和方法。

机器学习(machine learning,ML):机器学习是实现人工智能的主要手段,旨在让计算机从数据中获得知识和经验,通过学习规则进行模式识别和预测。它主要包括监督学习、无监督学习和强化学习等方法。

深度学习(deep learning,DL):深度学习是机器学习的一个分支,通过构建大规模神经网络来实现模式识别和决策推理。深度学习在许多领域中表现出强大的能力,如图像识别、语音识别、自然语言处理等。

自然语言处理(natural language processing,NLP):自然语言处理是一项有关计算机处理和理解人类自然语言的技术。它主要涉及从文本中提取信息、情感分析、文本分类和机器翻译等任务。

计算机视觉(computer vision,CV):计算机视觉指的是一门研究怎样使计算机像人类视觉系统一样分析和理解图像和视频数据的学科。它涉及图像识别、目标检测、图像生成和视频分析等任务。

强化学习(reinforcement learning,RL):强化学习是一种通过智能体与环境之间的交互来学习的机器学习方法。智能体通过观察环境的状态和奖励信号来选择行动,以最大化长期的累积奖励。

神经网络(neural network,NN):神经网络是一种模拟人脑神经元网络的数学模型。它由多个神经元(节点)层组成,每个神经元接收输入并产生相应的输出。神经网络在机器学习和深度学习中被广泛应用。

数据集(data set):数据集是指用于训练和评估机器学习算法的数据集合。它可以包含示例、标签、特征等,用于构建模型和进行性能评估。

标签(label):在监督学习中,标签是训练数据中与输入数据或特征相对应的目标真值,用于指导模型的学习和预测。

监督学习(supervised learning):监督学习是一种机器学习方法,其中模型从有标签的训练数据中学习规律。训练数据包含输入特征和对应的目标真值(标签),模型通过学习输入和输出之间的关系来进行预测。

无监督学习(unsupervised learning):无监督学习是一种机器学习方法,其中模型从没有标签的训练数据中学习规律。训练数据只包含输入数据或特征,模型通过学习数据中的结构和模式来进行聚类、降维或关联规则。

半监督学习(semi-supervised learning):半监督学习是介于监督学习和无监督学习之间的一种学习方法。它利用部分有标签和大量无标签的数据来进行学习,可以在有限的有标签样本上提高模型的准确性。

特征工程(feature engineering):特征工程是对原始数据进行转换和组合,以提取适合机器学习算法使用的特征。好的特征工程可以帮助提高模型的性能和泛化能力。

模型评估和选择(model evaluation and selection):模型评估是衡量机器学习模型对未见过数据表现的过程。常用的评估指标包括准确率、召回率、F1 值、精确度等。模型选择是根据评估结果选择表现最好的模型。

过拟合和欠拟合(overfitting and underfitting):过拟合是指模型在训练数据上表现得很好,却在从未见过的测试数据上表现得较差的情况;欠拟合是指模型在训练数据和测试数据上都表现较差,尚未进行充分学习的情况。

泛化能力(generalization):机器学习模型的泛化能力是指其对未见过的数据的适应能力。好的模型应该具有较高的泛化能力,能够在新数据上产生准确的预测。

交叉验证(cross-validation):交叉验证是一种评估模型性能的方法,它将数据集分成若干个子集,轮流将其中一个子集作为测试集,其他子集作为训练集,用于模型评估和参数调整。

2.2 神经网络基础

2.2.1 人工神经元

生物神经元(神经细胞)是神经系统的结构和功能单位之一,能够感知环境的变化,并将信息传递给其他神经元,其结构如图 2-2-1 所示。虽然神经元形态与功能多种多样,但结构上大致都可以分为两大部分,即细胞体和突起。细胞膜、细胞核和细胞质组成了细胞体,它连接和整合输入信息,再传出信息。突起分为树突和轴突,树突多呈树状分枝,其作用是接受刺激并将冲动传给细胞体;轴突长而分枝少,其作用是将细胞体的动作电位传至突触。

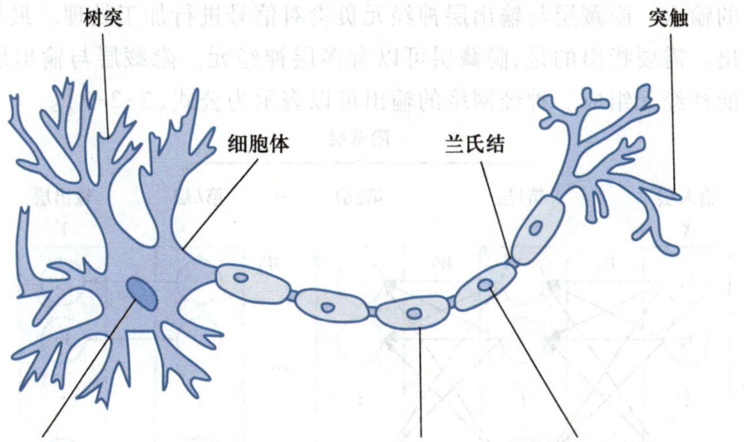

图 2-2-1 生物神经元

彩图 2-2-1

生物神经元具有的特性：

单向传递性：神经递质只能从突触前神经元释放，作用于突触后神经元。因此兴奋在神经中枢内不能逆向传递，只能沿传入神经元向传出神经元的方向。

延时传递性：由于神经递质的释放、扩散、与受体结合需要一定的时间，所以兴奋在神经元之间传递时会有短暂的延时。

阈值特性：要使兴奋能从前一神经元传递到后一神经元，那么作用于神经元的刺激量必须超过某一水平，这一最小刺激量称为神经元的阈值。

参照生物神经元，致力于研究人工智能的科学家们逐步构建出了基本的人工神经元的结构，如图 2-2-2 所示。

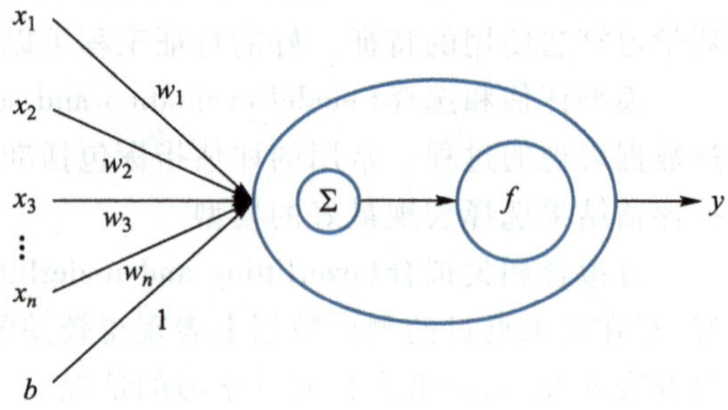

图 2-2-2 人工神经元

神经元接到来自 n 个其他神经元的输入，表示为 $x_1,x_2,\cdots,x_n$，每一个输入都有对应的权重，表示为 $w_1,w_2,\cdots,w_n$，n 个输入值与对应权重相乘后再求和，便得到神经元接收的总输入值，表示为

$$\sum_{i=0}^{n} x_i w_i + b \tag{2-2-1}$$

用神经元自身的激活函数处理神经元接收的总输入值，得到神经元的输出，表示为

$$y=f\left(\sum_{i=0}^{n} x_i w_i + b\right) \tag{2-2-2}$$

单个人工神经元可以解决常见的与、或运算，但无法解决异或运算。两层及两层以上的神经网络可以解决异或问题。

2.2.2 神经网络基本结构

如图 2-2-3 所示，神经网络由输入层、隐藏层、输出层三部分组成。其中输入层神经元负责接收外界的输入。隐藏层与输出层神经元负责对信号进行加工处理。最终的结果由输出层神经元输出。需要指出的是，隐藏层可以有多层神经元。隐藏层与输出层都是由具有激活函数的功能神经元组成。神经网络的输出可以表示为公式(2-2-3)。

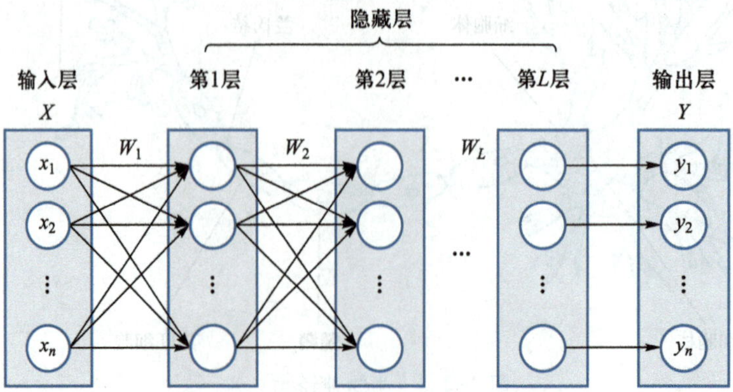

图 2-2-3 神经网络基本结构

$$Y=f(X)=\sigma(W_L\cdots\sigma(W_2\sigma(W_1X+b^1)+b^2)\cdots+b^L) \tag{2-2-3}$$

其中，$W_i(i=1,2,\cdots,L)$为各层的权重，$b^i(i=1,2,\cdots,L)$为各层的偏置项，$\sigma(\cdot)$为激活函数。

2.2.3　激活函数

1. 激活函数的定义

激活函数是神经网络的重要组成部分。神经元的激活函数定义了神经元输入信息与输出之间的映射关系。

2. 使用激活函数的意义

如果不使用激活函数，每一层的输出都是上层输入的线性函数，如公式(2-2-1)。由于两个线性函数的组合仍然为线性函数，所以即使有很多的隐藏层，神经网络也都只是把输入进行一些线性组合后再输出。

如果使用激活函数，则会引入非线性因子，使得任何非线性函数都能被神经网络逼近，也就能解决非线性问题。

3. 常见的激活函数(见表 2-2-1)

(1) sigmoid 函数

sigmoid 函数又称为 logistic 函数，取值范围为(0,1)。它可以将一个实数映射到(0,1)区间。它的优点是平滑、求导方便，但是该函数中的幂运算相对耗时，并且在函数平缓的两端导数值远小于1，在反向传播的过程中很容易产生梯度消失问题，所以难以胜任深层网络的训练。

函数表达式：

$$f(x)=\frac{1}{1+e^{-x}} \tag{2-2-4}$$

函数图像如图 2-2-4 所示。

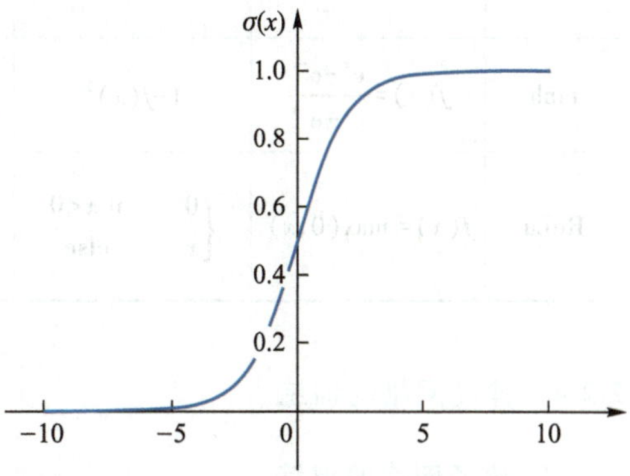

图 2-2-4　sigmoid 函数图像

(2) tanh 函数

tanh 函数是双曲正切函数。其图形在定义域0附近近似线性，并且在整个定义域有可导性。tanh 函数的输出以0为中心对称，其收敛速度显著快于 sigmoid 函数，但其缺点类似 sigmoid 函数，也很容易出现梯度消失的问题。

函数表达式：

$$f(x)=\frac{e^x-e^{-x}}{e^x+e^{-x}} \tag{2-2-5}$$

函数图像如图 2-2-5 所示。

(3) ReLu 函数

ReLu 函数是线性整流函数，当输入是负值时，它的输出为0；当输入为正值时，输出等于输入。它的优点是计算简单，加快了训练的速度，且没有饱和区，不存在梯度消失的问题。但是如果输入负值，神经元完全不会激活，神经元死亡。此外，ReLu 函数不会对数据做幅度压缩,数据幅度会随着模型层数增加不断扩大,并且输出值不对称。

函数表达式:

$$f(x)=\max(0,x) \tag{2-2-6}$$

函数图像如图 2-2-6 所示。

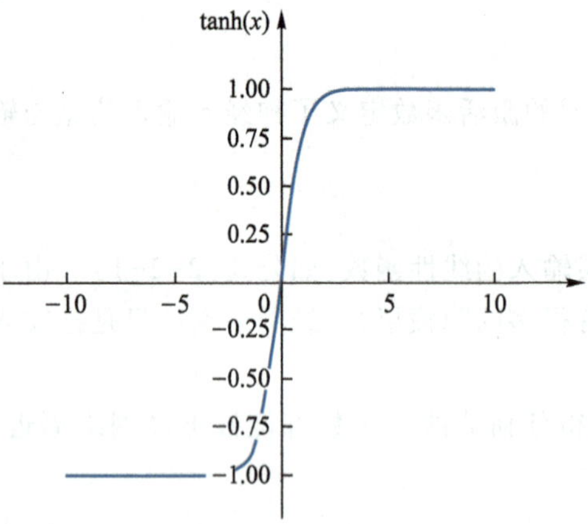

图 2-2-5　tanh 函数图像

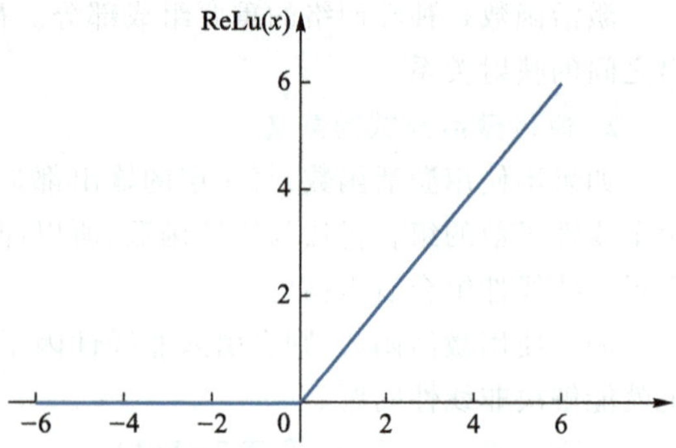

图 2-2-6　ReLu 函数图像

表 2-2-1　常见的激活函数及其优缺点

激活函数	公式	导数	优点	缺点
sigmoid	$f(x)=\dfrac{1}{1+e^{-x}}$	$f(x)[1-f(x)]$	单调连续、输出范围有限、优化稳定、物理意义最为接近生物神经元、求导容易	梯度消失、输出不以 0 为中心对称、计算量较大
tanh	$f(x)=\dfrac{e^{x}-e^{-x}}{e^{x}+e^{-x}}$	$1-f(x)^2$	比 sigmoid 函数收敛速度更快、输出以 0 为中心对称	梯度消失、计算量较大
ReLu	$f(x)=\max(0,x)$	$\begin{cases}0 & \text{if } x<0\\ x & \text{else}\end{cases}$	计算简单、缓解梯度消失、稀疏激活性	神经元死亡、没有数据幅度压缩、输出不以 0 为中心对称

2.2.4　神经网络的训练

1. 神经网络的训练

训练一个神经网络就是通过不停地调整参数来获得最佳的函数。例如,对于函数:

$$Y=f(X)=\sigma(W_L\cdots\sigma(W_2\sigma(W_1X+b^1)+b^2)\cdots+b^L) \tag{2-2-7}$$

有参数集:

$$\theta=\{W_1,b^1,W_2,b^2,\cdots,W_L,b^L\} \tag{2-2-8}$$

训练该神经网络即通过不停地调整参数集 θ 中的参数来获得最佳的函数 Y。为确定是否已经获得最佳函数 Y,引入一个新的概念:损失函数。

2. 损失函数

损失函数 $C(\theta)$ 是一个关于参数集 θ 的函数,它评估了参数集 θ 的好坏。一般用最小化

$C(\theta)$来获取最佳的参数集 θ。通常使用梯度下降法来最小化损失函数 $C(\theta)$。

从数学角度看,梯度的反方向是函数减少最快的方向。因此可以应用梯度下降法来得到一个函数的局部最小值,其具体方法是朝着函数上当前点的梯度反方向进行迭代搜索。

一元函数 $y=f(x)$ 的梯度即为导数:

$$f'(x_0)=\lim_{\Delta x\to 0}\frac{\Delta y}{\Delta x}=\lim_{\Delta x\to 0}\frac{f(x_0+\Delta x)-f(x_0)}{\Delta x} \tag{2-2-9}$$

对于多元函数 $y=f(x_0,x_1,\cdots,x_n)$,y 关于某一变量 x_j的偏导数如下:

$$\begin{aligned}\frac{\partial}{\partial x}f(x_0,x_1,\cdots,x_n)&=\lim_{\Delta x\to 0}\frac{\Delta y}{\Delta x}\\&=\lim_{\Delta x\to 0}\frac{f(x_0,\cdots,x_j+\Delta x,\cdots,x_n)-f(x_0,\cdots,x_j,\cdots,x_n)}{\Delta x}\end{aligned} \tag{2-2-10}$$

y 关于某一方向 l 的方向导数如下:

$$\begin{aligned}\frac{\partial}{\partial l}f(x_0,x_1,\cdots,x_n)&=\lim_{\rho\to 0}\frac{\Delta y}{\Delta x}\\&=\lim_{\rho\to 0}\frac{f(x_0+\Delta x_0,\cdots,x_j+\Delta x,\cdots,x_n+\Delta x_n)-f(x_0,\cdots,x_j,\cdots,x_n)}{\rho}\end{aligned} \tag{2-2-11}$$

其中,

$$\rho=\sqrt{(\Delta x_0)^2+\cdots+(\Delta x_j)^2+\cdots+(\Delta x_n)^2} \tag{2-2-12}$$

y 的梯度为

$$\operatorname{grad} f(x_0,x_1,\cdots,x_n)=\left(\frac{\partial f}{\partial x_0},\cdots,\frac{\partial f}{\partial x_j},\cdots,\frac{\partial f}{\partial x_n}\right) \tag{2-2-13}$$

当方向 l 与梯度方向相同时,方向导数取得最大值 $|\operatorname{grad} f|$,即 f 在梯度方向上的增长速度最快,相反,f 在梯度的反方向上减少的速度最快。因此,当使用梯度下降法来最小化损失函数时,要用当前梯度乘学习率 η 来更新当前参数。

如函数:

$$C(w,b)=\frac{1}{R}\{\sum[y(x)-a]^2\}^{\frac{1}{2}} \tag{2-2-14}$$

参数 w,b 的更新策略为

$$w_k\to w_k'=w_k-\eta\frac{\partial C}{\partial w_k} \tag{2-2-15}$$

$$b_l\to b_l'=b_l-\eta\frac{\partial C}{\partial b_l} \tag{2-2-16}$$

2.2.5 过拟合和欠拟合

1. 基本概念

过拟合:当模型过于紧密或精确地匹配训练集时,很可能把训练样本本身的一些特点当成了所有潜在样本都会具有的一般性质。这会导致模型无法良好地拟合其他数据或预测未来的观察结果。具体的表现就是模型在训练集上可以获得足够低的误差,但是在测试集上得到的误差要大于训练集误差，并且两者差距很大。

彩图 2-2-7

欠拟合：模型未能从训练集上学出适应于所有潜在样本的"普遍规律"。具体表现就是模型不能在训练集上获得足够低的误差。

我们实际希望的是训练结束后模型能够在新样本上获得较好的预测效果。但是，无论是过拟合还是欠拟合，都会降低模型的泛化能力，如图 2-2-7 所示。因此我们需要找到缓解过拟合和欠拟合的方法。

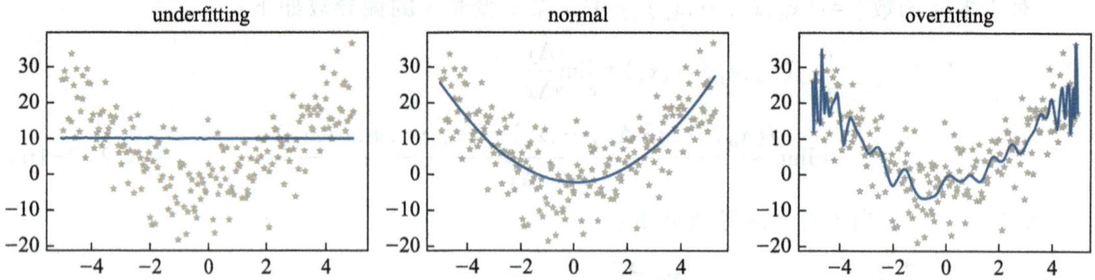

图 2-2-7 模型欠拟合、正常拟合、过拟合

2. 缓解过拟合的手段

正则化：在目标函数后面添加一个正则化项。一般有 L1 正则化与 L2 正则化。L1 正则化是在目标函数后面加上参数的 L1 范数项，即参数的绝对值之和。L2 正则化是在目标函数后面加上参数的 L2 范数项，即参数的平方和。添加正则化项实际上是向优化过程引入一种惩罚机制：当优化算法希望增加模型的复杂度以提升模型在训练集的效果时，含有正则化项的损失函数会衡量增加模型复杂度带来的风险，若风险增大，优化算法会拒绝增加模型复杂度。我们也可以通过添加正的超参数 λ 来控制正则化强度。

L1 正则化：

$$C=C_0+\frac{\lambda}{n}\sum_{W}|W| \tag{2-2-17}$$

L2 正则化：

$$C=C_0+\frac{\lambda}{2n}\sum_{W}W^2 \tag{2-2-18}$$

数据集增强：要提升模型泛化能力，也可以在训练时使用更多的数据。然而在实践中，我们拥有的数据量终究不是无限的。解决这个问题的一种方法是创建假数据并添加到训练集中。例如，在图像识别任务中，我们可以通过将训练图像进行平移、旋转、缩放等操作进行数据集增强。

提前终止：在模型训练中提前停止迭代，防止模型进入过拟合。

Dropout：在每一轮训练时随机地将一些神经元置零，即认为这些神经元不存在。同时保持输入层与输出层的神经元个数不变。这样一直不停地随机置零神经元，直到训练结束。

3. 缓解欠拟合的手段

增加训练轮数：欠拟合问题出现的一个原因就是模型训练的轮数太少以至于还没有学习到样本的"普遍规律"。在这种情况下，增加训练轮数可以解决问题。

减小正则化参数：当出现过拟合问题的时候，增加正则化项和选择合适的正则化参数可以缓解过拟合。但是如果选择的正则化参数过大会导致欠拟合。所以我们可以适度减小正则化参数来缓解欠拟合。

2.2.6 优化器

在训练中,优化指找到一组令损失函数下降的参数的过程。损失函数常包括对训练集的性能评估项和一个额外的正则化项。2.2.4 节介绍的梯度下降法,就是一个简单的优化器。目前常用的优化器及其特点如下。

1. 梯度下降法

梯度下降法也被称为最速下降法(method of steepest descent)。它是通过计算参数的梯度来更新参数的。简单地说,就是以当前位置的负梯度方向作为优化的方向。梯度的大小决定优化的步长。公式表示如下:

$$\theta \leftarrow \theta - \eta \nabla_\theta J(\theta) \tag{2-2-19}$$

其中,$J(\theta)$是根据整个训练集计算出来的损失函数,η 为学习率,$\nabla_\theta J(\theta)$是 J 的梯度。

然而,梯度下降法也存在一些缺陷。当目标函数为非凸函数时,不一定能得到全局最优解。当参数靠近损失函数极小值时收敛速度会变慢。此外,梯度下降每次都要根据训练集的全部数据来计算梯度,速度会比较慢。

2. 随机梯度下降法

使用随机梯度下降(stochastic gradient descent,SGD)法可以很大程度地加速训练。SGD 法每次随机选择一个样本来更新参数,不需要使用全部数据,因此速度较快。但是 SGD 法梯度的更新方向随机性较大,在优化过程中损失的震荡会比较严重,甚至无法收敛。因此 SGD 法一般只能得到近似最优解。公式表示如下:

$$\theta \leftarrow \theta - \eta \nabla_\theta J(\theta, x^i, y^i) \tag{2-2-20}$$

其中,$J(\theta, x^i, y^i)$是根据样本(x^i, y^i)计算出的损失。

3. 小批量梯度下降法

梯度下降法每次更新参数都要使用全部的数据,因此更新较慢。SGD 法在提高训练速度的同时却降低了准确性和稳定性。可见以上两种优化算法各有利弊。小批量梯度下降(mini-batch gradient descent,MGD)法则介于两者之间。它的思想是将整个训练集分为若干个子训练集,每个子训练集称为一个 mini-batch,每次使用一个 mini-batch 计算梯度。公式表示如下:

$$\theta \leftarrow \theta - \eta \nabla_\theta J(\theta, x^{(i:i+m)}, y^{(i:i+m)}) \tag{2-2-21}$$

其中,m 为 mini-batch 的大小,取值区间为$[1, n]$,n 为训练集的大小,J 是根据第 i 个样本到第 $i+m$ 个样本计算出来的损失。注意,当 m 为 1 时,MGD 法转化为 SGD 法;当 m 为 n 时,MGD 法转化为梯度下降法。

4. 动量优化法

梯度下降法的问题在于每次更新参数只使用当前时刻的梯度,这样可能导致收敛速度慢,甚至落入局部极小点而无法收敛,而动量优化法(momentum)则可以解决这个问题。动量优化法的基本思想是计算当前时刻和历史时刻梯度的指数加权平均,并利用该梯度更新权重,公式表示如下:

$$v_t \leftarrow \beta\, v_{t-1} + \eta\, \nabla_\theta J(\theta) \tag{2-2-22}$$

$$\theta_{new} \leftarrow \theta - v_t \tag{2-2-23}$$

其中，变量 v 充当物理中的速度角色，它代表参数在参数空间移动的速率和方向。参数 β 控制着指数加权平均数，实践中常用取值为0.9。动量优化法使得参数的更新在一定程度上保留了更新前的方向，如果当前梯度方向与上一次梯度方向一致，动量会加快参数的更新速度，相反，当梯度方向改变时，动量会降低参数更新速度。动量优化法可以增加模型收敛的稳定性，从而加快学习，并且还有一定摆脱局部最优的能力。

5. 涅斯捷罗沃加速梯度法

涅斯捷罗沃加速梯度（Nesterov accelarated gradient，NAG）法是对动量优化法的改进，它在更新参数时考虑了预测的下一步梯度。因此 NAG 法可以解释为往标准动量方法中添加了一个校正因子。公式表示如下：

$$v \leftarrow \beta v + \eta \nabla_\theta J(\theta + \beta v) \tag{2-2-24}$$

$$\theta \leftarrow \theta - v \tag{2-2-25}$$

6. 自适应梯度下降法

自适应梯度下降法（AdaGrad）的特点是在迭代过程中不断自我调整学习率，并让模型参数中每个元素都使用不同的学习率。损失偏导较大的参数将会有一个下降较快的学习率，而偏导较小的参数则会有一个下降较慢的学习率。公式表示如下：

$$r \leftarrow r + \nabla_\theta J(\theta) \odot \nabla_\theta J(\theta) \tag{2-2-26}$$

$$\Delta\theta \leftarrow -\frac{\eta}{\delta + \sqrt{r}} \odot \nabla_\theta J(\theta) \tag{2-2-27}$$

$$\theta \leftarrow \theta + \Delta\theta \tag{2-2-28}$$

其中，变量 r 代表累计平方梯度；δ 为小常数，通常设为10^{-7}；符号⊙表示按元素相乘。

7. 均方根传播法

均方根传播（root mean square prop，RMSProp）法是对自适应梯度下降法的一种改进。均方根传播法增加了一个衰减因子来控制历史信息的获取多少，从而能够快速收敛。公式表示如下：

$$r \leftarrow \rho r + (1-\rho) \nabla_\theta J(\theta) \odot \nabla_\theta J(\theta) \tag{2-2-29}$$

$$\Delta\theta \leftarrow -\frac{\eta}{\sqrt{\delta + r}} \odot \nabla_\theta J(\theta) \tag{2-2-30}$$

$$\theta \leftarrow \theta + \Delta\theta \tag{2-2-31}$$

其中，ρ 表示衰减速率；δ 为小常数，通常设为10^{-6}。

8. Adam

Adam 不仅像均方根传播法一样基于一阶矩的均值计算自适应学习率，还充分利用了梯度的二阶矩均值。公式表示如下：

$$t \leftarrow t + 1 \tag{2-2-32}$$

$$s \leftarrow \rho_1 s + (1-\rho_1) \nabla_\theta J(\theta) \tag{2-2-33}$$

$$r \leftarrow \rho_2 r + (1-\rho_2) \nabla_\theta J(\theta) \odot \nabla_\theta J(\theta) \tag{2-2-34}$$

$$\hat{s} \leftarrow \frac{s}{1-\rho_1^t} \tag{2-2-35}$$

$$\hat{r} \leftarrow \frac{r}{1-\rho_2^t} \tag{2-2-36}$$

$$\Delta\theta \leftarrow -\eta \frac{\hat{s}}{\sqrt{\hat{r}}+\delta} \tag{2-2-37}$$

$$\theta \leftarrow \theta + \Delta\theta \tag{2-2-38}$$

其中，s 和 r 分别为一阶矩和二阶矩变量，初始值为 0；ρ_1 和 ρ_2 为指数衰减速率，实践中常用的默认值分别为 0.9 和 0.999；$\hat{s}$ 和 $\hat{r}$ 为对应修正的偏差；δ 为小常数，通常设为 10^{-8}。

2.3 人工智能关键技术

本书重点关注人工智能关键技术，包括卷积神经网络、循环神经网络、生成对抗网络和强化学习。

2.3.1 卷积神经网络

1. 由来和发展

卷积神经网络（convolutional neural network，CNN）是指一种非常经典的神经网络，主要用于图像处理领域，一般由几个卷积层、池化层和全连接层组成，它的学习过程借鉴了人类视觉系统的工作原理。卷积神经网络不仅在图像处理领域，包括图像分类、目标分割、人脸识别等多个方面具有广泛的应用，并且在非图像处理领域，如自然语言处理等方面也同样具有很好的效果。

（1）早期网络

卷积神经网络的发展可以追溯到 1962 年，休布尔（Hubel）和威塞尔（Wiesel）研究生物神经学里面的视觉分层结构而提出感受野概念。1980 年前后，日本科学家福岛邦彦（Fukushima）受此启发，提出了神经认知机，一种层级化的多层人工神经网络。

（2）LeNet

1998 年，杨立昆（Yann LeCun）将 BP 算法应用到多层神经网络结构的训练上，提出了 LeNet-5，它可以实现机器对手写数字的分类，并将机器的手写数字识别能力提升到实用化程度，形成了当代卷积神经网络的雏形。但之后的很长一段时间，由于当时技术水平难以实现多层神经网络训练所需的庞大计算，卷积神经网络的研究发展几乎停滞不前。

（3）AlexNet

2006 年，辛顿（Hinton）指出多隐层神经网络的特征学习能力更好，且能通过逐层初始化来降低其训练的复杂度。此外，当时研究的硬件设备与早期相比已经有了很大程度的改善。GPU 的投入使用使得卷积神经网络的研究进度得到了极大的飞跃。

2012 年，克里热夫斯基（Krizhevsky）等提出 AlexNet，引入了全新的深层神经网络结构和 Dropout 方法，该模型将当时不断增长的计算机计算能力与深度学习联系在一起，也是最早在 GPU 上实现的卷积神经网络模型之一。AlexNet 不仅赢得了 2012 年 ILSVRC(ImageNet Large Scale Visual Recognition Challenge)的冠军,而且以惊人的优势击败了亚军,掀起了卷积神经网络在计算机视觉领域的狂潮。

基于 AlexNet 思想,后续相继发展出了很多模型。2012 年起,ILSVRC 的前 10 名无一例外由基于卷积神经网络的模型所包揽,出现了如 GoogLeNet、VGG、ResNet 等著名的模型,使得基于卷积神经网络进行图像分类任务的准确率逐步与人类的能力相媲美。

(4) GoogLeNet

2014 年,GoogLeNet 在 ILSVRC 比赛中获得冠军。该模型通过多个卷积核提取图像不同尺度的信息,最后进行融合,可以得到图像更好的表征。GoogLeNet 的性能与同年诞生的 VGG 差不多,但参数数量少于 VGG,训练的参数数量仅为 AlexNet 的 1/12,却可以取得更准确的结果。

(5) VGG

2014 年,牛津大学视觉几何组提出的 VGG 模型获得了 ILSVRC 比赛的亚军。相比 AlexNet 具有的 11×11 卷积核,VGG 提出了将卷积核分解为 3×3 卷积核的想法。根据 VGG 架构,堆叠的多个 3×3 卷积核能够代替更大的卷积核。并且它们之间存在更多的非线性特征,甚至比具有更大卷积核的对应模型表现更好。同时 VGG 证明了网络层数的增加有利于提高图像分类的准确度,但是过多的层数会产生网络退化问题。

(6) ResNet

2015 年,原微软亚洲研究院(MSRA)的何恺明博士提出 ResNet 模型,并在 ILSVRC 比赛中拿到了多项冠军。ResNet 模型引入了残差块连接,即跳过某些网络层将多残差块的输入与输出直接相连,该模型缓解了在深度神经网络中增加网络层带来的梯度消失问题。

(7) 其他网络

最近几年,卷积神经网络仍在不断蓬勃发展,研究者们进一步提升了模型识别精度与计算效率,相继诞生了如 Inception-v2、v3、v4 系列,Xception、NASNet、ResNeXt、DenseNet、MobileNet-v1、v2、v3 等一系列网络。如今,人工智能领域仍然在飞速发展,其应用场景也在不断拓展,各类卷积神经网络模型在新的应用场景下难免会遇到更多新的挑战。

2. 基本结构

卷积神经网络由一系列不同的层构成,信息逐层进行传播。图 2-3-1 展示了卷积神经网络内部连接情况。可以看出,一个卷积神经网络主要包含输入层、卷积层、池化层、全连接层和输出层。

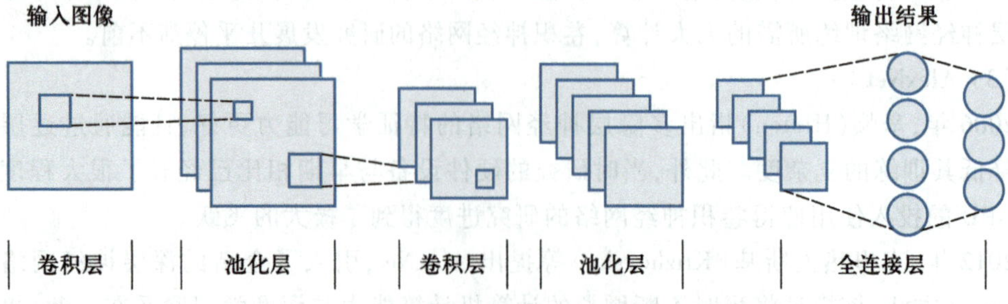

图 2-3-1 卷积神经网络基本结构

输入层:输入层的作用主要是对原始图像进行规则化。输入标准的统一有益于算法效率的提升。常见的处理方法包括去均值(把数据的各个维度中心化为0)和标准化(将输入数据的各个维度的幅度标准化到同样范围)等。

卷积层:卷积层的作用是提取输入图像的抽象特征,通过卷积核在图像上滑动进行卷积得到输入图像的特征图。卷积运算可以使原图像特征增强,并且降低噪声。

池化层:池化层作用是扩大感受野,减小运算数据量。池化操作利用图像局部相关性的原理,对图像进行下采样,能够在宽度和高度方向上缩小上一层矩阵的大小。

全连接层:全连接层是把经过卷积层、池化层产生的特征表示映射到标签空间。特征图在这一层展开成向量,然后输到下一层为后续分类任务做准备。

输出层:通过输出层可以产生期望的预测输出,例如,得到输入样例所属种类的概率分布情况。

3. 卷积层

卷积神经网络中卷积层的工作原理如图2-3-2所示,即使用一个卷积核在像素矩阵上逐行逐列进行滑动扫描,并与像素矩阵中的元素一一对应相乘并求和。该值就是卷积核提取的特征。每滑动扫描一次,卷积核就与相应位置的像素值进行一次卷积操作。这样计算出的结果就形成了一个新的图像特征矩阵,称为特征图。这个特征图就是卷积层提取出来的局部特征。

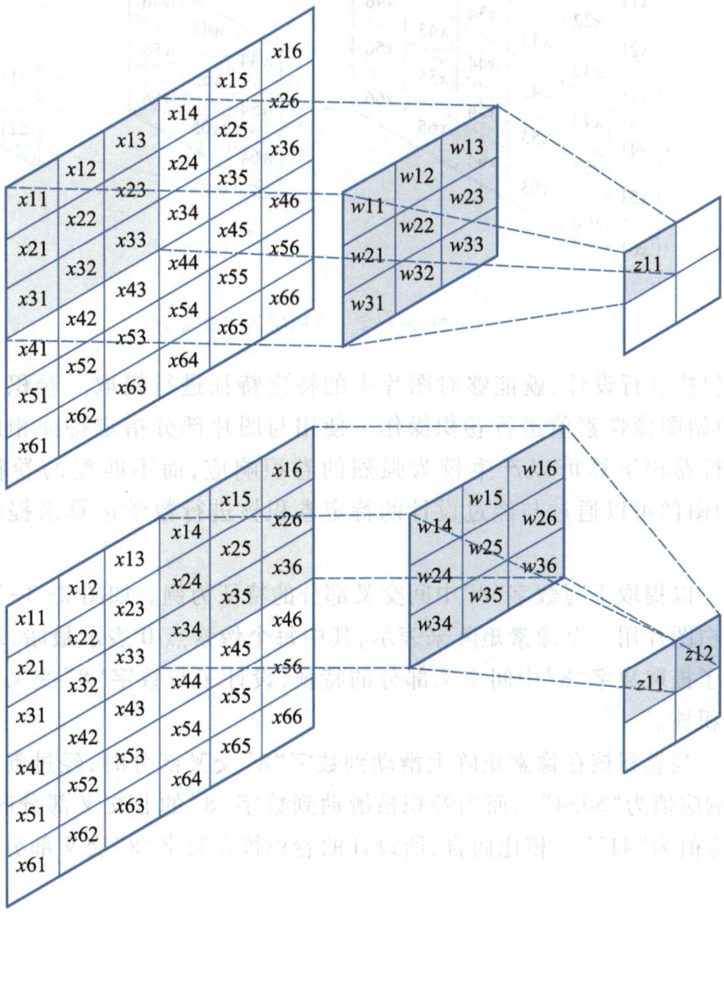

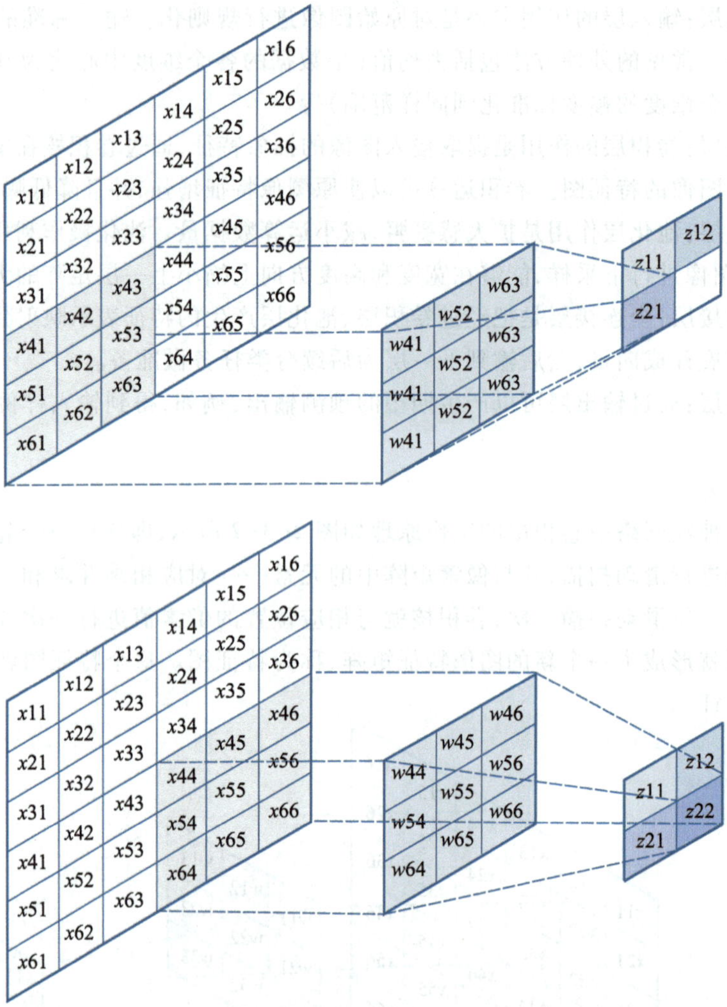

彩图 2-3-2

图 2-3-2　卷积层的工作原理

通过对卷积核进行设计，就能够对图片中的特定特征进行提取。卷积核相当于权重矩阵，用于与原始图像像素值进行卷积操作。使用与图片部分指定特征相匹配的卷积核与原始图像进行卷积运算可以产生较为强烈的卷积响应，而不匹配的卷积响应则会较小。因此，原始图像可以通过与经过设计的特定卷积核进行数学运算来提取出图像的某些指定特征。

以提取手写数字“8”中间交叉部分的特征为例。如图 2-3-3 所示，将一张黑白图片用一个像素矩阵来表示，其中每个像素点 0 表示最暗，255 表示最亮。为了提取数字“8”中间交叉部分的特征，设计了与数字“8”交叉部分相匹配的卷积核。

彩图 2-3-3

当卷积核在像素矩阵上滑动到数字“8”交叉部分时，经过卷积运算后可以计算得到卷积响应值为“5054”。而当卷积核滑动到数字“8”的非交叉部分时，经过卷积运算得到卷积响应值为“413”。相比而言，所设计的卷积核在数字“8”交叉部分产生的卷积响应值远大于非交叉部分，即特定的卷积核对于特定的特征产生的卷积响应更为强烈。因而可以通过设计特定的卷积核与原始图像进行卷积运算，提取出指定的特征。

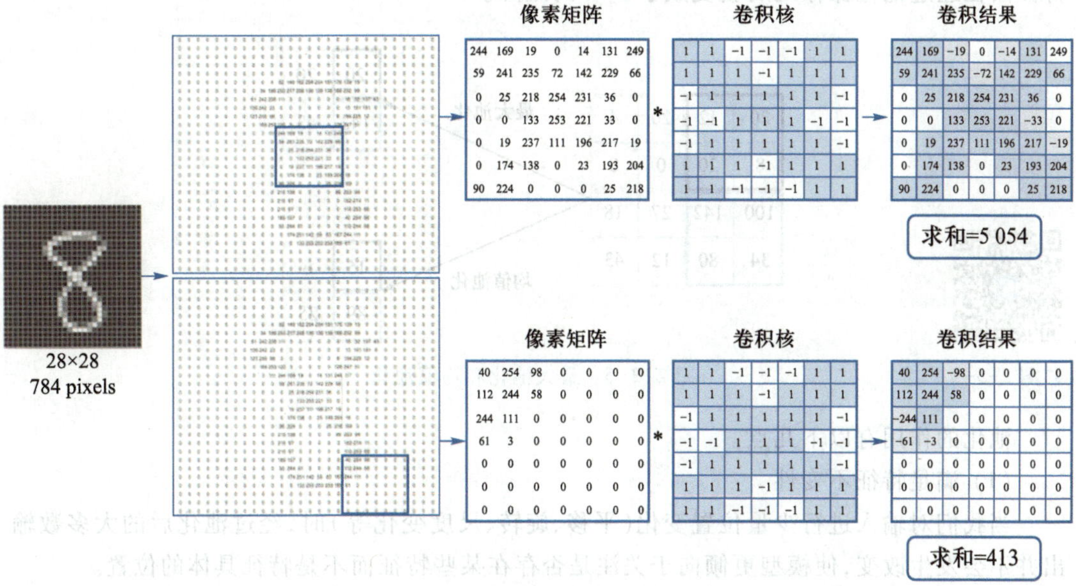

图 2-3-3　卷积核提取特定特征

卷积的具体运算过程如图 2-3-4 所示，使用一个 3×3 的卷积核 $\boldsymbol{w}$ 对 4×4 的输入矩阵 $\boldsymbol{x}$ 进行卷积操作得到特征矩阵 $\boldsymbol{z}$。

$$\begin{bmatrix} x_{00} & x_{01} & x_{02} & x_{03} \\ x_{10} & x_{11} & x_{12} & x_{13} \\ x_{20} & x_{21} & x_{22} & x_{23} \\ x_{30} & x_{31} & x_{32} & x_{33} \end{bmatrix} * \begin{bmatrix} w_{00} & w_{01} & w_{02} \\ w_{10} & w_{11} & w_{12} \\ w_{20} & w_{21} & w_{22} \end{bmatrix} = \begin{bmatrix} z_{00} & z_{01} \\ z_{10} & z_{11} \end{bmatrix}$$

图 2-3-4　卷积运算过程

通过将输入矩阵 $\boldsymbol{x}$ 与卷积核 $\boldsymbol{w}$ 对应位置的值相乘然后求和，得到特征图 $\boldsymbol{z}$ 的一个值。不断以一定步长滑动卷积核，对输入矩阵从左至右，从上往下进行卷积操作，即可得到完整的输出特征图，计算如下式：

$$z_{i,j}=\sum_{m=0}^{2}\sum_{n=0}^{2}x_{i+m,\,j+n}w_{m,n} \tag{2-3-1}$$

其中，$x_{i,j}$表示输入矩阵 $\boldsymbol{x}$ 的第 i 行第 j 列的元素，$w_{m,n}$表示卷积核 $\boldsymbol{w}$ 的第 m 行第 n 列的元素，$z_{i,j}$表示输出特征图 $\boldsymbol{z}$ 的第 i 行第 j 列的元素。

4. 池化

池化也叫下采样，是用一个元素代替原始特征矩阵上邻近的若干元素的过程，可以在保留特征图特征的同时压缩其数据量。

最大池化和均值池化是比较常用的池化方法。最大池化的采样值是选取池化核区域内的最大值。均值池化的采样值是选取池化核区域的平均值。如图 2-3-5 所示，原来 4×4 的特征图在经过池化操作之后就变成了 2×2 的矩阵。

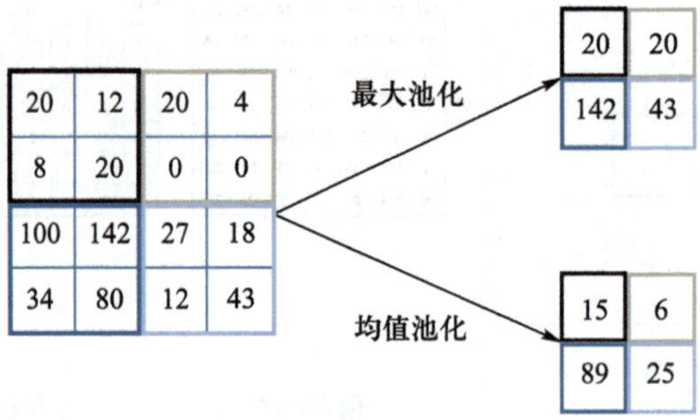

彩图 2-3-5

图 2-3-5 最大池化和均值池化

池化的作用有以下几点。

(1) 满足特征不变性

当我们对输入进行少量位置变化（平移、旋转、尺度变化等）时，经过池化后的大多数输出并不会发生改变，使模型更倾向于关注是否存在某些特征而不是特征具体的位置。

(2) 减少内存使用量和计算量

下一层的输入尺寸缩小，内存占用量减少，计算速度也会加快。

(3) 扩大感受野

感受野是指输出的特征矩阵中每个像素点所对应的原始输入图像的空间范围。一个卷积核的感受野越大，则其获取图像全局特征的能力就会越强。

5. 特点

(1) 局部连接

局部连接是指卷积层的节点只连接前一层的部分节点，仅学习局部特征。局部感知结构的概念来自生物学中动物视觉的皮层结构。视觉皮层中只有一部分神经元在感知外部物体的过程中起作用。每个神经元只与输入神经元的局部区域相连，该区域称为感受野。神经元只需要感知局部信息，在较高层融合局部信息即可获得全局信息。

在传统的神经网络结构中，节点之间是全连接的，即 $n-1$ 层的节点与 n 层的所有节点全部连接。但在卷积神经网络中，$n-1$ 层与 n 层的部分节点连接。

如图 2-3-6 所示，左图为全连接，右图为局部连接。当 $n-1$ 层有 i 个节点，n 层有 j 个节点时，可以计算出，全连接所需的连接数为 $i \times j$，而局部连接第 n 层的每个节点只与第 $n-1$ 层的部分节点相连接，而非与前一层全部 i 个节点相连。图中第 n 层的每个节点只与第 $n-1$ 层的 2 个节点相连接，因此所需的连接数仅为 $2 \times j$。并且随着层数的增加，局部连接的连接数相比全连接会成倍减少，相应的参数量也成倍减少。

(2) 权值共享

权值共享就是卷积核的权值对于上一层所有节点都是相同的，对于相同特征共用同一卷积核的参数，不同的特征靠不同的卷积核实现。权值共享可以在很大程度上减少卷积过程中的参数量,同时降低网络的复杂度。

如图 2-3-7 所示,如果只采用局部连接,则需要 $2\times j$ 个权值参数。而通过权值共享的方法,则仅需要 w_1、w_2 这 2 个不同的权值参数,很大程度上减少了参数量。

卷积神经网络通过局部连接和权重共享,很大程度上减少了运算过程所需的参数,精简了网络结构,大大提高了算法处理的效率,拥有卓越的性能。

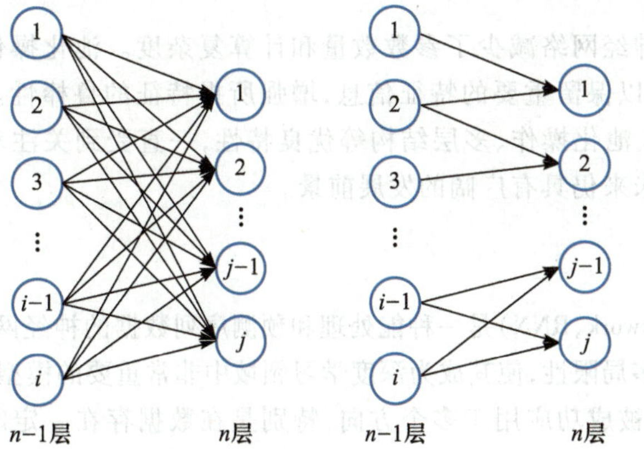

图 2-3-6　全连接(左)与局部连接(右)

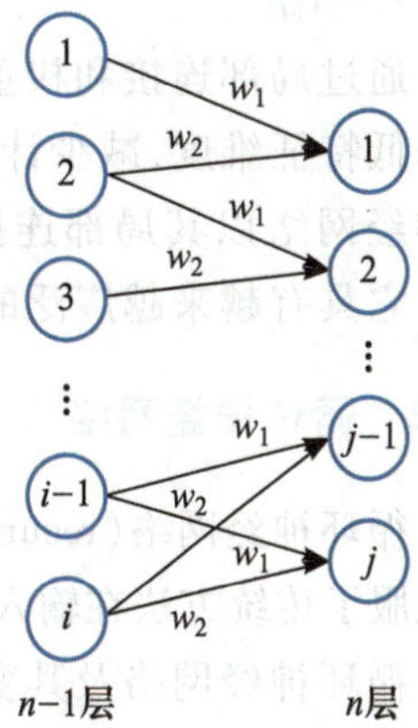

图 2-3-7　权值共享

6. 应用

卷积神经网络常用于图像处理领域,如图像分类、目标检测、目标分割、人脸识别等。同样,卷积神经网络也用于自然语言处理领域,如文本分类、情感分析等。此外,还可以利用卷积神经网络进行动态人体姿态估计、动作跟踪、视频内容分类等。

(1) 计算机视觉

图像分类:图像分类是通过对图像整体进行分析,从而预测图像的类别。在 2012 年的 ILSVRC 比赛中,克里热夫斯基提出的 AlexNet 将错误率下降到 15.3%。此后不断有更加高效、准确的模型出现,如牛津大学的 VGG,谷歌的 GoogLeNet 等。近年来,部分优秀模型的平均错误率甚至超越了人眼识别的精度,体现出卷积神经网络在图像分类领域的卓越性能。

目标检测:目标检测是指检测并定位特定目标对象在图片中的区域并判定该目标的类别。卷积神经网络用于目标检测中较有影响力的工作包括 R-CNN、FastR-CNN 等。目前已被广泛应用于遥感、医学诊断、灾害评估、视频监控等领域。

人脸识别:人脸识别是视觉智能的基础研究。它具有识别精度高、人像采集方便等特性,已经成为目前最热门的研究之一,广泛地用于日常生活和智慧城市建设当中。随着深度学习的发展,DeepFace 等人脸识别算法在应用中取得越来越优异的成绩。

(2) 自然语言处理

卷积神经网络不仅在图像处理领域应用广泛,在自然语言处理领域同样有着十分出色的表现。卷积神经网络模型在自然语言处理任务中的输入不再是图像处理中的像素点,大多数情况下是用矩阵表示的句子,矩阵的每行对应一个元素。若元素为单词,则矩阵每行代表一个单词的向量。

(3) 无线通信

卷积神经网络在无线通信领域同样有着优越的表现。超宽带(ultrawide band,UWB)无线通信技术在室内定位领域常有应用。信道估计出的信道冲激响应的时频图像可用卷积神经网络训练,以识别信道环境,提升定位精度。使用卷积神经网络的方法相比传统方法有很大的性能提升。

7. 小结

通过局部连接和权重共享,卷积神经网络减少了参数数量和计算复杂度。池化操作可以降低特征维度,减少计算量,同时可以保留重要的特征信息,增强所提特征的鲁棒性。卷积神经网络以其局部连接、权重共享、池化操作、多层结构等优良特性,一直受到关注和重视。它具有越来越广泛的应用领域,未来仍具有广阔的发展前景。

2.3.2 循环神经网络

循环神经网络(recurrent neural network,RNN)是一种能处理和预测序列数据的神经网络。它克服了传统方法在输入输出上的诸多局限性,使其成为深度学习领域中非常重要的模型。

循环神经网络及其变体网络已经被成功应用于多个方向,特别是在数据存在一定时间相关性时,如语音识别、机器翻译、语言模型、文本分类、词向量生成、信息检索等。

1. 基本原理

循环神经网络是指一类专门处理序列数据的神经网络,其主要特征是神经元在某一时刻的输出可以再次输到神经元中。这样的序列网络结构非常适用于时间序列数据,它可以在一定程度上保持原始数据中所包含的依赖性。

一个简单的循环神经网络一般由输入层、隐藏层、输出层三个部分组成,如图 2-3-8 所示,其中 x 表示某时刻的输入(输入层),h 表示隐藏状态(隐藏层),o 表示某时刻的输出(输出层),$\boldsymbol{U}$ 表示输入层到隐藏层的权重矩阵,$\boldsymbol{V}$ 表示隐藏层到输出层的权重矩阵,$\boldsymbol{W}$ 表示隐藏状态间的权重矩阵。

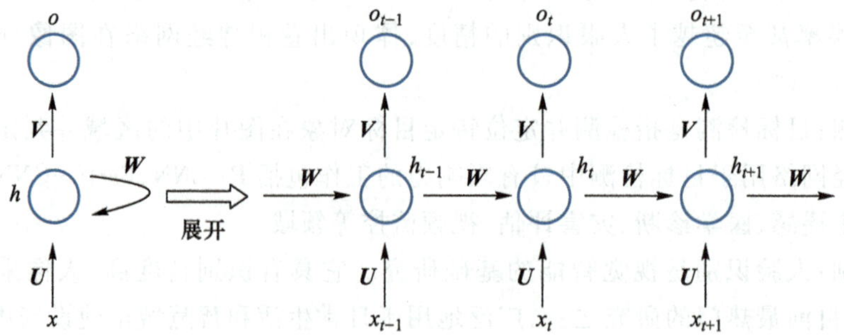

图 2-3-8 循环神经网络的基本结构

由图 2-3-8 左半部分所示,首先某时刻输入 x,经过权重矩阵 $\boldsymbol{U}$ 到达隐藏层,隐藏层的输出分为两部分,一部分经过权重矩阵 $\boldsymbol{V}$ 到输出层;另一部分经过权重矩阵 $\boldsymbol{W}$ 重新输到隐藏层的神经元当中。这就是循环神经网络中的循环过程。

将模型按照时间展开如图 2-3-8 右半部分所示,具有 x_{t-1}, x_t, x_{t+1} 三个状态,每一个状态的结构相同，区别在于代表的时间点不同。对于隐藏层 h_t，它是介于 $t-1$ 和 $t+1$ 时刻的中间状态，它的输入包括当前时间 t 的输入 x_t 和 $t-1$ 的隐藏层输出 h_{t-1}，即 h_t对上一个时间的部分内容有记忆。

h_t的计算如下式，其中 f 是常用的激活函数，如 tanh，ReLu 等。

$$h_t=f(\boldsymbol{U}x_t+\boldsymbol{W}h_{t-1}) \tag{2-3-2}$$

输出层o_t的计算如下式：

$$o_t=\mathrm{softmax}(\boldsymbol{V}h_t) \tag{2-3-3}$$

2. 长短期记忆网络

由于循环神经网络会存在梯度消失及梯度爆炸问题，梯度消失通常是指在深层次神经网络训练过程中，利用基于梯度的反向传播算法调整网络参数时，随着网络层数的加深，梯度逐渐变得非常小（甚至接近于零），导致这些深层次的网络参数几乎无法被更新的现象；梯度爆炸是指在深层次神经网络训练过程中，随着网络层数的加深，梯度逐渐变得非常大，导致网络权重更新变得十分不稳定的现象。当输入序列变得复杂时，循环神经网络将难以准确预测。为改善循环神经网络在实际应用中存在的问题，提出长短期记忆网络（long-short term memory networks，LSTM）。

长短期记忆网络能够保持信息的长期存储。和原始的循环神经网络相比，它解决了循环神经网络对于长序列数据很难处理的问题，可以处理和预测时间序列中间隔和依赖非常长的事件，成为当前最流行的循环神经网络变体。

由图 2-3-9 所示，矩形是长短期记忆网络神经网络单元，此处有未知参数需要不断地迭代和更新，圆圈是操作层，把不同的输出矩阵进行对位的乘法或者加法运算，单箭头表示单纯的向量传输，双线合并表示向量的拼接，单线双箭头表示同一个向量传递到网络的不同部分。

彩图 2-3-9

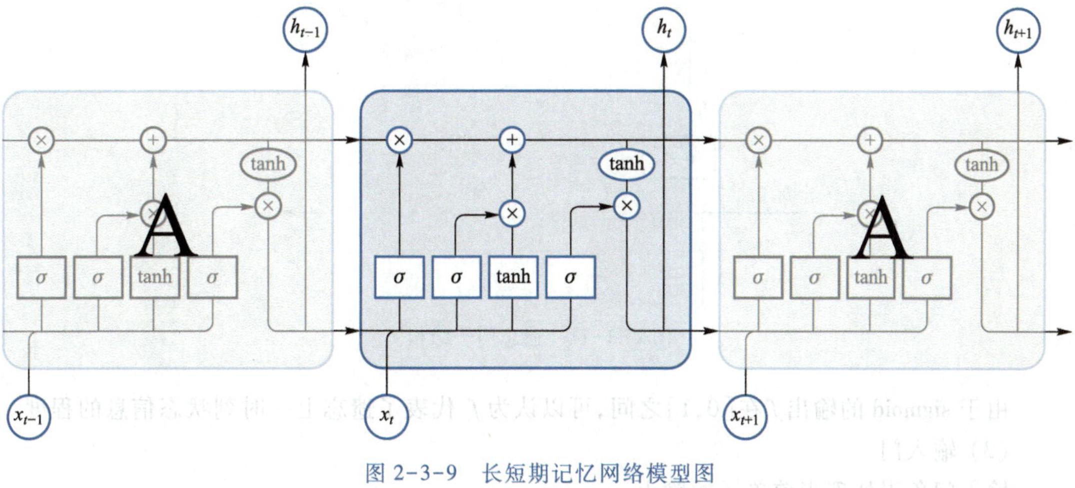

图 2-3-9 长短期记忆网络模型图

长短期记忆网络内部结构如下。

（1）状态单元

对于任意一个神经网络单元来说，上方的输入箭头叫作状态单元，用 c 表示，如图 2-3-10

所示，有效地传递并保持了长期的记忆信息。

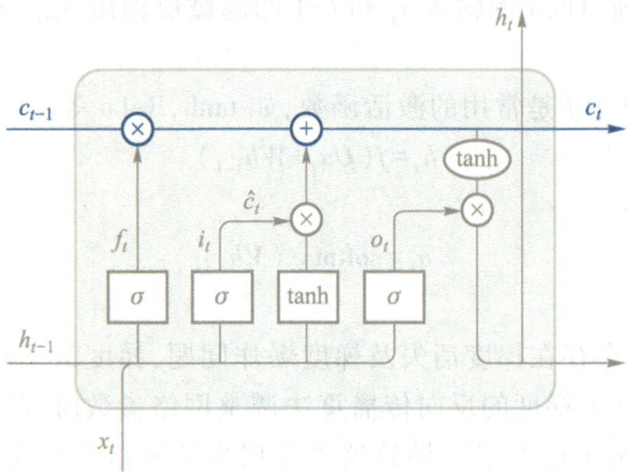

图 2-3-10　状态单元

上一状态单元的输出c_{t-1}作为当前状态单元的输入，经过一个对位相乘运算和一个加法运算后输出。对位相乘运算是为了对c_{t-1}的记忆进行筛选，加法运算是为了根据本次的输入信息对c_{t-1}的状态进行更新。经过筛选和更新后的状态会传递到下一个单元中。

(2) 遗忘门

在长短期记忆网络中，遗忘门是控制历史状态信息是否被遗忘的。

如图 2-3-11 所示，此处的输入包括上一单元的隐状态输出 h_{t-1} 和本单元数据输入x_t，两者进行加权求和后通过一个激活函数 sigmoid，得到遗忘门的输出 f_t。

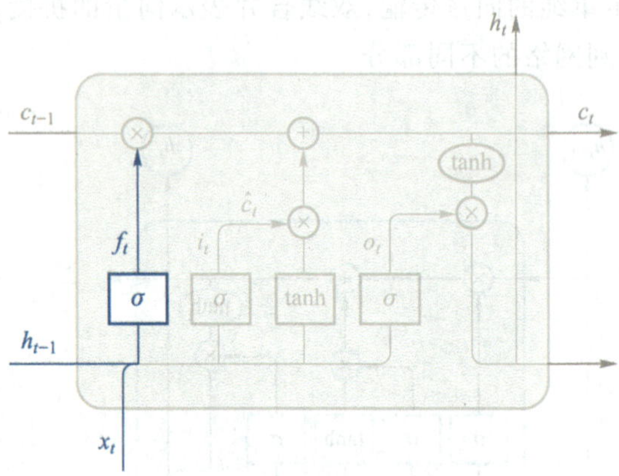

图 2-3-11　遗忘门子结构

由于 sigmoid 的输出f_t在[0,1]之间，可以认为f_t 代表了遗忘上一时刻状态信息的程度。

(3) 输入门

输入门负责处理当前单元的输入。

从图 2-3-12 中可以看到输入门i_t是上一时刻隐状态 h_{t-1}和当前时刻输入信息 x_t 激活经由 sigmoid 函数而产生的。上一时刻隐状态 h_{t-1}和当前时刻输入信息 x_t 同时经由 tanh 激活函数生成当前时刻的输入信息 $\hat{c}_t$。用输入门 i_t 和当前时刻的输入信息 $\hat{c}_t$两者相乘的结果再去更新状态单元。

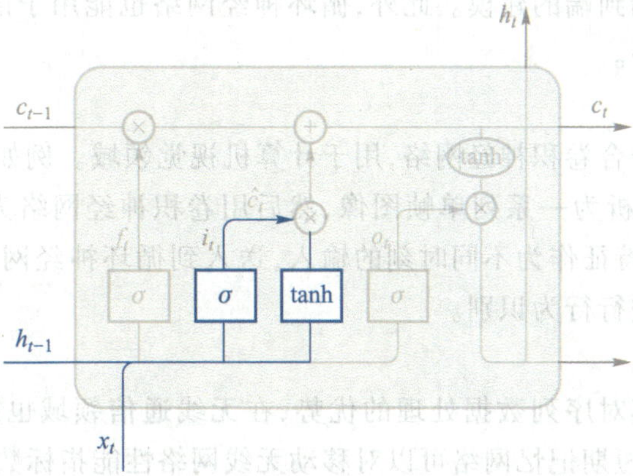

图 2-3-12 输入门子结构

这个部分是对进行遗忘选择后的 c_{t-1} 的记忆进行更新，目的是增加一些因当前输入而产生的一些重要记忆信息。

（4）输出门

从图 2-3-13 可以看出，输出门 o_t 是由上一时刻的隐藏状态 h_{t-1} 和当前时刻输入数据 x_t 经过激活函数 sigmoid 得到。同时，当前时刻状态单元信息 c_t 经过激活函数 tanh 得到当前时刻的全部状态单元信息。将输出门 o_t 乘上当前时刻的全部状态单元信息得到最终的输出信息。

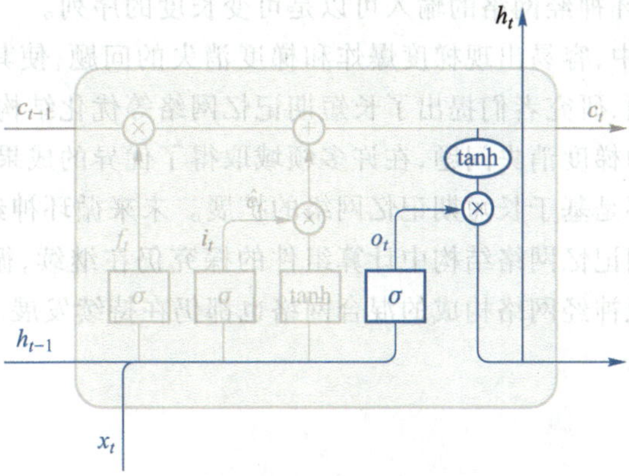

图 2-3-13 输出门子结构

3. 应用

循环神经网络被广泛应用在自然语言处理领域中，如文本分类、语音识别、自动文摘、图片标题生成、机器翻译、情感分析等。此外，还可以使用循环神经网络根据用户的短期行为数据做视频推荐、根据飓风的运动轨迹进行灾害预测等。

（1）自然语言处理

由于自然语言数据是一种典型的序列数据，而循环神经网络对于序列数据较为擅长，因此也广泛应用于自然语言处理领域。循环神经网络是一种机器翻译的主流算法，通过循环神经网络构建了一种不同于统计机器翻译的神经机器翻译方法。同时,在语音识别中,循环神经网络也可以用于端到端的建模。此外,循环神经网络也能用于语义分析,如文本分类、社交网络数据挖掘任务。

(2) 图像处理

循环神经网络能结合卷积神经网络,用于计算机视觉领域。例如,基于视频的人体行为识别中,首先将视频解析为一系列单帧图像,然后用卷积神经网络为每个单帧图像提取特征,再将提取到的图像特征作为不同时刻的输入,送入到循环神经网络中,循环神经网络基于这些连续多帧特征进行行为识别。

(3) 无线通信

循环神经网络以其对序列数据处理的优势,在无线通信领域也同样有着优越的表现。例如,循环神经网络长短期记忆网络可以对移动无线网络性能指标数据进行有效预测,并且可以在此基础上进一步实现对移动无线网络性能数据的全面精细化预测,为运营商提前预测网络负荷,进行网络资源调配提供更为精准的预测信息,从而进一步提高网络质量和用户满意程度。

4. 小结

循环神经网络是一种强大的神经网络模型,在自然语言处理等许多领域都取得了瞩目的成就。它最重要的特点是可以将某一时刻神经元的输出作为历史状态信息,在下一时刻再次输到神经元中,并通过考虑数据之间的依赖关系来做出决策。循环神经网络架构中的参数是共享的,大大减少了需要训练的神经网络参数。此外,共享参数还允许模型扩展到不同长度的数据,因此循环神经网络的输入可以是可变长度的序列。

然而,在训练过程中,容易出现梯度爆炸和梯度消失的问题,使其无法解决长时依赖的问题。为解决上述问题,研究者们提出了长短期记忆网络等优化结构,它能够有效克服基础循环神经网络中存在的梯度消失问题,在许多领域取得了优异的成果。目前,对于循环神经网络的改进技术大多都是基于长短期记忆网络的扩展。未来循环神经网络仍然具有广阔的发展空间。基于长短期记忆网络结构中计算组件的探究仍在继续,循环神经网络的新变体及循环神经网络与其他神经网络构成的混合网络也都仍在持续发展。

2.3.3 生成对抗网络

1. 基本思想

生成对抗网络(generative adversarial network, GAN)是一种基于对抗学习的生成模型(generative model)。通过两个网络相互对抗从而提升模型的性能。其中一个是生成器网络G(generator network),它迭代学习训练集样本的概率分布,并通过输入的随机噪声(random noise)生成新的样本;另一个是判别器网络 D(discriminator network),一般情况下它是一个二分类网络,通过判断所输入的图像是真实数据(x_{real}),还是生成数据(x_{fake}),来指导生成网络训练生成更真实的数据。形象地理解,生成器 G 不断地模仿真实数据去生成能够“以假乱真”的样本;判别器 D 则不断尝试“去伪存真”,辨别假的样本。在这个过程中两个模型不断对抗博弈,逐步进化,如图 2-3-14 所示。

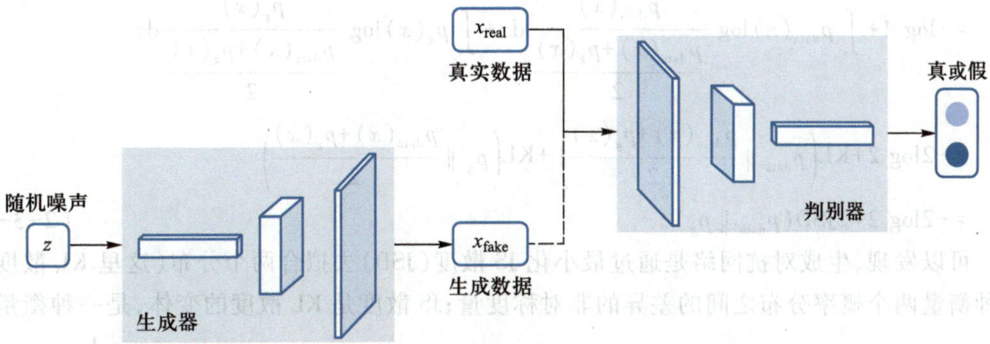

图 2-3-14 生成对抗网络框架

2. 数学原理

定义一个输入的随机噪声 z 满足已知的先验概率分布 $p_z(z)$，通过生成器函数 $G(z;\theta_g)$ 将 z 映射到模型所学习数据 x 的分布 p_g 的数据空间，即将所输入向量映射成图像数据，这里 G 是一个含有参数 θ_g 的生成器网络，p_g 是生成器 G 通过学习得到的概率分布而非数据 x 自身的概率分布。再定义一个判别器函数 $D(x;\theta_d)$ 来将输入映射到一个二分类输出，训练判别器 D 来最大化正确预测真实数据和生成数据的概率，同时训练生成器 G 来最小化判别器 D 判断生成图像的概率 $\log(1-D(G(z)))$，这里 $G(z)$ 为生成器 G 通过噪声生成的数据。即生成对抗网络的训练是一个关于函数 $V(G,D)$ 的极大极小的博弈优化问题：

$$\begin{aligned}&\min_G\max_D V(G,D)\\&=E_{x\sim p_{\text{data}}(x)}[\log D(x)]+E_{z\sim p_z(z)}[\log(1-D(G(z)))]\end{aligned} \tag{2-3-4}$$

首先固定 G，从而训练 D。对于目标函数 $V(G,D)$，期望能求得它的最大值 $\max V(G,D)$，而在固定 $G(z)$ 的条件下，给出如下推导：

$$\begin{aligned}V&=E_{x\sim p_{\text{data}}}[\log D(x)]+E_{x\sim p_g}[\log(1-D(x))]\\&=\int_x p_{\text{data}}(x)\log D(x)\,\mathrm{d}x+\int_x p_g(x)\log(1-D(x))\,\mathrm{d}x\\&=\int_x[p_{\text{data}}(x)\log D(x)+p_g(x)\log(1-D(x))]\,\mathrm{d}x\end{aligned} \tag{2-3-5}$$

对于一个定义域在[0,1]的函数 $f(x)=a\log x+b\log(1-x)$，可以得到在 $x=\dfrac{a}{a+b}$ 处取最大值。因此当 D 训练足够好时，可以得到的最优判别器为

$$D^*(x)=\frac{p_{\text{data}}(x)}{p_{\text{data}}(x)+p_g(x)} \tag{2-3-6}$$

当 $p_g=p_{\text{data}}$ 时，$\max\limits_D V=E_{x\sim p_{\text{data}}}[\log D^*(x)]+E_{x\sim p_g}[\log(1-D^*(x))]$ 达到全局最小值 $-\log 4$。在最优判别器条件下，固定 D，训练 G，那么目标函数：

$$\begin{aligned}&\min_G\max_D V(G,D)=V(G\,D^*)\\&=E_{x\sim p_{\text{data}}}[\log D^*]+E_{x\sim p_g}[\log(1-D^*(x))]\end{aligned}$$

$$=-\log 4+\int_x p_{\text{data}}(x)\log \frac{p_{\text{data}}(x)}{\frac{p_{\text{data}}(x)+p_g(x)}{2}}\mathrm{d}x+\int_x p_g(x)\log \frac{p_g(x)}{\frac{p_{\text{data}}(x)+p_g(x)}{2}}\mathrm{d}x$$

$$=-2\log 2+\mathrm{KL}\left(p_{\text{data}} \,\|\, \frac{p_{\text{data}}(x)+p_g(x)}{2}\right)+\mathrm{KL}\left(p_g \,\|\, \frac{p_{\text{data}}(x)+p_g(x)}{2}\right)$$

$$=-2\log 2+2\mathrm{JSD}(p_{\text{data}} \,\|\, p_g) \tag{2-3-7}$$

可以发现，生成对抗网络是通过最小化 JS 散度（JSD）去拟合两个分布（这里 KL 散度是一种衡量两个概率分布之间的差异的非对称度量；JS 散度是 KL 散度的变体，是一种衡量两个概率分布之间差异的对称度量）。当 $p_g=p_{\text{data}}$时，取最小值$-\log 4$，此时 D 处为$\frac{1}{2}$。

3. 训练过程

如图 2-3-14 所示，首先固定生成器 G，将实际数据集中的真实数据和生成器根据输入噪声生成的数据送入判别器，让判别器对输入的数据进行打分从而确定该数据是真实的数据还是生成的数据。然后固定判别器 D，训练更新生成模型使模型生成更真实的数据。通过生成器 G 和判别器 D 交替迭代对抗训练，更新两个网络的参数从而使生成模型的生成数据更加真实。具体对生成器和判别器的训练过程如下：

① 初始化判别器参数θ_d和生成器参数θ_g；

② 训练判别器 D：

a. 从真实数据集取 m 个样本$\{x^1,x^2,\cdots,x^m\}$；

b. 从已知先验分布中采样 m 个噪声样本$\{z^1,z^2,\cdots,z^m\}$，通过生成器获得数据$\{\tilde{x}^1,\tilde{x}^2,\cdots,\tilde{x}^m\}$，满足关系 $\tilde{x}^i=G(z^i)$；

c. 通过随机梯度上升来更新判决器：

$$V=\frac{1}{m}\sum_{i=1}^{m}\log D(x^i)+\frac{1}{m}\sum_{i=1}^{m}\log(1-D(\tilde{x}^i)) \tag{2-3-8}$$

$$\theta_d\leftarrow\theta_d+\eta\nabla V(\theta_d) \tag{2-3-9}$$

③ 训练生成器 G：

a. 从已知先验分布中采样 m 个噪声样本$\{z^1,z^2,\cdots,z^m\}$；

b. 通过随机梯度下降更新生成器：

$$V=\frac{1}{m}\sum_{i=1}^{m}\log(1-D(G(z^i))) \tag{2-3-10}$$

$$\theta_g\leftarrow\theta_g-\eta\nabla V(\theta_g) \tag{2-3-11}$$

④ 重复迭代训练判别器 D 和生成器 G，直到达到训练目标。

4. 生成对抗网络的应用

由于生成对抗网络的训练不需要预先显式地求出训练数据的数据分布，同时可以采用各种监督或无监督方法满足生成有一定限制条件或更丰富的数据，因此生成对抗网络在数据生成、风格迁移和无线通信等许多领域都有广泛应用。

（1）数据生成

2014 年，伊恩·古德费洛（Ian J. Goodfellow）等人发表的论文 *Generative Adversarial Nets*

中,提出了生成新案例这一应用。该方法可以基于 MNIST 手写数据集和人脸数据集来生成新的数据。生成对抗网络作为一个生成模型,基础的应用就是数据的生成,随着计算机技术的发展,生成对抗网络方法逐渐成熟,由 2014 年的生成对抗网络、2015 年的 DCGAN、2016 年的 BEGAN 到 2017 年的 Pro GAN,人脸生成的质量在逐年提升。

(2) 风格迁移

图像的风格迁移也是生成对抗网络的应用。基于 MGAN,我们可以做到“纹理合成”,从而达到图像风格迁移的效果,如图 2-3-15 所示。

图 2-3-15 图像的风格迁移

彩图 2-3-15

CycleGAN 可以基于无监督的方式进行训练,将图像从一个领域变换到另一个领域,实现如风景画和油画的相互转换,图像季节转换及分割掩码和真实场景的相互转换等任务。

(3) 无线通信

生成对抗网络在无线通信中也能够得到应用,方向有数据攻击的检测、加密模型建立等。例如,可以通过生成对抗网络的训练实现对异常用户的过采样,从而实现对通信网络中异常用户的检测。也可以通过生成对抗网络进行信号生成训练来欺骗无线信号,从而提高通信过程中的防御能力。

5. 小结

生成对抗网络是一类基于博弈论的用于生成学习的模型方法,它存在两个不同的网络,而不是单一网络,通过生成器网络和判别器网络的对抗训练,来达到我们所期望的训练目标。

生成式对抗网络与其他模型相比有许多优势:作为一种生成式模型,生成式对抗网络只需要使用反向传播算法,而不需要使用复杂的马尔可夫链;生成对抗网络不需要显式地得到训练数据的分布;它是一种半监督或无监督的模型,因此在各个领域的应用中一定程度上避免了数据获取困难的问题;在一些场景应用中,避免了设计复杂损失函数的问题。当然,生成对抗网络模型也有其缺点:有许多指标在数值上虽然很高,但生成效果却未必很好;由于损失函数限制导致生成器缺乏多样性;不擅长处理生成文本等离散的数据,这些问题尽管有很多相关的研究,但依然没有得到完全的解决。

因此,在未来,如何提升生成对抗网络生成数据效果,解决生成对抗网络生成数据多样性的问题是我们所需要的面对的一个挑战。同时,尽管深度学习的功能十分强大,但仍然有很多领域无法征服,生成对抗网络的思想能否在其中一些领域有所突破也是我们研究的一个方向。

2.3.4 强化学习

本节分为三个部分:基本原理、类型和应用。重点讲解了强化学习的经典代表算法Q-learning及深度强化学习。

1. 基本原理

强化学习是指一个智能体与环境进行交互,通过观察环境状态、采取行动和接收奖励来学习最优行为策略的学习方法。

强化学习的基本原理(见图2-3-16):一个智能体(agent)选择一个动作(action)执行,当环境受到该智能体的动作产生变化时,会产生一个奖惩值(reward)反馈给智能体,同时环境会有一个此时的状态值(state),智能体会根据得到的奖惩值和当前环境的状态再决定下一个动作,决定的原则是使得最终得到的正的奖惩值概率最大化,最终达到目标状态。

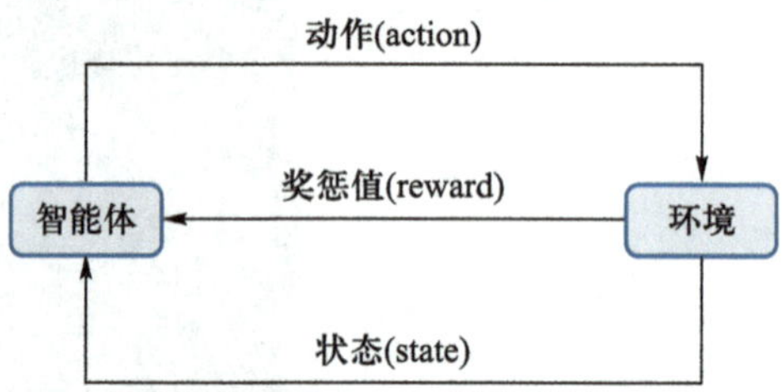

图2-3-16 强化学习数学模型

因此选择的动作不仅会影响当前的奖惩值,还会影响下一状态的奖惩值及最终的奖惩值。强化学习的目标就是寻找一种策略,使得智能体在整个动作过程中所得到的累积的总奖励值最大化。

强化学习的任务可以对应一个四元组:

$$E=\langle S,A,P,R\rangle \tag{2-3-12}$$

其中,S表示当前状态,A表示可采取的动作总体集合,P表示各个转移状态的概率值,R表示奖赏函数。

这里有几个概念:

动作(action):定义的智能体所能够采取的动作集合的动作空间。

状态(state):智能体所感知到的环境的所有可能状态,这些状态构成状态空间。

策略(policy):定义了环境与动作之间的一个映射关系,它决定了在某个环境状态下智能体对动作的最优选择。策略的所有可能构成策略空间,它可以是一个函数或者一个查找表,也可能通过复杂的计算得到,强化学习的目标就是寻找一个最优的策略。

奖赏函数(reward function):定义了关于当前环境状态和当前动作对到一个数值的映射,即奖惩值。这个值仅考虑了当前状态—动作的正负面影响。奖赏函数不会由智能体的学习改变,是调整策略的基础,也是预先定义的。

值函数(value function):与奖赏函数相对应,值函数考虑了在某一状态下某个策略在未来长远将取得的累积奖赏值。值函数考虑了后续可能状态,以及这些状态可获得的累积奖赏值,从而保证模型的整体向最优解优化而不仅仅受当前奖赏值正负的影响。

环境模型(environment model):环境模型对环境进行模拟建模,使给定某一状态和动作,在当前环境下可以预测下一步的环境状态和奖赏值的结果。

2. 类型

根据智能体是否能够完全理解或学习环境的模型,强化学习方法可分为无模型强化学习和基于模型的强化学习。环境模型是一个预测状态转换和奖励的函数。图 2-3-17 从有无模型的角度对强化学习的算法进行了分类并给出了相关具体算法的例子。基于模型的学习的最大优势是智能体能够通过提前思考来计划。每一步,智能体都会提前尝试全部可能选项,再从这些候选项中选择最优的选项,它可以提取预先规划的结果作为学习策略。AlphaZero 就是最有名的一个例子。

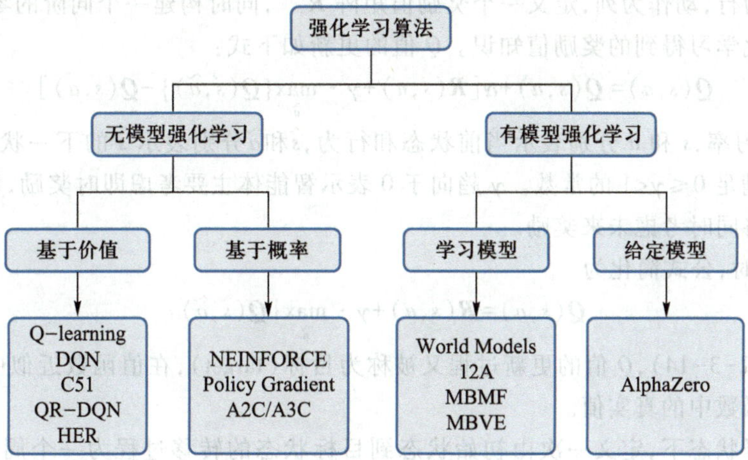

图 2-3-17 强化学习的分类

基于模型的学习的最大缺点是智能体通常无法访问环境的现实模型。如果智能体想要在某个场景中使用该模型,它必须完全从经验中学习,这会带来很多问题。其中一个最关键的问题是真实模型和智能体探索的模型之间存在误差。这可能导致在训练获得的智能体在现实模型中表现很差。事实上,无论花费多长时间,使用多少计算能力,都不一定能达到预期的效果,因此基于模型的学习是极为困难的。基于模型的学习方法各有特色,根据模型是否提前给定可分为学习模型和给定模型两大类。

使用模型的算法叫作基于模型学习,不使用模型的叫作无模型学习。截止到目前(2023 年),相比于在样本效率方面具备优势的基于模型学习,更容易实现和调整的无模型学习更受欢迎,得到更加广泛的开发和测试。

根据智能体选取动作的策略不同,可以将无模型强化学习方法分为基于价值(value-based)的强化学习和基于概率(policy-based)的强化学习。

(1) 基于价值的强化学习(value-based RL)

基于价值的强化学习会考察智能体在某一状态下的所有可能动作,按动作对应的反馈值排序后取用反馈值最高的动作。因为无法考察无限的动作,所以这种基于价值的强化学习仅适合在离散动作的选取场景下使用。我们首先介绍经典代表算法 Q-learning,再介绍其改进版本 DQN。

Q-learning 是 1989 年沃特金斯(Watkins)于文章 *Learning from Delayed Rewards* 提出的一种无模型的强化学习的方法,它也可以被认为是一种动态规划的算法。它向智能体提供了体验行动后的结果来学习在马尔科夫域中采取最佳行动的能力，同时不要求智能体建立域的地图。

该算法的主要思想是构建一张 Q 值表存储状态(state)与动作(action)，根据 Q 值选取能获得最大收益的动作。Q-learning 中的 Q 即为 $Q(s,a)$，表示在某一时刻的 s 状态下($s\in S$)，采取动作 $a(a\in A)$，动作能够获得收益的期望，环境会根据智能体的动作反馈相应的奖励 R。

Q-learning 算法中有两个重要术语：状态(state)和动作(action)。算法原理如下：

以状态为行，动作为列，定义一个奖励值矩阵 $\boldsymbol{R}^{m\times n}$，同时构建一个同阶的零矩阵 $\boldsymbol{Q}^{m\times n}$ 来表示经过强化学习得到的奖励值知识。Q 值的更新如下式：

$$\boldsymbol{Q}(s,a)=\boldsymbol{Q}(s,a)+\alpha[\boldsymbol{R}(s,a)+\gamma\cdot\max_{\tilde{a}}\{\boldsymbol{Q}(\tilde{s},\tilde{a})\}-\boldsymbol{Q}(s,a)] \tag{2-3-13}$$

其中，α 是学习率，s 和 a 分别表示当前状态和行为，$\tilde{s}$和$\tilde{a}$分别表示 s 的下一状态和行为，折扣因子 γ 是满足 $0\leqslant\gamma<1$ 的常数。γ 趋向于 0 表示智能体主要考虑即时奖励，而 γ 趋向于 1 表示智能体将同时考虑未来奖励。

当 $\alpha=1$ 时，公式简化为

$$\boldsymbol{Q}(s,a)=\boldsymbol{R}(s,a)+\gamma\cdot\max_{\tilde{a}}\{\boldsymbol{Q}(\tilde{s},\tilde{a})\} \tag{2-3-14}$$

如公式(2-3-14)，Q 值的更新过程又被称为目标(target)，在值函数近似中，都用 target 来替代损失函数中的真实值。

在无监督状态下，定义一次由初始状态到目标状态的转移过程为一个周期(episode)，可以得到 $\boldsymbol{Q}$ 矩阵的优化过程如下：

Step 1 定义参数 γ 和 reward(奖励值)矩阵 $\boldsymbol{R}$；

Step 2 初始化学习矩阵 $\boldsymbol{Q}(s,a)=\boldsymbol{0}$；

Step 3 对每个 episode 循环：

① 随机初始化一个初始状态 s；

② 若未达目标状态，循环执行以下几步：

a. 从当前状态 s 的全部可能行为中基于策略(policy)选取一个行为 a；

b. 利用选定的行为 a，得到下一状态$\tilde{s}$和对应奖励值 r；

c. 根据公式(2-3-14)更新 $\boldsymbol{Q}(s,a)$；

d. 令 $s=\tilde{s}$。

利用训练好的矩阵 $\boldsymbol{Q}$，我们可以很容易地找出一条从任意状态 s_0 出发达到目标状态的行为路径，具体步骤如下：

Step 1 令当前状态 $s=s_0$；

Step 2 确定 a，它满足：

$$\boldsymbol{Q}(s,a)=\max_{\tilde{a}}\{\boldsymbol{Q}(s,\tilde{a})\} \tag{2-3-15}$$

Step 3 令当前状态 $s=\tilde{s}$($\tilde{s}$表示 a 对应的下一个状态)；

Step 4 重复执行 Step 2 和 3 直到 s 成为目标状态。

Q-learning 是强化学习中一种经典的算法，但它存在很多局限。最为关键的是它是一种表格方法，这种方法要求状态和动作空间离散且数量有限，同时无法应对没有定义的状态

和动作，不能满足预测和泛化的需求。为了使Q-learning具有预测能力，很容易联想到深度学习中的回归问题，参考深度学习的学习过程，可以用一个模型函数去拟合Q函数：

$$\boldsymbol{Q}(s,a;\theta)\approx\boldsymbol{Q}^{*}(s,a) \tag{2-3-16}$$

由此可见，为了弥补强化学习的不足，深度学习和强化学习的结合成为一种必然。随着深度学习的发展，DeepMind在2013年的*Play Atari with Deep Reinforcement Learning*中提出了DQN，这是深度强化学习的一个重要起点。通过向网络输入状态s得到网络输出的各个离散动作的Q值，实现了采用DNN网络进行Q值的函数拟合。

Q-learning的一个特征是离线策略（off-policy），这一特征也被DQN所继承。而与Q-learning不同的是，Q-learning使用相同的Q来计算目标值和预测值时，它们共用一个神经网络。这导致神经网络更新时目标值也更新，参数容易不稳定和不收敛。而标签（label）在有监督学习中保持不变，不受参数更新的影响。

因此，DQN引入了一个与Q网络并存的target Q网络。target Q网络具有与Q网络相同的结构和初始权重，但每次迭代时，Q网络总更新，而target Q网络不总是更新。DQN的目标表达式如下所示：

$$\boldsymbol{Q}(s,a)=\boldsymbol{R}(s,a)+\gamma\cdot\max_{\tilde{a}}\{\boldsymbol{Q}(\tilde{s},\tilde{a};\theta^{-})\} \tag{2-3-17}$$

其中，θ^{-}表示它的更新速度比Q网络的权重θ慢。

与Q-learning相比，DQN做出了如下改进：① 使用卷积神经网络来逼近行为值函数；② 采用target Q网络来更新目标；③ 使用经验回放（experience replay）。

在强化学习中，观察数据通常是相关的，这在使用这些数据更新神经网络参数时会带来问题。回想到在监督学习中，数据点通常被假设为独立的。因此DQN使用经验回放的方法，用一个记忆空间（Memory）来存储先前经历过的数据。在参数更新期间，从记忆空间中抽取一部分的数据用于更新，以打破数据之间的相关性。

DQN算法流程如下：

Step 1 初始化深度神经网络的权重和偏置，定义经验回放缓冲区来存储经验样本；

Step 2 在每个时间步中，根据当前状态从神经网络中选择动作。为了在探索和利用之间保持平衡，可以使用ε-贪婪策略选择动作；

Step 3 执行所选动作并观察环境的下一个状态和即时奖励；

Step 4 将经验样本（当前状态、所选动作、即时奖励、下一个状态）存储在经验回放缓冲区中；

Step 5 从经验回放缓冲区中随机采样一批经验样本；

Step 6 对每个样本，使用目标网络和当前网络来计算预期即时奖励。目标网络是用于计算预期值的固定副本，以减少目标的变动；

Step 7 使用预期即时奖励和当前网络来计算Q值；

Step 8 使用Q值差异和梯度下降法更新当前网络的权重和偏置；

Step 9 更新目标网络的权重和偏置，可以定期复制当前网络的参数到目标网络；

Step 10 重复Step 2~9，直到达到指定的终止条件。例如，达到最大迭代次数或达到收敛条件。

(2) 基于概率的强化学习(policy-based RL)

前文所述的Q-learning和DQN是一种基于价值的方法,而这些方法仍然只能解决低纬度、离散动作空间的问题,而后续为解决连续动作空间的问题又出现了基于概率的强化学习的方法,如REINFORCE、Policy Gradient、DDPG、A3C等。

在基于概率的强化学习中,智能体对其在给定状态下可以采取的每个可能动作分配一个概率,不同的动作具有不同的被选择的概率。由于概率分布可以是离散的或连续的,因此无论选取的动作是离散分布还是连续分布,基于概率的强化学习都是适合的。

基于概率的方法会直接学习到状态和动作之间映射关系的一个动作函数。该方法基本原理可以分为以下三步:

第一步:定义一个函数,这里可以是一个含有参数θ的网络模型,网络的输入是当前的状态,输出是每个动作的概率值。而在最后选择执行动作时,会基于输出的概率随机选择,保证输出的多样性,防止每次的输出动作一成不变。

第二步:评价一次周期的优劣,类似于监督学习中的损失函数,我们需要评价这一个周期过程中得到的奖赏值。对于一个周期,我们可以得到一个状态s、动作a和奖赏值r的集合τ,并能计算得到总的奖赏值R:

$$\tau=\{s_1,a_1,r_1,s_2,a_2,r_2,\cdots,s_T,a_T,r_T\} \tag{2-3-18}$$

$$R(\tau)=\sum_{n=1}^{N} r_n \tag{2-3-19}$$

只要我们能够计算出所有周期的R的期望就可以衡量所求动作函数的优劣,但实际中期望无法计算,因此我们通过采样来近似计算R的期望,每一次周期得到的集合τ的采样概率是基于网络参数θ的条件概率$P(\tau|\theta)$,因此我们可以得到进行N次周期采样得到的奖赏值R的期望为

$$\overline{R}_\theta=\sum_{\tau} R(\tau)P(\tau|\theta)\approx\frac{1}{N}\sum_{n=1}^{N} R(\tau^n) \tag{2-3-20}$$

第三步:基于梯度回传算法,我们就可以通过所求的$\overline{R}$来计算更新网络权重θ从而得到所求动作函数的最优解:

$$\theta^{\text{new}}\leftarrow\theta^{\text{old}}+\eta\nabla\overline{R}_{\theta^{\text{old}}} \tag{2-3-21}$$

基于概率的强化学习中有一种基本算法是REINFORCE,它通过直接优化策略函数来学习最优策略。其核心思想是根据策略函数的输出概率来生成动作,并根据该动作的回报信号调整策略函数的参数。

其算法步骤如下:

Step 1 定义一个可微分策略函数$\pi_\theta(a|s,\theta)$,初始化策略函数的参数θ;

Step 2 对于每个周期,用当前策略π_θ采样轨迹$\{s_1,a_1,r_1,s_2,a_2,r_2,\cdots,s_T,a_T,r_T\}$;

Step 3 在每个时间步结束时,计算当前轨迹的总奖励$R_t=\sum_{k=t}^{T}\gamma^{k-t}r_k$,其中,$T$是轨迹的最终时间步,$\gamma$是折扣因子;

Step 4 对于每个时间步t,计算策略梯度$\nabla_\theta\ln\pi(a_t|s_t,\theta)$;

Step 5 更新策略函数的参数$\theta\leftarrow\theta+\alpha\gamma^t R_t\nabla_\theta\ln\pi(a_t|s_t,\theta)$,其中,$\alpha$是学习率;

Step 6 重复 Step 2~5,直到达到指定的终止条件。例如,达到最大迭代次数或达到收敛条件。

通过不断地执行这些步骤,REINFORCE 算法能够逐渐改进策略函数的参数,使得策略产生更优的动作选择,从而最大化累积奖励。

3. 应用

强化学习可以应用于很多领域,如图 2-3-18 所示,包括计算机系统、游戏、机器人、计算机视觉、自然语言处理、科学工程艺术、金融、医疗、教育、交通、能源、商业管理等。

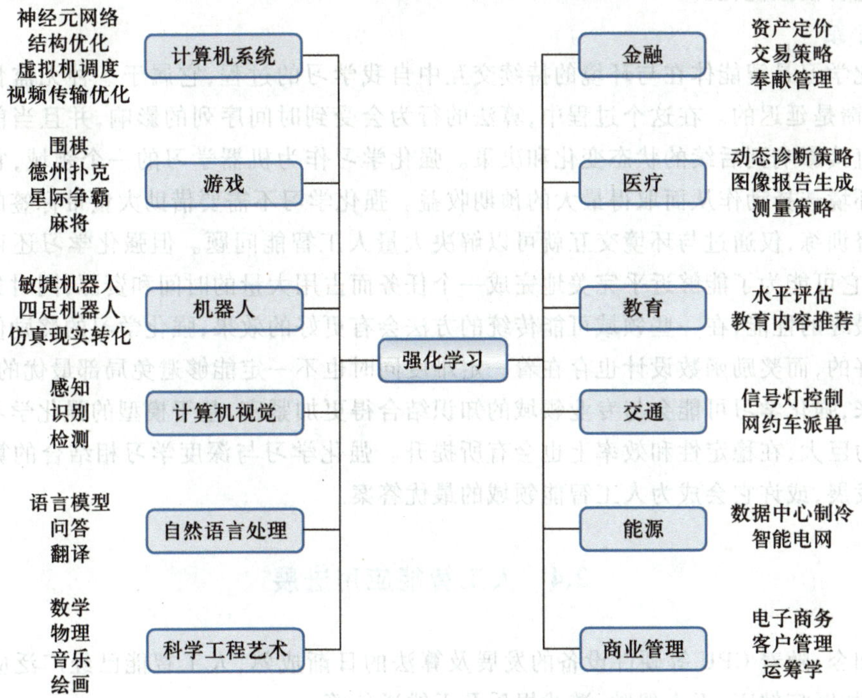

图 2-3-18 强化学习的应用分类

(1) 机器人

一般来说,对于人类而言复杂的问题,对于机器人而言可能恰好是容易解决的,相反对于人类而言简单的问题,对于机器人而言解决起来可能会非常复杂。现实生产中的机器人一般是根据固定的编程来执行自己的任务,但真实环境是不可控的,因此可以通过强化学习的方式使机器人通过与环境交互式学习来不断优化,自主地寻找行为最优解。

例如,机器人足球比赛,它是一个有趣并且复杂的过程,每一个机器人动作集合包括拦截、射门、扫球,同时机器人所采取的动作会与同其他机器人之间的距离、方向、足球的位置等环境相关。机器人世界杯也已在全球范围内举办了多年。

(2) 游戏

在游戏环境中,想要做出最佳的策略往往需要依赖非常多的因素,如果依靠传统方法,那么我们需要人工制定非常多的规则,而强化学习能够通过自主地玩游戏学习如何采取最佳的策略。

例如，由谷歌旗下团队开发的 Alpha Go，其通过强化学习的算法不断学习，在围棋这一曾经人们认为计算机无法超越人类的领域战胜了人类的顶级棋手。当前许多计算机游戏如 Dota2、王者荣耀等也有优秀的 AI 算法在一对一对战中战胜人类。

（3）无线网络中的应用

当前用户的设备状态、网络环境等是多样的、不断更新的，未来 5G 甚至 6G 网络中的业务也是多样的，因此如何为广大用户提供高分辨率、低时延的网络视频服务是一个有待解决的问题。为动态地平衡视频质量和时延要求来满足用户最佳的体验，可以通过强化学习的算法来进行模拟优化。

4. 小结

强化学习是智能体在与环境的持续交互中自我学习的过程，它属于一种无监督学习范式，其反馈是延迟的。在这个过程中，算法的行为会受到时间序列的影响，并且当前采取的行动会直接影响到后续的状态变化和决策。强化学习作为机器学习的一个领域，它强调如何基于环境选择动作从而取得最大的预期收益。强化学习不需要借助大量带标签的数据进行有监督训练，仅通过与环境交互就可以解决大量人工智能问题。但强化学习还存在着许多问题，它可能为了能够近乎完美地完成一个任务而占用大量的时间和资源；同时如果仅仅只关心最终的性能，在一些领域可能传统的方法会有更好的效果；强化学习的奖励值也是预先固定好的，而奖励函数设计也存在着一定难度同时也不一定能够避免局部最优的问题。

未来，强化学习可能会与专业领域的知识结合得更加紧密，基于模型的强化学习算法未来的潜力巨大，在稳定性和效率上也会有所提升。强化学习与深度学习相结合的算法也正在快速发展，或许它会成为人工智能领域的最优答案。

2.4 人工智能应用进展

现如今，随着 GPU 等硬件设备的发展及算法的日渐成熟，人工智能已经广泛应用于诸多领域，如医疗健康、无人驾驶、游戏娱乐及无线通信等。

在 1990 年，中国知名学者周海中预见性地提出：“随着社会和科技的演进，人工智能将在医疗保健领域发挥重大作用。”鉴于其对国家健康议题的深远影响，人工智能在这一领域的应用展现出了巨大的发展潜力，从而激发了广泛的研究热潮。2016 年，中国共产党中央委员会和国务院提出《“健康中国 2030”规划纲要》，旨在到 2020 年建立覆盖城乡的综合基本医疗卫生体系，到 2030 年进一步完善医疗卫生体系，并在 2050 年实现与社会主义现代化国家相适应的医疗卫生体系。自 2016 年以来，医疗保健领域关于人工智能的出版物数量迅速增长。如今，国内外都已经开发出帕金森病运动功能评估系统、电子病历管理系统等系统。未来，人工智能将进一步与医疗保健融合，重点关注新药开发、基因测序和健康管理等领域。这些应用将深刻改变当前医疗格局，提高人们生活质量。智慧医疗将成为中国下一阶段医疗发展的关键焦点，扩大健康信息共享的范围，逐步满足患者寻求医疗服务的个性化需求。

无人驾驶技术在汽车行业的发展势头迅猛，前景广阔。许多汽车制造商和互联网公司都在积极推进人工智能技术的应用，如奔驰、特斯拉、百度等。百度的无人驾驶汽车于 2015

年实现了在高速公路、环路等多种路况下的自动驾驶。2016 年，中国发布无人驾驶技术发展路线图，中国汽车工程协会也指出，到 2026 年至 2030 年间，无人驾驶或辅助驾驶系统将配备在每辆车上。

在游戏娱乐领域，电影《头号玩家》中，玩家可以通过智能头盔及传感器设备，就能连接到一个逼真的游戏世界；腾讯开发的 AI 智能体“觉悟”，在王者荣耀上，已经具有击败职业电竞选手的实力。从最简单的文字游戏到现在流行的 VR 游戏和体感游戏，人工智能技术使游戏的类型更加多样化。在未来，将会有更多的游戏应用到人工智能的相关技术，游戏的质量将会大大提高，给我们带来更多的乐趣。

在无线通信领域，随着 5G 的日益成熟，人工智能与 5G 的融合已经成为科技发展的必然趋势。5G 可以加快信息传播速度，具有高可靠性，同时大大降低了信息延迟时间。人工智能技术模仿人类的思维，借助数据库中的信息做出判断。数据库中的信息越多，人工智能的准确率越高。5G 可以为人工智能的发展提供支持，促进人工智能技术的成熟。同样，利用人工智能技术可以更合理地建立通信网络，使信息传播更加迅速。利用 5G 和人工智能技术，拍摄人的面部和身体进行 3D 建模，利用计算机中的服装模型模拟穿衣效果，可以极大地提升用户的购物体验，避免用户因实际效果与预期不一致而带来的烦琐退换货。5G 与人工智能技术的结合可以促进沉浸式旅游的发展，让人们可以随时随地欣赏世界各地的风景，减少花费的时间。

2.5 常用的深度学习框架

深度学习框架是非常重要的工具，有助于我们进行学习、研究和应用，可以避免我们编写大量重复的代码。发展到今日，有很多深度学习框架通过时间的检验，得到了研究员们的广泛认可。这些深度学习框架各有特点，选择一个合适的框架非常重要，下面我们将介绍几种流行的深度学习框架。

（1）Caffe

Caffe 是由贾扬青在加利福尼亚大学伯克利分校攻读博士学位期间开发的深度学习框架。其内核是用 C++编写，提供了 C++、Python 和 MATLAB 等接口。

Caffe 支持多种类型的深度学习架构，面向图像分类和图像分割，还支持卷积神经网络、RCNN、长短期记忆网络和全连接神经网络设计。并且支持基于 GPU 和 CPU 的加速计算内核库，如 NVIDIA、cuDNN 和 Intel MKL。虽然它在处理速度和学习速度上非常突出，但是由于它需要编译很多支持库，所以安装过程耗时较长。

（2）PyTorch

PyTorch 是在 Torch 的基础上诞生的，由 Facebook 人工智能研究院（FAIR）开发。开发者使用 Python 对 Torch 进行了重写，是一个以 Python 优先的深度学习框架。

PyTorch 是一个简洁且高效的深度学习框架，尤其在学术界备受青睐。它不仅支持 GPU 加速，同时也支持动态神经网络，这是 TensorFlow 所不具有的优势。由于这些特性，PyTorch被 Facebook、Twitter、CMU 和 Salesforce 等机构采用。

(3) TensorFlow

TensorFlow 前身是谷歌的神经网络算法库 DistBelief,是由 C++编写的深度学习框架,支持的编程语言有 Python 和 C++。TensorFlow 是一个使用数据流图进行数值计算的开源软件库,只要计算可以表示为一个数据流图,就可以使用 TensorFlow,只需要构建图,书写计算的内部循环即可。

此外,它可部署于各类服务器、PC 终端和网页并支持 GPU 和 TPU 加速计算。相比于 PyTorch 在学术界广受欢迎,TensorFlow 被广泛应用于各大企业的产品开发和研究中。截至 2021 年,它仍是用户数量最多、社区规模最大的一个框架。

(4) PaddlePaddle

PaddlePaddle 也称飞桨,是国内首个开源且功能完备的深度学习平台,由百度开发完成。它支持用户使用 Python 和 C++进行开发。PaddlePaddle 将自己定位为一个源自工业实践的开源深度学习平台,拥有官方支持最全面的工业级应用模型。根据官方介绍,PaddlePaddle 拥有四大领先技术:开发便捷的深度学习框架、超大规模的深度学习模型训练技术、多端多平台部署的高性能推理引擎、产业级开源模型库。详细内容可参考百度飞桨官方网站。

(5) Keras

Keras 由谷歌工程师弗朗索瓦 · 乔莱(François Chollet)等人开发。它是一个用 Python 编写的高级神经网络 API,已经支持使用 TensorFlow、Theano 和 CNTK 作为后端计算引擎。Keras 具有用户友好、高度模块化和易扩展性等特点。

(6) MindSpore

MindSpore 是华为开发并在 2020 年开源的新一代全场景 AI 计算框架,是华为昇腾 AI 全栈的一个模块,支持 Python 编程语言进行开发。截至 2021 年,MindSpore 支持的硬件平台有 Ascend 910、Ascend 310、GPU CUDA10.1 和 CPU。

MindSpore 的优势在于提供了动态图和静态图统一的编码方式,用户可以在两种模式之间进行切换。此外,它还统一了单机和分布式训练的编码方式,便于进行分布式训练。具体内容可见 MindSpore 官方网站。

(7) MXNet

MXNet 是由分布式机器学习社区(distributed machine learning community,DMLC)开发的一个开源、轻量级、可移植的深度学习库,主要作者是李沐。它允许用户进行混合符号和命令式编程,以最大化提高速率。MXNet 最大的优势在于它支持 C++、Python、R、Julia、Scala、Go、MATLAB 和 JavaScript 等多种语言进行开发。此外,MXNet 的分布式性能也非常高。

(8) Theano

Theano 是第一个有较大影响力的 Python 深度学习框架,由蒙特利尔大学的 MILA 实验室开发。Theano 完全基于 Python 实现,支持 GPU 计算。另外,Theano 还允许用户定义、优化和评估复杂的数学表达式,如多维数组等。2017 年官方宣布停止对 Theano 维护与开发。

以上介绍的深度学习框架的对比如表 2-5-1 所示。

表 2-5-1　深度学习框架的对比

名称	开发者	支持语言	优点	缺点
Caffe	贾扬清	C++、Python、MATLAB	面向工业、支持 GPU	主要面向卷积神经网络、安装耗时
PyTorch	Facebook	Python	设计简洁、代码易读、动态计算图、社区活跃、大量预训练模型	无商业支持
TensorFlow	Google	C++、Python	最为流行、社区强大、适合生产环境	系统设计复杂、文档较差、静态计算图、向后兼容性差
Keras	Google Brain	Python	开发效率高、文档规范位于其他深度学习框之上	过度封装、丧失灵活性
PaddlePaddle	百度	C++、Python	易用、高效、灵活、可扩展、面向产业	发布时间较晚、当前社区建设规模较小
MindSpore	华为	C++、Python	动态图和静态图相结合	发布时间较晚、当前社区建设规模较小
MXNet	Amazon	Python、R、C++、Julia、Scale、MATLAB、Javascript	灵活、速度快、占用内存较小、注重云端分布式部署	社区建设规模较小、文档较差
Theano	蒙特利尔大学	Python	适应数值优化任务	已停止开发和维护、不支持多 GPU、编译时间长

本章小结

本章主要介绍了人工智能的基础知识。当代人工智能的主要实现途径是机器学习，而机器学习中最活跃的部分是其深度神经网络分支，这部分我们通常称为深度学习技术。本章的核心思路也是从机器学习和深度学习的角度阐述人工智能的基础。具体来讲，首先回顾了人工智能的概念、发展历史及当下新特点等内容，从整体上对人工智能有一个认知；然后介绍了从生物神经元到人工神经元的数学模型，再到人工神经网络的结构、激活函数、优化算法及学习过程中常出现的欠拟合与过拟合问题等一系列相关基础内容；详细介绍了包括卷积神经网络、循环神经网络、生成对抗网络和强化学习四部分人工智能关键技术；在此基础上，本章又介绍了人工智能当前在不同领域的应用进展；最后讲述了深度学习开发中常用的几种框架平台，方便读者开展后续的实践内容。

习　题

1. 简述什么是图灵测试。
2. 简述人工智能的发展历史与发展趋势。

3. 阐述什么是模型训练中的过拟合和欠拟合现象，并写出深度学习训练过程中有哪些避免或缓解过拟合的方法。

4. 阐述什么是卷积神经网络的局部连接和权值共享。

5. 相比基础的循环神经网络 RNN，长短期记忆网络 LSTM 有什么优势，LSTM 提出了何种结构使它比 RNN 有这些优势？

6. 生成对抗网络模型 GAN 是一种深度生成式学习模型，阐述 GAN 的基本思想和原理。

7. 阐述强化学习的基本原理及常见的强化学习类别。

参考文献

第3章 当无线通信遇见人工智能

【导引】

《荀子·劝学》中说到:"君子生非异也,善假于物也",其意思是君子的资质与一般人没有什么区别,君子之所以高于一般人,是因为他能善于利用外物。善于利用工具和智慧是君子成功的重要途径。在快速发展的今天,5G、物联网、大数据、人工智能等新技术和新工具不断涌现,能迅速掌握并有效利用这些工具的人,才能在众多领域获得优势,提高工作效率。人工智能作为一项前沿技术,拥有诸多显著的优点,我们可以运用人工智能技术有效解决无线通信中的工程问题。

无线通信与人工智能(artificial intelligence,AI)的融合是未来移动通信网络发展不可忽视的关键技术趋势。本章首先介绍当前移动通信网络在后5G时代面临的需求与挑战;然后重点介绍了人工智能与无线通信融合的驱动力及主要特征,从无线接入网、核心网和终端三方面讨论了人工智能在移动通信网络中的发展;最后举例说明了人工智能赋能无线通信的主要方向,以及在6G网络中的发展趋势。具体内容如下:

3.1节主要介绍了后5G时代移动通信网络面临的需求与挑战。3.2节详细介绍了人工智能融入无线通信的必然性和驱动力,以及人工智能赋能无线通信的主要特征和变化。3.3节主要从无线接入网、核心网和终端三方面介绍了人工智能在移动通信网络体系中的发展。3.4节重点介绍了人工智能赋能无线通信的主要方向,包括人工智能赋能无线通信网络的物理层传输,无线通信网络侧应用,以及在安全态势感知和故障告警分析方面的应用案例。3.5节主要介绍了智能无线通信在行业应用中的典型案例,人工智能赋能无线通信的标准化进展,以及6G网络中无线通信与人工智能融合的发展趋势。

3.1 后5G时代移动通信网络的需求与挑战

当前5G网络已大规模商用,但仍在持续推动网络架构及关键技术的演进,面向新需求和新应用打造新兴的信息生态。人类社会活动正在从地面向空天地海多维立体空间扩展,催生了空中交通、航天工业、深空通信、海洋科技等诸多新兴领域,这些对移动通信基础设施的覆盖、容量、传输速率、灵活性、服务质量等提出了更广、更高、更多样化的要求。

1. 更多、更大带宽、更高效的频谱资源利用

信息技术的迅猛发展引领着新一轮的业务革新和服务需求升级,网络正在面临数据流量爆发式增长和海量设备万物智联需求的双重挑战。思科公司统计数据显示,2014—2019

年期间,全球移动数据流量增长了十倍以上,截至2023年全球联网设备达到约293亿台。为了满足用户对于高速、大容量数据传输的需求,网络必须不断提升带宽容量、降低传输时延。频谱作为移动通信的基础资源,仍是提升网络容量、保障网络持续提供优质通信服务最关键的要素。一方面,由于6 GHz以下(Sub-6 GHz)频段十分拥挤,无线网络亟须挖掘新的频谱资源;另一方面,现有的无线通信系统仍采用由授权用户独占的静态频谱管理模式,难以灵活适配业务流量的空时大动态变化和用户移动性特征,导致频谱资源利用率低。

2. 更绿色低碳的无线覆盖

当今,以绿色低碳循环为主的新型可持续发展模式——绿色发展已经成为与数字经济并驾齐驱的主要发力领域和全球共识。联合国可持续发展高级别政治论坛的能源主题分会于2023年7月在联合国总部召开,提出了“共建零碳能源体系,共促可持续发展”联合倡议。2020年9月我国提出了“碳达峰”和“碳中和”的“双碳”目标,争取在十年内达到二氧化碳排放峰值,2060年前排放碳总量和吸收碳总量相互抵消实现碳净零排放。在此背景下,ICT产业在助力千行百业数字化转型的同时,自身也需要“绿色低碳”发展。

随着5G网络的应用普及与不断发展,能耗和成本问题日益凸显。据2020年中国移动发布的5G基站节能技术白皮书显示,5G基站的典型功耗达3~5 kW,是同级4G基站的3~4倍,同时由于5G使用的频段更高,基站覆盖范围进一步缩小,若要满足同样覆盖目标,5G基站的数量也将是4G的3~4倍,这导致5G基站的组网部署成本升高。同时,当前实际网络的运维管理体系不够灵活智能,基站的运行状态无法精准地根据区域用户流量的实时变化进行动态调整,尤其是在流量需求较低的时段和地区,基站仍可能维持较高的工作负荷,造成不必要的能源消耗。此外,近年来算力作为新的生产力形式正在推动数字经济的快速增长,数据中心作为算力的物理承载,其大规模建设和运营不可避免地会加剧高能耗问题。

3. 更高效、更低成本的网络运行维护管理

当前,移动通信网络的运维管理仍主要依靠人工现场修复故障,智能化程度低,运维成本较大。这种方式对运维人员的工作量和经验有门槛要求,且工作模式是被动处理问题,无法做到积极预防问题,难以提供快速响应报告和快速应急处理能力。同时,5G网络引入虚拟化、移动边缘计算等新技术,边缘站点正在快速扩建,边缘站点数量多、分布广、异构,运维团队需随着边缘站点数量的增加而扩张,人工成本难以控制。相比传统核心网设备毫秒级的故障检测效率,网络资源虚拟化还会带来新的潜在故障点,而且故障发生后运营商难以划分供货厂商责任界限。边缘站点虚拟网络功能(virtual network function,VNF)通过软件机制实现故障检测,其检测响应的时间更长,增加了及时运维的难度。此外,不断涌现的新应用和新业务又对网络的带宽、时延、可靠性和安全性提出了更高的要求,传统的网络运维管理方式将更难以适应未来更加复杂多变的网络环境。

4. 支持个性化、定制化的按需服务能力

后5G时代的移动通信网络作为数字化社会转型的关键基础设施,不再局限于传统业务领域,更注重满足千行百业的数字化转型新需求。移动通信网络的应用场景丰富多样,涵盖了智能制造、交通运输、能源电力、农业、医疗健康、教育等多个领域,不同的应用场景对峰值速率、用户体验速率、时延、可靠性等服务质量需求差异很大,这迫使网络应具备按需灵活提供个性化、定制化服务的能力。因此,移动通信网络亟待向智能、高效的方向发展,持续强

化其对多样化场景、新型业务及用户个性化需求的适应性,提升用户体验,优化资源利用。

5. 更安全可信的无线传输

从2G发展到5G,移动通信网络在安全可信上的设计目标是保证用户和网络身份真实、防止通信传输的数据被窃听和篡改,主要采用以网络认证、数据加密与完整性校验为主的安全机制为通信提供安全保障,并经历了多次“外挂式”的修补和完善。安全防护的建立是“事后”的,安全机制在网络通信功能设计完毕后再叠加到系统中,甚至有的安全漏洞在下一代移动通信网络才得到修补(如5G修复4G时代的用户身份标识捕获攻击)。防御系统主要是基于以边界为中心的防御架构来部署,大多情况是建立在“已知风险”的前提下,将防护设备如防火墙、入侵检测器部署在移动通信网络的物理边界位置,对内采取信任态度,对外采用“打补丁式”的方式抵御安全风险。

此外,当前已完成的5G网络安全协议标准主要是面向增强移动宽带(eMBB)场景的,而针对大规模机器类型通信(mMTC)和超高可靠低时延(uRLLC)两个典型场景的安全协议标准化进展滞后。后5G时代的移动通信网络将更侧重赋能垂直行业服务,将通过上层接口开放部分网络能力给第三方,或者针对差异化的行业需求进行定制化的安全服务,有效适配移动通信网络更加开放、异构融合、海量终端、连接形态多样化等新特征。

3.2 人工智能与无线通信的融合

为了满足上述需求,5G网络与人工智能的结合将变得日益广泛和紧密。人工智能将赋予5G“自主”与“智能”,5G则将赋予人工智能广阔的应用空间,形成双向循环使能。两个密不可分的战略发展领域,将持续促进信息通信计算的融合创新和技术革新,实现人们在时空范畴、信息交互类型和跨行业融合创新应用的愿景展望。

3.2.1 人工智能融入无线通信的必然性和驱动力

1. 人工智能赋能千行百业成为未来社会发展的重要趋势

第2章讲述了人工智能的发展中经历了三次浪潮,目前我们正身处第三次浪潮之中。人工智能的发展离不开三大基础要素:数据、算法与算力。随着大数据、云计算技术的快速发展,基础的数据和算力问题得到了解决,更多复杂、先进的模型和算法也层出不穷。当前,以深度学习为代表的人工智能技术快速发展,依托复杂的神经网络能够对传统方法难以解决的非线性、不确定性和复杂动态问题进行计算与求解。

目前人工智能相关各类技术与算法还处于快速发展之中,无论是以机器学习、图像处理、自然语言处理等为代表的传统AI领域,还是以自动驾驶、智能制造、智慧城市为代表的新兴应用领域,人工智能均取得越来越多的创新成果。以机器学习为代表的人工智能技术与各个行业的深度融合,将给未来的生产与生活带来巨大改变。

2. 人工智能和无线通信融合有望将无线通信系统的性能极限推向新高度

通信的本质在于通过各种通信技术将信号中封装的信息从出发点传到目的地,通常基于数学模型进行构建。然而,在传统通信技术演进的过程中,过于精巧或理想的数学假设往往会使通信系统偏离实际。实际的无线通信环境是不断变化的,网络能够借助于人工智能带来的大数据处理能力,实时感知环境状态并采取行动,最大限度地实现预先设定的目标。深度学习作为人工智能的一部分,能够通过吸收数据中的知识并做出决策,无须依赖明确的数学建模和分析过程。典型的通信系统具有层级自治的特征,这意味着性能优化工作可以在不同层级之间独立开展,例如,分别实现编码调制的优化、传输链路的优化,以及资源分配的优化等。人工智能的出现打破了通信系统分级分层优化的传统方式,它可以将通信系统中多个具有耦合关系的模块视为整体,结合大数据分析能力从总体性能的角度优化各个环节的性能,进一步提升通信系统的传输性能。

3. 人工智能为解决移动通信网络面临的挑战提供了新途径

5G 网络支持增强移动宽带业务、海量机器类通信和超高可靠低时延通信等丰富多样的应用场景,正在逐步与垂直行业应用深度结合,催生出自动驾驶、增强现实/虚拟现实、全息通信、智能家居、智慧农业等新兴业务,通信业务更加多样化。通信网络基础设施需要应对更多、更复杂的场景及 3.1 节中所描述的挑战。因此,未来无线网络系统将演变成"通信""感知""计算""智能""存储"深度融合的综合无线基础设施平台,能够按需提供定制化服务或个性化服务,这是过去依靠固定架构和预定义规则的传统通信系统难以企及的。然而,这样的系统需要借助人工智能技术,基于大数据、知识库进行推理判决,利用模型的泛化能力去适应各种环境、场景,给出最优的资源配置与管理方案。

4. 人工智能与移动通信网络的融合是可行的

在无线接入网侧可以结合人工智能对 5G NR 的 CU 面进行数据分析和决策,实现对无线资源调度管理的即时动态性能优化,基站可基于 AI 实现智能开关以达到动态节能。在核心网侧,随着网络数据分析功能(network data analytics function,NWDAF)网元与核心网周边网元全面互通以及实现数据采集,人工智能也将参与核心网的控制与决策,包括 QoS 保障、话务处理、5G 边缘计算、NF 的负载均衡等。此外,未来集成了人工智能的通信系统将更安全、鲁棒性更强、可解释性更好。目前,ITU、3GPP、IMT-2030 等国际通信标准组织已开展人工智能在通信系统中应用的标准化工作,并且已经取得了一定成效。未来,人工智能将会进一步赋能网络中的基础设施、网络的管理运维系统及业务系统,充分释放 5G 与人工智能结合在通信生态系统和应用中的潜力。

当前,人工智能和无线通信的融合已成为前沿研究热点。在通信和计算机领域的主流学术期刊中,AI 与无线通信融合相关的学术论文增长十分迅猛,研究主题涉及通信行业的各个关键领域。工业界也高度关注该领域,大量的企业开始启动移动通信与 AI 融合的研究项目及产品研发工作。

3.2.2 人工智能赋能无线通信的主要特征和变化

1. 人工智能基于移动大数据提供强大的学习能力

移动通信网络每时每刻都在生成海量、类型丰富的数据,国际数据公司(IDC)预计 2025 年全球每天产生的数据量将达到 491 EB。这些数据通常包含终端数据、无线空口数据、网络数据、业务数据等不同类型,数据格式存在文本、图片、XML、HTML、图像和音频/视频信息等多种格式。网络运营商采用人工智能技术对不同类型的移动大数据进行训练和推理决策,可以实现不同维度和目标的网络性能增强和优化,如表 3-2-1 所示。

表 3-2-1　移动通信网络数据及应用方向

数据类型	数据名称	应用方向
无线空口数据	上/下行信道状态信息（channel state information，CSI）、小区内/间干扰、多径时延等信息	信道状态信息预测、无线信道建模、功率控制、干扰消除等
终端数据	测量报告（measurement report，MR），最小化驱动测试数据（minimization of drive tests，MDT）、链路级块错误率（block error rate，BLER）、端口数据流信息（端口流量、时延）等	智能自适应调制编码、网络流量监测和拥塞控制、流量预测与调度优化、个性化服务等
网络数据	基础资源状态、拓扑、性能、成本、能耗、告警等数据，关键绩效指标监控数据（key performance indicator，KPI）、扩展检测与响应数据（extended detection and response，XDR）、运行日志、图片数据、文档/案例数据等	智能业务识别、故障处理、无线组网动态负载均衡与干扰规避、网络节能、智能寻呼、智能路由、算网融合、超算、智算等
业务数据	互联网协议（internet protocol，IP）信息、统一资源定位器（uniform resource locator，URL）信息、路径文件目录（path file directory，PFD）、用户资费数据、消费历史、上网时长、上网传输协议等	业务识别和感知、业务异常监测、负载均衡、流量管理、个性化服务等

日益复杂的海量数据信息不断涌现，对运营商的数据分析和处理能力提出了更高的要求。由于移动通信网络生成的大部分数据具有非结构化和高实时性的特征，采用传统数据分析和处理手段效率低且灵活性差，而人工智能的手段则能够有效处理那些面向用户行为和业务特征的大数据，数据量越大，学习、分析的能力越强。人工智能的关键优势在于它能有效地从非结构化的移动数据中提取信息，获得抽象的相关性，实现对繁杂数据的有效整理，减少预处理工作，同时不需要手动操作，降低了人工成本。人工智能中的深度学习提供了多种方法对未标记或半标记的数据进行处理，允许利用未标记或半标记的数据以非或半监督的方式进行有效学习，依据最终数据信息应用需求进行处理，确保数据模型更为合理。

2. 人工智能算法改进通信模型的实际效果

为了在理论与实践中达到更好的性能，长期以来通信系统主要采用分层分模块优化的方法，如图 3-2-1 所示。香农信息论中的信源信道分离定理指出，在离散无记忆信道情况下，若存在一个编码器和一个译码器，能够分别对信源和信道进行编码和译码，那么可以将

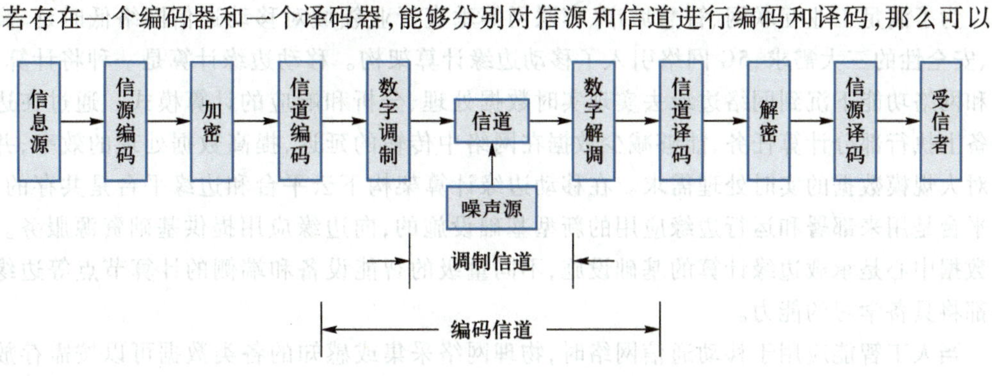

图 3-2-1　通信系统模块化设计

信源和信道分离开,即独立对信源和信道进行优化。然而,该定理是假设数据分组长度无穷大和静态信道条件下获得的,但实际系统中编码往往是有限长的,信道是时变的。因此,在动态复杂的实际应用场景中各模块在各自最优的情况下,整个通信系统的信息传输性能却不一定是最优的,而人工智能的出现为改进模型驱动的传统无线通信系统优化设计方式和提升系统的性能和适应性提供了新途径。

一方面,由于真实物理信道环境与估计的理论值总是存在偏差,传统模块化的优化设计难以在真实环境中达到最优性能。人工智能在理论上可以学习任何隐结构和隐参数,从而拟合任意复杂的函数,这为复杂多变的无线环境感知和网络状态空间刻画提供了更有效的手段。例如,人工智能可以把实际场景的信息编码构造成神经网络,使用大量实际或模拟的数据集训练神经网络,调整网络的权重和偏置参数,通过多次迭代、优化不断逼近最优解。

另一方面,通信系统不同模块之间各自优化的设计思路有可能存在冲突。例如,信源编码是一个数据压缩的过程,而信道编码是一个增加冗余的过程;同时模块之间也可能存在性能制约,信道容量与干扰、传输可靠性与系统能耗等性能之间是权衡的关系,分别对各模块进行优化往往难以达到整体性能的最优。在这种情况下,借助人工智能技术可以实现模块之间的联合优化设计。通过深度学习等先进的人工智能技术,让各个模块共同学习、优化,相互协调,从而实现系统整体更为优化的性能。

3. 人工智能赋能移动通信网络运维管理智能化、自动化

人工智能的引入能加速推进网络"全在线、智能化、自动化"的运维解决方案,帮助运营商应对5G及未来网络运维管理面临的诸多挑战。具体而言,移动通信网络首先收集现网中运行的大量数据,包括网络流量、设备运行状态、用户行为等各类信息,以及网络出现异常时上述数据的变化情况。然后,通过大数据训练积累经验,对网络中数据的分析及拟合,从而模拟网络的状态,推断潜在问题。运营商在网络运维支持系统(operation support systems, OSS)中加入专用的AI组件,一般被称为网络AI中台或智能中台,依据收集到的运维数据构建AI算法模型,进行分析决策,通过集中监控、故障原因分析和闭环控制,可以做到自动检测网络状况、分配网络资源、查找网络错误、优化网络性能,大大降低了运维管理的难度。这些将有助于网络运营者打造自配置、自修复、自优化的运维能力,实现通信网络高度自治,帮助运营商提升故障处理效率,降低运维成本。

4. 云端AI平台、边缘AI平台和智能化终端使移动通信实现泛在智能

为了满足工业互联网、智慧城市、车联网等垂直行业领域对移动通信网络低时延、高带宽、安全性的三大需求,5G网络引入了移动边缘计算架构。移动边缘计算是一种将计算、存储和网络功能下沉到网络边缘去实现实时数据处理、分析和响应的计算模式。通过在边缘设备上执行部分计算任务,能够减少数据在网络中传输的延迟,提高数据处理的效率,并支持对大规模数据的实时处理需求。在移动边缘计算架构下云平台和边缘平台是共存的,边缘平台是用来部署和运行边缘应用的新型基础设施的,向边缘应用提供基础资源服务。边缘数据中心是承载边缘计算的基础设施,不同量级的智能设备和端侧的计算节点等边缘设备都将具备学习的能力。

当人工智能应用于移动通信网络时,物理网络采集或感知的各类数据可以按需存放在云AI平台或边缘AI平台上,AI的训练过程因需要较大的数据集和计算资源进行迭代运

算,需要放在云端进行,而推理过程可以在云端,也可以在终端进行。数据处理可以在最靠近数据源的边缘设备处理,对云端处理进行良好的补充,这既能降低时延,又能较好地保护用户隐私。此外,智能终端设备已不再简单指智能手机等传统意义上的终端设备,汽车、家居产品、机器人、智能体等各种产品在万物互联的时代都将成为拥有智能功能的终端设备,智能终端的应用也将具有其独特的个性化需求。移动通信和人工智能两者结合产生的网络边缘及终端智能化,将会驱动新一轮工业革命,最终彻底改变各行各业的生产方式及商业模式。

3.3　人工智能在移动通信网络中的发展

3.3.1　人工智能在无线接入网中的发展

在5G无线接入网中,5G基站采用了更为模块化的设计,其中将传统基站的基带处理部分进行了功能上的分割与重构。基站被划分为两个逻辑实体——集中式单元(centralized unit,CU)和分布式单元(distributed unit,DU)。CU主要负责非实时或者更高层次的协议处理,可以集中部署;DU则更多地处理实时和底层的协议栈功能,通常部署在网络边缘更接近用户的地方。在硬件层面,5G基站将射频拉远单元(remote radio unit,RRU)与天线阵列结合在一起,形成有源天线单元(active antenna unit,AAU)。目前,AI在无线接入网的多个协议层,包括物理层、数据链路层、网络层均被广泛采用。

AI在无线接入网的物理层和数据链路层的应用主要包括:通过深度学习或强化学习进行信道状态估计和反馈、波束赋形、接收机的OFDM符号检测和动态频谱接入(dynamic spectrum access,DSA)、链路自适应控制等。例如,在传统信道估计的算法基础之上引入深度神经网络,利用神经网络强大的非线性拟合能力,提高信道估计的准确度。由于传统最大似然估计算法在接收端检测OFDM符号时,对CSI和模型本身的准确性较为敏感。基于此,研究者探索了利用DNN算法进行OFDM符号的接收端检测,研究显示DNN算法在性能上优于传统多输入多输出符号检测方法。此外,研究者也探索了基于强化学习的动态频谱随机接入策略,用来保证海量终端的DSA。

在无线接入网的应用层,为实现无线网络的自配置、自优化和自治愈,第三代合作伙伴计划(3rd generation partnership project,3GPP)定义了自组织网络(self-organizing network,SON)的标准架构。SON的部署方式主要有分布式SON(distributed-SON,D-SON)、集中式SON(centralized-SON,C-SON)及混合式SON(hybrid-SON,H-SON)。其中,D-SON主要指SON算法在无线接入网网元上执行;C-SON主要指SON算法在操作管理与维护(operation administration and maintenance,OAM)系统上执行;H-SON是D-SON和C-SON的融合,即指算法在OAM系统的综合网管层、设备网管层、无线接入网网元中的任意2个或3个中实现。自2008年首个3GPP SON标准发布以来,研究者们已经探索了多种数据科学算法,如决策树、K-均值聚类和强化学习等算法。这些研究的目标是通过人工智能方法实现多个SON应用场景,例如,网络覆盖与性能优化,从而将自动化和智能化的特性深度融入通信网络架构中。

3.3.2 人工智能在核心网中的发展

在5G核心网中,人工智能技术已取得了实质性突破并广泛应用,有力推动了核心网络功能的智能化升级和转型。3GPP的SA2工作组于2017年首次定义了网络数据分析功能网元(network data analytics function,NWDAF)。其中,SA2是3GPP中负责制定5G网络架构、协议和接口规范的工作组,其在5G标准化过程中制定了许多与网络协议和接口相关的技术规范和文档。NWDAF以网络数据为基础对网络进行自动感知和分析,旨在利用AI算法与通信协议相融合,对5G核心网络的移动性管理和其他网元进行智能化的管理与优化,从而使网络更易于维护和控制,易于实现网络资源利用率和用户业务体验的提升。这是移动通信网络首次在核心网络架构里定义和标准化人工智能网元,同时还提出了部署网络人工智能网元的要求。当前,国内外多家电信运营商正积极地对NWDAF在独立组网5G(5G SA)环境下的商用可行性展开深入的功能验证测试。

开放式无线电接入网(open radio access network,O-RAN)是另一条新兴技术赛道。O-RAN联盟是一个由移动服务供应商和技术供应商组成的全球社区。2018年O-RAN联盟制定了基于人工智能的无线智能控制器(AI-enabled RAN intelligent controller,RIC),并将其和核心网管理与编排(management and orchestration,MANO)架构深度耦合。MANO是用于管理和协调虚拟化网络功能和支撑软件组件的架构框架。RIC分为准实时RIC(near-real time RIC,Near-RT RIC)和非实时RIC(non-real time RIC,Non-RT RIC)。其中,Near-RT RIC基于E2节点收集的数据向基站提供近实时的无线资源控制和优化,E2节点指O-RAN定义的E2接口连接的逻辑节点。Near-RT RIC的功能涵盖了利用AI进行无线资源管理及移动性管理等。MANO架构定义了Non-RT RIC的主要功能,如基于AI的业务与策略管理,以及协助Near-RT RIC以离线的方式训练模型等。然而,RIC尚处于标准完善和初步实验验证阶段,相较于3GPP框架下的NWDAF,其在商用化进程上较为滞后。

3.3.3 人工智能在终端中的发展

终端中的人工智能主要是指智能终端设备内部集成的芯片及其搭载的软件系统具备AI处理能力,使终端设备能够独立执行一些原本需要云端或者高性能计算平台才能完成的智能任务。智能终端是互联网和人工智能等技术的重要载体,AI正在促进不同领域智能终端设备的发展,存在以下发展趋势:

1. 智能手机领域

在硬件端,AI技术的大规模应用不断催化移动AI芯片性能的跃升,从而推动手机技术的革新。在生态端,人机交互模式将在AI的长期影响下转型,智能手机有望形成新的流量入口,从而对行业的商业模式产生深远影响。

2. 可穿戴设备领域

AI技术的融入使可穿戴设备不再是简单的数据记录工具,而是成为全方位的生活助手、健康管理专家和无缝连接智能生活的枢纽。例如,AI算法能够分析可穿戴设备收集的生命体征数据实时监测健康状况,预测且预警重大健康风险。

3. 智能家居领域

AI 技术的应用可以使各类家居电子设备实现全屋智能联动和个性化服务，从而提升家居生活的便捷性和舒适性。例如，借助于语音识别技术，用户可以发出语音命令操控家中各类智能设备，如智能音箱、电视、照明系统等，实现更为自然、人性化的交互方式。

4. 智能机器人领域

AI 技术可以赋予智能机器人更高的智能水平和更强的适应能力。例如，AI 视觉、听觉、触觉等多模态感知技术的进步，使机器人能够更加精准地识别和感知周围的物体、环境和人的情绪，实现丰富的交互方式。AI 驱动的运动控制使机器人能够执行精细复杂的动作，尤其在工业机器人领域，提高了生产流水线上的装配精度和效率。

综上分析，AI 与无线通信的融合将是一个持续演进的过程，每一步的进展都将对我们的生活和工作方式带来深刻的影响。AI 的影响不仅局限于提高网络的性能和可靠性，还将为用户带来更为丰富、个性化和智能化的通信服务。AI 的加入将赋予通信网络前所未有的智能化和自适应能力。通信也不再仅仅是信息的传递者，而是成了智能化社会的枢纽和基石。

3.4　人工智能赋能无线通信的主要方向

人工智能已在计算机视觉、搜索引擎、语音识别、医学诊断等领域成功应用，而它与无线通信相结合也将有着丰富的应用场景和业务需求，下面介绍一些经典的案例。

3.4.1　人工智能赋能移动通信网络的物理层传输

物理层空口传输技术是指发送端和接收端之间利用无线电波在空中传输数据的技术。空口，即空中接口，是一个形象化的术语，是相对于有线通信中的“线路接口”概念而言的。当前大规模多输入输出（massive multiple-input multiple-output，Massive MIMO）技术以其高增益的天线阵列和空间复用特性可以显著提升无线空口的频谱效率和能量效率，但是它依赖于精确且鲁棒的信道估计、信号检测、CSI 反馈及波束管理等物理层设计。传统无线通信系统的物理层往往需要以反馈开销和算力消耗为代价来保障通信的性能，尤其是随着天线数量的增加，信号处理相关的矩阵运算复杂度大幅增大。然而，在物理层设计中引入 AI 技术展现出独特的优势，AI 凭借其强大的拟合能力，在特征提取、压缩反馈、矢量量化等方面开辟了全新的解决思路，基于 AI 的智能无线空口设计已成为无线通信网络物理层传输研究的前沿热点。

国际标准组织 3GPP RAN1 工作组在 Rel-18 阶段确定了研究项目 *Study on artificial intelligence AI/machine learning for NR air interface*，探索通过引入 AI/ML 算法增强无线空口性能（吞吐量、鲁棒性、准确性或可靠性等），同时降低复杂度、反馈开销等。该项目主要研究应用场景（基于 AI 的 CSI 反馈、基于 AI 的波束管理、基于 AI 的定位增强等）、AI/ML 模型、性能评估等。3GPP 已有的研究表明：与传统基于码本的 CSI 反馈相比，基于 AI 的 CSI 反馈可以更低的开销实现高精度；基于 AI 的波束管理可以实现在保证波束选择的精度同时，缩小波束搜索空间，降低波束扫描的复杂度；基于 AI 的定位增强相较于传统无线定位技术，通过提取数据特征，降低多径衰落及干扰噪声的影响，可以提升复杂无线环境中定位的准确性。

视频 3-1：OFDM 接收机讲解

1. 智能 OFDM 接收机

接收机是无线通信系统中最重要的组成部分之一。在 OFDM 系统中，无线通信发射机和接收机分为多个处理模块，如图 3-4-1 所示，每个模块负责特定的子任务，如 QAM（正交幅度调制）、快速傅里叶逆变换（inverse fast fourier transform，IFFT）、信道估计、信号检测等。这种设计的优点是可以单独地分析和优化每个模块，从而产生非常有效和稳定的系统。

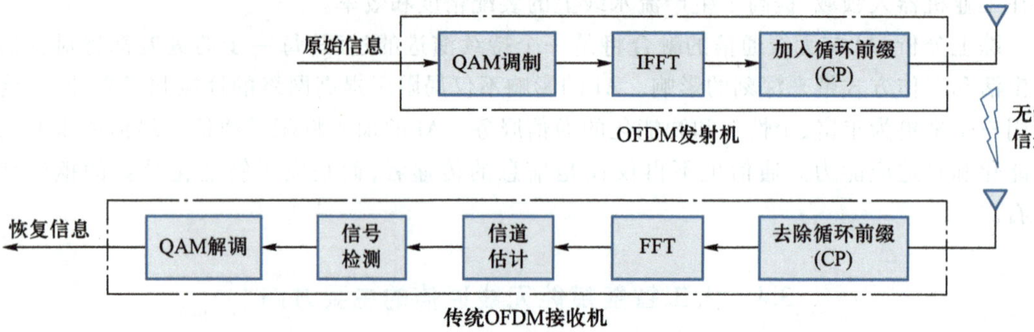

图 3-4-1 OFDM 系统框图

传统模块化结构的 OFDM 接收机，其性能依赖于所获取信道信息的准确程度。通常来说，各个模块算法的设计所考虑的信道越具体明确，接收机的性能就越好。但是，由于无线信道的场景复杂且状态实时变化，实际系统在获取信道状态信息时，信道估计算法中的参数取值或所假设的模型与实际信道状态存在偏差，从而导致接收机的性能与理论计算结果有差距，而人工智能技术可以补偿这个差距。

在 OFDM 接收机中，已有研究者采用全连接深度神经网络（fully connected-DNN，FC-DNN）改进现有的模块化 OFDM 接收机。将 OFDM 接收机去除循环前缀之后的整个过程看成一个黑盒子，如图 3-4-2 所示，通过获取大量数据样本作为训练集对神经网络进行训练，学习神经网络各层的参数，最小化神经网络的输出与原始信息之间的差异。这样，经过大量学习之后的全连接神经网络接收机，使用大量导频和对应的信道数据作为多层全连接神经元的输入，对应的解调信号为输出，拟合两者之间的复杂映射关系，可以有效提升信号的接收性能和解调精度，且具有强大的执行信道估计和信号检测的能力，从而显著提升了接收机的性能。

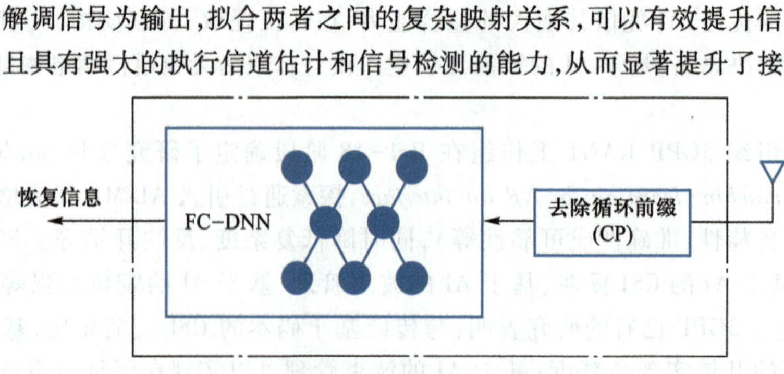

图 3-4-2 基于 FC-DNN 的 OFDM 接收机

2. 智能 CSI 反馈

随着多天线技术的发展,CSI 反馈设计成为宽带无线通信系统研究的关键点。在频分双工(frequency-division duplex,FDD)模式下,终端通过下行导频进行信道估计,获取下行信道信息,由于上下行信道的互易性不明显,终端需要将 CSI 通过上行链路反馈给基站,基站侧需要获知下行信道才能更好地进行波束赋形来实现波束对准。而由于上行资源十分珍贵,如何在保证信道重建精确性的同时尽可能降低 CSI 反馈开销,是基于 FDD 的大规模 MIMO系统亟待攻克的瓶颈问题之一。

传统 CSI 反馈有基于码本的 CSI 反馈。5G 新空口(new radio,NR)是基于 OFDM 的全新空口设计的全球性 5G 标准的国际标准,其中定义了三种反馈方式,分别是隐式反馈、显式反馈和基于信道互易性的反馈。在显式 CSI 反馈中,用户可以直接将信道矩阵或者信道的特征向量反馈给基站。显式反馈的开销很大,需要进一步采取一些手段对反馈信息进行压缩,以减少反馈量。NR 主要对隐式反馈进行了标准化,并将反馈类型分为低精度的 Type Ⅰ反馈和高精度的 Type Ⅱ反馈。

传统 CSI 反馈有基于压缩感知的 CSI 反馈。压缩感知理论是基于测量矩阵和稀疏表示的理论,它认为信号的稀疏性可以被压缩采样所利用,从而在保证一定精度的情况下,使用远少于传统方案所需数量的样本来恢复原始信号。由于无线信道在空-时-频域具有稀疏性,因此可以利用 MIMO 系统中多用户信道矩阵隐藏的联合稀疏性,通过压缩感知技术来有效降低 CSI 反馈开销,尤其是大规模 MIMO 系统效果更加显著。

如图 3-4-3 所示,基于码本的 CSI 反馈通过线性合并正交波束恢复原始信道,但是码本并没有完全利用信道本身的相关性,如非零系数的位置分布、相邻非零系数之间的相关性及位置出现的同步性等。而基于 AI 的 CSI 反馈可以利用强大的算力,将大量 CSI 数据输入神经网络,通过 AI 技术充分挖掘信道本身的特征提升 CSI 反馈精度。

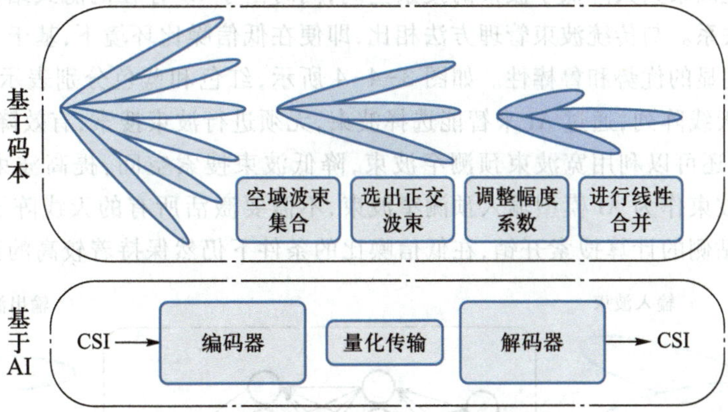

图 3-4-3 基于码本与基于 AI 的 CSI 反馈示意图

彩图 3-4-3

基于码本的 CSI 反馈和基于压缩感知的 CSI 反馈存在其局限性。传统基于码本的 CSI 反馈是由标准制定者事前设计的,无法适应所有可能的信道状态变化,有时会存在较大的反馈误差。基于压缩感知的 CSI 反馈依赖于信道矩阵的稀疏性才能保证性能,也就是说,若信道不具备足够的稀疏性,则基于压缩感知理论重构出的 CSI 准确性会受到影响。此外,在有限的反馈开销下，无论是何种类型的传统 CSI 反馈都需要大量的矩阵运算，这会造成算力开销。

然而，海量 CSI 数据和 CSI 固有的随机特征使得引入 AI 设计新型 CSI 反馈机制成为可能。学术界和国际标准组织均开始探索如何使用 AI 技术进行 CSI 反馈，尝试利用深度学习的非线性特性，对信道状态信息的特征进行高效提取，将原始的 CSI 数据转为更加紧凑的特征表示，从而降低 CSI 反馈过程中的通信开销。目前基于深度学习的算法主要采用自编码器结构，它由编码器和解码器构成，编码器负责将高维的信道状态信息压缩为码字，解码器负责将码字解码为原始的信道状态信息。不同算法的编码器和解码器的内部构造各有不同，也会造成信道重建性能的差异。

3. 智能波束管理

波束管理是大规模多天线系统的关键技术。与传统多天线技术相比，超大规模多天线系统将形成数量更多、宽度更窄的波束，在波束对准方面面临新挑战。如何准确地选择基站与终端之间的最佳波束，特别是在用户移动或者周围环境发生变化的情况下如何快速对准波束是难题。

2022 年 9 月，IMT-2030（6G）推进组发布的《超大规模 MIMO 技术研究报告》中指出，为了快速对准波束一般采用分级扫描的策略。当前多天线系统的波束选择方法主要包括基于波束扫描的波束选择、基于训练信号的波束选择、基于位置预测的波束选择和基于分层搜索的波束选择。这些传统波束管理方法应用于大规模 MIMO 系统时存在一定的局限性。例如，实际的无线传播环境中往往存在各种物体的遮挡，波束变窄后，信号传输更容易受到遮挡的影响；超大规模 MIMO 的使用导致波束数量的大幅增加，波束对准过程中的波束搜索量明显变大，难以在短时间内准确选出最优波束。

AI 技术可以充分挖掘波束本身之间的相关性，解决传统波束管理方法面临的困境。在实际通信场景中，海量的历史波束为训练 AI 模型提供了充足的数据，基于 AI 技术构建波束间的相关性寻找最优波束大大降低了波束的搜索空间，同时由于 AI 存在的隐式结构，可以探寻到更复杂的函数关系。与传统波束管理方法相比，即便在低信噪比环境下，基于 AI 的最优波束选择依旧有较明显的优势和鲁棒性。如图 3-4-4 所示，红色和蓝色分别表示两个极化方向的天线阵列，通过 AI 来智能选择波束，无须进行波束搜索，有效降低了系统复杂度，还可以利用宽波束预测窄波束，降低波束搜索空间，提高波束预测准确性。宽波束作为 AI 模型输入预测窄波束，不需要激活所有的天线阵子，从而降低了基站侧的计算搜索开销，在低信噪比的条件下仍然保持着较高的预测精度。

彩图 3-4-4

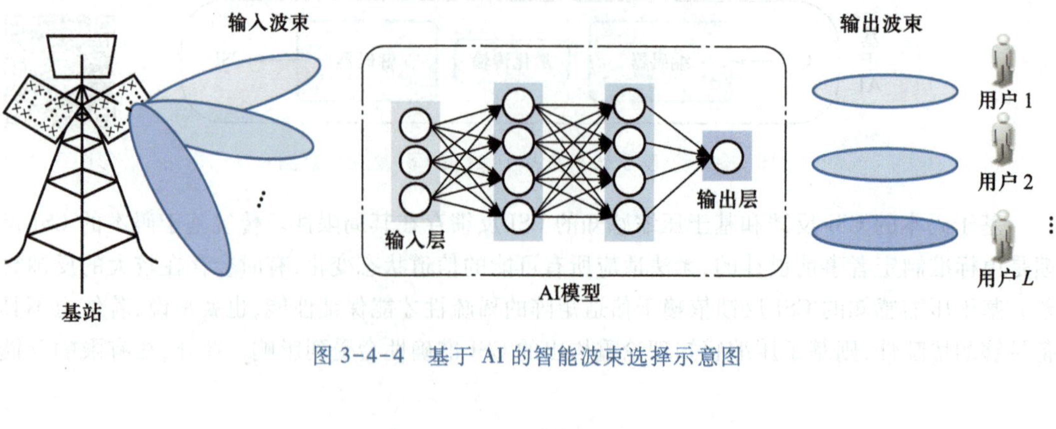

图 3-4-4 基于 AI 的智能波束选择示意图

3.4.2 人工智能赋能无线通信网络侧应用

为了持续提升和优化移动通信网络的性能，AI 的引入在无线通信网络侧也发挥了至关重要的作用，为数据流量预测、网络节能、移动性管理、高精度定位和网络参数优化等关键问题提供了全新的解决方案。AI 与网络侧的融合使人们可以更好地理解和预测网络的复杂性和动态性。借助 AI 的深度学习和模式识别技术，可以对网络行为进行深入理解，提出更优的资源管理和调度策略。AI 的智能优化和自动化能力有可能使网络达到更高的能量效率和更低的时延。AI 的大数据处理和学习能力，可以实时监测和优化网络状态，以实现最佳的工作效果。这一颠覆性的创新将有力推动通信技术的持续进步，为社会带来更高效、更智能、更可持续的服务。

1. 移动数据流量预测

移动互联网技术和智能终端的大规模普及，极大地推动了移动通信网络中数据流量的飞速增长，流量预测问题日益受到关注。“流量”是指网络中的数据流量，也就是在一定时间内通过网络传输的数据量。流量预测是通过分析历史流量数据预测未来某一时段的网络流量。基于网络流量的预测结果可以灵活配置无线网络资源，大幅提升资源利用率，节约能耗，实现绿色低碳，因此流量预测是实现网络智能运维管理的重要技术。如图 3-4-5 所示，可以直观感受到流量的分布，其中红色代表流量需求较大区域，其他颜色区域则表示流量需求较小。时间维度的流量变化示意图如图 3-4-6 所示，可以看出基站流量呈现出夜间低负载、白天高负载，休息日低负载、工作日高负载的特征。

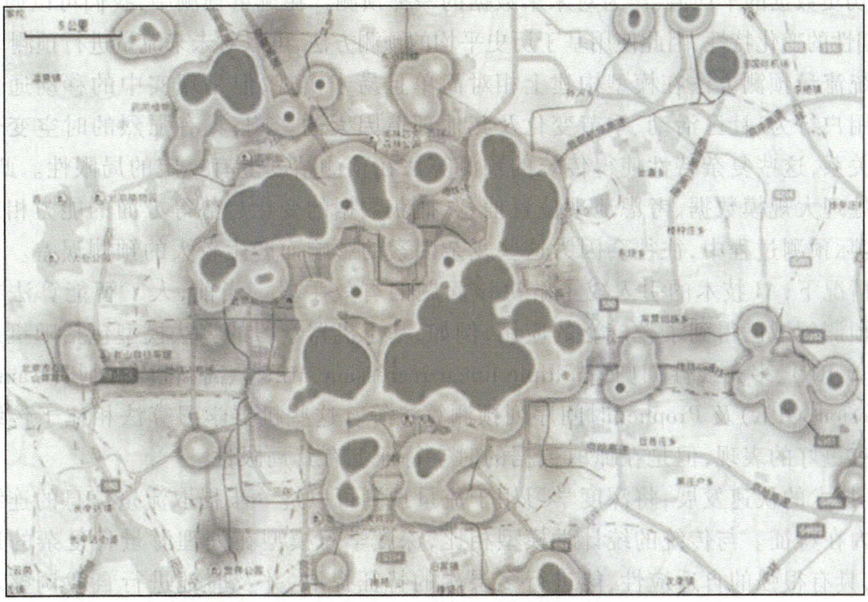

图 3-4-5 流量热力图

彩图 3-4-5

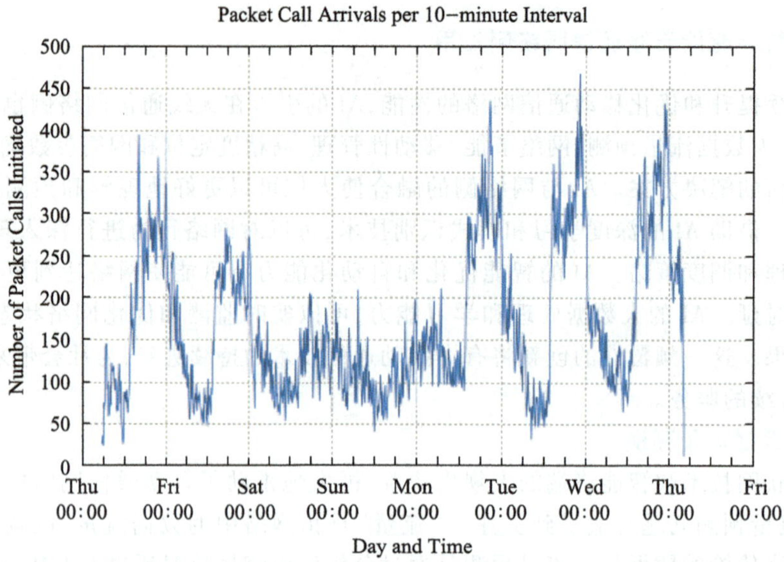

图 3-4-6　时间维度流量变化示意图

在传统的流量预测中,通常使用自回归模型(auto-regressive model,AR model)、自回归移动平均模型(auto-regressive moving average model,ARMA model)、历史平均模型(historical average model,HA model)等方法进行预测。以基于历史平均进行预测的方法为例,这是一种基于历史数据预测未来数据的简单方法。该方法通常假设未来的数据会和历史数据具有一定的相似性,通过计算历史数据的平均值,作为对未来数据的一种预测。在流量预测中,我们可以假设网络流量有周期性的变化特性,因此使用基于历史平均的预测方法,可以对未来流量进行预测。

上述传统流量预测方法在模型构建上相对简单且易于实现,但是现实中的移动通信流量往往因受用户行为、社区活动、季节变化及其他环境因素的影响,具有强烈的时空变化特性和非线性关系,这些复杂特性使得传统的预测算法在预测精度上有一定的局限性。此外,这些方法在处理大规模数据、考虑地理位置信息、捕获数据的变化趋势等方面的能力相对较弱,因此在实际预测过程中,往往会因为这些复杂因素的影响而产生较大的预测误差。

在这种情况下,AI 技术的引入成了解决该问题的有效手段。当前,人工智能算法在移动通信流量预测领域已得到了较广泛的应用,例如,基于机器学习的算法模型包括随机森林(random forest,RF)、多元线性回归(multiple linear regression,MLR)、高斯过程回归(Gaussian process regression,GPR)及 Prophet 时间序列预测算法等。这些机器学习算法相比于传统统计学模型具有更好的表现,但是在抓取数据的时空特征上有其局限性。

随着 AI 技术的快速发展,将深度学习用于流量预测可以进一步提取流量信息的连续性和时序性等内在特征。与传统的统计学模型相比,深度学习模型在处理海量且复杂的通信流量数据时,具有很强的自适应性,能进行多层次的特征提取,并及时地进行自我调整。例如,可以采用诸如残差网络(residual network,ResNet)、3D 卷积神经网络(3D convolutional neural network,3D-CNN)、生成对抗网络(generative adversarial network,GAN)等深度学习模型。这些模型可以分析用户的行为模式和设备特征,学习用户数据之间的内在关系,从而准确预测用户对不同服务和应用的需求,并基于此来优化网络的资源分配。同时,这些模型还可以分析网络流量数据，识别可能导致网络故障的因素，并预测故障的发生时刻和恢复时间，从而帮助运营商更快速、准确地诊断和解决问题，提高网络可靠性和稳定性。

2. 网络节能

网络节能(如图 3-4-7 所示)是无线通信中越来越被重视的关键问题。移动通信网络中的无线基站数量远大于其他设备数量，相对于传统 4G 网络，5G 基站采用了 Massive MIMO 技术并引入了更多的天线和射频发射通道。在 4G 基站中，通常使用 48 个阵子的天线和 4/8 个通道。而在 5G 基站中，天线数量增加到了 192 个，通道数量增长至 32/64 个。为了支持这种更高规格的天线配置，5G 基站需要更高集成度和复杂度的射频与基带芯片。因此，5G 基站的能耗是 4G 基站的 3~4 倍，节能减排成为网络运营商当前亟待解决的挑战。

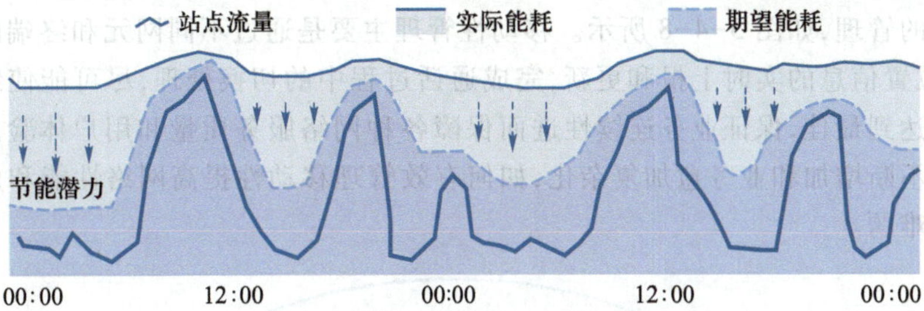

图 3-4-7 网络节能示意图

彩图 3-4-7

传统的网络节能算法通常是根据基站当前的负载状况控制基站的开启与关断，这种方式属于粗粒度管控。目前，基站节能包括设备级、站点级和网络级节能，传统节能方法主要从设备级与站点级入手。设备级主要从器件选择、硬件设计研究，例如，当基站的负载较低时，可以关闭一部分不必要的射频功率放大器减少能耗。站点级节能则更加注重于调整基站的工作模式。通过对符号、载波和通道的管理，以及实施深度休眠策略，可以在保证网络服务质量的前提下，显著减少低负载时段的能耗。这些措施不仅提高了能源使用的效率，也延长了设备的使用寿命，从而进一步减少了整体的运维成本。

当基站检测到部分下行帧无数据发送时，关闭功率放大器等射频硬件的措施称为符号关断，可以降低静态功耗。载波关断应用于多载波覆盖场景中，存在基本覆盖载波和互补载波同时覆盖当前小区范围，当业务空闲时段，可以考虑关闭互补载波以节省能量。通道关断则应用于 MIMO 场景，基站通过关闭部分发射通道，以达到降低功耗的目的。而在深度休眠模式下，基站仅保留最基本的数字电路接口，关闭 AAU 功放、绝大部分射频及数字通路，能耗节约效果最佳。网络级节能则重点从多网协调角度开展智能节能方案研究，AI 策略的部署在网络级节能中起到了至关重要的作用。

由于缺乏相邻基站间的有效协同，传统节能算法难以适配基站密集部署场景。如今，移动通信网络愈加庞大且复杂，要求高精度的实时数据处理与系统级协调优化能力。传统的基站节能算法存在明显的数据处理、运营优化与系统综合优化缺陷。AI 策略的数据处理、动态分析与全局协调能力为进一步增强网络节能效果提供可能性。AI 策略可以快速实现大规模能耗数据的分析，并发现其中隐藏的规律与关联，因此可以根据动态的数据分析结果，对网络流量进行精确的预测，从而合理地规划基站功率、休眠状态等参数，实现细粒度的能耗控制和资源优化。AI 技术还可以系统考虑网络覆盖、容量、信号质量等多个因素,动态调整网络中的节能策略,实现全局的优化决策。

例如,在基站节能中引入智能业务预测算法,提高针对每个小区、不同时间点的预测准确度,从而精细化制定细粒度的节能策略,形成“节能智能大脑”,做到“一站一策、一时一策”,在保证用户体验的前提下充分挖掘节能潜力。还可以利用现网的配置、性能统计等基础数据,通过基于特征聚类和神经网络等 AI 算法对 5G 设备级节能功能进行参数优化,在保证业务质量的前提下,充分考虑 4G/5G 的重覆盖问题对小区进行协同关断,实现设备级节能功能效果的最大化。

3. 移动性管理

移动性管理是移动通信系统的一项基本功能,是网络对移动终端的位置信息、安全性及业务连续性方面的管理,如图 3-4-8 所示。移动性管理主要是通过不同网元和终端的密切配合,完成用户位置信息的实时上报和更新,完成通话过程中的切换处理,尽可能使终端与网络的联系状态达到最佳,保证业务连续性进而保障各种网络服务质量和用户体验。随着移动用户的数量不断增加和业务愈加复杂化,如何有效管理移动性提高网络性能和用户体验成了一个关键难题。

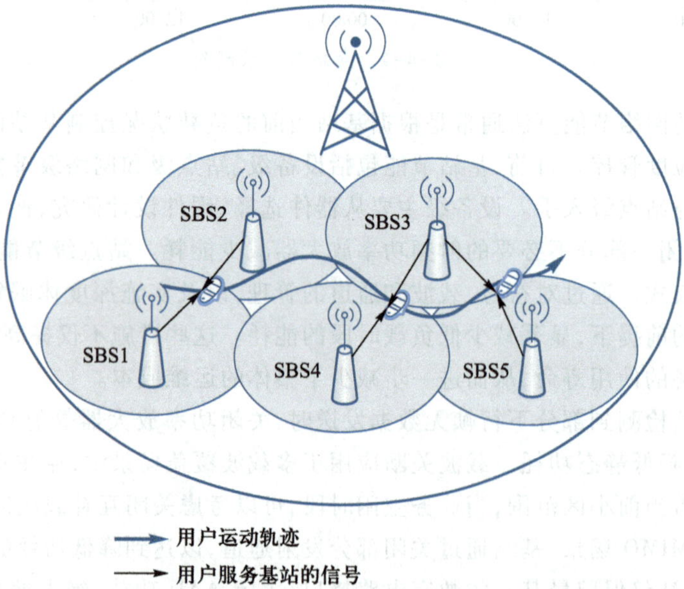

彩图 3-4-8

图 3-4-8 移动性管理示意图

传统的移动性管理主要依赖于预设的策略和规则。在空闲状态下,移动性管理涉及小区选择和重选。小区的选择通常基于信号强度、网络负载和优先级等因素。在连接状态下,设备需要根据当前的网络条件,例如,网络覆盖、网络质量和网络负载等因素,做出是否切换小区的决定。此外,设备还可能会经历同频率切换或者异频率切换。同频率切换指的是设备在同一频率的两个小区之间的切换,异频率切换则涉及设备在不同频率的小区之间切换。

传统的移动性管理策略存在一些缺点。一是当移动用户数量急剧增加时,这些方法可能无法快速有效地处理用户之间的互动,导致网络负载过大,性能下降。二是在复杂的网络环境中，如大型公共场所或大型公共活动中，传统的移动性管理方法可能难以有效应对，导致网络拥堵。此外，对于高速移动的用户，如车载用户，由于频繁切换，网络连接可能不稳定。

为解决这些问题，AI 被引入移动性管理中。AI 能够处理大规模的数据，在无人工干预的情况下自动从数据中学习并优化策略，这使得 AI 可以更有效地管理移动性，提高网络性能和用户体验。早在 2015 年，3GPP 就开始研究如何将 AI 相关技术引入 5G 网络。例如，3GPP SA2 和 SA5 工作组开展了“网络自动化的使能者”和“管理数据分析服务的增强”项目，取得了良好进展。利用深度学习等 AI 技术，能够预测移动速度和方向等用户行为，可以提前进行小区选择和切换，降低信令开销。例如，在超密集网络中，AI 能够预测车辆的下一时刻位置，根据预测的位置选择基站，降低切换频率和切换故障率，极大地节省切换信令的开销。

4. 高精度定位

定位技术可以确定一个对象或者实体在空间中的具体位置，已在多个领域发挥着至关重要的作用。例如，在车辆碰撞或人员失踪等紧急情况下，高精度定位能够确保救援人员迅速准确地到达事故地点，大大减少救援时间，提高救援成功率。在无人机航拍、物流和监测任务中，高精度定位可以确保无人机精确地导航和执行任务。

无线定位技术有多种分类方法，其中按照覆盖范围分为两大类：广域定位和局域定位。广域定位旨在为用户提供全面的定位服务，而局域定位则主要应用于室内环境或特定区域。在广域定位方面，常见的技术主要包括卫星导航定位和移动通信网络定位。卫星导航定位是一种天基无线电导航系统，可以在全球范围内全天候精确定位三维位置，如美国全球卫星导航系统（Global Positioning System，GPS）、俄罗斯 GLONASS 系统、中国北斗卫星导航系统等。移动通信网络定位除提供基本的语音和数据通信服务之外，从早期阶段就已经包含了定位功能的设计和实现。2G 网络采用的定位技术主要有基于小区标识的定位（Cell ID）和辅助 GPS 定位（Assisted GPS）。3G 网络的定位功能在 2G 基础上进一步增强，支持更加精准的定位技术，如基于网络的用户设备到达时间差（user equipment time difference of arrival，UE-TDOA）定位技术、增强型观察时间差（enhanced observed time difference，E-OTD）定位技术等。4G 网络引入了专用的定位参考信号（positioning reference signal，PRS），采用的定位技术有基于小区参考信号的定位、基于到达角/到达时间差的定位等。5G 网络的定位功能更加精细化和智能化，能够提供厘米级别的定位精度。

在局域无线定位方面，主要技术手段涵盖了 Wi-Fi、蓝牙及 UWB 等。这些技术的定位方法可归类为四种：第一种是基于信号强度（received signal strength，RSS）估算距离的方法；第二种是依据信号的特征进行位置指纹匹配的方法；第三种是通过测量信号传输时间确定距离的技术；第四种是通过分析信号的传播角度来实现定位。上述定位方法利用了无线信号的不同属性，为局部环境提供精确的位置信息。

当前，自动驾驶、无人机物流配送、智能工厂等新兴业务应用往往需要高精度定位，尤其是室内精准定位。然而，GPS 等传统广域定位技术因受限于室内信号覆盖弱、通信带宽窄等因素，定位精度无法满足要求。蓝牙、Wi-Fi、UWB 等局域定位技术大范围部署成本高，难以成为普适的定位技术。因此，引入 AI 技术实现高精度的定位成为可能。例如，使用随机森林算法建立的位置预测模型，不仅可以建立回归模型预测用户的实际位置坐标，还可以建立分类模型，将大区域划分为多个小的栅格，进而预测用户所在的具体栅格。AI 算法还可以被用来训练识别特定地点的无线信号指纹，也可以处理和融合来自不同传感器（如 Wi-Fi 和蓝牙）的数据，从而实现高精度的定位。

随着大规模多输入多输出技术的广泛使用，AI 在高精度定位方面的应用将更有优势。AI 技术可以结合 MIMO 通信过程中的信道状态信息，充分利用无线通信过程中收集的信息进行定位估计，提高定位精度。AI 驱动的自适应算法能够不断优化大规模 MIMO 系统参数，如波束形成权重、信号检测算法等，动态调整波束指向和资源分配策略适应复杂多变的无线环境，确保定位服务始终处于最优状态。

5. 网络参数优化

网络参数配置影响移动通信网络的性能，无线网络中常见的参数类型如表 3-4-1 所示。尽管当前我国 5G 网络设备在全球处于领先地位，但先进的设备并不一定能保证整体网络性能的卓越。网络参数的合理配置是影响网络性能的关键因素。5G 网络的参数不仅直接影响网络容量、用户体验、能耗等，还需要与电磁环境和实时用户分布相匹配。根据移动通信网络的特性，可以将网络参数分为基站类与门限类两大类参数：基站类参数涉及 VONR、寻呼、切片等关键功能的开关；门限类参数则用于配置小区重选、事件判决、邻区切换的阈值。

表 3-4-1 无线网络中常见的参数类型

参数名称	介绍
epsFBEndFastReturnSwch	EPS Fallback 结束快速返回开关
intraFreqReselection	同频重选准许
voNrSwitch	VONR 总开关
defaultPagingCycle	默认寻呼周期
VolteHoNrDelayTimer	VoLTE 用户 NR 切换延迟定时器
qRxLevMin	小区选择最小 RSRP 接收电平
rsrpThresholdA2	A2 事件判决的 RSRP 绝对门限
rsrpThreshold	B1/B2 事件邻区判决的 RSRP 绝对门限

传统参数优化主要依靠路测采集与专家经验判断。当网络运营商发现所提供的通信服务质量不佳或存在显著缺陷时，派遣专门的网络运营人员驾驶无线电监测车，实地采集网络吞吐量、音视频传输时延等网络性能指标数据并上报，然后绘制散点图表征网络性能，最后基于专家经验对网络参数分析调优。随着网络结构的日趋复杂化，传统参数优化的方式效率低下凸显。尤其是 5G 网络采用大规模 MIMO 技术，天线数量大幅增加，信道不再是简单的一维路损结构，而是扩展到 N 维的角度功率谱，这导致参数组合呈超大规模，基于专家经验的参数调优方式难以胜任数以亿计的网络参数调优。此外，传统的专家经验调优方法往往依赖于固有规则，无法完全捕捉和适应网络中的复杂关系。

AI模型的非线性拟合、大规模实时调优能力展现出前所未有的优势。首先,AI模型更适合大规模参数的调整,AI可以通过高效的算法和计算能力,实现快速的参数搜索和优化,例如,可以进行基于AI的干扰管理、频谱分配等,最大程度降低无线信号间干扰,提高系统吞吐量。其次,AI模型处理复杂非线性问题能力更强。5G网络具有高度复杂的架构和非线性的特性,AI技术通过学习和分析大量的网络数据,能够更好地理解网络的非线性特征,找到更优的参数配置,进而帮助运营商合理规划网络资源,例如,可以进行基于AI的容量规划、用户行为分析、能耗管理、QoS管理等。最后,AI模型更符合网络参数实时性要求。在5G网络中,用户需求和网络环境的动态变化速度很快,需要实时调整网络参数以满足不同场景的需求。AI技术可以根据实时数据和场景需求,及时地优化网络参数,提供更好的网络性能,例如,可以进行基于AI的网络切片实时配置、动态路由分析、实时故障预测与维护等。传统与基于AI的网络参数调优对比如图3-4-9所示。

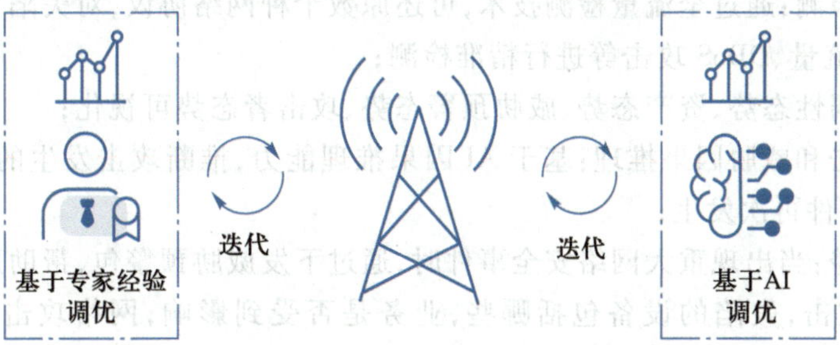

图3-4-9 传统与基于AI的网络参数调优对比示意图

为了实现更好的网络参数优化,可以引入深度强化学习方法。首先,将当前通信网络的多个性能指标作为强化学习的不同状态,将模型对网络参数的调整看成模型执行不同动作的过程。通过不断调整强化学习模型在不同状态下的行为,模型从环境中获取反馈,从而了解每个动作的优劣程度。强化学习模型倾向于加强反馈值较高的动作,同时减少反馈值较低的动作。随着反馈值的稳定,深度强化学习模型逐渐收敛,从而确定无线网络参数的最优配置。

3.4.3 安全态势感知和故障告警分析

5G正深度赋能工业生产、交通运输、医疗服务等诸多关键领域,以其强大的连接能力促进行业数字化、智能化转型,提升生产效率、服务质量与安全保障能力。近年来,全球网络安全威胁形势变化多端,新型攻击手段变得更加复杂和隐蔽,5G作为国家的关键基础设施,对其进行安全性研究具有重要意义和深远影响。为了保证5G网络的各环节及全业务安全,需要智能、主动且及时的安全防护手段。本小节将介绍5G网络中主要的安全防御手段——安全态势感知和故障告警分析。

传统安全防御手段存在一定的局限性。随着网络发展、接入设备的爆发式增长和计算能力需求的不断提升,防火墙、漏洞扫描等传统的安全防护手段无法满足新技术需要、无法适应新业务敏捷需求,以及无法提供智能高效的网络安全分析服务,有可能在很大程度上限制5G网络的运行效果。

基于人工智能的态势感知技术为5G/B5G提供全方位主动安全防护。态势感知以大数据平台为基础,通过收集多元、异构的海量日志,利用关联分析、深度学习、威胁情报等技术,为安全管理者提供风险评估和应急响应的决策支撑,为安全运营人员提供威胁发现、调查分析及响应处置,实现从“被动防御”向“积极防御”的进阶。

结合AI技术,5G网络安全态势感知可以实现以下目标:

① 海量数据采集与存储:运用Hadoop、Spark、ElasticSearch等先进大数据组件,解决海量数据的采集、存储和计算难题;

② 威胁情报:将云边端大量的情报经过多层筛选后,将最有价值的失陷情报推送至5G核心侧,同时将其应用于关联分析、日志匹配等;

③ 威胁表征:通过机器学习中一种基于自动对数据进行表征学习的方法,无须人工提取特征;

④ 全流量检测:通过全流量检测技术,可还原数十种网络协议,对失陷主机、网络入侵、网络病毒、异常流量、DDoS攻击等进行精准检测;

⑤ 全网脆弱性态势、资产态势、威胁预警态势、攻击者态势可视化;

⑥ 网络攻击和威胁因果推理:基于AI因果推理能力,推断攻击发生的根本原因,以避免类似的安全事件再次发生;

⑦ 威胁预警:当出现重大网络安全事件时,通过下发威胁预警包,帮助用户第一时间掌握是否遭受到攻击,失陷的设备包括哪些,业务是否受到影响,网络攻击走向,如何应急处置;

⑧ 响应处置:响应处置是一个闭环,从威胁发现、威胁分析、威胁处置到威胁持续监控的过程,将安全事件主题、动作和处置指令通过平台有机结合起来。

基于AI的态势感知系统可为5G网络的各环节进行安全保障,防止恶意渗透攻击、数据丢失、恶意篡改,确保接入终端可信、传输通道可靠、业务应用可控,实现全景安全监测,全面提高5G全业务安全综合防御能力。

网络故障分析和溯源是5G网络运维的重要内容之一。在3G和4G时代,传统的运维模式主要依赖于人工管理,这种模式对运维团队规模需求庞大,且对团队成员的专业技能要求严苛。当遇到故障时,难以快速准确定位问题根源,原因是网络运维中收集的数据分散不易整合,核心网、承载网络,以及无线接入网络的运维中心各自独立运作,缺乏统一协调,这导致在面对端到端的网络问题时,无法采取有效的全链路问题诊断与解决方案。因此,针对5G复杂的网络和业务,需要更加智能、高效的故障分析手段。

随着5G网络规模的快速扩大,网络告警数量爆发式增长,且涉及的专业领域多、业务链广、关系错综复杂。源于人工神经网络的深度学习/人工智能具有自动地从大量高维数据中学习特征的能力,利用AI构建故障分析模型更加有效。基于AI的网络故障分析溯源系统通常的思路设计如下:首先,从大量的网络告警信息中提取关键特征,该步骤需要结合网络的拓扑结构、配置设置、关键性能指标及历史告警和故障处理的数据。这些数据的融合不仅有助于捕捉到网络运行中的共性问题,也为后续的故障分析提供了丰富的背景信息。然后,系统可以利用机器学习算法对这些集成的数据进行分析和学习,形成一套专家诊断规则库。最后,为了保证系统的持续进步和适应性,故障处理完毕后,还需将处理结果和网络的运行状态作为反馈，对专家诊断规则库进行持续的优化和更新。这种动态学习和适应过程使系统能够不断提升其故障诊断和处理的效能，同时也能够适应网络环境和业务需求的变化。具体流程如图 3-4-10 所示。

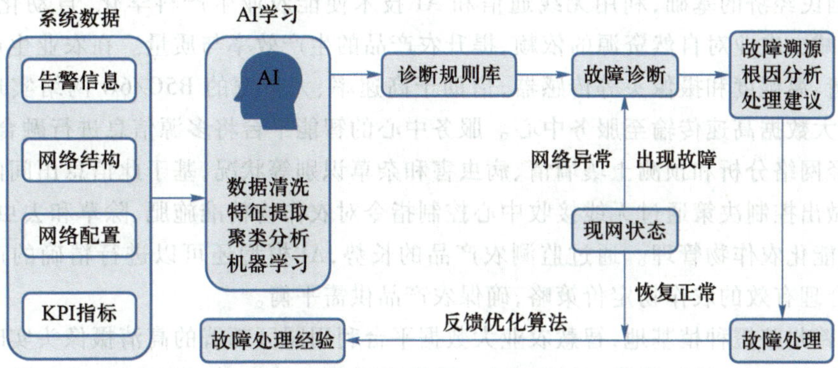

图 3-4-10　基于 AI 的网络故障溯源流程

彩图 3-4-10

结合 AI 技术，建立系统化、智能化的网络故障分析及溯源方案能够有效提升 5G 运维效率，保障 5G 网络平稳运行。

3.5　智能无线通信的应用及发展趋势

3.5.1　无线通信+AI 赋能行业应用

无线通信技术使万物连接更加紧密，AI 技术使行业应用更加智能，两者深度融合、相互使能促进千行百业网络化、数字化和智能化发展。通过收集海量数据信息，以深度学习和强化学习为代表的 AI 技术充分分析、挖掘、推理数据与业务内在关联，自主高效地完成决策和管理，降低工农业生产风险和提高生产生活效率，真正意义上的实现行业智能和智能行业。

1. 无线通信+AI 赋能智能工业

工业包含钢铁生产、采矿、电子设备和装备制造业、电力等多个领域，工业生产的全生命周期业务流程主要涵盖产品的前期设计、生产制造、运输、运维、仓储及用户交付等。将训练好的 AI 模型部署到生产线，通过云、边、端分布式部署的协同算力进行网络内生的 AI 推理，根据订单类型和数量实时按需动态调整各类生产设备的配置参数，实现各种工业生产场景的灵活适配。

通过 5G 增强/6G 网络的通感一体化能力与环境实时交互获取海量无线大数据，机器人可以进行多智能体强化学习，在动态环境中实现跨环境、跨系统共享学习经验，利用网络超低时延传输能力赋予工业数字孪生网络提供 AI 验证服务的能力，从而替代人类完成复杂度高危险系数大的工作（如地下采矿和设备切割等），也可以避免很多因人为疏忽或疲劳工作引起的隐患。例如，在中兴通讯南京滨江 5G 智能制造基地内，自动运输车（automated guided vehicle，AGV）借助 5G 大上行能力将大量图像和视频实时上传至园区的移动边缘计算（mobile edge computing，MEC）中心，利用 AI 模型实现了对 30 余台 AGV 的自动化智能调度，完成了调度指令、实时位置、任务完成和安全避障等信息的稳定高可靠下达，使厂区内货物周转效率提升了15%。

2. 无线通信+AI赋能精准农业

农业是国民经济的基础，利用无线通信和AI技术使能农业生产科学化、自动化、精准化，可以有效减少农业对自然资源的依赖，提升农产品的生产效率与质量。在农业生产区内部署土壤墒情、温湿度和摄像头等传感器，借助于高速率、大带宽的B5G/6G网络实现智慧连接，将农业大数据高速传输至服务中心。服务中心的智能平台将多源信息进行融合，同时利用深度神经网络分析和预测土壤墒情、病虫害和杂草识别等状况，基于此信息田间的智能农业机器人做出控制决策通过无线接收中心控制指令对农作物精准施肥、除草和去虫害，实现无人化、智能化农作物管理。通过监测农产品的长势，AI模型还可以进行精确的产量预测从而制定合理有效的农作物定价策略，确保农产品供需平衡。

例如，在赣州脐橙种植基地，智慧农业大数据平台利用园区部署的高清摄像头实时采集农作物群体特征及个体特征图像，并通过5G网络实时将图像回传，利用AI检测算法识别病虫害等。此外，将无线空气温湿度、无线土壤温度传感器、光照、风速风向传感器等对环境指标数据进行全天候监测并通过5G上传至云处理平台，进行AI模型训练，实现了果园种植中浇灌、施肥、施药等的智能决策，使果园每亩经测算大约可节本增效1 500元，综合经济效益增加20%以上。

3. 无线通信+AI赋能便捷交通

安全高效的无人驾驶和舒适高效的交通体验一直是便捷智慧交通的追求目标。依托B5G/6G+北斗实现高精度实时厘米级定位导航和利用大带宽低时延能力对全域地图信息实时更新传输，基于AI的数据服务快速实现全局路径规划和导航，从而避免道路拥挤，为用户提供高效、舒适的出行体验。通过传感器或无线通感一体化信号采集感知数据，以及与路边设施单元和其他车辆进行D2D通信完成信息快速交换并上传至B5G/6G网络边缘服务器，在车辆盲区、复杂环境或者恶劣天气等极端情况下，通过AI模型推理和决策实现在既定时延内可靠地下发闭环控制指令，避免车辆碰撞、提升车辆避险能力从而降低道路事故发生概率。

例如，在重庆朝天门大桥建成的5G智慧全息路网系统，利用在路口及路段布设全息感知设备对车辆车牌、属性、速度、轨迹等进行全天候实时数据采集，通过AI模型对路网行人、非机动车、车辆、道路环境、交通事件等要素感知及检测分析。一旦检测异常或事故发生，5G网络将在秒级发现且迅速上报，同时联动AI模型精准判断事件态势并高效指挥处置。该系统不仅有效地减少了城市拥堵和事故发生率，还大幅降低了行政支出。

4. 无线通信+AI赋能智慧城市

无线通信技术和AI赋予了城市“智慧自治”能力，利用广泛部署在城市各个角落的不同类型的传感器和摄像头，通过移动通信网络上传至城市管理系统，通算融合的无线网络使用无处不在的AI模型，分析城市已有基础设施数据，快速预测城市能源消耗，制定合理的能源供给策略。网络AI模型还可以提前预警火灾、地震等重大事故风险，一旦发现危险情况，控制中心迅速自主地通知城市居民，从而减少生命和财产损失。通过实时收集空气污染和气候变化情况的数据，分析数据生成适用于城市整体的环境/气候治理AI模型，促进环境/

气候治理的自动化、智能化，从而大幅度提升人民生活质量和实现城市的智慧化管理。

例如，城市信息模型（city information modeling，CIM）平台可在智慧城市建设中起到重要作用，它以建筑信息模型（building information modeling，BIM）、地理信息系统（geographic information system，GIS）、物联网（internet of things，IoT）等技术为基础，融合城市的地面及地下、室内外环境、历史与未来状况的多维信息模型与城市感知数据，建成一个立体空间的数字城市信息集成体。深圳市南山区利用 5G+CIM，融合大数据、AI 云等前沿技术，实现了城市智能高效的规划、建设和治理。“5G 灯杆+AI 摄像头+智慧 AI 分析平台”可以对电动自行车的交通违章进行高效监管，有效地解决了这类城市治理顽疾。5G AI 机器人进行道路指引、5G 无人车进行城市道路巡防及智能配送物资等，累计为超 500 万人次提供便捷、舒适的智慧城市生活体验。

3.5.2 无线通信+AI 的标准化趋势

由于无线通信和 AI 的融合是业界重点关注的研究方向，国内外重要的标准化组织和产业联盟自 2017 年起相继启动了移动通信网络与 AI 融合的研究工作，其中包括 3GPP（第三代移动通信伙伴项目）、ITU（国际电信联盟）、ETSI（欧洲电信标准化协会）、CCSA（中国通信标准化协会）、IMT-2020（5G）推进组、IMT-2030（6G）推进组等。目前，3GPP 按照技术方向划分为三大工作组，分别是核心网与终端组（core network and terminals，CT），无线接入网组（radio access network，RAN）和业务组（service and aspects，SA），每个工作组下又划分为多个子组。3GPP SA2 子组（负责制定网络架构、协议和接口规范）和 3GPP RAN3 子组（负责制定无线网络架构和接口规范）开始研究网元侧的数据采集内容、流程和相关控制决策内容的定义。3GPP SA5 已在规范网络管理数据分析服务中取得了进展，用于管理 AI/ML 功能。ETSI 的零接触网络与业务管理（zero-touch network and service management，ZSM）工作组侧重研究和分析自动化闭环操作的相关技术，旨在实现网络和服务管理的高度自动化。ETSI 的体验网络智能（Experiential Networked Intelligence，ENI）工作组重点在定义一种体验式感知网络管理架构，通过 AI 技术提升运营商在网络部署和操作方面的体验。它的目标是通过定义一个感知-适应-决策-执行的控制模型，利用 AI 技术提高网络管理的效率和自动化水平。

3GPP 关于网络智能化和自动化展开了相关研究，在 Rel-15 版本中引入了 NWDAF 作为核心网 AI 网元。NWDAF 可以收集来自系统数据库、运营商运营管理（operation administration and maintenance，OAM）系统、第三方应用功能（application function，AF）和 5GC 网络功能（network function，NF）的各种网络数据与第三方应用数据，通过数据分析指导网络优化设计，例如，定制化的移动管理、5G 服务质量（QoS）增强、用户平面（UPF）的选择、NF 的负载均衡、切片 SLA 保障等。图 3-5-1 给出了 NWDAF 网元的 5G 自动化通用架构。在 Rel-16 版本中，3GPP 对 NWDAF 进行了补充和增强，并对不同场景下 NWDAF 的数据分析结果进行了规范。Rel-17 版本后，允许以层次化或树状结构部署多个 NWDAF，多个 NWDAF 实例之间可以进行交互和协作，构建一个分层的分布式的智能网络架构。还有的变化是将 NWDAF 的逻辑功能解耦为模型训练（逻辑）功能和分析（逻辑）功能，前者进行模型的训练，后者进行推理及提供分析结果，使 NWDAF 可以全面、实时地参与核心网控制面的决策控制。

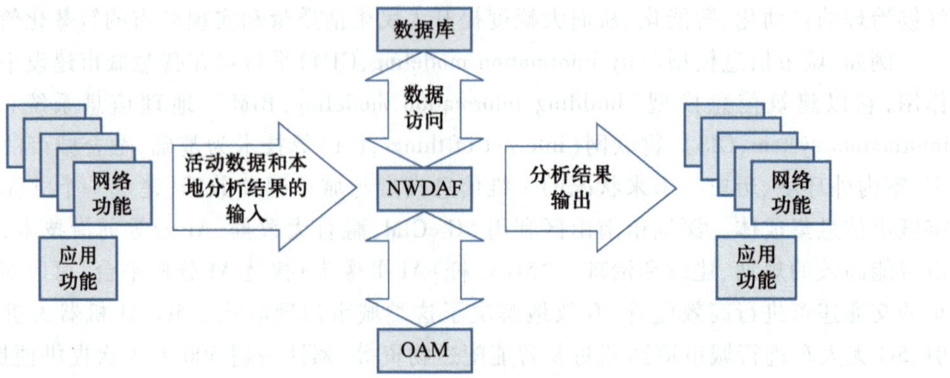

图 3-5-1　5G 自动化通用架构

在无线接入网中,3GPP 已确定了 SON 的典型应用场景,并已经在这些场景中应用机器学习技术,成功验证了其在优化网络性能上的实用性。2018 年 3GPP SA5 组针对 SON 与 5G 网络技术的融合,设立研究课题 *Study on SON for 5G*,研究通过加强无线大数据的收集和应用,促进 SON 与 5G 网络基础设施的集成。RAN 3 工作组设立研究课题 *RAN-Centric Data Collection and Utilization for Long Term Evolution and NR*,探索 SON 作为独立的 RAN 逻辑实体或特征的可行性来推进网络智能。

3GPP RAN3 工作组在 2020 年 7 月确定了研究项目 *Study on further enhancement for data collection*,该项目旨在通过用例进一步增强数据收集来实现 RAN 智能化的功能架构,并确定对当前 NG-RAN 节点和接口的潜在标准化影响。2022 年 2 月,该研究项目顺利结项,RAN 侧智能化的通用功能架构、三个高优先级的用例(网络节能、负载均衡和移动优化)的输入、输出、反馈信息和潜在的标准影响均已写入 TR 37.817 中。如图 3-5-2 所示,RAN 侧智能化的通用功能架构包括数据收集、模型训练、模型推理、动作执行等功能。

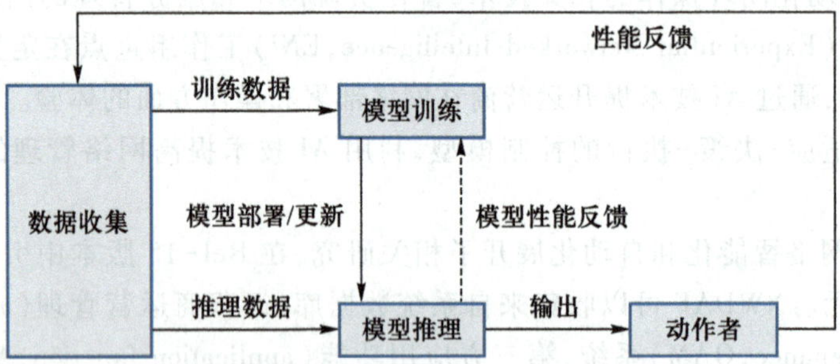

图 3-5-2　RAN 智能化功能架构

3GPP RAN3 工作组确定了工作项目 *Artificial Intelligence/Machine Learning for NG-RAN*,该项目旨在将现有的 NG-RAN 接口和架构中指定数据收集增强和信令支持,以实现基于 AI/ML 的网络节能、负载平衡和移动性优化。RAN1 工作组在 Rel-18 阶段确定了研究项目 *Study on artificial intelligence /machine learning for NR air interface*,探索 AI/ML 算法如何增强空口性能(吞吐量、鲁棒性、准确性或可靠性),降低复杂度和开销等。这项研究的主要应用场景包括基于 AI 的 CSI 反馈、基于 AI 的波束管理、基于 AI 的定位增强、AI/ML 模型研究。

除了 3GPP 定义的 NWDAF 网元,欧洲的 5G-MoNArch 项目引入了一个专为 5G NR 的

CU设计的独立AI分析功能RAN-DAF,进行数据分析及决策。RAN-DAF作为RAN侧的AI和数据分析的网元,可以监测收集UE和RAN的数据,AI可以基于这些实时数据优先在本地进行处理,解决无线资源管理等操作的快速响应需求。MoNArch建议,RAN-DAF应将信息传递给RAN侧控制器代理(RAN controller agent,RCA),与其协作以优化无线侧性能,例如,切片敏感的RAT选择、活的无线资源控制、跨切片资源管理等。

ITU-T第13研究组于2017年11月成立了ITU-T未来网络及5G的机器学习(FG-ML5G)焦点组。该组为未来网络中的机器学习起草了多项技术报告和规范,包括网络架构、接口、协议、算法等。焦点组下设有三个工作组(WG),其中,WG1主要研究未来网络中潜在的机器学习用例,并确定用例的需求;WG2主要工作是对移动通信网络中的机器学习进行分类,并定义所需的数据格式和相关机制以保护安全和隐私;WG3主要研究移动通信网中机器学习对网络架构的需求,包括网络功能、接口、资源等。2023年6月,在瑞士日内瓦召开ITU无线电通信部门5D工作组(ITU-R WP5D)第44次会议并完成了《IMT面向2030及未来发展的框架和总体目标建议书》。这份建议书旨在为2030年及以后的国际移动通信(IMT)发展设定框架和总体目标,涉及全球6G愿景共识、6G目标与趋势、6G的典型场景及能力指标体系,其中包含AI与通信的融合场景,并定义了AI相关指标。

2017年ETSI成立了体验网络智能工作组(experiential networked intelligence,ENI),该工作组致力于将AI技术应用到网络运维中,使用基于上下文感知和数据驱动策略的闭环AI机制改善运营商网络部署和运营的体验。ENI自成立以来陆续发布了多个版本的系列规范和报告,包括具有上下文感知策略管理的系统架构、数据处理机制、网络AI智能分级评估方法等。2019年ETSI ENI发布第一版本研究报告和标准,并启动第二阶段实时网络的闭环控制研究。

为了推进5G与AI的深度融合,中国IMT-2020(5G)推进组成立了5G与AI融合研究任务组。任务组以3GPP多个项目为基础,开展了基于AI的MIMO技术、基于AI的覆盖和容量优化、基于AI的核心网侧网络架构研究、基于AI的基站和网络节能技术研究、基于AI的无线网络架构、基于AI的移动性管理等10余项研究项目,推进5G与AI融合的国际标准化及产业化进程。2019年6月,成立了中国IMT-2030(6G)推进组,目的是聚合中国产学研力量、推动中国6G移动通信技术研究和开展国际交流与合作,相继发布了移动通信与AI融合的数据格式和模型建议书等多项白皮书和研究报告。

自2017年起,CCSA逐步开展了一系列与人工智能及其在电信网络演进中应用的相关研究项目,涵盖了“人工智能在电信网络演进中的应用”和“人工智能及大数据在无线通信网络中的应用”等领域。2020年6月,CCSA在TC5 WG9小组中,启动了关于无线网络智能化的研究项目,侧重深入探讨无线接入网中AI功能的输入输出数据处理及数据分析技术。

文档3-2:人工智能与无线通信标准化最新进展

3.5.3　6G网络中的人工智能

用户需求和技术革新驱动移动通信系统快速发展。4G的大规模商用推动了移动互联网的蓬勃发展,5G的高带宽、低时延等特性进一步提升移动互联网用户体验,促进我国信息消费持续扩大升级。5G 的目标是将信息科学技术应用到千行百业的各个领域,构建以用户为主导全面的信息生态系统,开辟全新的产业互联网领域,推动整个社会步入万物互联新时代。然而,当前 5G 网络受限标准化时间及相关技术发展的成熟度,仍存在诸多不足。例如,当前通信交互在空间深度和广度上还不够完善,“空天海地”融合接入、无缝覆盖的通信愿景仍待实现,物联网及垂直行业应用的新生态也需探索。

目前,6G 研究的序幕已经拉开,得到了学术界和产业界的广泛关注。国际电信联盟组织(ITU)于 2023 年 6 月公布了 IMT-2030(6G)的建议书草案,提出了 6G 愿景、典型场景和应用需求,为后续 6G 标准的制定奠定基础。随着信息通信技术的进步和用户需求的多样化,传统的单一通信连接方式已经难以满足用户,因此,向多维能力融合转型成了 6G 网络发展的关键方向。6G 六大场景指的是沉浸式通信、超大规模连接、极高可靠低时延、人工智能与通信的融合、感知与通信融合、泛在连接。用户和应用将呈现泛在智能、泛在计算、沉浸式多媒体和多感官通信、数字孪生和扩展世界、智能工业、数字医疗与健康、泛在连接、感知和通信的融合、可持续性九大趋势。

人工智能与通信融合是 6G 典型场景之一。6G 将进一步深化现有 5G 的人工智能与无线网络的融合,作为一种新型的综合战略基础设施,推动工业互联网、能源互联网、智能交通、智能医疗等垂直行业的数字化和智能化。6G+AI 相对于 5G 及之前的通信系统,是一次与人工智能深度融合的突破性设计,需要更优化的系统设计,功能、框架、数据传递等全架构的全新设计,更小开销和更低能耗,系统性地实现突破。

AI 赋能无线网络一般被称为 AI for Network(AI4NET)。其内涵是通过 AI 提升网络自身的性能、效率和用户服务体验。AI4NET 主要研究包括利用 AI 优化传统算法(如空口信道编码、调制)、优化网络功能(如移动性优化、会话管理优化)、优化网络运维管理(如资源管理优化、规划管理优化)等。AI4NET 在 5G 网络中的应用极大地促进了移动通信网络和垂直行业的智能化发展,但以“打补丁”和“外挂式”的应用模式也一定程度上阻碍了 AI 应用效果的发挥。

6G 网络将实现“内生智能(Native AI)”,AI 赋能 6G 网络的同时,6G 网络也将赋能 AI,实现 Network for AI(NET4AI)。AI 在各行各业的应用对未来网络的基础能力提出了新需求,如分布式训练、实时协作推理、本地数据处理等,要求未来网络突破“打补丁”和“外挂式”的应用模式,具备内生智能。NET4AI 的内涵:通过网络为 AI 提供多种支撑能力,使 AI 训练/推理可以实现得更有效率、更实时,或者提升数据安全隐私保护等。NET4AI 将传统网络范围从连接服务扩展到算力、数据、算法等层面。因此,面向无线网络中 AI 的变革与发展需求,6G 网络将不再是单纯的通信网络,而是集通信、感知、计算为一体的信息网络,加快全球数字化进程,运用内生智能的网络架构设计,使 AI 在网络中无处不在且按需提供 AI 能力。此外,第三方可以获取网络内的分析数据和 AI 能力,通过智能平台获得各类智能服务。在 6G 网络与 AI 融合的研究中,学术界和产业界提出以下几个关键概念。

1. 无线分布式智能

无线网络中传统的集中式架构一方面已不能满足低延迟高可靠的通信和计算要求,另一方面也难以高效支撑未来无线网络泛在智能的需求,因此需要引入分布式智能计算架构,充分利用用户终端和节点所持有的多维数据和计算资源使能万物智联。

无线分布式智能是指在无线网络中分布式地组织AI任务，并结合协同AI和机器学习，无须把所有原始数据全部上传到中心云。这样不仅可以减轻对网络带宽造成的压力，也可以减轻中心云算力的压力。同时，随着智能手机和物联网设备的计算能力越来越强，用户对数据隐私的保护越来越重视，移动设备能够进行更多的AI计算和训练。这使AI距离用户和数据更近，能更迅速地进行迭代升级，从而高效支撑6G网络泛在的内生智能。

目前在学术界和产业界较为广泛认可的无线分布式智能架构主要包括以下几种。

(1) 联邦学习

联邦学习是分布节点基于各自数据集，联合训练模型的框架结构。联邦学习训练进程中，分布节点基于自身数据集训练模型，周期性上传模型权重，中心在整合模型权重后将形成的联邦模型权重下传到各分布节点进行下一周期训练或本地推断。联邦学习采用迭代更新的方法分布式训练模型，保证用户数据不离开本地，仅传送权重/梯度即可达到全局训练的效果，可以有效提高隐私安全性。其主要应用场景包括医疗保健服务(各医疗机构及用户设备联合训练医疗模型)、智能交通(分布移动设备联合训练决策模型)及智能工业系统(工厂机构的联邦学习)等。

(2) 多智能体强化学习

多智能体强化学习是强化学习的一个分支，旨在研究在共享环境中共存的多个学习智能体的行为。在这种环境中，每个智能体都追求自己的奖励，且采取行动推进自己的利益。多智能体强化学习的主要目标是实现多个分布节点趋向于合作共赢的策略学习，适用于多智能体协作或博弈的场景之中。然而网络中各个对象的探索样本经验可能具有一定私密性，此时就需要将强化学习、联邦学习、广义乘子交替方向法(group alternating direction method of multipliers，GADMM)及拆分学习(split learning，SL)相结合。目前多智能体强化学习已经在实践中有广泛的应用，例如，在游戏理论、机器人学、无人驾驶、自然语言处理和经济学等领域均取得了进展。

(3) 群体学习

群体学习是联邦学习和区块链的融合，主要解决联邦学习在融合模型时过于依赖中心节点，以及集中式融合海量本地节点模型时计算和通信开销大的问题。与传统联邦学习客户端-服务器(client server、CS)架构不同，群体学习没有中央参数服务器，不需要将参数上传到中央服务器进行聚合，数据和模型参数都在本地储存，拥有更高的隐私性和安全性。群体学习将去中心化硬件基础设施、分布式机器学习与区块链结合，从而安全加入成员节点、动态选举领导者、聚合模型参数。群体学习的主要应用场景为医疗领域，在保证数据隐私等方面的情况下，为AI诊断疾病提供更高的准确率。

(4) 拆分学习

拆分学习是一种分布式和私有的深度学习技术，将机器学习模型架构在客户端和服务器之间，各方在不泄露原始数据的情况下，共同训练一个完整的模型，将模型中计算负载较高的部分安排在计算能力较强的中心节点，将较浅的数据处理层放到存有原始数据的终端之中。由于机器学习模型体系结构在客户端和服务器之间拆分，拆分学习提供了比联邦学习更好的隐私性。此外，与运行整个网络相比，只分配部分网络在客户端进行训练可以减少处理负载，这对于资源受限的设备具有重要意义，然而，由于拆分学习跨多个客户端训练，其执行速度比联邦学习慢。拆分学习的应用目前主要集中在健康医疗领域，健康医疗相关的终端往往属于轻量级设备，因此可以采用拆分学习基于用户个人相对私密的健康医疗数据训练智能模型。

(5) 迁移学习

迁移学习是机器学习中一种较为基础的模型转化技术，旨在将基于大数据训练的一般性模型通过简单训练转化成能够应用于特定问题的智能模型。由于综合模型经过训练已经能够对输入数据的特征进行有效提取，因此通常仅需对提取特征进行有针对性的筛选与整合，便能得到关于特定任务的有效分类或预测结果。迁移学习主要应用场景包括计算机视觉、自然语言处理（如情感分析）、生物信息学和生物成像等领域。

2. 算网融合

传统移动通信网络基础设施仅单纯提供连接服务。然而，随着新一代信息技术日益普及，计算能力基础设施持续进化，业务对算力需求呈现出多样化的动态增长态势，当前亟须网络具备更强的支撑能力以应对各类分布式智能应用的涌现，而传统移动通信网络往往无法满足这一要求。因此，6G 网络将经历一场革新，不再仅仅作为纯粹的通信连接平台，而是进化为集通信与计算服务于一体的综合性基础设施，从而实现对数据传输与实时计算能力的同步支持。算网融合，即网络中支持算力和网络相互感知、相互融合。具体体现在控制层面上实现分布式计算资源（如终端、基站、核心网等）与网络连接的紧密配合。这包括实时准确地发现计算资源，灵活动态地调度算力，以及合理地分配计算和连接资源，提供无处不在的高质量计算与连接服务。

我国高度重视基础设施的信息化升级，聚焦“计算”+“网络”。目前，算力网络已初步实现从理论研究到实践部署的迈进。随着网络云化的发展，算网融合趋势不断加深，技术创新日趋活跃。算网融合包括的技术内涵有以下几点。

(1) 算网融合网络架构

网元和计算节点组成可调度的计算和通信节点集群，其计算能力与通信能力相互融合。这种网络架构具有算力内生、分布式、算力异构和多层次等特征。算力内生特征指网元兼具通信和计算能力，计算网元和计算节点产生的算力称为内生算力；分布式特征指计算服务部署到多个节点，使通信、计算和存储资源得到更充分利用；算力异构特征指节点的计算能力、存储能力、算力类型不同；多层次特征指算网融合网络架构是包括云层、雾层、边缘层和终端层的多层次网络，层与层之间相互连接、相互配合，共同为用户提供服务。

(2) 异构算力的感知、发现、注册

算力感知是指 6G 内生 AI 网络需要感知到算力资源信息，如算力类型、算力资源的数量、算力资源的使用状态等。算力发现是指网络在运行过程中，6G 内生 AI 网络感知到新的算力资源，可以是新的具有算力资源节点发现，也可以是存在的节点的新的算力资源发现。算力注册是指在网络发现新的算力资源后，会与该算力资源的节点进行信息交互，并将新的算力资源接入网络的过程。

(3) 计算、连接的融合控制

融合控制功能包括分布式异构算力资源、连接资源的调度与控制。在资源调度时，综合考虑多种因素，例如，空口状态信息、延时、算力分布、算力异构情况等信息，从而在保证计算服务 QoS 前提下达到性能的最优化或资源的最小化。

3. 数字孪生技术

传统网络运维通常是基于人工操作和静态配置的方式进行的。网络管理员需要手动完成对网络设备的配置,不断监控网络设备和链路的性能,并根据需要调整配置来优化网络资源的使用效率;当网络出现故障或问题时,往往需要通过人工排查来定位和解决问题;管理员还需要制定并执行安全策略,监控网络中的安全事件,并采取相应措施应对潜在的威胁。

随着通信网络规模的不断扩大和通信技术的不断进步,传统网络运维已经难以适应未来的网络发展,目前依靠固定规则与策略的运维手段已经显现出不足之处。其中最主要的问题包括:① 随着网络规模的扩大,管理的设备数量和复杂性也会增加,这导致操作烦琐、工作量增大,并容易出现人为错误;② 由于网络设备众多、分布广泛,故障的诊断和定位需要耗费大量时间和人力,这导致网络故障不能快速排除,同时影响了服务质量;③ 传统网络运维以静态配置为基础,无法及时感知和适应网络环境的变化,对于动态和异构化的网络需求,传统网络运维的反应性较差,无法实时、快速地对网络进行响应和调整;④ 传统网络运维更多的是按照事后修复的方式进行,即在故障发生后再进行排查和处理,无法做到提前预测和主动干预。

数字孪生(digital twins,DT)技术对解决以上问题提供了一种可行的思路与解决方案,目前已经在多个领域得到了较广泛的应用。数字孪生的理念是将物理世界与数字世界相连接,通过数字模型实时映射和仿真物理对象的行为、特征和状态。在通信系统中引入数字孪生技术,能够克服传统网络运维的不足,并提供更高效、智能、灵活的网络管理和运维方式。通过构建物理网络设施的数字化镜像,可以建立数字孪生网络,数字孪生网络和物理网络设施具有相同的网元、拓扑和数据等参数。数字孪生网络能够为网络运维优化操作和策略调整提供接近真实网络的数字验证环境,可以完成很多运维任务,例如,在数字孪生网络中部署尚未上线的服务并测试性能及对其他现有服务的影响;分析网络负载趋势并预测未来的服务需求,从而适应未来的场景和部署。

数字孪生技术的引入能够给通信系统带来以下几个方面的优势。

(1) 实时模拟和优化

数字孪生通过建立真实网络的虚拟副本,实现对网络设备、链路、用户等的实时模拟和监测,能够帮助网络管理员更准确地了解网络状态、预测潜在问题,并进行实时优化和调整。

(2) 自动化运维

数字孪生结合人工智能、机器学习等技术,可以对网络进行自动化运维,包括自动配置、故障诊断、资源调度等,这样可以减少人工操作,提高运维效率和一致性。

(3) 智能决策支持

数字孪生可以收集和分析大量的网络数据,并通过算法和模型进行智能决策支持。例如,在网络规划和资源优化方面,可以提供基于数据驱动的建议和决策。

(4) 预测和预防

数字孪生可以通过实时数据分析和模拟仿真,提前预测潜在故障和性能问题,并采取措施进行预防,从而减少网络中断和服务质量下降的风险。

尽管数字孪生技术的引入能够为通信系统带来很多好处,然而仍需克服一些挑战才能实现其有效的应用和推广。数字孪生网络需要大量的实时数据来反映真实网络的状态和行为。因此,如何高效地进行数据采集、传输和处理是一个挑战。需要解决以下方面的问题:

(1) 模型构建与精度方面

构建准确的数字孪生模型需要对物理网络进行全面的建模与分析,这包括网络拓扑、设备特性、传输特性等多个方面的信息。同时,模型的精度也需要考虑到实际网络的复杂性,以确保数字孪生模型能够准确地反映真实情况。

(2) 实时性与时延方面

数字孪生网络需要实时地对网络进行监测、分析和控制。因此,数字孪生网络面临着数据传输和处理的实时性要求,以及延迟带来的挑战。需要找到合适的方法和算法来解决这些问题,才能确保数字孪生网络的实时性和有效性。

(3) 安全与隐私问题方面

数字孪生网络涉及大量的网络数据和敏感信息,因此需重视安全与隐私保护问题。特别是,要确保数据访问、传输和存储均具备健全的保护机制,防止未经授权的访问和信息泄露等情况。

(4) 资源消耗与成本方面

数字孪生网络需要大量的计算资源和存储空间来支持模型构建、数据处理和分析等任务。因此,如何有效管理和利用这些资源及合理控制成本,是一个需要面对的挑战。

4. AI 即服务

为了更有效地支撑"内生智能"、实现无处不在的"普惠智能",6G 移动通信网络将 AI 视为一种服务来提供和处理,于是衍生出了 6G AI 即服务(AI as a service,AIaaS)。具体来说,6G AIaaS 是通过网络(包括 6G 核心网、无线接入网和终端)内的连接、计算、数据、模型等资源和功能,构建分布式的、高效、节能、安全的 AI 服务(包括 AI 模型训练、推理、部署等)和低碳节能的开放生态。AIaaS 的典型场景包括但不限于智慧城市、智赋农业、普智教育及智赋工业,典型应用包括但不限于无人出租汽车出行、电网智能巡检、居家健康及虚拟课堂。

前述的 AI 服务可以从不同角度进行划分。一方面,从面向对象维度可分为两大类,一类是为 6G 网络提供的 AI 服务,用于网络自身性能优化,对应前文所说的 AI4NET,例如,利用端到端 AI 实现空口和网络的定制优化和自动化运维,利用基于历史用户数据训练好的 AI 预测流量从而合理配置网络资源;另一类是为终端用户和第三方用户(如医院、自动驾驶车辆、工厂等)提供的 AI 服务,对应前文所说的 NET4AI,以工厂中产品质量检测为例,在工业互联网中由无线网络提供 AIaaS,通过 AI 图像相关技术自动化地识别工业产品的质量,通过强化学习相关技术触发工业机器人的及时处理,且针对每一种工业检测场景,可能都需要机器学习算法的调优,部署周期较长,6G 网络能凭借大规模分布式训练、整合、推理,快速提供针对性的 AI 服务。另一方面,AI 服务有多种类型,按照 AI 模型全生命周期不同阶段,通常可分为面向数据的 AI 服务、面向训练的 AI 服务、面向推理的 AI 服务和面向验证的 AI 服务这四大类,不同类型的 AI 服务在侧重点上有所差异,质量评价指标和关键性能指标也不尽相同。

在 AIaaS 中对 AI 服务质量进行多维度评估和保障的一套指标体系被称为 QoAIS

(quality of AI service)。QoAIS 反映了用户层面对于 AI 服务质量的需求,并将需求量化分级、导入 6G 智能内生网络,指导网络提供相应的 AIaaS 以保障用户需求。但是 QoAIS 不能直接沿用传统通信网络的 QoS,因为后者主要聚焦于通信业务在连接方面的性能,如传输速率和时延等指标。然而,随着 6G 网络的发展,除了前述的传统通信资源,6G 网络还会融合存储、分布式的异构计算能力、数据及 AI 算法等多维资源。因此,对网络内生 AI 服务的质量评估需要从连接、计算能力、算法和数据等多方面考虑。此外,随着数据隐私保护和网络自治能力增强受到业界越来越多的关注,设计 QoAIS 指标体系时也应将安全、隐私保护和自主管理等多个维度考虑其中。以 AI 训练服务为例,其 QoAIS 指标体系如表 3-5-1 所示。

表 3-5-1 AI 训练服务的 QoAIS 指标体系

AI 服务类型	评估维度	QoAIS 指标
AI 训练	性能	性能指标界、训练耗时、泛化性、可重用性、鲁棒性、可解释性、损失函数与优化目标的一致性、公平性
	开销	存储开销、计算开销、传输开销、能耗
	安全	存储安全、计算安全、传输安全
	隐私	数据隐私等级、算法隐私等级
	自治	完全自治、部分人工可控、全部人工可控

在 6G 中采用 AIaaS 的模式,能带来以下几个方面的技术优势和产业价值。

(1) 时延优势

6G 网络可以更加灵活地选择提供 AI 服务的节点并分配通信资源减少传输时延,且能通过提供预训练的相似模型使用户快速地使用 AI 服务,缩短 AI 服务部署时间。

(2) 成本优势

AI 服务被打包提供,用户可通过 API 和工具直接使用 AI 功能,降低开发和测试 AI 模型的人力、算力和时间成本。

(3) 算力调度优势

AIaaS 概念化、设置和维护底层硬件和软件基础设施,将用户从资源硬件配置管理与调度中解放出来。

(4) 对网络自身的价值

AIaaS 能实现对运营商和用户意图的感知与达成,最终实现网络的高水平自治,同时能支撑更高程度自动化的网络运维,降本增效,提高资源利用率。此外,未来网络将面临大量新型复杂的攻击方式,AIaaS 能通过自主检测威胁、自主防御等,以最快速度做出决策,保证服务的持续可信。

(5) 2B(To Business)产业价值

利用 6G 网络的连接性更高效地提供 AI 服务,为各垂直行业提供降本增效的新思路,并使模型共享更便捷,进一步促进其产业升级和整个行业的蓬勃发展。

(6) 2C(To Customer)产业价值

用户和运营商同时提供训练数据、使用模型,提升用户使用体验、节约运营商资源。更重要的是,基于6G网络的AI服务能够涵盖人们日常生活中的各类终端,丰富重塑着每一个人的生活,其产业前景和增益都是不可估量的。

然而,若要实现成熟完备的AIaaS体系当前还面临着诸多挑战。首先,部分QoAIS指标尚无成熟的量化评估方式,在AIaaS平台建设初期无法完善这些指标的量化评估标准。其次,难以统一的技术接口和有限的经济能力导致算法模型共享困难,客户的需求和应用环境不断变化,导致模型更新频繁,模型维护难度大。最后,网络需融合设计QoS体系和安全体系,提供可信的AIaaS,以保障用户使用AI服务的安全性和隐私性,从而进行应用落地和推广。

本章小结

无线通信技术和人工智能技术的深度融合将会带来"1+1>2"的多赢局面,不仅是传统移动通信领域和人工智能领域将迎来一系列的变化,更多的垂直行业也将在多个层面发生巨大变革。本章深入探讨了人工智能和无线通信融合的必然性和驱动力,讲述了人工智能在无线通信网络中的发展,凝练并阐述了人工智能赋能无线通信的主要方向、应用场景和未来发展趋势。本书后续章节从物理层和网络侧选取了人工智能与无线通信融合的四个典型应用案例进一步深入展开讲述。

习 题

1. 后5G时代的移动通信网络将进一步结合新需求及新应用,在网络演进过程中将面临哪些挑战?
2. 为什么要将人工智能与无线通信融合?无线通信融合人工智能后有哪些主要变化?
3. 简要概述人工智能在无线接入网中的发展现状和未来的发展趋势。
4. 人工智能在无线通信物理层和网络侧都分别有哪些应用?试再列举三项无线通信和人工智能结合的应用实例。
5. 什么是无线分布式智能?常用的智能架构有哪些?

参考文献

第 4 章　物理层技术中人工智能的应用

【导引】

古代人已经有了阵列式信号接收装置的发明,《墨子·备城门》中记载,战国时期民不聊生,心系民生福祉的墨家学派,提出了兼爱非攻的价值主张,并通过发明改进防御技术来反对强国欺凌或吞并弱小国家的行为,一系列技术发明由此出现。

当时已经有一种利用挖地道来攻城的方法,即穴攻。为了对这种攻击方式进行防守,墨子做出了这样的防守策略:每隔五步就挖一个井,在井内放置一个腹大口小的陶瓮(古代叫罂),用牛皮蒙住陶瓮的口。然后士兵定期地附耳聆听陶瓮的声音,就可以判断出敌军穴攻的方向和距离,等待敌军从穴攻的出口出来时,给予迎头痛击。

瓮听术的技术本质是远距离的无线信息通信。分析墨子瓮听术御敌的通信原理:敌军挖掘地道,会形成一定的震动波。蒙着牛皮的陶瓮,实际上就是一个能够接收震动波并将之转换为声波的装置。陶瓮采用腹大口小的设计,有一定的声音放大效应。五步一井、连续并列,就已经形成了一个陶瓮组成的多接收单元阵列,挖掘地道产生的震动波到达各个瓮的距离不同,震动波衰减程度也就不同,士兵听到的声音也就会有近强远弱的效果。士兵多听几个瓮,就能大致判断出敌军进攻的方向和行进的距离。

可以说,墨子发明的瓮听术阵列已经体现出一些现代移动通信技术采用多天线阵列接收并放大无线信号的许多特点。只不过瓮听术阵列接收的是震动波,现代移动通信接收的是电磁波,瓮听术阵列的信号处理过程由人工来完成,现代移动通信接收由复杂的芯片和算法来完成。

由于现代移动通信系统在 3G 之前一直使用单天线系统,直到 4G/5G 时代才开始大量使用多天线接收阵列。从这个视角看,墨子瓮听术采用联合接收阵列来综合判断信号大小与方向的技术思想确乎可以说是一种超越时代的创新。

随着无线通信技术的不断发展,为了满足多样化的通信需求,物理层技术在不同的系统中呈现出多种技术方案。本章主要以第五代移动通信系统为例,说明其所采用的物理层关键技术,并阐述人工智能技术在其中的应用情况。具体内容如下:

4.1 节概括介绍了物理层技术范畴及人工智能在物理层关键技术中的应用。4.2 节阐述了机器学习在信道编译码与调制技术中的应用,包括信道编译码技术和自动调制识别技术。4.3 节阐述了深度学习在信道估计和信道状态信息反馈技术中的应用。4.4 节描述了深度学习在信号检测技术中的应用。4.5 节阐述了人工智能方法在大规模天线系统波束选择中的应用。4.6 节介绍了基于深度学习的端到端物理层设计思路和基本方案。

4.1 物理层技术中人工智能的应用简介

无线通信系统中的收发设备主要包括发射机和接收机。在无线发射机部分,发送信息比特流从媒体接入控制(medium access control,MAC)层映射到物理层之后,经过一系列的信号处理技术形成数字基带信号,然后通过数/模转换将数字基带信号转换成为模拟基带信号,最后通过混频和功率放大,发送出去。在接收机部分,从天线接收下来的射频信号首先经过混频转变为模拟基带信号,然后经过模/数转换形成数字基带信号,再经过一系列的数字信号处理技术,解析出信息比特流映射到 MAC 层。无线通信中的物理层关键技术主要指无线发射机和接收机中的数字基带信号处理技术及其相关的控制技术。无线发射机中的物理层关键技术主要包括:信源编码、信道编码、调制、发送预编码、导频插入、物理层成帧等。接收机中的物理层关键技术主要包括:接收信号检测、信道估计、解调及信道译码等,通常与发射机中的信号处理流程相对应,如图 4-1-1 所示。除此以外,物理层关键技术还包括同步、小区搜索、随机接入和功率控制等物理层过程。

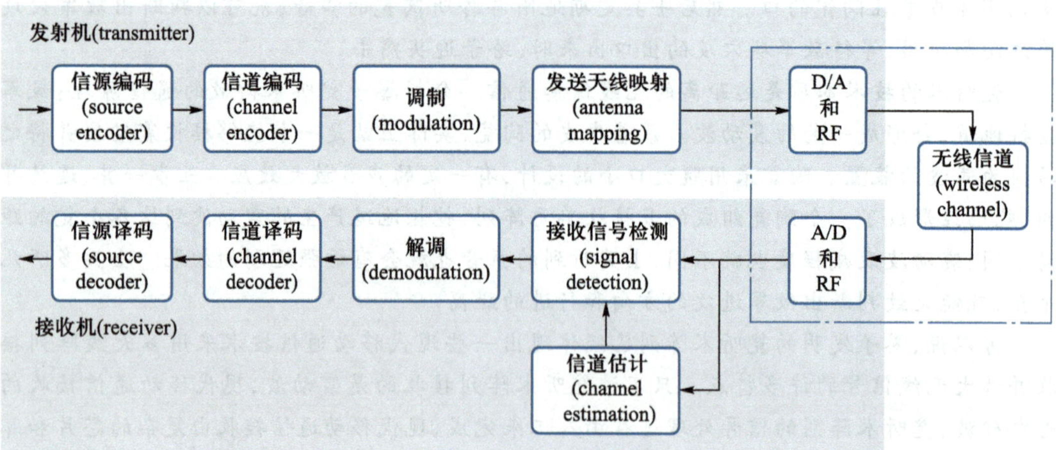

图 4-1-1 物理层关键技术组成框图

第五代移动通信系统(5G)涵盖了陆地移动通信系统和非地面无线通信系统两大类,本章主要以 5G 陆地移动通信系统为例,说明所采用的物理层关键技术,并阐述人工智能技术在其中的应用情况,下述给出了 5G 协议规范中采用的发送技术方案:

① 信道编码

数据信道信息采用低密度奇偶校验码(low density parity check code,LDPC 码),控制信道信息采用极化码(Polar 码)。

② 多载波调制

采用基于正交频分复用(orthogonal frequency-division multiplexing,OFDM)的正交多载波调制及其变换形式。

③ 发送预编码

采用基于码本的发送预编码。

④ 导频

用于解调的解调参考信号(demodulation reference signal,DMRS)、用于信道测量的下行信道状态信息参考信号(channel state information reference signal,CSI-RS)等,采用时分(time division multiplexing,TDM)、频分(frequency division multiplexing,FDM)和码分(code division multiplexing,CDM)相结合的导频图样。

⑤ 接收机

接收机部分的关键技术方案是由不同设备制造商厂家自行设计,经典技术方案包括:采用最小二乘(least square,LS)和最小均方误差(minimum mean squared error,MMSE)算法的信道估计和信号检测、基于置信传播(belief propagation,BP)算法的信道译码等。

随着宽带移动通信的发展,物理层也产生了诸多新技术,主要包括信源信道联合编译码、自适应调制编码技术、多天线多输入多输出(multiple-input multiple-output,MIMO)技术、大规模 MIMO 技术等。传统物理层技术主要基于图 4-1-1 所示的模型化链路方案分别进行设计,也可以进行部分模块的联合优化设计,不同技术模块可以有针对性地解决特定的问题,例如,信道编译码是解决信息检错和纠错的技术,OFDM 是解决宽带传输的技术,自适应调制编码是解决信道变化情况下优化传输效率的技术,MIMO 是解决提高传输容量的技术。

物理层技术优化通常从逐个模块角度进行技术优化,过程中依赖假设的信道模型和传输系统模型。基于经典信息论,传统物理层技术设计和优化的性能上限是香农容量,随着移动通信先进技术的发展,现有技术已经在一定信道模型假设下接近香农容量的理论极限,然而无线信道模型的准确性还是一个值得探讨的开放性问题。与此同时,随着计算机科学与技术的发展,基于数据分析的人工智能技术给出了不依赖于固有模型的一种新的设计和优化思路。研究人员也开始思考"基于一定模型得出的传统香农容量是否就是最优的?""我们当前对于无线信道的认知以及建模是否是准确的?"等诸如此类的基础信息理论问题。在模型未知或者不准确的情况下,基于数据分析的人工智能技术为物理层关键技术的设计和优化提供了一种新的思路,迅速引起研究人员的兴趣,尤其在 2017—2022 年对其探索性的研究飞速发展,迄今已从理论和技术方面形成了一定的方法和技术方案,且开始了国内/国际标准化工作。

人工智能技术在物理层技术方案设计和优化中的应用主要分为两类:一类是将基于数据的机器学习方法与基于模块化的物理层设计相结合,优化局部物理层技术的模块设计和参数配置,目前这类方法技术成熟度较高,更易于向产业转化应用。另一类是将发射机和接收机完全看作人工智能中的神经网络,基于数据和学习完成端到端物理层神经网络的设计,这类方法目前还处于实验阶段,技术成熟度较低,尤其在高速大容量通信场景下还存在一些问题。第 4.2—4.5 节主要介绍以人工智能方法优化局部物理层关键技术模块的技术方案,第 4.6 节介绍完全基于神经网络的端到端物理层设计方案。

4.2　机器学习在编译码与调制技术中的应用

4.2.1　研究现状

信道编译码是无线通信系统的物理层核心技术之一。在 3GPP 协议规范中,应用于 5G

的信道编码方案主要集中于 LDPC 码和 Polar 码。为了获得优异的误码率性能,这两种方案译码复杂度相对较高,因此将机器学习技术应用于信道译码能够获得复杂度和误码率性能更好的折中。近年来,不同类型的机器学习译码算法被相继提出,例如,在数据驱动译码器方面,格鲁伯(T. Gruber)和卡默雷尔(S. Cammerer)研究了随机码和极化码的全连接神经网络译码器,用现有的神经网络模型替换传统信道译码器。有些研究者引入分段译码的思想,将长码的译码器拆分为几个短码神经网络译码器,例如,哈比卜(S. Habib)等研究者提出了一种用于中短码长 LDPC 码译码的强化学习译码算法。此外,多恩(N. Doan)等研究者提出了一种强化学习算法专门用于极化码译码。机器学习技术为提升译码效率问题提供了新思路,表现出超过传统算法的纠错性能和收敛速度,以及更低的复杂度。

调制是无线通信系统的物理层另一项核心技术。不同的无线通信系统根据系统需求和信道的变化采用不同的调制方式,工程师希望接收机能够自动识别发射机所采用的调制方式,而不用通过信令传递的方式告知接收机,以减少信令开销。自动调制识别技术能够自动识别接收信号的调制类型,是后续数据正确解调信号的基础。由于调制方式是有限且少量的,正确识别信号的调制方式,相当于对调制信号进行分类识别,因此机器学习中的分类器能够较好地完成这一任务。机器学习中的分类算法主要包括决策树、K 近邻、聚类算法、支持向量机、深度学习等。决策树分类算法根据从原始信号集{OFDM,BPSK(binary phase shift keying),QPSK(quadrature phase shift keying),GFSK(Gauss frequency shift keying),16QAM(quadrature amplitude modulation,QAM),64QAM}中提取的高阶累积量(high-order cumulant,HOC)特征进行分类。

同时,一些研究者基于五种调制信号的高阶累积量设计新的特征参数,并采用深度神经网络进行分类。基于高阶累积量特征,并采用字典学习的分类算法对 ASK(amplitude shift keying)、PSK(phase shift keying)、QAM 几种调制信号进行识别,也取得了较好的分类正确率。瓦利耶娃(I. Valieva)等人针对 K 近邻、支持向量机(support vector machine,SVM)及聚类三种算法进行分类实验,仿真对比了 K 近邻和支持向量机的几个模型参数对建模性能的影响。信号自动调制识别技术在军事和民用通信中都具有一定的应用前景。

自适应调制编码技术(adaptive modulation and coding,AMC)是一种根据接收机获取的信道状态信息(channel state information,CSI)或者信道信噪比(signal to noise ratio,SNR),在保证通信质量的前提下,动态调整发射机调制方式和编码码率的一种智能技术。AMC 技术通常通过查表法实现调制编码方案(modulation and coding scheme,MCS)的动态调整,并通过信令传递 MCS 信息。随着 AI 时代到来,研究者逐渐将机器学习的方法融入 AMC 技术中,使其具有更好的智能性。科吉马(S. Kojima)等人提出由人工神经网络(artificial neural network,ANN)辅助进行信噪比估计的方案。埃尔韦凯尔(M. Elwekeil)等人介绍了 K 近邻、支持向量机及深度学习的 AMC 方案,讨论了三种方案的吞吐量性能和算法复杂度等问题。莫塔(M. P. Mota)等人设计了一个强化学习框架,采用 Q-learning 算法实现基站端的 MCS 方案选择。

综上所述,将人工智能与信道编码、调制技术相互融合不仅提升了通信系统的频谱利用率,很大程度上降低了误码率,同时实现的复杂度也相对更低,使系统性能较传统方案具有明显提升。下面将从信道编译码技术和自动调制识别技术两方面给出基于机器学习的具体技术方案。

4.2.2 信道编译码技术

1. 信道编译码概述

信道编码是在发送端通过一定的编码原理在原数据中添加冗余信息,在接收端根据相关的编译码准则检测和纠正传输过程中的差错比特,从而对抗传输过程中的干扰和噪声。传统的信道编码主要采用线性分组码(linear block code),如汉明码、格雷码、BCH 码、Reed-Solomon 码,以及卷积码(convolutional code)和 Turbo 码等。这些编码方式有各自不同的特点和性能,适用于不同的场景,但是它们所达到的信道容量和香农理论极限始终存在一定的差距。5G 时代,LDPC 码、Polar 码由于其优异的性能受到广泛的关注,5G 协议规范规定 LDPC 码作为数据信道的编码方案,Polar 码作为控制信道的编码方案。相比于 LDPC 码,Polar 码在理论上能够更逼近香农理论极限,因此下文将以 Polar 码为代表进行详细介绍。

Polar 码基于信道极化理论构造,如图 4-2-1 所示,工作原理与其他传统信道编码方法不同。它包括信道组合、信道分解和信道极化三部分,通过完全无噪声二进制信道发送信源输出的信息比特,通过容量趋于 0 的全噪声二进制信道发送冻结比特,从而保证信息集中在比较好的二进制信道中传输,降低信息在信道传输中出现错误的可能性。

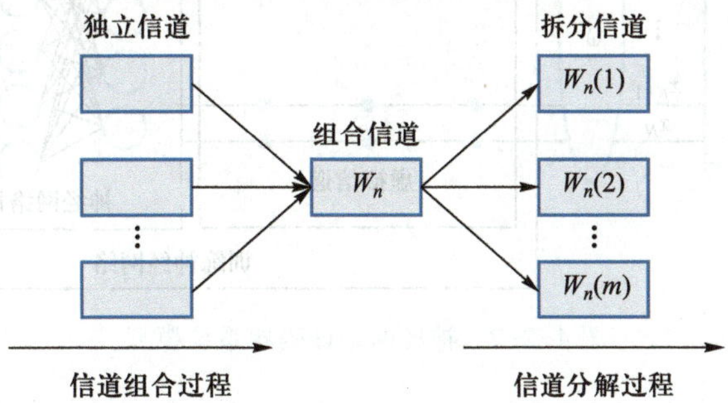

图 4-2-1 Polar 码基本原理示意

随着机器学习技术的发展越来越成熟,信道编码领域的研究者们开始研究机器学习译码器。通过神经网络从译码信息中提取特征,提高了译码器的译码效率和可靠性,相比于传统的译码方式复杂度更低。

2. 传统信道译码算法

极化码理论上能够在码长无限长的情况下达到香农信道容量,然而在实际系统中译码的性能并不理想。研究者们尝试将一些在其他编码方案中性能优异的译码算法应用到极化码译码中,如置信度传播(belief propagation,BP)译码算法、线性规划(linear programming,LP)译码算法等,虽然取得了一定的性能增益,但在复杂度或者适用范围上都存在一定的不足。例如,BP 译码被广泛应用于 LDPC 码译码中,并取得了极大的成功,然而,由于极化码的格图中存在大量短环,BP 译码性能很大程度上依赖于具体的消息节点更新策略,而最优的更新策略因信道类型的不同而不同,并且与最大似然译码的性能有一定的距离。LP 算法能够不依赖于更新策略而达到性能要求,但是其实现方案受限于复杂度,只能应用于二进制删除信道（binary erasure channel，BEC）中。此外，还有一些基于格图结构的维特比算法和 BCJR（Bahl，Cocke，Jelinek and Raviv algorithm）算法进行译码的方案，均由于复杂度高，只能应用于码长非常短的场景。

3. 机器学习译码算法

由于传统信道译码方案在性能、复杂度和适应性方面的问题，研究者们开始针对具体应用研究机器学习译码器。其中，包括神经网络译码器和强化学习译码器等，通过神经网络自主地从译码消息中提取特征，提高了译码器的译码效率和可靠性。

在基于神经网络的极化码编码过程中，发射机将 K 位信息比特通过编码变为 N 位长的极化码字，对极化码字进行符号映射并在有噪信道上传输。接收机采用神经网络作为极化码译码器，用来恢复相应的原始信息比特。神经网络译码器的训练是在线下完成的，在部署时使用训练好的权重和偏置进行在线译码。在神经网络的训练阶段，噪声层每次触发都会产生新的噪声，因此，尽管只有有限个极化码字，但随着训练批次的增加，也不会产生相同的接收信号训练样本。将全连接神经网络用作数据驱动的极化码译码器时，如图 4-2-2 所示。

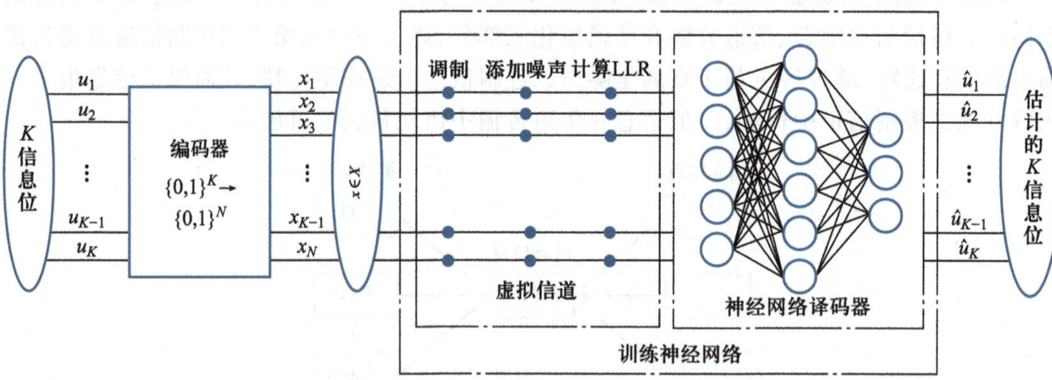

图 4-2-2 神经网络译码器系统模型

输入层有 N 个神经元，用来接收训练和测试样本，输出层有 K 个神经元，分别输出 K 位信息比特。隐藏层的层数和每层中神经元的数量，称为超参数，可根据需求及仿真调参进行设定。由于无线通信系统的物理层技术在实施的芯片中缺少对外数据接口，很难获得标记的训练数据，因此在科研中通常采用软件仿真方式构造大规模的训练样本。与传统的极化码译码算法相比，全连接神经网络译码器没有迭代和反馈机制，因此具有较低的复杂度和译码时延。

4.2.3 自动调制识别技术

现代移动通信中，相对于模拟信号，数字信号具有鲁棒性好、便于加密处理等优点，因此数字通信技术的发展十分迅猛，常用的数字调制信号有 ASK、PSK、QAM 等。根据 5G NR 3GPP 协议规范，5G 场景下的调制类型为 BPSK、QPSK、16QAM、64QAM、256QAM，而采用哪种调制方式将由系统根据信道质量和业务需求而确定。在传统通信中，经过信道之后，接收机进行信号解调和信道译码时需要知道准确的调制类型，否则无法正确解调和译码，因此需要额外的信令信息传输调制类型指示。在结合了机器学习的自动调制识别技术中，将不再需要操作复杂、稳定性差而且占用开销的信令传递方法传递调制方式信息，而是由接收机根据接收信号的特征自动识别出其调试类型。

从二进制信息序列 $\boldsymbol{b}(i)$ 映射为符号 $u(i)$ 的过程称为数字调制或符号调制，如图 4-2-3 所示。K 个二进制比特通过数字调制映射为一个复数表征的数字符号，称为码元，因此一个符号码元承载了 K 比特信息，K 称为调制阶数。

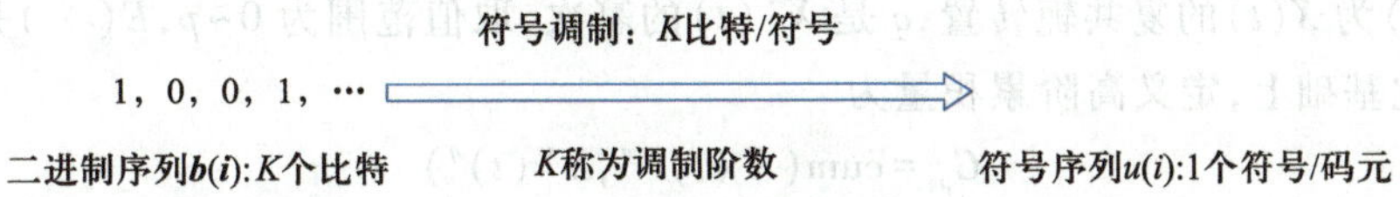

图 4-2-3 符号调制中基本概念的示意

5G 中的调制方式有五种，其调制阶数和码元符号表达式如下：

BPSK：$K=1$

$$u(i)=\frac{1}{\sqrt{2}}[(1-2b(i)]+\mathrm{j}[1-2b(i)] \tag{4-2-1}$$

QPSK：$K=2$

$$u(i)=\frac{1}{\sqrt{2}}[(1-2b(2i))+\mathrm{j}(1-2b(2i+1))] \tag{4-2-2}$$

16QAM：$K=4$

$$u(i)=\frac{1}{\sqrt{10}}\{(1-2b(4i))[2-(1-2b(4i+2))]+\mathrm{j}(1-2b(4i+1))[2-(1-2b(4i+3))]\} \tag{4-2-3}$$

64QAM：$K=6$

$$\begin{aligned}u(i)=&\frac{1}{\sqrt{42}}\{(1-2b(6i))[4-(1-2b(6i+2))[2-(1-2b(6i+4))]]+\\&\mathrm{j}(1-2b(6i+1))[4-(1-2b(6i+3))[2-(1-2b(6i+5))]]\}\end{aligned} \tag{4-2-4}$$

256QAM：$K=8$

$$\begin{aligned}u(i)=&\frac{1}{\sqrt{170}}\{(1-2b(8i))[8-(1-2b(8i+2))[4-(1-2b(8i+4))[2-(1-2b(8i+6))]]]+\\&\mathrm{j}(1-2b(8i+1))[8-(1-2b(8i+3))[4-(1-2b(8i+5))[2-(1-2b(8i+7))]]]\}\end{aligned} \tag{4-2-5}$$

1. 数字调制信号的特征

自动调制识别技术主要由信号预处理、特征提取、分类识别三个关键部分组成，其中对调制识别准确率影响最大的部分就是特征提取，针对不同类型的数字调制信号，需从原始信号中提取出可分性良好的特征，建立出原始信号空间向信号特征空间的映射模型，以达到在接收端区分不同调制信号的目的。

数字调制信号的特征包括信号时域波形特征、频谱特征、小波变换特征和高阶累积量特征等。由于高阶累积量在抑制噪声方面有较好的效果，且其计算复杂度相对较低，因而在实际通信系统中有很好的鲁棒性，尤其适用于幅度和相位调制信号，如 MPSK、MQAM 和 MASK 信号。下面将论证信号的高阶累积量特征具有抑制噪声干扰的原因。

假设 $X(t)$ 是一个均值为 0 的复随机过程，根据高阶累积量的基础数学理论推导，其高阶矩定义为

$$M_{pq}=E[X(t)^{(p-q)}X^*(t)^q] \tag{4-2-6}$$

其中，$X^*(t)$ 为 $X(t)$ 的复共轭转置，q 是 $X^*(t)$ 的幂次，取值范围为 $0\sim p$，$E(\cdot)$ 是指求数学期望。在此基础上，定义高阶累积量为

$$C_{pq}=\text{cum}(X(t)^{p-q},X^*(t)^q) \tag{4-2-7}$$

其中，cum 为联合累积量，具体表示如下：

定义 l 维随机矢量 $\boldsymbol{x}=[x_1,x_2,\cdots,x_l]^{\mathrm{T}}$ 的特征函数为

$$\phi(\boldsymbol{\omega})=E\{\mathrm{e}^{\mathrm{j}\boldsymbol{\omega}^{\mathrm{T}}\boldsymbol{x}}\}=E\{\mathrm{e}^{\mathrm{j}(\omega_1x_1+\omega_2x_2+\cdots+\omega_lx_l)}\} \tag{4-2-8}$$

式中，$\boldsymbol{\omega}=[\omega_1,\omega_2,\cdots,\omega_l]^{\mathrm{T}}$，$(\cdot)^{\mathrm{T}}$ 为转置运算，进一步定义联合累积量 cum 为

$$\text{cum}(x_1^{k_1},x_2^{k_2},\cdots,x_l^{k_l})=(-\mathrm{j})^r\left.\frac{\partial[\ln\phi(\omega_1,\omega_2,\dots,\omega_l)]}{\partial\omega_1^{k_1}\partial\omega_2^{k_2}\cdots\partial\omega_l^{k_l}}\right|_{\omega_1=\omega_2=,\cdots,=\omega_l=0} \tag{4-2-9}$$

若信号均值为常数 0，且服从高斯分布（Gaussian distribution），则有

$$\begin{cases}C_{1x}=E\{x(n)\}=0\\ C_{2x}(\tau)=E\{x(n)x(n+\tau)\}\\ C_{kx}(\tau_1,\tau_2,\cdots,\tau_k)\equiv0,k\geqslant3\end{cases} \tag{4-2-10}$$

当累积量的阶数 $k\geqslant3$ 时，均值为 0 的复高斯随机变量的高阶累积量为常数 0，而通信系统中的噪声往往服从均值为 0 的高斯分布。例如，简化定义接收端收到的信号为 $r=s+n$，其中，s 为有用信号，n 表示噪声，由此 r 的高阶累积量 $\text{cum}(r)$ 表达式为

$$\text{cum}(r)=\text{cum}(s)+\text{cum}(n) \tag{4-2-11}$$

如果信号取二阶累积量以上，则有

$$\text{cum}(r)=\text{cum}(s) \tag{4-2-12}$$

由上式分析可知，当阶数 $k>2$ 时，r 的高阶累积量中高斯白噪声对信号的干扰消失了，故而高阶累积量可以在理论上抵抗噪声干扰的影响，因此在实际通信中基于高阶累积量的调制识别算法相对其他算法也有更好的抗干扰能力。这也是近年来在自动调制识别方案中均使用高阶累积量作为特征提取的原因，理论上它能够完美抵抗高斯白噪声对通信系统的不利干扰。

2. 基于机器学习的调制识别技术

调制方式通常为有限数量，调制识别可以理解为将信号按照调制方式进行分类，因此分类器算法对于调制识别技术至关重要。基于传统算法的分类器主要包括基于似然函数的分类器和基于信号分布特征的分类器等。机器学习中的分类器都可以应用于自动调制识别技术，主要包括：K 近邻分类器、支持向量机分类器、人工神经网络分类、遗传规划 K 近邻分类器等。KNN 算法通过输入多个信号特征对信道的调制方式进行分类，且算法复杂度低，因此将在本节重点介绍。本章的通信场景是 5G 模型，MQAM 是 5G 重要的调制信号类型，因此针对高阶 MQAM 的自动调制识别的研究意义非凡。星座聚类算法是目前识别 QAM 调制技术中应用最广泛的算法之一，因此将在下文中对其简要介绍。

(1) 基于经典 KNN 的调制识别技术

KNN 算法是一种监督学习算法,需要提供一个带标签的样本数据集,其中每条数据与其作为标签的类别一一对应,在对新的实例进行分类时,比对新实例与样本数据中的特征,计算其距离,并按照距离大小升序排列,距离越小表示新实例与该样本数据越相似。统计前 k 个样本数据对应标签出现的频率,将频率最高的标签作为新实例的标签。如图 4-2-4 所示,给出了 KNN 算法的一个示意图。

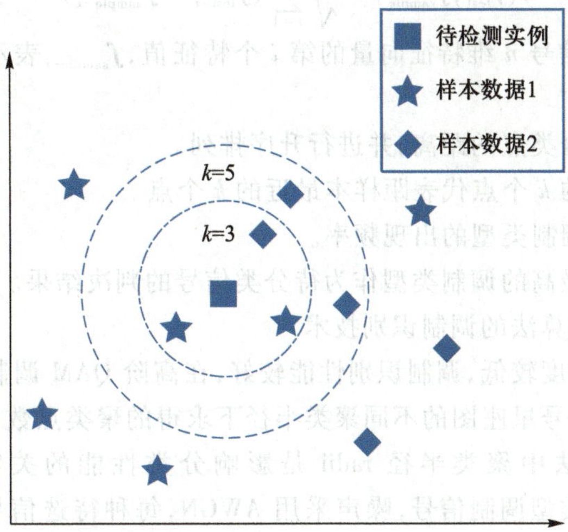

图 4-2-4 KNN 算法示意图

图中的样本数据分别用蓝色的星形和红色的菱形表示,星形和菱形代表分类标签,对于用绿色方块代表的待测试实例,取离它最近的 k 个样本数据,统计样本类别出现的频率,取频率最高的类别为待测试实例的类别。例如,$k=3$ 时,星形的频率为 2,菱形的频率为 1,算法判断待测试实例为星形;当 $k=5$ 时,星形的频率为 2,菱形的频率为 3,算法判断待测试实例为菱形。因此,KNN 算法与 k 值的选择关系密切,除此之外距离度量也是 KNN 算法的关键。k 值的选取没有标准的计算公式,需要通过交叉验证实验,k 值从 1 递增,观察分类器出错概率,选取出错率最低的 k 值。距离度量有多种定义,可根据不同的数据特点选择,一般使用欧式距离。

KNN 算法的分类准确率较高,在众多分类算法中具有较好的性能。给定测试数据 x,KNN 算法预测出的最近邻样本数据为 z,可计算出分类错误率为

$$P(\mathrm{err}) = 1 - \sum_{c \in \eta} P(c \mid x) P(c \mid z) \tag{4-2-13}$$

其中,$P(c \mid x)$ 表示后验概率,$\eta = \{c_1, c_2, \cdots, c_N\}$ 表示 N 种可能的属性标签。令 $c^* = \mathrm{argmax}_{c \in \eta} P(c \mid z)$ 表示 Bayes 最优分类器的结果,经过推导,分类错误率可表示为

$$\begin{aligned} P(\mathrm{err}) &= 1 - \sum_{c \in \eta} P(c \mid x) P(c \mid z) \\ &\approx 1 - \sum_{c \in \eta} P^2(c \mid x) \\ &\leqslant 1 - P^2(c^* \mid x) \leqslant 2 \times [1 - P(c^* \mid x)] \end{aligned} \tag{4-2-14}$$

由上式分析可知 KNN 算法的性能接近最优分类,且其实现复杂度远远低于贝叶斯分

类。KNN 算法具有精度高、稳定性好的优点，但在高维特征空间下，计算复杂度较高。

KNN 算法因其结构简单、方便理解而备受瞩目，基于经典 KNN 算法的调制识别技术过程可表述为以下步骤。

① 计算样本集信号（已知调制类别的信号）与待分类信号的特征向量距离，距离度量采用欧氏距离：

$$d(\boldsymbol{f}_{\text{test}},\boldsymbol{f}_{\text{sample}})=\sqrt{\sum_{i=1}^{n}(\boldsymbol{f}_{\text{test}-i}-\boldsymbol{f}_{\text{sample}-i})^2} \tag{4-2-15}$$

其中，$\boldsymbol{f}_{\text{test}-i}$表示待测试信号 n 维特征向量的第 i 个特征值，$\boldsymbol{f}_{\text{sample}-i}$表示样本信号 n 维特征向量的第 i 个特征值。

② 计算样本与待分类点的距离，并进行升序排列。

③ 选取距离最小的 k 个点代表距样本最近的 k 个点。

④ 统计 k 个点中调制类型的出现频率。

⑤ 返回出现频率最高的调制类型作为待分类信号的判决结果。

（2）基于星座聚类算法的调制识别技术

星座聚类算法复杂度较低，调制识别性能较好，在高阶 QAM 调制识别技术中被广泛采用。该算法根据调制信号星座图的不同聚类半径下求得的聚类点数，判决所属的 MQAM 调制类别。星座聚类算法中聚类半径 radii 是影响分类性能的关键参数，针对 16QAM、64QAM、256QAM 三种类型调制信号，噪声采用 AWGN，每种待选信号进行 1 000 次独立的蒙特卡洛实验以避免偶然性，聚类半径 radii 取 0.05（经过仿真验证该半径下调制分类情况最佳），仿真观察不同调制信号的聚类数目如图 4-2-5 所示。

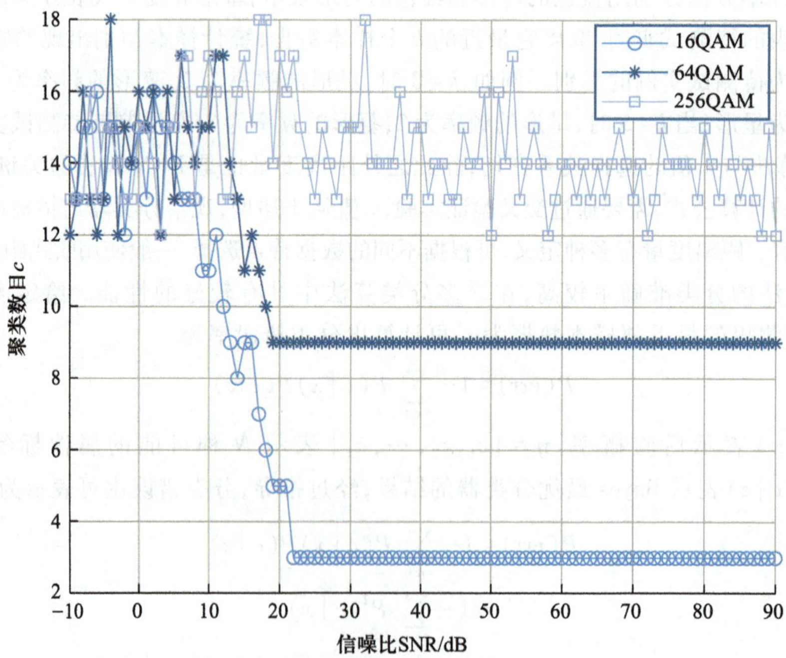

图 4-2-5 不同 MQAM 调制在不同 SNR 下的聚类数目

由仿真图可知 16QAM、64QAM、256QAM 三种调制信号的聚类数目在 20 dB 时可以达到完全分离的效果，此结果与聚类半径的取值有关。

综上所述，基于经典 KNN 算法的自动调制识别技术具有实现简单、易于理解且鲁棒性较好的特点，十分便于应用在实际工程中。基于星座聚类算法的自动调制识别技术具有算法复杂度较低且分类性能良好的特点，在 MQAM 调制识别中应用广泛。除此以外，基于 SVM 算法的调制识别将接收信号的高阶累积量作为输入特征，利用核函数对调制信号进行分类。这种方法对高斯噪声和星座旋转具有较强的鲁棒性，避免了人工智能网络方法的过拟合及局部极小化。已有研究显示，神经网络在低 SNR 情况下，受到的噪声污染较大，极容易出现特征模糊的情况，会导致构造的神经网络结构不理想，对新数据的适应性较差。而高 SNR 条件下，噪声对各阶累积量特征的影响显著减小，神经网络的模型构造就更加稳健，信号分类也达到较好的效果。因此，综合考虑通信环境的复杂性及对识别正确率的稳定要求，基于 SVM 算法的调制识别技术比基于神经网络算法的调制识别技术的性能卓越。

3. 基于 KNN 的自动调制识别案例

本节案例需要根据 KNN 分类算法，获取 5G 移动通信系统 16QAM 信号、QPSK 信号和 BPSK 信号的数据，并提取他们的高阶累积量特征，设计特征向量，并利用 KNN 算法进行识别，统计识别准确率。本节还以二维码的形式提供了案例的程序代码以及演示视频供读者学习参考。

本案例的实现方案，主要分为五步完成，主要步骤如下。

(1) 获取调制信号数据

此时，如果有公开数据来源，建议使用公开数据；如果没有，可以通过仿真的方式获得。此处，给出通过仿真方法获取调制信号数据的方法。

根据 3GPP TS 38.211 国际标准技术规范对于 5G 调制方式的规定，见公式(4-2-1)~公式(4-2-5)，通过软件仿真生成各种调制方式的训练样本集和测试数据集。

生成的不同调制方式的星座图如图 4-2-6 所示。

(2) 处理训练样本集

处理训练样本集，为特征提取做准备，对于每一种调制方式，分别生成 M 组数据，每组 N 个数据，例如，$M=10$ 组，$N=500$ 个数据/组，如下所示：

$$\begin{array}{ccc}
\{\boldsymbol{f}_{\mathrm{BPSK}}(1)\cdots\boldsymbol{f}_{\mathrm{BPSK}}(MN),\mathrm{BPSK}\} & & \{\boldsymbol{f}_{\mathrm{BPSK}}(1)\cdots\boldsymbol{f}_{\mathrm{BPSK}}(M),\mathrm{BPSK}\} \\
\{\boldsymbol{f}_{\mathrm{QPSK}}(1)\cdots\boldsymbol{f}_{\mathrm{QPSK}}(MN),\mathrm{QPSK}\} & \xrightarrow{N\text{个样本/组}} & \{\boldsymbol{f}_{\mathrm{QPSK}}(1)\cdots\boldsymbol{f}_{\mathrm{QPSK}}(M),\mathrm{QPSK}\} \\
\{\boldsymbol{f}_{\mathrm{16QAM}}(1)\cdots\boldsymbol{f}_{\mathrm{16QAM}}(MN),\mathrm{16QAM}\} & & \{\boldsymbol{f}_{\mathrm{16QAM}}(1)\cdots\boldsymbol{f}_{\mathrm{16QAM}}(M),\mathrm{16QAM}\} \\
\vdots & & \vdots
\end{array}$$

例：$N=500$ 个样本/组，$M=10$ 个组/类

(3) 处理测试数据集

处理测试数据集，为特征提取做准备，对于待测试数据，可以分为 P 组，每组 N 个数据，如 $P=1\,000$，$N=500$。

(4) 高阶累积量特征提取和特性向量构建

已经论证当累积量阶数 $k\geqslant 3$ 时，HOC 具有抗噪声干扰的优点。在国内外的文献研究中，高阶累积量阶数经常取四到八阶不等，在本章的研究中，构造了八阶累积量，表达式如公式(4-2-16)—公式(4-2-26)所示。

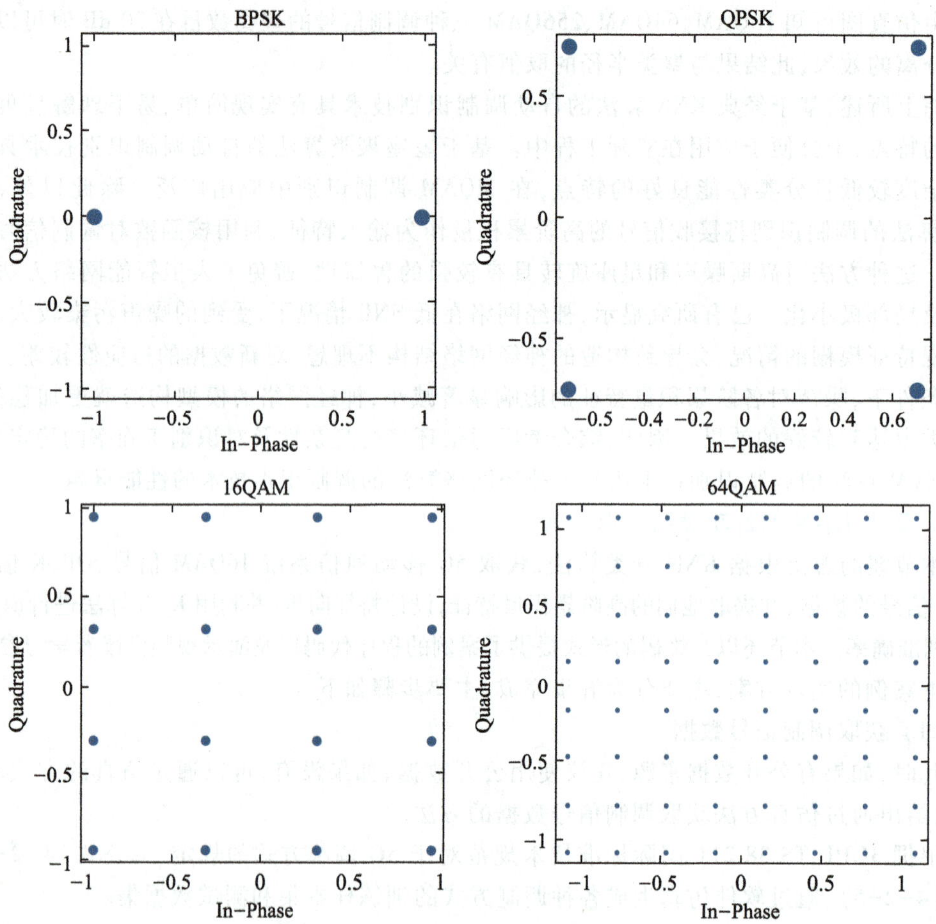

图 4-2-6 四种信号的星座图

$$C_{20}=M_{20} \tag{4-2-16}$$

$$C_{21}=M_{21} \tag{4-2-17}$$

$$C_{40}=M_{40}-3M_{20}^{2} \tag{4-2-18}$$

$$C_{41}=M_{41}-3M_{20}-M_{21} \tag{4-2-19}$$

$$C_{42}=M_{42}-|M_{20}|^{2}-2M_{21}^{2} \tag{4-2-20}$$

$$C_{60}=M_{60}-15M_{20}M_{40}+30M_{20}^{3} \tag{4-2-21}$$

$$C_{61}=M_{61}-5M_{21}M_{40}-10M_{20}M_{41}+30M_{20}^{2}M_{21} \tag{4-2-22}$$

$$C_{62}=M_{62}-6M_{20}M_{42}-8M_{21}M_{41}-M_{22}M_{40}+6M_{20}^{2}M_{22}+24M_{21}^{2}M_{20} \tag{4-2-23}$$

$$C_{63}=M_{63}-9M_{21}M_{42}+12M_{21}^{3}-3M_{20}M_{43}-3M_{22}M_{41}+18M_{20}M_{21}M_{22} \tag{4-2-24}$$

$$C_{80}=M_{80}-28M_{20}M_{60}-35M_{40}^{2}+420M_{20}^{2}M_{40}-630M_{40}^{4} \tag{4-2-25}$$

$$\begin{aligned}C_{84}=M_{84}-M_{40}^{2}-18M_{42}^{2}-16M_{41}^{2}-54M_{20}^{4}-144M_{21}^{4}-\\432M_{20}^{2}M_{21}^{2}+12M_{40}M_{20}^{2}+96M_{41}M_{21}M_{20}+144M_{42}M_{21}^{2}+\\72M_{42}M_{20}^{2}+96M_{41}M_{20}M_{21}\end{aligned} \tag{4-2-26}$$

其中，M_{pq}是信号的矩，在计算时可以利用代数平均近似数学期望，即为

$$M_{pq}=E[X(t)^{(p-q)}X^*(t)^q]\approx\frac{1}{N}\sum_{i=1}^{N}X(t)^{(p-q)}X^*(t)^q \tag{4-2-27}$$

假设信号服从独立同分布，在无噪声的情况下，用高阶累积量计算公式可仿真得出 5G 数字调制信号的理论标准高阶累积量数值，结果如表 4-2-1 所示。

表 4-2-1 5G 数字调制信号高阶累积量的标准值

累积量	BPSK	QPSK	16QAM	64QAM	256QAM
C_{20}	1	0	0	0	0
C_{21}	1	1	1	1	1
C_{40}	2	1	0.68	0.62	0.6
C_{41}	2	0	0	0	0
C_{42}	2	1	0.68	0.62	0.6
C_{60}	16	0.36	0.27	0.26	0.25
C_{61}	16	4	2.08	1.8	1.7
C_{62}	16	0.25	0.22	0.2	0.2
C_{63}	16	4	2.08	1.8	1.8
C_{80}	272	34	14	11.9	10.5
C_{84}	244	18	17	24	25.6

本案例算法以上述高阶累积量的部分值作为特征参量，设计特征向量，构造从原始信号空间向特征向量空间的映射。本案例中，选择二、三、四阶统计量构成特征向量，以 BPSK 为例，则其特征向量为$\boldsymbol{f}_{\mathrm{BPSK}}(i)=\{C_{20},C_{21},\cdots,C_{42}\}$，其余调制方式处理过程类似。还可以设计更为优秀的特征向量，例如，引入更多的高阶累积量，或者各种累积量的计算组合，以增加不同调制方式特征向量的区分度。

根据上述方法，基于训练样本集构造的特征向量空间为

$$\{\boldsymbol{f}_{\mathrm{BPSK}}(1)\cdots\boldsymbol{f}_{\mathrm{BPSK}}(M),\mathrm{BPSK}\}$$
$$\{\boldsymbol{f}_{\mathrm{QPSK}}(1)\cdots\boldsymbol{f}_{\mathrm{QPSK}}(M),\mathrm{QPSK}\}$$
$$\{\boldsymbol{f}_{\mathrm{16QAM}}(1)\cdots\boldsymbol{f}_{\mathrm{16QAM}}(M),\mathrm{16QAM}\}$$

处理测试数据集构造的特征向量为$\{\hat{\boldsymbol{f}}_x(1)\cdots\hat{\boldsymbol{f}}_x(P)\}$。

(5) KNN 分类器训练和测试

设定 KNN 算法参数，可以通过多次测试确定，选择性能最好的参数，本案例选择 $k=10$。然后计算距离度量，将每一个测试数据特性向量与训练样本集特征向量空间中的每一个样本计算欧式距离：

$$d(\boldsymbol{f}_{\mathrm{test}},\boldsymbol{f}_{\mathrm{sample}})=\sqrt{\sum_{i=1}^{L}(\boldsymbol{f}_{\mathrm{test}-i}-\boldsymbol{f}_{\mathrm{sample}-i})^2} \tag{4-2-28}$$

然后，统计距离最小的 k 个样本，记录这 k 个样本的调制方式，统计各种调制方式的频

彩图 4-2-7

次，将出现频次最高的调制方式作为最终识别结果。将测试识别正确的次数与测试数据特征向量的总数 P 的比值作为统计测试准确率。通过仿真测试得到本案例的性能如图 4-2-7 所示。

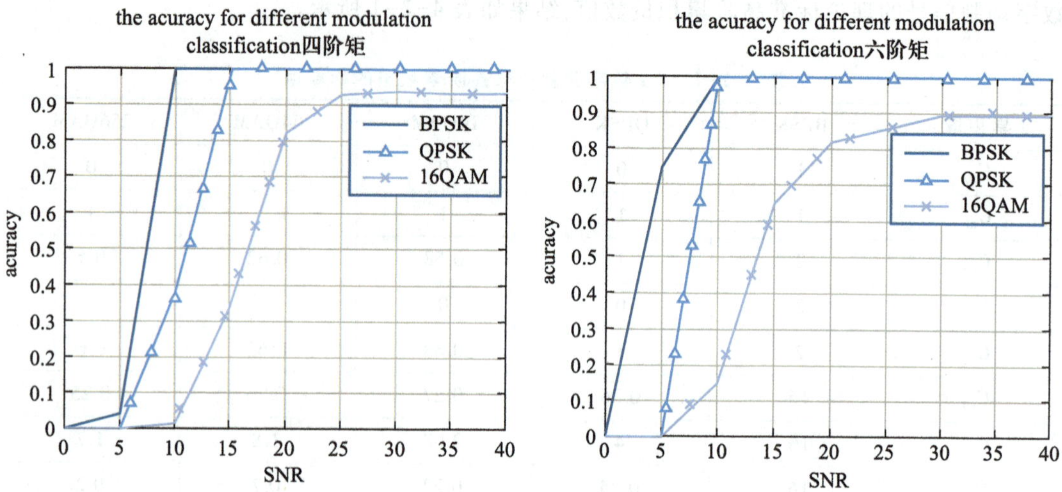

图 4-2-7 基于 KNN 算法的三种调制方式自动识别准确性

代码与视频 4-1：基于 KNN 的自动调制识别案例程序代码及演示视频

仿真结果显示，随着 SNR 的增大，噪声的干扰相对减少，识别正确率提高。调制阶数越高，调制识别正确率达到 1 时对应的 SNR 就越高。设计特征向量时考虑更高阶的统计量，抗干扰性能更好，识别正确率提高潜力更大，关键在于特征向量的设计。总体而言，调制阶数越高，识别越困难，需要设计新的算法获得更高的识别准确率。

4.3 基于深度学习的信道估计和 CSI 反馈技术

4.3.1 研究现状

OFDM 技术是一种多载波调制技术，因其能提高频带利用率，同时可以有效抵抗频率选择性衰落，目前普遍应用于无线通信系统中。OFDM 系统的相干信号检测一般是先根据接收到的导频信号估计信道状态信息，然后利用 CSI 辅助接收信号进行发送信号的检测。其中，利用传输导频信号估计 CSI 的技术称为信道估计，是接收机中的重要技术之一。经典的信道估计算法有 LS 信道估计算法、MMSE 信道估计算法等。LS 信道估计算法以其较低的运算复杂度著称，然而，它在噪声放大方面存在的局限性不容忽视，这间接削弱了信道估计的精度。MMSE 信道估计算法引入了信道的二阶统计特性和噪声方差等先验信息，计算复杂度高，但是估计的准确性较高。

然而，面对现代无线通信对高速率、大容量的持续追求，信道环境日益复杂，同时天线阵列规模和 OFDM 子载波数目急剧扩张，传统信道估计策略面临着在可接受复杂性水平上保证估计准确性的严峻挑战。例如,大规模 MIMO 毫米波通信系统中,由于频率较高,无线信道随环境、频率、时间的变化都更为剧烈,同时射频天线组数量较大、导频开销严重,而单位天线端口的导频稀疏,信道估计的性能难以保障。随着近年来深度学习在计算机视觉、自然语言处理、语音识别等领域获得了巨大成功,带动了诸多技术领域的突破与创新,其中深度学习与信道估计的融合,构成了通往 6G 时代的关键技术创新点之一。基于深度学习的信道估计技术利用神经网络强大的非线性拟合能力,在导频资源受限的情况下,依然能大幅度提升信道估计的精确性,为解决高维度、快速变化信道的估计难题提供了全新的视角和解决方案。

对于引入深度学习的信道估计,近年来的研究大多是以卷积神经网络 CNN 为基础构建神经网络模型,其机理在于将大规模 MIMO 系统信道响应矩阵视作二维图像,信道估计的过程可类比于用卷积神经网络进行图像重构与去噪的过程。其中,基于图像超分辨的 CNN 信道估计网络通常把传统 LS 算法估计的信道当作低分辨率的图像作为网络的输入,使网络的输出接近真实信道响应即高分辨率图像。针对无线信道的时变特性,可以使用循环神经网络为基础构建网络模型,例如,长短时记忆(long short-term memory, LSTM)与多层感知器(multilayer perceptron, MLP)结合的网络模型,在高速移动场景下能取得效果。虽然基于深度学习的信道估计研究目前已经取得一定的进展,但是主要面向天线端口数少、导频资源相对丰富的应用场景。根据 3GPP 协议中 CSI-RS 在资源块(resource block, RB)中的放置规则,每端口导频占用的频带资源随着端口数的增加而减少,天线端口数增加虽然有利于提高频谱效率,但是却降低传统信道估计的性能。因此,设计深度神经网络来解决大规模 MIMO 多天线端口导频稀疏场景的信道估计,是当前基于深度学习的信道估计比较紧迫且具有挑战的研究方向。

4.3.2 传统信道估计

传统信道估计方法可以分为基于导频的信道估计技术和盲信道估计技术。基于导频的信道估计需要在发送信息中插入导频信号,接收机利用接收到的导频信号估计信道信息,是 4G/5G 移动通信系统采用的主要信道估计方式。导频是一种开销,并不承载业务信息且需要消耗功率,其设计包括导频信号和导频插入位置。无论时域还是频域,相邻导频符号间隔要尽可能小,因为信道有频率选择性和时变性,密集的导频更加有效反映信道信息的变化。另外,为了减少导频开销,导频间隔要设计得尽可能大,但是稀疏的导频由于不能充分反映信道信息的变化而导致信道估计性能下降。因此,信道估计性能和导频开销是一对矛盾。盲信道估计是根据系统特性,以及其信号特征估计对信道参数进行估计,不需要辅助的导频开销。常用的方法有基于累积量的方法,最大似然估计法等。本节主要对针对基于导频的信道估计技术进行介绍。

1. 基于导频的信道估计技术

对于基于导频的信道估计,在 N 个相互正交的子载波上,发送导频符号 $\boldsymbol{X}_{\mathrm{p}}$ 可表示为对角矩阵:

$$X_p=\begin{bmatrix} X[0] & & & \\ & X[1] & & \\ & & \ddots & \\ & & & X[N-1] \end{bmatrix} \tag{4-3-1}$$

其中，$X[k]$表示第 k 个子载波上的发送导频符号，且有 $E\{X[k]\}=0$，$\mathrm{Var}\{X[k]\}=\sigma_p^2$，$k=0,1,2,\cdots,N-1$。设 $H[k]$为第 k 个子载波的频域信道相应，则接收导频符号 $\boldsymbol{Y}_p$ 可表示为

$$\begin{aligned}\boldsymbol{Y}_p&=\boldsymbol{H}\boldsymbol{X}_p+\boldsymbol{Z}\\&=\begin{bmatrix} H[0] \\ H[1] \\ \vdots \\ H[N-1] \end{bmatrix}^{\mathrm{T}}\cdot\begin{bmatrix} X[0] & & & \\ & X[1] & & \\ & & \ddots & \\ & & & X[N-1] \end{bmatrix}+\begin{bmatrix} Z[0] \\ Z[1] \\ \vdots \\ Z[N-1] \end{bmatrix}^{\mathrm{T}}\\&=\begin{bmatrix} H[0]X[0]+Z[0] \\ H[1]X[1]+Z[1] \\ \vdots \\ H[N-1]X[N-1]+Z[N-1] \end{bmatrix}^{\mathrm{T}}=\begin{bmatrix} Y[0] \\ Y[1] \\ \vdots \\ Y[N-1] \end{bmatrix}^{\mathrm{T}}\end{aligned} \tag{4-3-2}$$

其中，$\boldsymbol{Z}$ 为噪声向量，有 $E\{Z[k]\}=0$，$\mathrm{Var}\{Z[k]\}=\sigma_n^2$，$k=0,1,2,\cdots,N-1$。

2. 导频结构

在发送信号中，插入导频符号的位置往往构成可重复性结构，导频信号或参考信号在时频资源上的分布模式，被称为导频插入图样，主要包括块状导频图样、梳状导频图样和分散导频图样。块状导频图样的插入方式如图 4-3-1 所示，在发送的 OFDM 符号中，开始符号用来放置导频信息，剩余符号传输业务符号。导频符号频域连续，时域不连续，所以块状插入方式适合慢衰落信道。在信道估计时，直接提取导频位置的接收导频信号，然后利用信道估计算法估计出全部子信道频率响应，进而得到所有信道特性。

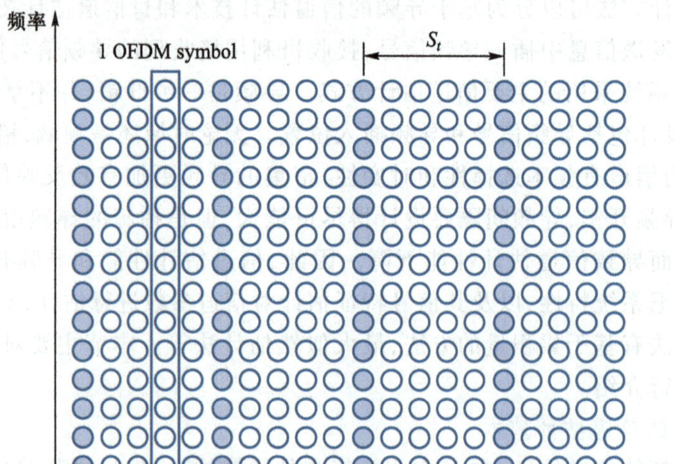

图 4-3-1　块状导频插入示意图

梳状导频的插入方式根据图 4-3-2 所示，这种导频插入方式频域不连续，容易受频率选择性衰落的影响，但是时域连续，有利于估计信道快速衰落。在信道估计时，首先要对导频位置的信道信息进行提取，然后再利用信道估计算法来估计出导频所在的子信道频率响应，进而通过内插算法得到所有信道特性。

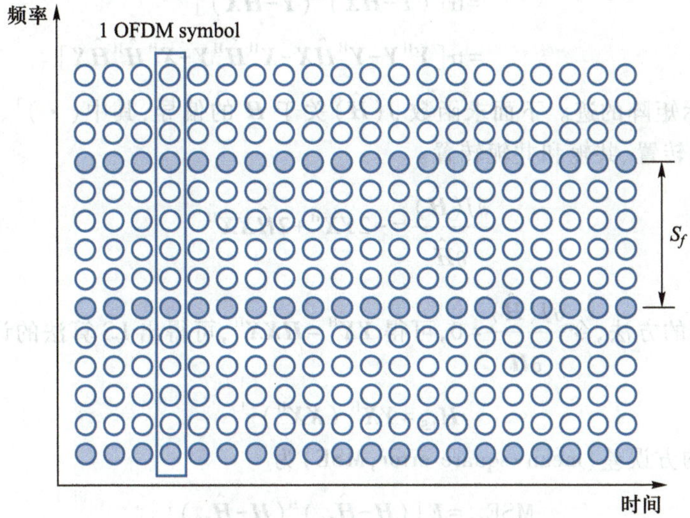

图 4-3-2 梳状导频插入示意图

分散导频图样为块状导频与梳状导频的结合，如图 4-3-3 所示。在这种类型中，导频符号沿着时间轴和频率轴按照设定间隔散插入。散布在时间轴和频率轴上的导频符号有助于通过时域/频域内插以进行信道估计。

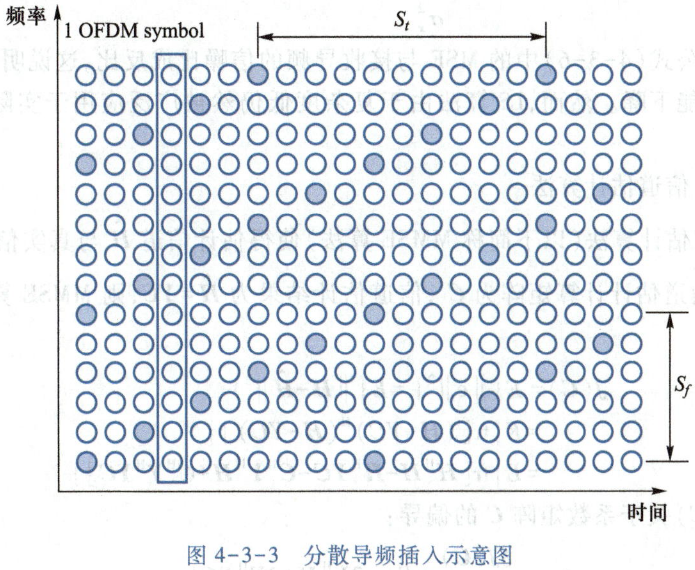

图 4-3-3 分散导频插入示意图

3. 传统信道估计算法

（1）LS 信道估计算法

LS 信道估计算法（以下简称 LS 算法）通过最小化误差的平方和得到待估计信号的最佳

匹配。设 $\hat{\boldsymbol{H}}$ 表示对信道 $\boldsymbol{H}$ 的估计，为了简化表达，$\boldsymbol{X}$ 表示发送导频 $\boldsymbol{X}_{\mathrm{p}}$，具有正交性。$\boldsymbol{Y}$ 表示接收导频 $\boldsymbol{Y}_{\mathrm{p}}$，LS 算法则需要最小化以下目标函数：

$$\begin{aligned}J(\hat{\boldsymbol{H}}) &= \|\boldsymbol{Y}-\hat{\boldsymbol{H}}\boldsymbol{X}\|^2\\ &=\mathrm{tr}[(\boldsymbol{Y}-\hat{\boldsymbol{H}}\boldsymbol{X})^{\mathrm{H}}(\boldsymbol{Y}-\hat{\boldsymbol{H}}\boldsymbol{X})]\\ &=\mathrm{tr}[\boldsymbol{Y}^{\mathrm{H}}\boldsymbol{Y}-\boldsymbol{Y}^{\mathrm{H}}\hat{\boldsymbol{H}}\boldsymbol{X}-\boldsymbol{X}^{\mathrm{H}}\hat{\boldsymbol{H}}^{\mathrm{H}}\boldsymbol{Y}+\boldsymbol{X}^{\mathrm{H}}\hat{\boldsymbol{H}}^{\mathrm{H}}\hat{\boldsymbol{H}}\boldsymbol{X}]\end{aligned} \tag{4-3-3}$$

其中，tr(·)表示矩阵的迹。下面求函数 $J(\hat{\boldsymbol{H}})$ 关于 $\hat{\boldsymbol{H}}$ 的偏导，其中 $(\cdot)^{\mathrm{T}}$、$(\cdot)^{*}$ 和 $(\cdot)^{\mathrm{H}}$ 分别表示矩阵的转置、共轭和共轭转置。

$$\frac{\partial J(\hat{\boldsymbol{H}})}{\partial \hat{\boldsymbol{H}}}=-2\boldsymbol{Y}\boldsymbol{X}^{\mathrm{H}}+2\hat{\boldsymbol{H}}\boldsymbol{X}\boldsymbol{X}^{\mathrm{H}} \tag{4-3-4}$$

根据求极值的方法，令 $\frac{\partial J(\hat{\boldsymbol{H}})}{\partial \hat{\boldsymbol{H}}}=0$，可得 $\boldsymbol{Y}\boldsymbol{X}^{\mathrm{H}}=\hat{\boldsymbol{H}}\boldsymbol{X}\boldsymbol{X}^{\mathrm{H}}$，可得出 LS 算法的计算公式为

$$\hat{\boldsymbol{H}}_{\mathrm{LS}}=\boldsymbol{Y}\boldsymbol{X}^{\mathrm{H}}\ (\boldsymbol{X}\boldsymbol{X}^{\mathrm{H}})^{-1} \tag{4-3-5}$$

LS 算法的均方误差(mean-square error，MSE)为

$$\begin{aligned}\mathrm{MSE}_{\mathrm{LS}} &= E\{(\boldsymbol{H}-\hat{\boldsymbol{H}}_{\mathrm{LS}})^{\mathrm{H}}(\boldsymbol{H}-\hat{\boldsymbol{H}}_{\mathrm{LS}})\}\\ &=E\{(\boldsymbol{H}-\boldsymbol{Y}\boldsymbol{X}^{-1})^{\mathrm{H}}(\boldsymbol{H}-\boldsymbol{Y}\boldsymbol{X}^{-1})\}\\ &=E\{(\boldsymbol{Z}\boldsymbol{X}^{-1})^{\mathrm{H}}(\boldsymbol{Z}\boldsymbol{X}^{-1})\}\\ &=E\{(\boldsymbol{X}^{-1})^{\mathrm{H}}(\boldsymbol{Z}^{\mathrm{H}}\boldsymbol{Z})\boldsymbol{X}^{-1}\}\\ &=\frac{\sigma_z^2}{\sigma_x^2}\end{aligned} \tag{4-3-6}$$

可以看到，公式(4-3-6)中的 MSE 与接收导频的信噪比成反比，这说明 LS 算法可能增强噪声，导致性能下降。然而，LS 算法由于复杂度低仍然被广泛应用于实际无线通信系统的信道估计。

(2) MMSE 信道估计算法

MMSE 信道估计算法(以下简称 MMSE 算法)使得估计信道 $\hat{\boldsymbol{H}}$ 与真实信道 $\boldsymbol{H}$ 之间均方误差最小。设信道估计计算矩阵为 $\boldsymbol{C}$，信道估计结果为 $\hat{\boldsymbol{H}}=\boldsymbol{Y}\boldsymbol{C}$，则 MMSE 算法最小化以下目标函数：

$$\begin{aligned}J(\boldsymbol{C}) &= E\{\|\mathbf{e}\|^2\}=E\{\|\boldsymbol{H}-\hat{\boldsymbol{H}}\|^2\}\\ &=E\{\mathrm{tr}[(\boldsymbol{H}-\boldsymbol{Y}\boldsymbol{C})^{\mathrm{H}}(\boldsymbol{H}-\boldsymbol{Y}\boldsymbol{C})]\}\\ &=E\{\mathrm{tr}[\boldsymbol{H}^{\mathrm{H}}\boldsymbol{H}-\boldsymbol{H}^{\mathrm{H}}\boldsymbol{Y}\boldsymbol{C}-\boldsymbol{C}^{\mathrm{H}}\boldsymbol{Y}^{\mathrm{H}}\boldsymbol{H}+\boldsymbol{C}^{\mathrm{H}}\boldsymbol{Y}^{\mathrm{H}}\boldsymbol{Y}\boldsymbol{C}]\}\end{aligned} \tag{4-3-7}$$

求函数 $J(\boldsymbol{C})$ 关于系数矩阵 $\boldsymbol{C}$ 的偏导：

$$\begin{aligned}\frac{\partial J(\boldsymbol{C})}{\partial \boldsymbol{C}} &= E\{-2\boldsymbol{Y}^{\mathrm{H}}\boldsymbol{H}+2\boldsymbol{Y}^{\mathrm{H}}\boldsymbol{Y}\boldsymbol{C}\}\\ &=-2E\{\boldsymbol{Y}^{\mathrm{H}}\boldsymbol{H}\}+2E\{\boldsymbol{Y}^{\mathrm{H}}\boldsymbol{Y}\}\boldsymbol{C}\\ &=-2\boldsymbol{R}_{YH}+2\boldsymbol{R}_{YY}\boldsymbol{C}\end{aligned} \tag{4-3-8}$$

为了求目标函数的最小值,令上述偏导为 0,可得系数矩阵为

$$C=R_{YH}R_{YY}^{-1} \tag{4-3-9}$$

其中:

$$\begin{aligned}R_{YY}&=E\{Y^{\mathrm{H}}Y\}=E\{(HX+Z)^{\mathrm{H}}(HX+Z)\}\\&=E\{H^{\mathrm{H}}H\}+E\{Z^{\mathrm{H}}Z\}\\&=R_H+\sigma_z^2I\\R_{YH}&=E\{Y^{\mathrm{H}}H\}=E\{(HX+Z)^{\mathrm{H}}H\}\\&=E\{X^{\mathrm{H}}H^{\mathrm{H}}H\}+E\{Z^{\mathrm{H}}H\}\\&=X^{\mathrm{H}}R_H\end{aligned} \tag{4-3-10}$$

因此,MMSE 算法的计算公式为

$$\begin{aligned}\hat{H}_{\mathrm{MMSE}}&=YC\\&=Y(X^{\mathrm{H}}R_H)(R_H+\sigma_z^2I)^{-1}\end{aligned} \tag{4-3-11}$$

MMSE 算法需要信道的二阶统计特性和噪声方差信息,其计算复杂度较高,但是准确性较好。

通过上述 LS 或者 MMSE 算法估计出导频位置的信道信息后,还需要通过插值算法进一步获得承载数据符号位置的信道信息。用于信道估计的插值算法主要包括线性插值、二次多项式插值和三次样条插值等,此处由于篇幅有限,不一一介绍。

4.3.3　基于深度学习的信道估计

基于深度学习的信道估计通常利用神经网络强大的非线性拟合能力进一步优化传统信道估计的结果,提高信道估计的准确度。如图 4-3-4 所示,在传统算法(如 LS 算法和线性插值算法)之后接入神经网络,以得到更加准确的信道状态信息。

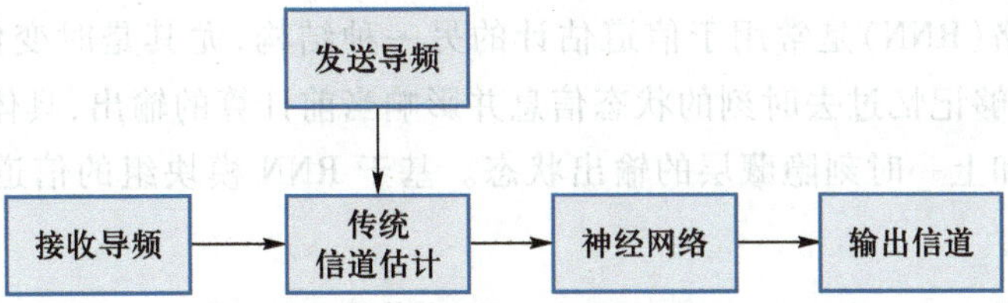

图 4-3-4　基于深度学习的信道估计模型

深度学习具有多种经典结构,第 2 章已给出了详细介绍,包括深度神经网络(deep neural network, DNN)、卷积神经网络(convolutional neural network, CNN)、循环神经网络(recurrent neural network, RNN)、生成对抗网络(generative adversarial network, GAN)和深度强化学习神经网络(deep reinforcement learning neural network, DRLNN)等。新型的神经网络模型也在不断涌现,不同的神经网络结构适用于不同场景下的不同数据结构类型。神经网络模型的选择与设计本质上是匹配数据结构、调参训练并权衡其收敛与性能的一个过程。

1. 基于卷积神经网络的信道估计模型

根据图 4-3-4,神经网络的输入为经过传统算法初步估计的频域信道矩阵 $\hat{H}_{\mathrm{LS}}\in$

$\mathbb{C}^{M\times N\times K}$。为了便于神经网络的训练,对这样一个三维复数矩阵进行处理,把实部和虚部提取出来,形成一个四维实数矩阵 $\hat{\boldsymbol{H}}_{\text{in}}\in\mathbb{R}^{2\times M\times N\times K}$ 作为网络的输入。对于这样一个四维实数信道矩阵,经过一定的处理可以形成类似图像的数据结构,而 CNN 在图像处理领域取得了很好的效果,所以近年来基于深度学习的信道估计的研究大多以 CNN 为基础构建神经网络模型。如图 4-3-5 所示为一个典型的卷积神经网络模型。

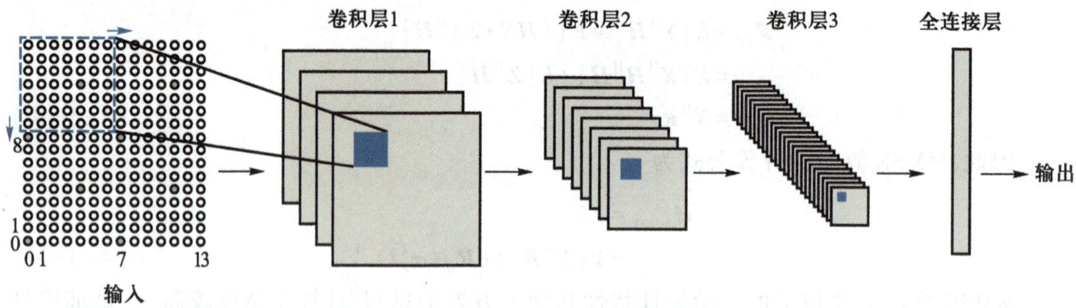

图 4-3-5　基于 CNN 的信道估计模型示意图

该模型由三个卷积层及一个全连接层构成,卷积神经网络中的每一个卷积层都紧跟着一个求平均与二次特征提取的计算层,体现为归一化函数与激活函数,这种特有的二次特征提取结构减小了特征分辨率。由图 4-3-5 可以看到,卷积层把单通道图像扩展为多通道隐藏层,所以在训练时,避免了显示地提取特征,而隐式地从训练数据中进行学习。此外,卷积神经网络相比于简单神经元的全连接网络,通过多通道共用同一卷积核的方式,使网络具有并行学习能力,这种局部权值共享的特殊结构,降低了网络的复杂度。因此,对于处理数据结构与图像类似的无线信道数据,卷积神经网络不失为一种好的方法。

2. 基于循环神经网络的信道估计模型

循环神经网络(RNN)是常用于信道估计的另一种结构,尤其是时变信道信息的估计,因为 RNN 网络能够记忆过去时刻的状态信息并影响当前计算的输出,具体体现为隐藏层的输入包括输入层和上一时刻隐藏层的输出状态。基于 RNN 模块组的信道估计模型示意图如图 4-3-6 所示。

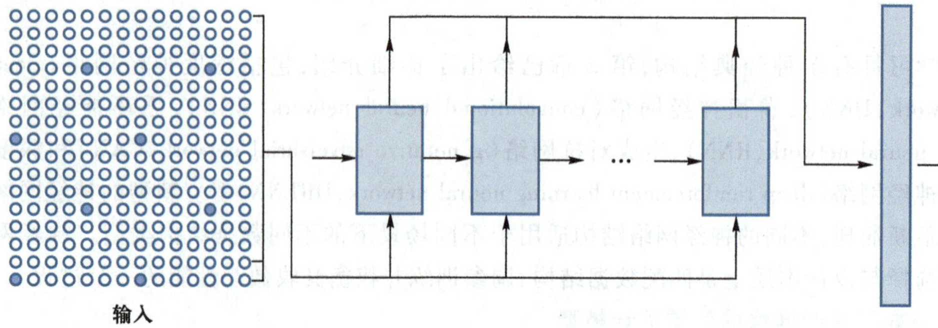

图 4-3-6　基于 RNN 的信道估计模型示意图

继承 RNN 在时间序列处理上的优势，LSTM 网络作为 RNN 的延伸，在自然语言处理等领域取得了巨大的成功。LSTM 通过在循环模块中引入了几个新结构，使其能够保持信息的长期存储。在无线通信中，信道响应是随着时间不断变化的，但在极短的时间之内，信道响应的变化可以看成连续的，根据这一特性，在深度学习中使用 LSTM 网络可以很好地应对信道的时变特性，并可以预测下一时刻的信道状态信息。另外，信道的频域响应相邻子载波之间的信道也体现出一种强相关性，这种相关性类似于时间序列的相关性，因此，将频域信道的子载波维度作为双向 LSTM 的时序输入，在特定的场景下也可以得到很好效果。

4.3.4 基于人工智能的 CSI 反馈与重构

在接收端经过信道估计获得 CSI 之后，一方面将 CSI 用于接收机信号相干检测，另一方面，需要将 CSI 反馈给发送端，以便于发送端利用反馈获得的 CSI 进行发送信号处理技术，如 MIMO 预编码技术，这是 4G/5G 的关键技术之一。

发送端想准确预测未来时刻的信道信息是比较困难的。在时分双工（time-division duplex，TDD）制式下，接收机可通过导频进行信道估计，再利用信道互易性为本地发射机提供先验的 CSI 信息，但是需要进行上下校准。在频分双工（frequency-division duplex，FDD）制式下，发射机和接收机工作在不同的频点上，所经历的信道特性互易性很弱。因此，只能通过反馈链路将接收机估计得到的 CSI 传送回发送端。MIMO 系统的 CSI 反馈需要消耗大量的链路开销，因此传统方法通常采用矢量量化（vector quantization，VQ）或基于码本的方法来减少反馈开销，但这些方法在一定程度上损失了信道信息。随着大规模 MIMO 系统中基站端使用更多的天线，CSI 信息量更大，其反馈量大小和 CSI 精确度之间的矛盾更加突出，传统 CSI 反馈方案难以在大规模 MIMO 系统中满足性能要求。基于深度学习的 CSI 压缩与反馈技术主要利用自动编码器（auto encoder）的工作机理，能够提高 CSI 反馈精度，同时降低反馈开销，其结构包括压缩网络（encoder）与重构网络/解压缩网络（decoder）。传统 CSI 反馈与基于深度学习的 CSI 反馈的基本流程对比如图 4-3-7 所示。

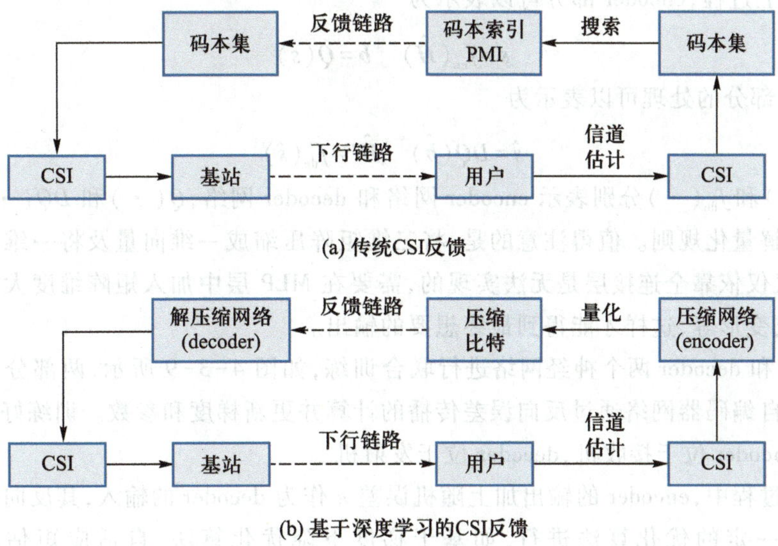

图 4-3-7 传统 CSI 反馈与基于深度学习的 CSI 反馈对比

自编码器是一种无监督的深度学习算法，以输入数据作为学习目标，压缩网络通过学习提取到输入数据的数据量更低的高效特征表示，重构网络从少量的特征数据能够有效恢复出输入数据。简单的自编码器即为用多层感知机构成的先降采样再上采样式的结构。在FDD单小区下行大规模MIMO系统中，设终端（接收端）信道估计所得的信道响应为 $\hat{\boldsymbol{H}} \in \mathbb{C}^{M\times N\times K}$，其中基站天线数为 M，每用户终端 N 天线接收，频带子载波数为 K，基于自编码器的CSI压缩反馈与重构模型如图4-3-8所示。

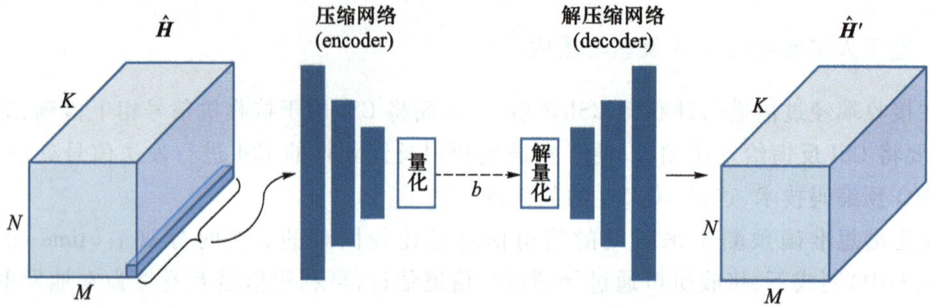

图4-3-8　基于自编码器的CSI压缩反馈与重构模型

在图4-3-8中，待压缩的信道响应 $\hat{\boldsymbol{H}}$ 作为encoder的输入，encoder由下采样结构的多层MLP层组成，每层MLP层的输出节点数逐层递减，目的是逐步提取并缩小 $\hat{\boldsymbol{H}}$ 的特征，最终将实数化信道矩阵 $\hat{\boldsymbol{H}} \in \mathbb{R}^{M\times N\times K}$ 压缩成一定长度的码字向量 $\boldsymbol{s} \in \mathbb{R}^{S\times 1}$，再将码字向量量化成反馈比特流 $\boldsymbol{b}$ 进行反馈。类似地，decoder是由上采样结构的多层MLP层组成，每层MLP层的输出节点数逐层递增以恢复出压缩前的信道响应。在基站端，对接收到的反馈比特流 $\hat{\boldsymbol{b}}$ 进行解量化得到 $\hat{\boldsymbol{s}} \in \mathbb{R}^{S\times 1}$，并将 $\hat{\boldsymbol{s}}$ 作为decoder的输入，逐级上采样最终重构出信道响应 $\hat{\boldsymbol{H}}'$。对于以上过程，encoder部分可以表示为

$$\boldsymbol{s}=f_{\mathrm{en}}(\hat{\boldsymbol{H}}) \quad \boldsymbol{b}=Q(\boldsymbol{s}) \tag{4-3-12}$$

decoder部分的处理可以表示为

$$\hat{\boldsymbol{s}}=DQ(\hat{\boldsymbol{b}}) \quad \hat{\boldsymbol{H}}'=f_{\mathrm{de}}(\hat{\boldsymbol{s}}) \tag{4-3-13}$$

其中，$f_{\mathrm{en}}(\cdot)$ 和 $f_{\mathrm{de}}(\cdot)$ 分别表示encoder网络和decoder网络，$Q(\cdot)$ 和 $DQ(\cdot)$ 分别表示量化规则和解量化规则。值得注意的是，将三维矩阵压缩成一维向量及将一维向量重构出三维矩阵，仅仅依靠全连接层是无法实现的，需要在MLP层中加入矩阵维度大小的重塑操作，如拉直或变形等，这样才能得到最终想要的输出。

encoder和decoder两个神经网络进行联合训练，如图4-3-9所示，两部分网络形成了一个整体的自编码器网络通过反向误差传播的计算并更新梯度和参数。训练好以后进行网络部署时，encoder位于接收机，decoder位于发射机。

在训练过程中，encoder的输出加上随机误差 ε 作为decoder的输入，其反向传播和参数更新将依据一定的优化算法进行，如基于梯度下降优化算法、自适应矩估计（adaptive moment estimation, Adam）算法等。自编码器一般使用输入 $\boldsymbol{x}$ 与输出 $\hat{\boldsymbol{x}}$ 之间的均方误差作为优化目标函数（损失函数），可由下式表示：

$$J(\boldsymbol{x};\hat{\boldsymbol{x}};\boldsymbol{\theta})=E\|\hat{\boldsymbol{x}}-\boldsymbol{x}\|^2 \quad (4-3-14)$$

其中，$\boldsymbol{\theta}$ 为网络参数。对于 CSI 压缩反馈，公式(4-3-14)中的损失函数为 $J(\boldsymbol{\theta})=E\|\hat{\boldsymbol{H}}'-\hat{\boldsymbol{H}}\|^2$。

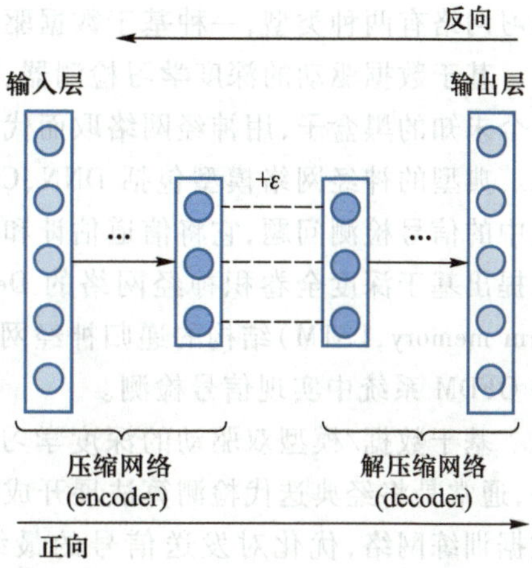

图 4-3-9 auto encoder 网络训练及优化模型

对于基于深度学习的 CSI 反馈，一种经典的 CSI 感知和重建网络 CsiNet 利用了卷积神经网络作为编码器和译码器。而在实际情况中，与信道估计类似，用户的移动使信道具有时变特性，所以需要从用户端不断地反馈 CSI 来跟踪时变信道的变化。在相干时间内反馈的 CSI 具有一定的相似性，称其为信道在时间域上的相关性。借助该相关性及 LSTM 网络在处理时间相关数据的优异特性，有研究者在 CsiNet 的基础上提出了用于 FDD 大规模 MIMO 系统时变信道反馈的深度学习网络 CsiNet-LSTM，信道性能明显优于传统基于压缩感知（compressed sensing, CS）的算法。当压缩率较低时，压缩感知算法基本无法重建信道，而深度学习算法仍可以基本恢复信道中的主要路径，特别是 CsiNet-LSTM，在相同压缩率下有更好的恢复效果。

4.4 基于深度学习的信号检测技术

4.4.1 研究现状

4G 采用 MIMO 技术，5G 在此基础上进一步采用大规模 MIMO 技术，旨在更有效地利用空间资源提高频谱效率和覆盖性能。在具有 N 个发射天线和 M 个接收天线的 MIMO 通信系统中，基带接收信号可以表示为

$$\boldsymbol{y}=\boldsymbol{H}\boldsymbol{s}+\boldsymbol{n} \quad (4-4-1)$$

其中，$\boldsymbol{s}=[s_1,s_2,\cdots,s_N]^{\mathrm{T}}$ 表示发送的信号向量，$\boldsymbol{y}=[y_1,y_2,\cdots,y_M]^{\mathrm{T}}$ 表示接收的信号向量，用 $(\cdot)^{\mathrm{T}}$ 表示向量的转置。此外，大小为 $M\times N$ 的矩阵 $\boldsymbol{H}$ 表示发射机和接收机之间的信道矩阵，$\boldsymbol{n}$ 是高斯噪声向量。信号检测的目标是从接收信号矢量 $\boldsymbol{y}$ 估计发送信号矢量 $\boldsymbol{s}$。

经典信号检测器包括性能最优的最大似然检测，接近最优的球面译码（spherical decoding, SD）、禁忌搜索（tabu search, TS）检测等。次优的线性检测器包括迫零（zero-forcing, ZF）检测、MMSE 检测、串行干扰消除（successive interference cancellation, SIC）检测等。这些检测器通常基于数学模型的算法进行处理，存在各种缺点，包括高复杂度、较差的可扩展性，以及对动态环境不适应等。近年来随着人工智能技术的发展，出现了无线通信技术与深度学习结合的思想，由此产生了各种基于深度学习的信号检测算法。当前的研究显示，深度学习技术可以显著改善信号检测性能，优于经典检测器。目前用于信号检测的深度

学习网络有两种类型，一种基于数据驱动，另一种基于数据模型双驱动。

基于数据驱动的深度学习检测器，即将无线通信系统接收机的多个或一个功能块看作一个未知的黑盒子，用神经网络取而代之，然后依赖大量训练数据完成对神经网络模型的训练。典型的神经网络模型包括 DNN、CNN 和 RNN 等。当前，可以利用 DNN 解决 OFDM 系统中的信号检测问题，它将信道估计和信号检测两个功能模块视为一个黑盒子。有研究者也提出基于深度全卷积神经网络的 DeepRx 模型和利用具有双向长短时记忆（long short-term memory，LSTM）结构的递归神经网络模型，结合了信道估计和信号检测模块，在上行链路 OFDM 系统中实现信号检测。

基于数据/模型双驱动的深度学习检测器，利用已有的通信知识来构建信号检测器网络，通常是将经典迭代检测算法展开成网络的形式，并加入可训练的动态参数，再利用通信数据训练网络，优化对发送信号的最终估计值。考虑深度学习在 MIMO 系统中的应用，DetNet 方案在最大似然检测算法的基础上对投影梯度下降法进行扩展，从而生成深度学习网络，实现信号检测高准确性的同时大大降低复杂性。基于正交近似消息传递（orthogonal approximate message passing，OAMP）的迭代算法，结合深度学习网络提出了 OAMP-Nets，该网络解决了复杂 MIMO 系统中 OAMP 算法信号检测性能下降的问题。在具有空间相关性的信道上，MMNet 方案基于迭代软阈值算法理论，利用真实信道中的时间和频谱相关性来加速训练。结合球面译码算法在大规模 MIMO 系统中的应用，使用神经网络 FS-Net 生成球面译码检测算法的初始解，传统球面译码检测算法无须使用神经网络进行训练，该方法具有更低的复杂度，且没有任何性能损失。深度学习（deep learning，DP）在 MIMO 系统中禁忌搜索检测（tabu search，TS）中的应用，通常的方法是使用神经网络生成初始解，然后执行 TS 算法。DL 辅助 TS 算法将复杂度降低 90%，并保持与传统 TS 算法相同的性能。

基于数据驱动的深度学习检测器在信道状态信息不可知时有明显优势。然而，此类检测器也存在一些问题：一是严重依赖网络设置和经验调参，没有通信逻辑，只利用数据，整个网络缺乏可解释性；二是尽管它们优于经典检测器，但是在更复杂的通信场景中，它们的性能远非最佳。基于数据模型双驱动的深度学习检测器一定程度上克服了上述问题。神经网络与经典迭代检测算法的结合，能在保证检测器性能的基础上显著降低算法复杂度。因为检测器结合通信知识，所以其网络设置、参数训练和检测器后续的优化扩展都具有可解释性。

4.4.2 传统信号检测技术

如图 4-4-1 所示，OFDM 系统的信号检测是已知接收端接收信号 $\boldsymbol{y}$ 和通过信道估计得到信道信息 $\boldsymbol{H}$ 之后，对发送信号进行估计的过程。由于接收信号是发送信号经过复杂的无线信道传输而得到的，所以直接进行信号检测难度很大。传统的信号检测算法主要包括以下几种经典算法。

1. 最大似然检测算法和球面译码检测算法

最大似然检测算法是公认的最优检测算法，它将接收信号在所有可能的发送符号域进行全局搜索，找到与接收信号距离最小的发送符号作为估计的发送信号。其估值公式为

$$\hat{s}=\underset{s\in\mathcal{A}^N}{\operatorname{argmin}}\|\boldsymbol{y}-\boldsymbol{H}s\|^2 \tag{4-4-2}$$

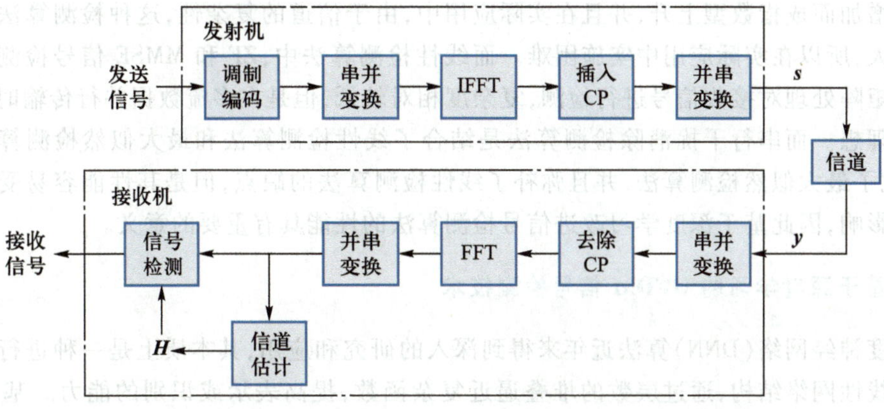

图 4-4-1 基于传统信号检测技术的 OFDM 系统基带信号传输架构

其中，$\mathcal{A}^N$ 是包含所有可能发送信号 $\boldsymbol{s}$ 的集合。

由于最大似然算法的算法复杂度随着 N 呈指数增加，难以应用在实际的通信系统中。为了降低搜索复杂度，可以将搜索符号空间限制在一个以接收矢量 $\boldsymbol{y}$ 为圆心、$\boldsymbol{r}$ 为半径的超球面内，这就是次优的球译码检测算法。显然，超球面内最靠近接收矢量的点也是整个调制符号星座中最靠近接收矢量的点，所以球面译码检测算法能够达到近似最大似然检测的性能，但是相比最大似然检测算法却极大降低了复杂度。

2. 线性检测算法

线性检测算法是利用矩阵的线性变换对信号进行检测的方法，其中 $\mathcal{A}$ 被放宽到连续空间，允许通过求解非限制凸优化问题 $\min\|\boldsymbol{y}-\boldsymbol{Hs}\|^2$ 找到公式(4-4-2)的封闭形式解。然后将获得的解量化为 $\mathcal{A}^N$ 中最近似的向量。ZF 和 MMSE 接收机是两种典型的线性检波器，其解为

$$\hat{\boldsymbol{s}}_{\mathrm{ZF}}=\mathcal{Q}((\boldsymbol{H}^{\mathrm{H}}\boldsymbol{H})^{-1}\boldsymbol{H}^{\mathrm{H}}\boldsymbol{y})$$
$$\hat{\boldsymbol{s}}_{\mathrm{MMSE}}=\mathcal{Q}((\boldsymbol{H}^{\mathrm{H}}\boldsymbol{H}+\sigma^2\boldsymbol{I})^{-1}\boldsymbol{H}^{\mathrm{H}}\boldsymbol{y}) \tag{4-4-3}$$

其中，σ^2 是高斯噪声的方差，$\mathcal{Q}(\cdot)$是逐元素量化算子，将$(\cdot)$中的元素量化到 $\mathcal{A}$ 中最近的符号元素。由于噪声增强，ZF 检测器在病态信道的情况下表现不佳。相比之下，MMSE 检测器减少噪声增强并获得优于 ZF 的性能，但复杂度相对较高。ZF 和 MMSE 接收机的计算复杂度在工程实现中是可接受的，然而，它们的性能在发射天线 N 与接收天线 M 接近时性能非常差，难以满足通信质量需求。

3. 非线性检测算法

非线性检测算法是在线性检测算法和最大似然检测算法的基础上提出的，它弥补了线性算法存在的无系统分级增益导致误差较大的缺点，其主要原理是对输入信号进行非线性变换，根据反馈判决的概念得到原始信号估计值。主要有串行干扰消除检测算法和排序连续干扰消除检测算法。串行干扰消除检测算法的基本原理是改进 ZF 和 MMSE 信号检测算法，通过依次检测每一个符号来消除其对后续检测符号的影响，从而提高系统性能。而排序连续干扰消除检测算法增加了排序步骤，分为排序、零化和干扰消除三个部分。

以上几种信号检测算法中，最大似然检测算法性能最好，但是它的复杂度随着信号调制

阶数的增加而成指数型上升，并且在实际应用中，由于信道的复杂性，这种检测算法的计算量非常大，所以在实际应用中实施困难。而线性检测算法中，ZF 和 MMSE 信号检测算法基于信道矩阵处理对接收信号进行检测，复杂度相对较低，但是在多流数据并行传输时性能不是非常理想。而串行干扰消除检测算法是结合了线性检测算法和最大似然检测算法的优势，简化了最大似然检测算法，并且弥补了线性检测算法的缺点，但是其性能容易受到错误传播的影响，因此基于深度学习改进信号检测算法的性能具有重要的意义。

4.4.3 基于深度学习的 OFDM 信号检测技术

深度神经网络（DNN）算法近年来得到深入的研究和应用，其本质上是一种进行深度叠加的非线性网络结构，通过层数的堆叠逼近复杂函数，提高表示或识别的能力。基于 DNN 的 OFDM 传输系统架构如图 4-4-2 所示，它采用深度神经网络替换传统 OFDM 接收机中的联合信道估计和信号检测模块，DNN 基于实测数据或者仿真数据进行训练和优化，训练好后在线实施使用时，信号将沿着 DNN 正向传输。

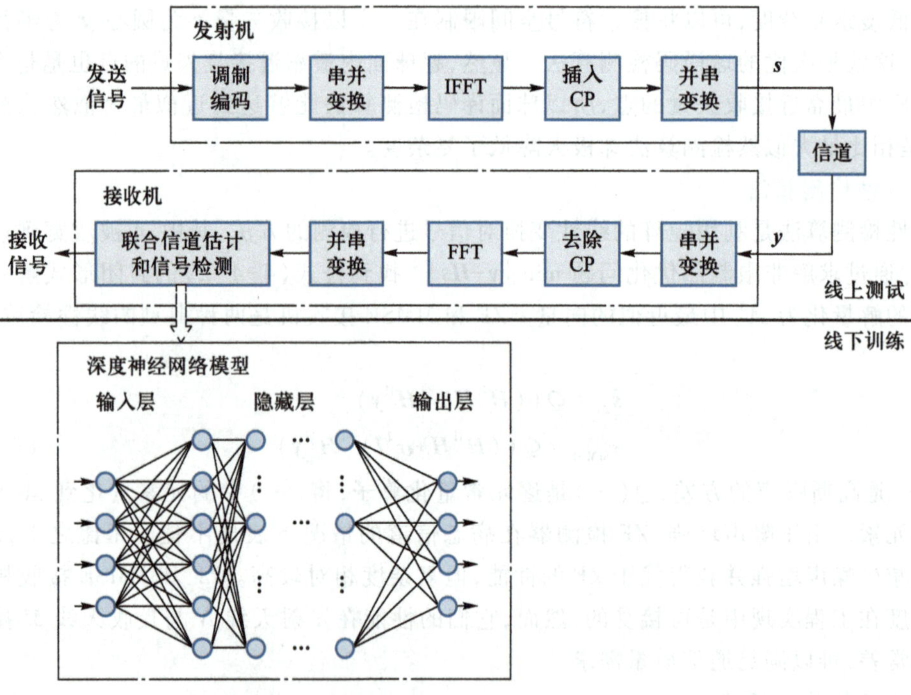

图 4-4-2 基于 DNN 的 OFDM 传输系统架构

如图 4-4-2 所示，实验中利用神经网络代替联合信道估计和信号检测传统模块，完成信道估计和信号检测功能，这样通过神经网络可以直接得到接收信号（发送信号的估计值）。为了获得用于联合信道估计和符号检测的有效 DNN 模型，需要经过两个阶段：离线训练阶段和在线部署阶段。

1. 离线训练阶段

深度神经网络模型是该系统的离线训练模型，该模型包括输入层、隐藏层和输出层。训练数据如果能够有公开实测数据源最好，但是物理层接口较少，很难获得信号检测层面的实测数据，因此实验中往往采用仿真方法构造训练数据。研究人员已经开发了许多经典的信道模型以描述信道统计特性，利用这些信道模型，可以通过仿真来获得训练数据。在每个仿真中，首先生成一个随机数据序列作为发送符号，并插入导频符号形成相应的 OFDM 帧。在信道模型的基础上，对当前的随机信道状态进行模拟。接收到的 OFDM 信号经历了当前信道失真（包括信道噪声），将接收到的信号和原始发送的数据作为训练数据进行采集。训练 DNN 模型的目标为最小化模型输出信息和发送信息之间的差异，这种差异可以用几种方式来描述，一般选择使用 L_2 损失函数，如下式所示：

$$L_2=\frac{1}{N}\sum_{k}\left[\hat{\boldsymbol{S}}(k)-\boldsymbol{S}(k)\right]^2 \tag{4-4-4}$$

其中，$\hat{\boldsymbol{S}}(k)$ 是 DNN 模型输出的信息，$\boldsymbol{S}(k)$ 是发送信息。在利用仿真数据对神经网络进行训练的时候，为了提高神经网络的泛在性，仿真数据尽量要在多种编码、调制和无线信道的情况下获得。

2. 在线部署阶段

在线部署阶段将离线训练后的网络部署在实际系统中。在实验中，通过仿真评估在线部署性能。在发送端，首先将插入导频的发送符号转换为并行数据流，然后使用 IFFT 将信号从频域转换为时域，插入循环前缀（cyclic prefix，CP）以减轻符号间干扰，注意 CP 的长度应不小于信道的最大延迟扩展。信号通过信道传输到达接收端，在接收端首先去除 CP，然后利用 FFT 将信号从时域转换到频域，接着使用离线训练出的模型来进行信号检测。假设导频符号在第一个 OFDM 块中，而下面的 OFDM 块由传输的数据组成。它们一起构成一个数据传输结构，称为帧结构。信道特性可被视为在一帧导频和数据块上恒定不变的块衰落信道，帧和帧之间的信道需服从一定的时变特性。例如，一个帧里面包含两个 OFDM 符号，一个导频 OFDM 符号、一个数据 OFDM 符号，离线训练阶段的仿真数据也可以采用这种帧结构。DNN 模型以一个导频块和一个数据块组成的接收数据作为输入，以发送信号的估值作为输出数据。该方案的具体示例可参考 4.4.4 节的案例。

4.4.4 OFDM 系统中 DNN 信号检测器案例

本节将介绍 OFDM 系统中 DNN 信号检测器的设计案例。本案例是通过软件仿真的方法检验 DNN 在 OFDM 通信系统中实现联合信道估计和信号检测的性能，并且与传统信号检测算法 LS 和 MMSE 进行对比和分析，其中 DNN 信号检测器实验方案的来源参考了昊烨和李烨（Geoffrey Ye Li）等研究者提出的基于 DNN 的 OFDM 系统信道估计与信号检测方案。本节还以二维码的形式提供了仿真程序代码和演示视频供读者学习参考。

本案例的具体实施如下。

1. 设置系统参数

假设 OFDM 基带传输系统的传输结构为一个帧包含两个（$F=2$）OFDM 符号，第一个为导频符号，第二个为数据符号，如图 4-4-3(a) 所示。OFDM 子载波宽度为 15 kHz，子载波数为 $K=64$，采用 64 点 IFFT/FFT 实现 OFDM 调制和解调，OFDM 符号的循环扩展 CP 长度为 16。导频符号可以占满整个导频 OFDM 符号的频谱资源，如图 4-4-3(b) 所示，也可以是占用导频符号的部分频谱资源，如图 4-4-3(c)所示，这样虽然可以降低导频开销，提高传输效率，但是导频的减少会带来信道估计和信号检测性能的下降，因此，性能与开销需要根据具体情况进行折中设计。注意，为了降低仿真复杂度，本案例只有子载波间隔的参数参考了 5G 的设置，其他参数和帧结构的设置并不与 5G 一致，而是更为简化。

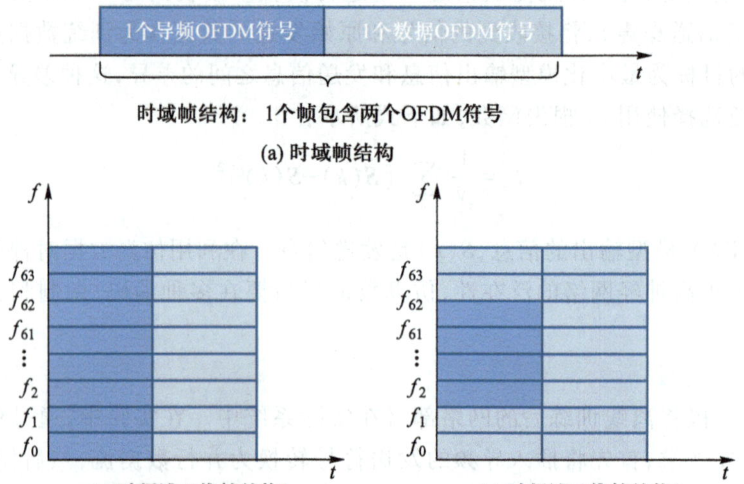

(a) 时域帧结构

(b) 时频域二维帧结构1　　(c) 时频域二维帧结构2

图 4-4-3　案例的帧结构示意图

2. 设置 DNN 模型参数

本实验案例中使用的 DNN 模型由五层组成，其中三层是隐藏层。每一帧的接收数据作为 DNN 模型的输入，包含 $K\times F=128$ 个符号数据，是复数数据，而深度学习模型参数为实数，所以将复数数据的实部和虚部级联构成实数输入数据向量，因此每一次输入 DNN 模型的实数数据向量维度为 $M=2\times K\times F=256$，这也决定了输入层节点个数。DNN 模型完成信号检测功能，输出为发送信号的估计值，发送信号为 $K=64$ 个数字调制信号，如 QPSK、16QAM 等，为复数数据，需要将其实部和虚部级联构造成维度为 $2\times K=128$ 位的实数数据向量，因此输出层节点数可以设置为 128。在仿真中，为了降低复杂度，并增大测试数据量，仅仅将一段数据估计值输出用于测试检测性能，因此输出节点数设为 16，对应整个长度为 128 的输出数据向量中一段长度为 16 的数据，可以自行指定其位置。DNN 模型中间三个隐藏层的节点数需要通过仿真不断测试，得到合理的超参数配置。

作为参考，本案例给出一种基本超参数配置，DNN 五个层神经元的数目分别为 256、500、250、120 和 16 个。输入数字对应于分别包含导频和发送符号的两个 OFDM 块的实部和虚部的数目。ReLu 函数在大多数层中用作激活函数，除了最后一层中应用 sigmoid 函数将输出映射到区间[0,1]。注意：如果要获得全部发送数据的估计，一种方法是将输出层节点设为 128，以输出全部检测数据。另一种方法是将输出数据中的每 16 位基于独立训练的 DNN 模型进行预测，然后串联以获得最终 128 位输出数据，相当于 8 个 DNN 并行完成 128 位数据的检测。这两种方法都是基于本案例的扩展，性能不相同。

3. 对模型进行训练

基于仿真数据对 DNN 模型进行训练,仿真构造多个数据块,每个数据块单独进行 DNN 训练。此案例作为参考,在数据处理过程中,生成 100 期训练数据,每一期有 250 个批次数据,每批次有 1 000 帧数据,学习率为 0.001。在实验中采用 QPSK 作为调制方式。

4. 性能测试

完成上述配置和训练以后就可以获得优化的 DNN 模型,将进行性能测试。测试数据也是通过仿真构造,构造方法与训练中测试数据的构造方法相同,数据量可以不同。统计检测输出的错误比特的数量,除以发送的总比特数,可以得到误比特率(bit error rate,BER),在每一个 SNR 下都通过上述方法进行测试,最终可以得到误比特率随 SNR 变化的性能曲线。

实验中,通过改变参数来研究 DNN 检测器的性能和 OFDM 传输参数对检测器性能的影响,例如,设置不同的 CP 长度和导频开销,观察其对 DNN 检测器的性能影响,具体包括:

① CP 长度为 16 时,导频数量分别为 8、16、32 和 64 的情况。

② 导频数量为 64 时,CP 长度分别为 0、8 和 16 的情况。

另外,将基于深度学习算法的信号检测与基于传统方法的信号检测首先在不同信噪比下进行性能比较。然后,在有无 CP 和导频数量减少的情况下再次进行比较。传统方法包括基于导频的 LS 和 MMSE 信道估计算法、ZF 信号检测算法。

CP 长度为 16 的条件下导频数量分别为 8、16、32 和 64 情况下的仿真结果如图 4-4-4 所示。从图中分析,在有循环前缀且导频数量充足的情况下,OFDM 系统 DNN 信号检测的准确性随着导频数量减少而下降,但是降低较少,说明 DNN 检测器对于导频的依赖较小。

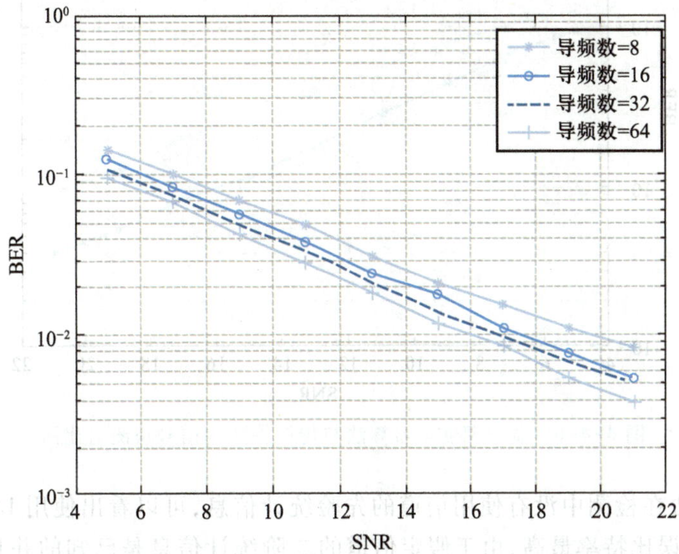

图 4-4-4 不同导频数量下基于深度学习算法的信号检测

导频数量为 64 的条件下 CP 长度分别为 0、8 和 16 情况下的结果如图 4-4-5 所示。从图中分析,在导频数量充足的情况下,有循环前缀可以提高信号检测准确性,而在 CP 的长度不小于信道的最大延迟扩展的情况下,CP 的长度对于系统性能几乎没有影响。在导频数量为 64,CP 长度为 16 的情况下三种算法的对比如图 4-4-6 所示。

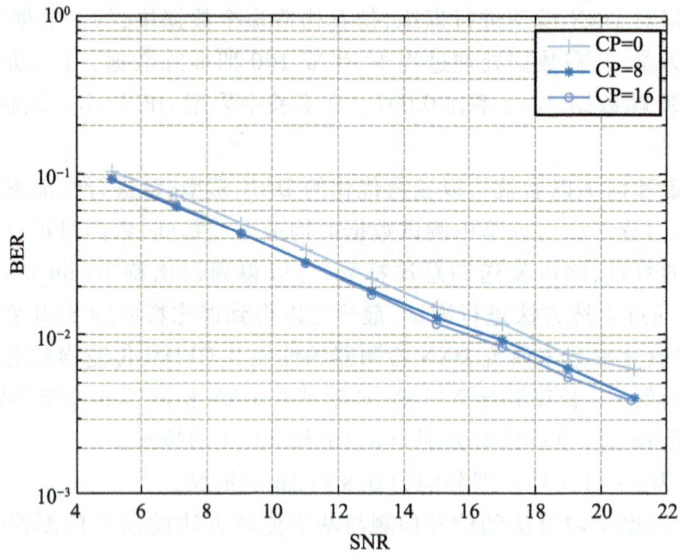

图 4-4-5 不同循环前缀数目下基于深度学习算法的信号检测

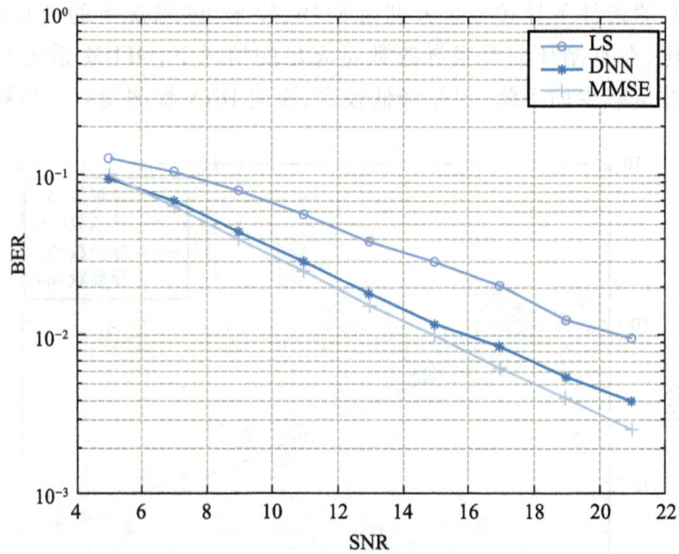

图 4-4-6 基于深度学习算法与传统算法的信号检测对比图

由于 LS 算法在检测中没有使用信道的先验统计信息,可以看出使用 LS 算法的系统在相同信噪比之下误比特率最高,由于假定信道的二阶统计信息是已知的并且用于符号检测使用,MMSE 算法的误比特率最低,而基于深度学习的算法比 LS 算法具有更好的性能,并且可与 MMSE 算法相媲美。

循环前缀 CP 可以将物理通道的线性卷积转换为圆形卷积,并减小符号间干扰,但是需要花费时间和信道资源进行传输。所以在本实验案例中,进一步研究了去除 CP 之后的 OFDM 系统性能。如图 4-4-7 所示,在不存在 CP 的 OFDM 系统中三种算法的曲线均发生变化。从图中分析，使用 MMSE 和 LS 算法时，误比特率最佳的时候只能达到10^{-1}左右，均无法有效地传输信息。但是，深度学习方法虽然性能也受到影响，但是仍然能达到一定的通信要求。

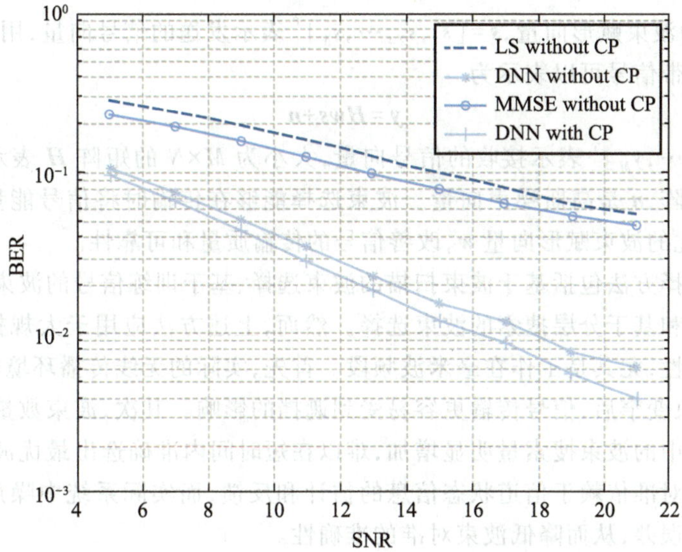

图 4-4-7 不存在 CP 时的 LS、MMSE 和 DNN 三种算法对比图

从以上几组仿真实验结果中可以看出，有无 CP 和导频数量对于不同检测算法下的 OFDM 系统性能均有影响，而基于深度学习的检测算法比传统 LS 和 MMSE 检测算法在使用较少训练导频、缺少 CP 的情况下性能更好。由于本案例仿真结果仅仅给出了一种参考，不是绝对的，也不是最优的，不同的 DNN 结构和参数，不同的训练方法等都会带来性能的改变。

本案例介绍了深度学习技术在 OFDM 系统中联合信道估计和信号检测的初步应用，DNN 信号检测方法利用深度学习以隐性方式处理无线信道对 OFDM 信号的影响，与现有的 OFDM 接收机先显式地估计信道状态信息，然后利用 CSI 恢复发送信号不同。仿真结果证明，基于深度学习的方法可以解决信道失真问题，并且该网络的检测结果可以与 MMSE 媲美，当使用较少的训练导频和省略循环前缀时，基于深度学习的检测方法比传统方法具有更强的鲁棒性。综上所述，在具有复杂信道失真和干扰的无线通信系统中，深度学习是一种很有前途的信号检测方法。

代码与视频 4-2：OFDM 系统 DNN 信号检测器案例程序代码和演示视频

4.5 大规模多天线系统中的智能波束选择技术

4.5.1 研究现状

与传统的多天线技术相比，大规模多天线系统将形成数量更多、宽度更窄的波束，在波束对准方面面临新的挑战。如何准确选择基站与终端之间的波束,特别是在用户移动或者周围环境发生变化的情况下快速对准波束是个难题。

在具有 N 个发射天线和 M 个接收天线的多输入多输出通信系统中,发射信号可写为

$$\boldsymbol{x}=\boldsymbol{w}s \tag{4-5-1}$$

其中,$\boldsymbol{w}\in\mathbb{C}^{N\times1}$ 为波束赋形向量,$\boldsymbol{s}=[s_1,s_2,\cdots,s_N]^{\mathrm{T}}$ 表示发送的信号向量,用$(\cdot)^{\mathrm{T}}$ 表示向量的转置。接收基带信号可以表示为

$$\boldsymbol{y}=\boldsymbol{H}\boldsymbol{w}s+\boldsymbol{n} \tag{4-5-2}$$

其中,$\boldsymbol{y}=[y_1,y_2,\cdots,y_M]^{\mathrm{T}}$ 表示接收的信号向量,大小为 $M\times N$ 的矩阵 $\boldsymbol{H}$ 表示发射机和接收机之间的信道矩阵,$\boldsymbol{n}$ 是高斯噪声向量。波束选择能够在传输时将信号能量聚焦在特定的方向上,选择最优的波束赋形向量 $\boldsymbol{w}$,改善信号的传输质量和可靠性。

经典波束选择方法包括基于波束扫描的波束选择、基于训练信号的波束选择、基于位置预测的波束选择和基于分层搜索的波束选择。然而,上述方法应用于大规模多天线系统时均有一定的局限性,尤其是工作在毫米波频段。首先,实际的无线传播环境中往往存在各种物体的遮挡,波束变窄后,信号传输更容易受到遮挡的影响。其次,波束数量的显著增多,使得波束对准过程中的波束搜索量明显增加,难以在短时间内准确选出最优波束。同时,基于赋形向量的波束对准依赖于信道状态信息的估计和反馈,而实际系统中噪声和干扰的影响会引起信道估计误差,从而降低波束对准的准确性。

基于波束扫描的方法实际探测了所有的波束并遍历,在波束数目大量增加时,寻找最优波束需要的搜索时间显著增加,难以适配快速波束对准的需求。基于训练信号的方法是利用估计的信道状态信息计算最优波束,避免了探测所有波束在时延方面的不足,但其容易受到传播环境的影响,当信噪比较低时,信道估计误差增大,波束对准的准确率不高。基于位置预测的方法可以避免频繁的波束对准,但在实际应用中,随着用户的移动和障碍物的时空变化,基站和用户之间的信道处于动态快速变化状态,用户位置的快速精准预测和信道状态信息的准确估计往往难以同时实现。基于分层搜索的方法显著降低了波束搜索次数,但容易在上层搜索不准确时产生误差扩散,一旦宽波束搜索出现错误,在其范围内的窄波束搜索也会相应出错。

因此,面向实际通信场景,尤其是在具有动态遮挡且包含干扰和噪声的信道条件下,研究大规模窄波束的准确高效波束对准方法,保证高频段通信系统中波束对准精度的同时,降低波束搜索的复杂度和时延具有重要的意义。近年来,随着人们对人工智能在无线通信中的应用越来越广泛,一些研究者已经对人工智能在波束选择领域的应用做了初步研究,主要包含两种类型的波束选择方案,一种是基于无线数据辅助的波束选择,另一种是基于视觉辅助的波束选择。

基于无线数据辅助的波束选择方案利用接收信号强度、信道状态信息和用户位置信息等传统无线数据进行波束预测和选择。一些研究者将波束选择建模为分类问题,使用监督学习或深度学习算法识别波束类别。例如,基于支持向量机的模拟波束选择方案,通过将波束选择问题视为多类问题,使用大量毫米波信道样本构建训练数据集,运用支持向量机算法得到最大化和速率性能下的统计分类模型,实现每个用户最佳的模拟波束选择,相比于传统算法大大降低复杂性。又如,基于到达角信息的上行链路波束选择,可以将波束选择任务视

为一个多类问题,采用三种算法 KNN、SVC 和 MLP 均可以解决该问题,已有研究表明这些方法在分类精度和传输速率方面表现出了接近穷举搜索获得的性能水平。

此外,处于 6 GHz 以下(Sub-6G)频段的信道状态信息可辅助波束选择来降低在建立初始波束和选择最佳波束过程中的搜索开销。在基于 DNN 的毫米波波束选择中,利用 Sub-6 GHz 信道的信道状态信息有助于减少建立初始波束所需的搜索空间,在保证较高的波束选择精度的同时降低波束的扫描开销。相比于单纯依赖 Sub-6 GHz 信道的波束选择策略,合并 Sub-6 GHz 信道和其他导频的特征组合作为 DNN 模型的输入来进行波束选择,可以显著提升毫米波下行链路波束预测的精度。一些研究利用其他相关信息来进行用户的最佳波束选择,从而降低选择过程的开销,例如,将用户的移动方向和位置信息作为神经网络的输入,获得每个波束对的最佳概率,通过测量具有高概率的波束对提升预测精度。总之,更多特征信息的输入会有效提升预测的准确率。

基于视觉辅助的波束选择将视觉数据(图像/视频)与无线传感数据相结合,实现主动障碍物预测和优化波束选择。由于仅用无线传感数据难以捕捉到障碍物、建筑物等环境的所有状态信息,而且在波束数据巨大的情况下会产生大量的信令开销,采用视觉辅助是十分必要的。深度学习已用于车联网中毫米波波束选择,利用激光雷达数据、位置信息,以及历史波束对的测量值信息进行 LOS 检测和波束选择。充分利用蜂窝覆盖的三维场景重建技术获得的周围建筑物/汽车/树木的形状、位置、材料等环境信息,将其存储在基站中作为三维 DNN 的输入,预测最佳发射和接收波束,与仅利用部分空间信息的激光雷达方法相比,具有更高的波束选择精度和更低的开销,对新场景具有更好的泛化性能。

4.5.2 传统波束选择技术

在大规模 MIMO 无线通信系统中,波束选择技术是一项关键的技术,它允许基站和用户之间有效地选择定向信号波束,以优化信号传输的性能。传统的波束选择方法采用不同的策略来实现这一目标,每种方法都具有其独特的优势和应用场景。传统波束选择主要包括以下几种经典方法,如图 4-5-1 所示。

彩图 4-5-1

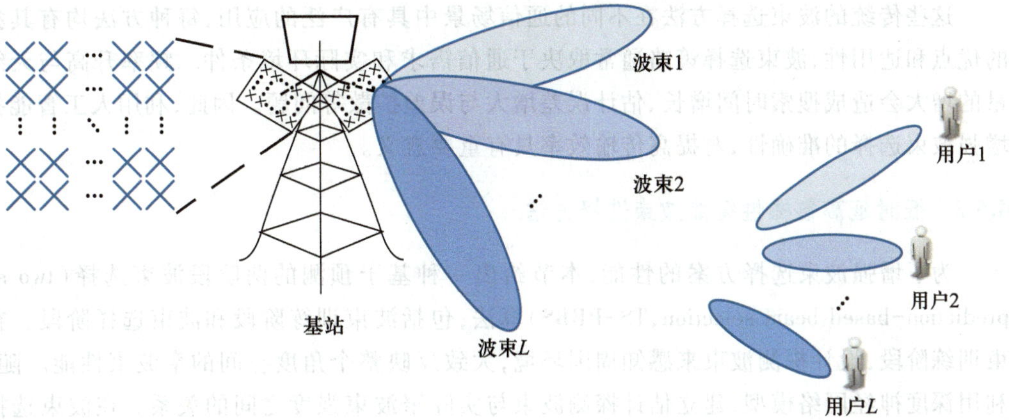

图 4-5-1 基于经典方法的信号波束选择技术

1. 基于波束扫描的波束选择

在传统的穷举搜索方案中，基站(base station, BS)和用户设备(user equipment, UE)都有一个预定义的覆盖整个角度空间的角度编码本。BS 通过窄波束在不同时隙中向各个方向发送波束，UE 分别接收 BS 在不同时隙发射的波束。当 UE 接到一个主同步信号(primary synchronization signal, PSS)时，评估信噪比，若信噪比高于一个固定的阈值，则将信号强度信息反馈给 BS。BS 在扫描整个 360 度的角度空间后，确定与 UE 建立最佳的发送-接收波束对应的方向，即具有最高接收 SNR 的方向进行数据传输。

2. 基于训练信号的波束选择

在基于训练信号的波束选择技术中，基站侧发送若干个已知的训练信号给用户，用户接收处理这些训练信号，并使用它们进行下行信道估计。随后，用户向基站反馈下行信道状态信息，包括信道增益和相位信息。基站根据接收到的下行信道状态信息求解优化问题，得到相应的下行波束赋形向量，从而形成指向用户的波束。这种方法可以根据实际信道条件动态地选择适当的波束，以提高信号的可靠性和性能。

3. 基于位置预测的波束选择

由于基站与用户的移动性，发射波束和接收波束之间的错位将导致接收信号质量显著下降。在这种方法中，系统通过定位相关的参考信号对用户的位置坐标进行估计和预测，并基于基站和用户间的几何位置关系得到相应的波束方向。系统可以根据用户的位置信息选择合适的波束，最大限度地提高信号的定向性和传输效率。这种方法通常适用于需要高度定向通信的场景，如移动通信中的小区覆盖。

4. 基于分层搜索的波束选择

基于分层的迭代搜索方案中，存在一个编码本用于在确定的方向发送同步消息。首先，在第一阶段中，基站通过宏宽波束进行穷举搜索，并在扫描整个 360 度空间后确定最佳波束。在第二阶段中，基站仅在先前确定的宽波束中细化搜索。即基站先激活一部分天线阵元发射若干宽波束，并在其中找出最优宽波束，随后在宽波束的空间范围内进行窄波束搜索。

这些传统的波束选择方法在不同的通信场景中具有广泛的应用，每种方法均有其独特的优点和适用性，波束选择策略通常取决于通信需求和实际环境条件。频率升高与天线数量的增大会造成搜索时间增长、估计误差增大与误差扩散等问题。因此，利用人工智能技术增强波束选择的准确性，对提高传输效率具有重要意义。

4.5.3 低时延高鲁棒性智能波束选择方法

为了增强波束选择方案的性能，本节给出一种基于预测的两阶段波束选择(two stage prediction-based beam selection, TS-PBBS)算法，包括波束训练阶段和波束选择阶段。在波束训练阶段，设计探测波束来感知周围环境，大致反映整个角度空间的窄波束性能。随后，利用深度神经网络模型，建立估计探测波束与实际窄波束强度之间的关系。在波束选择阶段，根据深度神经网络的预测优选窄波束，并确定局部搜索区域，在所有候选波束中找到最优窄波束。

1. 波束训练阶段

用户根据接收的导频信号对下行信道进行估计,基站侧根据下行信道状态信息的反馈及宽波束码本,计算宽波束作为探测波束时用户接收的信号强度估算向量,记为 $\boldsymbol{x}=[x_1,x_2,\cdots,x_N]$。

假设激活全部天线时,生成的窄波束数量为 M。基站通过激活全部天线阵元来生成 M 个窄波束,编号为 $1\sim M$。基站在 M 个时隙向用户分别发射对应编号的窄波束,用户统计各时隙接收到的窄波束信号强度,得到窄波束信号强度探测向量,记为 $\boldsymbol{y}=[y_1,y_2,\cdots,y_M]$。

针对大量不同位置的用户,重复上述两个步骤,监测和统计每个用户的宽波束信号强度估算向量 $\boldsymbol{x}$ 和窄波束信号强度探测向量 $\boldsymbol{y}$,将其作为 AI 模块的训练数据集。将训练数据集中用户接收的宽波束信号强度估算向量 $\boldsymbol{x}$ 作为输入特征,将训练数据集中用户接收的窄波束信号强度探测向量 $\boldsymbol{y}$ 作为输出特征,训练 AI 模块,获得输入与输出之间的对应关系 $\boldsymbol{y}=f(\boldsymbol{x})$,其中 AI 模块采用 DNN 结构,如图 4-5-2 所示。

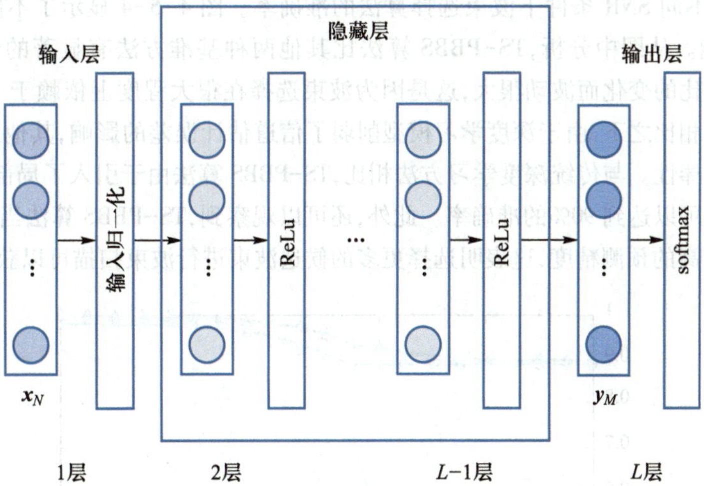

图 4-5-2 AI 模块结构示意图

2. 波束搜索阶段

通过信道估计的结果计算发射宽波束时用户接收的探测波束信号强度。当前估算向量为 $\boldsymbol{x}^*=[x_1^*,x_2^*,\cdots,x_N^*]$。

将上述探测波束信号强度当前估算向量 $\boldsymbol{x}^*$ 作为 AI 模块的输入,输出窄波束信号强度当前预测向量 $\boldsymbol{y}^*$,选取 $\boldsymbol{y}^*$ 中接收信号强度预测值最大的前 k 个窄波束作为优选窄波束。将与优选窄波束指向的方向夹角小于固定值的空间区域划定为备选区域,即 $\left\{\varphi,\theta \mid \varphi_c-\frac{\varphi_w}{2}\leqslant\varphi\leqslant\varphi_c+\frac{\varphi_w}{2},\theta_c-\frac{\theta_w}{2}\leqslant\theta\leqslant\theta_c+\frac{\theta_w}{2}\right\}$,其中,$\varphi_c$ 和 θ_c 分别表示优选窄波束的方位角和极角,φ_w 和 θ_w 是决定搜索范围的两个设计参数,并选择备选区域内的窄波束为备选波束。基站分别在若干时隙向用户轮流发射上述备选波束,并选择接收信号强度最大的波束作为最优波束,完成波束选取。波束搜索的流程示意图如图 4-5-3 所示。

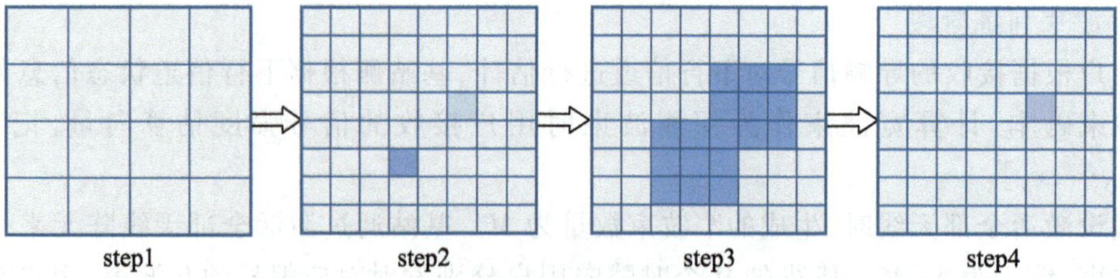

图 4-5-3 波束搜索流程示意图

3. 仿真验证与性能分析

为了验证上述算法的可行性和有效性，本节基于实际城市道路环境进行了仿真，并将TS-PBBS算法与基于RSS的方法和传统深度学习方法进行比较。其中，基于接收信号强度(received signal strength，RSS)的方法通过估计的信道状态信息来预测每个波束的性能。作为另一种基准算法，深度学习方法利用深度神经网络来预测窄波束，而不进行局部搜索。

首先，验证不同SNR条件下波束选择算法的准确率。图4-5-4显示了不同信噪比下的波束选择精度性能。从图中分析，TS-PBBS算法比其他两种基准方法有显著的优势。基于RSS的方法随着信噪比的变化而波动很大，这是因为波束选择在很大程度上依赖于RSS估计和信道估计的准确性。相比之下，由于深度学习模型削弱了信道估计误差的影响，其他三条曲线对噪声表现出很高的鲁棒性。与传统深度学习方法相比，TS-PBBS算法由于引入了局部搜索区域，即使在低信噪比下也可以达到90%的准确率。此外，还可以观察到，TS-PBBS算法当参数$k=2$时，比$k=1$时获得了更高的预测精度，这表明选择更多的候选波束进行波束扫描可以获得更好的性能。

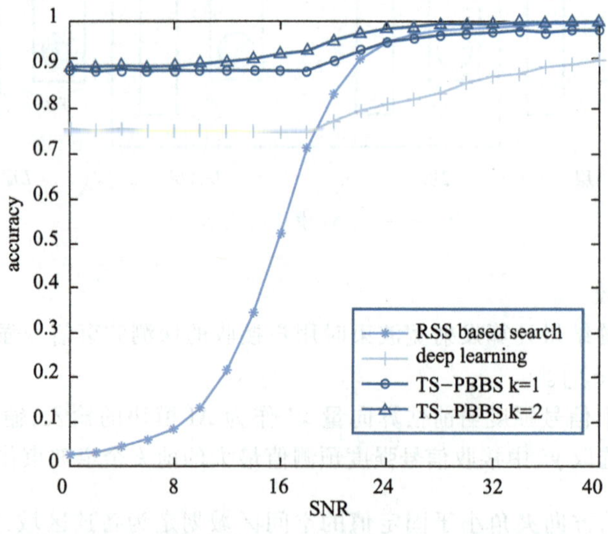

图 4-5-4 不同信噪比下波束选择方案的预测准确率

其次，通过仿真不同波束选择算法的搜索次数，观察训练开销。除了精度，波束选择的训练开销是评估算法性能的另一重要角度。由于探测波束预测和深度神经网络训练可以离线进行，因此本节将波束搜索次数作为评估开销性能的指标。图4-5-5给出了各种方法的平均波束搜索次数。从图中分析，与穷举搜索相比，TS-PBBS算法显著降低了波束搜索开销，选择一个优选窄波束时搜索次数下降了 86.4%，选择两个优选窄波束时搜索次数下降了 73.0%。结合图 4-5-4 和图 4-5-5，选择更多的优选窄波束，对更多的候选波束进行波束扫描，可以获得更高的准确率，但开销也随之增加。

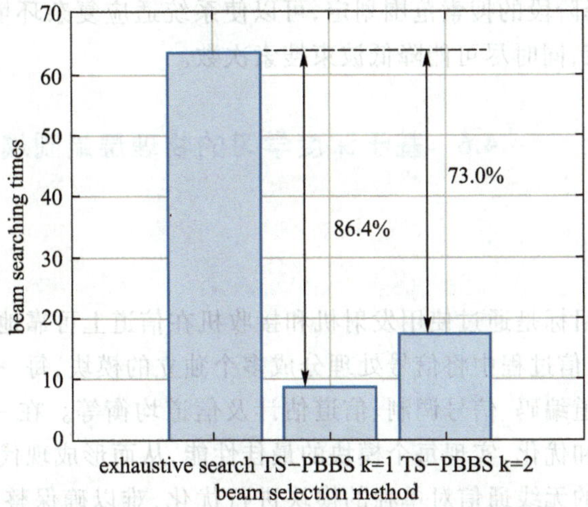

图 4-5-5　不同波束选择方案的平均搜索次数对比

最后，考察选取不同探测波束对波束选择性能的影响。用于预测的波束个数也是可调节的，图 4-5-6 展示了不同探测波束数的性能对比，从图中分析，随着探测波束个数的增加，波束选择的准确率也提高。这是因为当探测波束的数量增加到接近窄波束的数量时，神经网络可以实现更精确的映射关系，反之说明，TS-PBBS 算法即使只使用少量探测波束进行环境检测，也能达到较高的精度。传统深度学习方法更容易受到探测波束数量的影响，即随着探测波束数量的减少，准确率下降更明显。与传统深度学习方法相比，TS-PBBS 算法以提高了波束搜索的复杂度为代价，降低了因探测波束数量少而导致波束预测的不准确性。

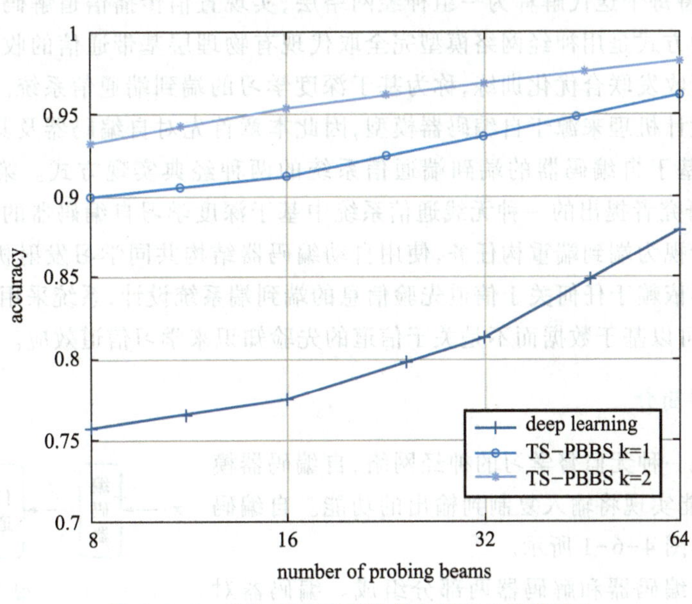

图 4-5-6　选取不同探测波束个数时的性能对比

代码 4-3：波束选择案例程序代码

在实际无线通信场景下，波束管理的核心问题是快速准确地寻找到最优波束，使收发天线总体得到最高增益。本节的仿真验证结果显示，基于深度学习的大规模多天线智能波束选择技术，分别通过波束训练阶段的离线学习和波束选择阶段的搜索范围划定，可以使系统适应复杂环境的变化，准确地预测最优波束，同时尽可能降低波束搜索次数。

4.6　基于深度学习的物理层端到端设计

4.6.1　研究现状

无线通信的基本目标是通过使用发射机和接收机在信道上可靠地将消息从信源端传输到信宿端，为此无线通信过程中将信号处理分成多个独立的模块，每一个模块负责特定的子任务，如信源编码、信道编码、信号调制、信道估计及信道均衡等。在一定的模型条件下，每个模块可以单独分析和优化，实现每个模块的最佳性能，从而形成现代较为高效稳定的无线通信系统。但是现有的无线通信对单独的模块进行优化，难以确保整个无线传输拥有最佳的端到端性能。过去也有研究者尝试优化整个系统，虽然联合优化的方法可行，但是采用这种方式优化的系统十分笨重且计算复杂度高，同时也无法避免对于模型的依赖，尤其是信道模型。

在过去几年中，人工智能发展非常迅速，其应用几乎扩展到每个行业和研究领域。越来越多的开源深度学习库和现成的专用硬件的出现，以及深度学习在自然语言处理、计算机视觉等方面的成功应用，使得将深度学习应用在通信中的研究越来越多，但并没有对物理层实现通信系统的方式产生影响。目前，将深度学习应用到物理层的方式主要有两种：第一种方式是用深度学习方法改进现有物理层通信模块的一部分。例如，利用深度学习展开现有迭代算法的想法，将每个迭代解释为一组神经网络层，实现置信传播信道解码、多输入多输出检测等。第二种方式是用神经网络模型完全取代现有物理层基带通信的收发模块，通过数据训练方法进行收发联合优化训练，称为基于深度学习的端到端通信系统。基于深度学习的端到端传输设计机理来源于自编码器模型，因此本章首先对自编码器及其分类做简要介绍，然后再介绍基于自编码器的端到端通信系统的两种经典实现方式。第一种是由奥谢(T. O'Shea)等研究者提出的一种无线通信系统中基于深度学习自编码器的物理层策略，它将通信系统设计视为端到端重构任务，使用自动编码器结构共同学习发射机和接收机的实现。第二种是不依赖于任何关于信道先验信息的端到端系统设计，系统采用 GAN 模型表征无线信道，从而可以基于数据而不是关于信道的先验知识来学习信道效应。

4.6.2　自编码器简介

自编码器是一种无监督学习的神经网络，自编码器模型经过训练后，能实现将输入复制到输出的功能。自编码器的一般结构如图 4-6-1 所示。

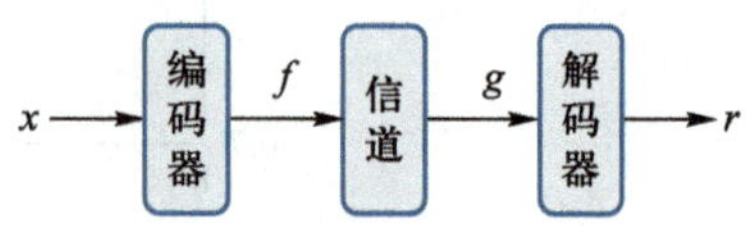

图 4-6-1　自编码器的一般结构

自编码器由编码器和解码器两部分组成。编码器对输入数据进行压缩编码，可以用函数 $h=f(x)$ 表示；解码器对输入进行重构输出，可以用函数 $r=g(h)$ 表示。整个自编码器可以表示为

$$g(f(x))=r \tag{4-6-1}$$

自编码器的目的不仅仅是让输出等于输入，还可以通过训练自编码器使其能够学习到输入数据的特征。目前，自编码器主要应用在数据去噪和压缩降维两个方面。由于自编码器的输出目标是 $r=x$，因此能进行无监督学习。通过训练自编码器，可以使输入通过整个神经网络后，以低误差恢复输出，也可以通过训练自编码器获得具有不同属性的数据新表征。自编码器主要包括以下几种形式：

(1) 栈式自编码器

栈式自编码器也叫作深度自编码器，其训练过程和深度神经网络有所不同。在分类问题中，栈式自编码器逐个训练每个自编码器，在每个自编码器训练好后，固定已经训练好的参数和训练的中间层的结果。除最后一层外的所有层的参数训练完毕后，最后一层接一个分类器，将整体网络使用反向传播进行训练，目的是对参数进行微调。为了学习到更复杂的编码，可以增加栈式自编码器的隐藏层数量，每一层可以学习到不同的信息维度。如果层数太深，编码器过于强大，可以学习将输入映射为任意数，解码器学习其逆映射。这样编码器可以很好地重建数据，但它并不能在这一过程中学到有用的数据表示。

(2) 欠完备自编码器

如果隐藏层单元数大于或等于输入维度，网络会发生完全记忆的情况。为了避免这种情况，可以限制隐藏层的维度，让隐藏层编码维度始终小于输入维度，这就是欠完备自编码器。这种自编码器能学习欠完备的表示，强制学习数据分布中最显著的特征，能够防止过拟合。但是如果中间隐藏层的单元数特别少，则表示的信息就会非常有限，从而导致重构过程变得困难。

(3) 稀疏自编码器

加入正则化的自编码器叫作稀疏自编码器，它不限制隐藏层的单元数。稀疏自编码器结合重构误差损失和编码层的稀疏惩罚对网络进行训练：

$$L(x,g(f(x)))+\Omega(h) \tag{4-6-2}$$

$\Omega(h)$ 表示稀疏惩罚，它可以看成加到前馈网络上的正则项。稀疏自编码器的主要目标是将输入复制到输出，这属于无监督学习，除此之外，它还根据稀疏特征实现监督学习任务。一般使用稀疏自编码器学习数据的特征，来执行解决分类问题的任务。稀疏正则化的自编码器应该反映训练数据集的独特统计特性，只有这样，执行带有稀疏惩罚的复制任务才能够得到能学习有用特征的模型。

(4) 去噪自编码器

去噪自编码器将有损坏的数据作为输入，通过训练预测并输出原始未被损坏的数据。传统的自编码器最小化的目标为

$$L(x,g(f(x))) \tag{4-6-3}$$

去噪自编码器最小化的目标为

$$L(x,g(f(\tilde{x}))) \tag{4-6-4}$$

其中，$\tilde{x}$ 是被损坏的样本，去噪自编码器必须消除这些损坏，而不能简单地复制输入。

普通自编码器的本质是学习输入的重构输出，但当测试样本和训练样本不符合同一个分布时，在测试集上的效果可能欠佳，而去噪自编码器可以很好地解决这个问题。欠完备自编码器限制学习容量，而去噪自编码器允许的学习容量很高。通过加入噪声并进行降噪这样一个训练过程，能强迫网络学习到更具有鲁棒性的不变性特征，来得到输入的有效表达。

4.6.3　基于自编码器的端到端通信系统设计与案例

1. 基于自编码器的端到端通信系统设计

通信系统最简单的形式如图 4-6-2 所示，由发射机、信道和接收机组成。

发射机希望将信息 $\boldsymbol{s} \in \mathcal{M} = \{1,2,\cdots,M\}$ 通过 n 维离散信道传输到接收机。因此对信息 $\boldsymbol{s}$ 应用变换 $f: \mathcal{M} \mapsto \mathbb{R}^n$，发射机对输入信号施加一定的约束，例如，平均功率约束、能量约束或振幅约束。通信系统的通信速率为 $R=k/n$，其中 $k=\log_2 M$，整个通信系统所要传输的总的信息数为 M。

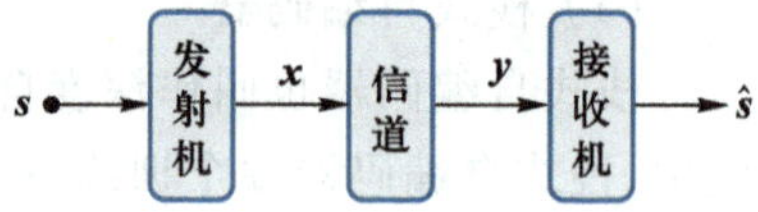

图 4-6-2　简单通信系统

通信系统的目标和自编码器相似，因此发射机和接收机可以实现为自动编码器和解码器。一般情况下，自动编码器的目标是学习输入的中间表示，使输出端的解码器能以最小的误差重建，这种自动编码器的目标是学习非线性压缩和重构输入。如果抛开压缩的目标，仅考虑重构信号误差最小的目标，自编码器的设计目标和收发信机的设计目标不谋而合，因此这也是基于自编码器结构设计端到端传输方案的机理。在此机理下，T.O'Shea 等研究者提出一种 MIMO 系统中基于深度学习自编码器的端到端物理层方案，它将通信系统设计视为端到端重构任务，将发射机和接收机构造为 DNN 结构，使用自动编码器机理共同学习发射机和接收机。该自动编码器尝试学习对 $\boldsymbol{x}$ 到 $\boldsymbol{y}$ 的信道损伤而言具有鲁棒性的 x 信息表示，以便能以低误码率恢复数据。与从输入数据中去除冗余来进行压缩的自动编码器不同，这里的自动编码器是通过添加冗余，来学习对信道干扰具有鲁棒性的中间表示。

发射机输出信号 $\boldsymbol{x}$，经过信道生成接收信号 $\boldsymbol{y}$，接到 $\boldsymbol{y}$ 后，接收机应用变换 $g: \mathbb{R}^n \mapsto \mathcal{M}$ 生成发送消息 $\boldsymbol{s}$ 的估计 $\hat{\boldsymbol{s}}$。这种基于自编码器机理的端到端通信设计的结构如图 4-6-3 所示。发射机由一个具有多层稠密层的前馈神经网络和一个满足 $\boldsymbol{x}$ 物理约束的归一化层组成。将发送端的输入 $\boldsymbol{s}$ 编码为一个 M 维独热（one-hot）向量 $[0,\cdots,0,1,0,\cdots,0]$，其中除了第 s 个元素等于 1，其余元素都等于 0。信道由一个噪声层表示。接收机也是一个前馈神经网络，自编码器的最后一层使用 softmax 激活函数，所有可能消息的概率向量中具有最高概率的元素的索引就是解码后的消息 $\hat{s}$ 的值。

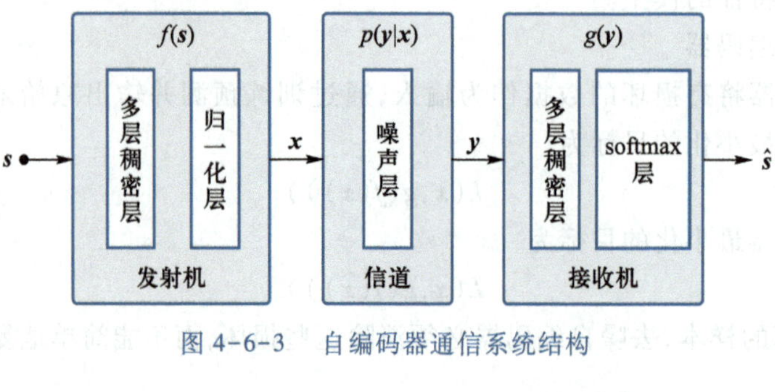

图 4-6-3　自编码器通信系统结构

基于图 4-6-3 所示的自编码器适用于信道模型已知的通信系统(如 AWGN 信道),而对于信道信息难以预先得到且会随着时间或地点变化的通信系统,这种自编码器是无效的。因为端到端无线通信系统的收发信机均由神经网络实现,神经网络在训练时需要通过反向传播更新网络参数,而缺乏必要参数的未知信道不可微不可导,会阻碍从接收机至发射机的反向传播,使发射机无法完成训练。

2. 基于 GAN 的端到端传输设计

为了克服自编码器对于信道模型的依赖性,可以利用 GAN 等生成式学习模型构造不依赖于任何信道先验信息的端到端无线通信设计方案。首先,该系统利用 GAN 对信道条件分布 $p(\boldsymbol{y}|\boldsymbol{x})$ 进行建模,从而可以基于数据而不是信道的先验信息来学习信道。其次,通过添加导频信息作为时变信道的条件信息,更有利于 GAN 学习未知信道的分布。GAN 由生成器和判别器两部分组成。将真实样本及生成器生成的虚假样本输至判别器,判别器的目标是更准确地判别样本来源。如果判别器认为数据是真实样本则输出高值,如果判别器认为数据是生成样本则输出低值。而生成器的目标是尽可能接近真实样本,期望生成样本可以获得判别器输出的高值,生成对抗的理念在此体现。条件 GAN 的生成器期望自己输出的生成样本可以尽可能接近经过信道数据获得的真实样本 $\boldsymbol{y}$。经过多轮生成对抗式的学习,判别器无法有效区分样本来源究竟是生成器还是真实信道,正确判断的概率在 0.5 附近,类似于盲猜,则此时的生成器最接近未知信道分布。该端到端无线通信系统的训练和测试架构如图 4-6-4 所示,其中发射机和接收机均由 DNN 构成。

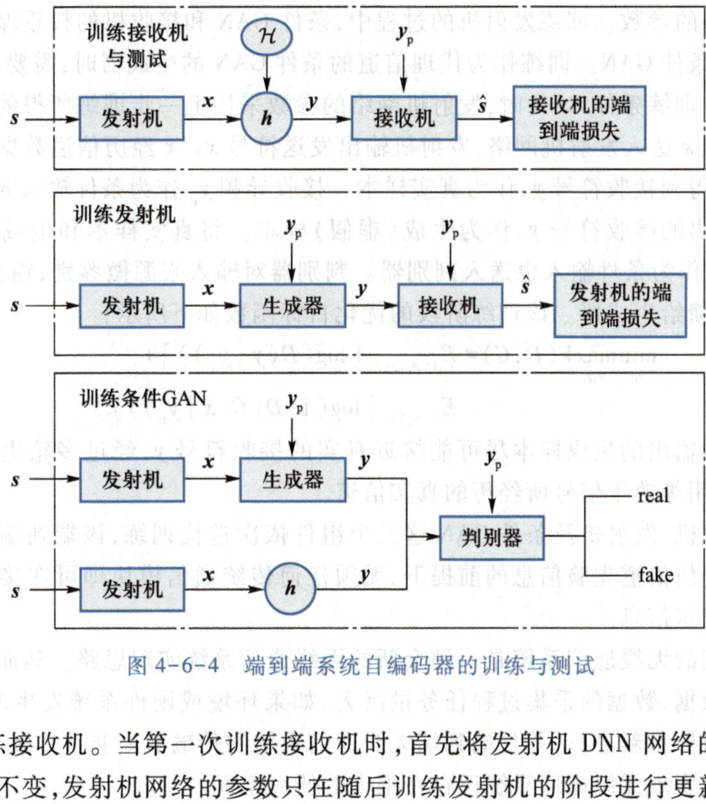

图 4-6-4 端到端系统自编码器的训练与测试

首先,训练接收机。当第一次训练接收机时,首先将发射机 DNN 网络的参数进行随机初始化并固定不变,发射机网络的参数只在随后训练发射机的阶段进行更新。本轮训练接收机时,发射机 DNN 网络的参数维持上一轮训练得到的参数并固定不变,即使此时的网络参数还不是最优的。该方案随机生成发送信息 $\boldsymbol{s}$,并从信道数据集 $\mathcal{H}$ 中随机选取 CSI 以获得供训练使用的信道数据 $\boldsymbol{h}$。将发送信息 $\boldsymbol{s}$ 送入发射机网络,发射机输出发送符号 $\boldsymbol{x}$。$\boldsymbol{x}$ 经历信道数据 $\boldsymbol{h}$ 衰落和高斯噪声 $\boldsymbol{n}$ 的作用,得到接收符号 $\boldsymbol{y}$。同理,发送的导频 $\boldsymbol{x}_{\mathrm{p}}$ 在经历信道衰落和噪声后可以得到接收导频 $\boldsymbol{y}_{\mathrm{p}}$。对于时变信道,将接收符号 $\boldsymbol{y}$ 和接收导频 $\boldsymbol{y}_{\mathrm{p}}$ 一起作为输入送至接收机,该方案无须显式估计信道,即可自动推断信道状况并同时进行信道估计和信号检测,接收机网络输出恢复的发送信息 $\hat{\boldsymbol{s}}$。如果发送信息 $\boldsymbol{s}$ 是一个 M 维的独热向量,端到端传输可以被视为一个 M 类的分类问题。接收器的输出 $\hat{\boldsymbol{s}}$ 是 M 个可能类的概率向量。使用交叉熵损失函数计算端到端的损失 $L=-\sum_{n=1}^{M}\boldsymbol{s}\log(\hat{\boldsymbol{s}})$,并通过反向传播更新接收机网络的参数。

其次,训练发射机。信道使用条件 GAN 的生成器作为代理信道,参数随机初始化并固定不变。接收机 DNN 网络维持前一步训练完成得到的参数固定不变。对发射机的训练与训练接收机类似,将发送信息 $\boldsymbol{s}$ 送入发射机网络,发射机输出发送符号 $\boldsymbol{x}$。GAN 的生成器模拟信道数据 $\boldsymbol{h}$ 衰落和高斯噪声 $\boldsymbol{n}$ 的作用,接收导频 $\boldsymbol{y}_{\mathrm{p}}$ 作为条件输入同 $\boldsymbol{x}$ 一起送入生成器,生成器输出为接收符号 $\boldsymbol{y}$。将接收符号 $\boldsymbol{y}$ 和接收导频 $\boldsymbol{y}_{\mathrm{p}}$ 一起作为输入送至接收机,接收机网络输出恢复的发送信息 $\hat{\boldsymbol{s}}$。使用交叉熵损失函数计算端到端的损失。通过代理信道条件 GAN 将梯度传播回发射机,由于 GAN 的网络参数是可知的,不会阻碍参数的反向传播,因此该方案可以顺利完成发射机的训练,基于随机梯度下降(stochastic gradient descent,SGD)更新发射机网络的参数。训练发射机的过程中,条件 GAN 和接收机的权重保持固定。

最后,训练条件 GAN。训练作为代理信道的条件 GAN 的生成器时,需要 GAN 的判别器一起参与训练。训练条件 GAN 时,发射机网络的参数采用上一步训练所得的参数并固定不变。将发送信息 $\boldsymbol{s}$ 送入发射机网络,发射机输出发送符号 $\boldsymbol{x}$。$\boldsymbol{x}$ 经历信道数据 $\boldsymbol{h}$ 衰落和高斯噪声 $\boldsymbol{n}$ 的作用,得到接收符号 $\boldsymbol{y}$,作为真实样本。接收导频 $\boldsymbol{y}_{\mathrm{p}}$ 作为条件输入同 $\boldsymbol{x}$ 一起送入生成器,生成器输出的接收符号 $\boldsymbol{y}$,作为生成(虚假)样本。将真实样本和生成样本送入判别器,接收导频 $\boldsymbol{y}_{\mathrm{p}}$ 作为条件输入也送入判别器。判别器对输入来源做鉴别,输出高/低值对应真/假样本并反馈给生成器。该训练阶段的优化目标函数如下所示:

$$\begin{aligned}\min_{\theta_G}\max_{\theta_D} V(D,G)=\ & E_{x\sim p_{\mathrm{real}}(x)}[\log(D(\boldsymbol{y}\mid\boldsymbol{y}_{\mathrm{p}}))]+\\ & E_{y\sim p_y(y)}[\log(1-D(G(\boldsymbol{x}\mid\boldsymbol{y}_{\mathrm{p}})))]\end{aligned}\tag{4-6-5}$$

期望生成器输出的生成样本尽可能接近真实的接收符号 $\boldsymbol{y}$,经过多轮生成对抗式的学习,生成器的作用等效于信号所经历的真实信道。

经过对接收机、发射机及条件 GAN 这三个组件依次迭代训练,该端到端无线通信系统可以在不知晓任何信道先验信息的前提下,无须任何传统通信模块即可在接收端几乎无损地恢复出原始发送信息。

基于端到端的无线通信系统是一种全新的无线通信系统实现思路。然而,多个 DNN 需要依赖大量的数据,数据的采集过程任务量巨大,如果环境或硬件系统发生改变,信息采集和模型训练均需要重新进行,并且端到端无线通信系统的传输效率非常依赖于网络的规模,目前看这种方式实现无线通信系统还存在很大的研究空间。

3. 基于自编码器的端到端传输设计案例

本节通过软件仿真在 AWGN 信道下验证基于自编码器的端到端通信系统的性能。本案例中自编码器模型将通信任务视为一个分类问题，将输入信息编码成独热向量，s 表示为向量中值为 1 的元素的索引，消息被编码为 M 维向量。符号(n,k)表示通信系统通过 n 个信道发送 $M=2^k$ 个消息，n 为信道层的节点数，代表正交信道数量，因此，码率定义为 $R=k/n$。发射机和接收机分别为 DNN 网络，由于信道层为 AWGN 噪声层，因此整个通信系统也是一个 DNN 网络。

深度神经网络采用 Keras 深度学习库搭建，后端选择的是 TensorFlow 架构。发射机第一层为输入层，采用独热编码，维数为 M；第二层为全连接层，使用 ReLu 激活函数，节点数为 M；第三层也是全连接层，使用 linear 线性激活，节点数为 n；第四层是归一化层，它将前一层的激活值重新规范化，表征对 $\boldsymbol{x}$ 施加功率约束，同时也防止梯度爆炸和梯度消失。AWGN 信道层是整个收发联合网络的第五层，是噪声层，其中，定义 E_b/N_0 表示每比特能量 E_b 与噪声功率谱密度 N_0 的比值，加性高斯噪声层的方差为 $\beta=(2RE_b/N_0)^{-1}$。接收机的第一层是一个使用 ReLu 激活函数的全连接层，节点数为 M；第二层输出层也是全连接层，使用 softmax 激活函数，将上一层的输出进行非负性和归一化处理，得到各种预测结果为(0,1)范围内的分类概率，输出的消息估计 $\hat{s}$ 的值就是概率最大的预测结果的索引值。模型使用 Adam 优化算法，并使用交叉熵损失函数计算输入与输出之间的损失，进而更新每个神经元的参数，通过多次迭代，使损失函数达到收敛，从而得到一个训练好的通信系统模型。基于自编码器的端到端通信系统模型结构与参数如表 4-6-1 所示，前四层构成发射机，第五层为信道，最后两层为接收机。

表 4-6-1 基于自编码器的端到端通信系统模型结构与参数

神经网络层类型	激活函数	维数/节点数	参数个数
输入层		16	0
全连接层	ReLu	16	272
全连接层	linear	7	119
归一化层		7	28
噪声层		7	0
全连接层	ReLu	16	128
全连接层	softmax	16	272

模型的训练需要基于大量的数据不断训练和测试，本实验中经过多次训练和测试选择性能较好的 $E_b/N_0=7$(dB)条件下获得的仿真数据作为训练数据和验证数据。训练数据、验证数据及测试数据都是由 Numpy 库生成的随机数，具体的参数设置如表 4-6-2 所示。

表 4-6-2 自编码器通信系统仿真参数

参数名称	参数设置
Epochs	17
BatchSize	300
E_b/N_0	7 dB
学习率	0.001
优化器	Adam
损失函数	交叉熵损失函数
训练数据	10 000
验证数据	1 500
测试数据	50 000

首先，通过仿真对传输不同数量消息的系统误码率进行对比，(2,2)通信系统利用 2 个正交信道传输 4 个可能的消息，(4,4)通信系统利用 4 个正交信道传输 16 个可能的消息，(8,8)通信系统传输 256 个可能的消息，采用固定能量约束。仿真结果如图 4-6-5 所示，随着传输消息数量的增加，可靠性越来越差。因此对于大容量通信需求而言如何设计有效的系统还有待研究。

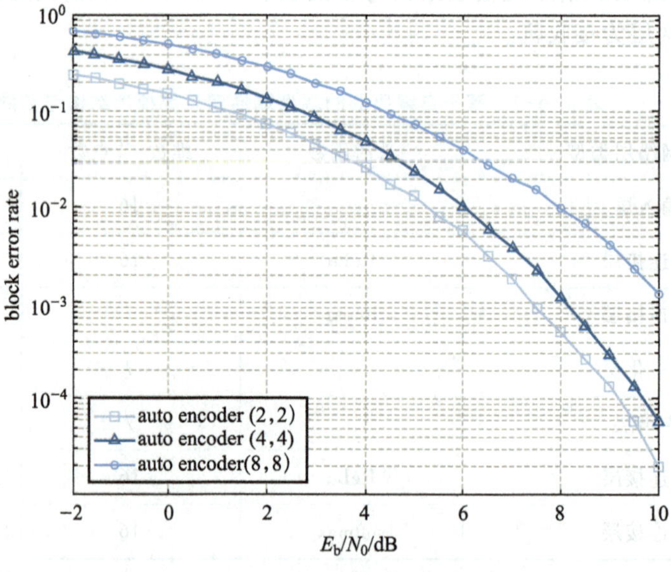

彩图 4-6-5

图 4-6-5 传输不同数量消息的误码率对比

其次，本案例对于在不同码率条件下传输相同数量消息的系统误码率性能进行了仿真，这里的 k 设置为 4，即传输 16 个消息。梯度下降优化算法选择 Adam 算法，初始学习率为 0.001，损失函数选择交叉熵损失函数，迭代次数为 10，批量大小为 128，训练数据为 10^4，测试数据为 4.5×10^4。分别对码率 $R=1$、$R=4/7$、$R=1/2$、$R=1/4$ 的情况进行仿真，得到的结果如图 4-6-6 所示。

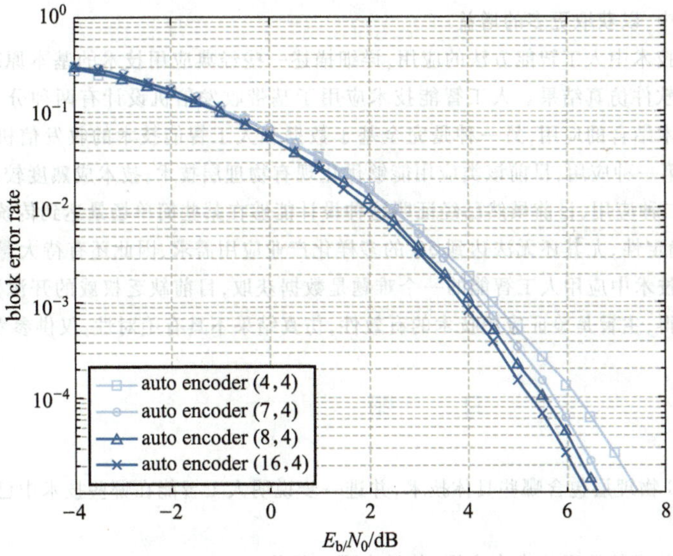

图 4-6-6　传输不同码率消息的误码率对比

彩图 4-6-6

从图中分析，随着码率的降低，系统的误码率逐渐降低，通信可靠性下降，因此可以通过降低传输速率提高模型的性能，这与传统的通信系统一样，码率降低，相当于监督码元的位数增加，通信系统译码的正确率提高，性能得到改善。

超参数是在自编码器开始训练之前设置的参数，需要对超参数进行预先设置，才能对模型进行训练。神经网络中的超参数主要包括学习率、损失函数、神经网络的层数、每一个隐藏层中神经元的个数、输出神经元的编码方式、正则化参数、权重初始化的方式、神经元激活函数的种类、参加训练模型的数据规模等。超参数会影响神经网络学习速度和最后的分类正确率，非常复杂，本节关于超参数对自编码器模型性能的影响在此不做深入展开。

本案例将通信系统视为一项端到端重构的优化任务，使用自动编码器在没有任何先验知识的情况下共同学习发射机和接收机的实现及信道编码，在各种情况下显示出与传统通信系统相似的性能。然而，这种端到端无线传输设计在实际工程中面临着两大挑战，一是信道模型的不可知，将导致整个策略由于无法通过反向传播联合优化收发模型参数而失效；二是大容量传输需求的网络设计及学习策略。因此，端到端无线传输设计仅仅在传统模块化设计策略的天空下掀开了新的一角，为无线通信提供了新范式，具体可应用的成熟技术方案及产业化还有很长的路要走。

本章小结

人工智能技术在物理层中的应用研究晚于网络层、应用层，发展也并不完善，一方面是因为无线信号传输理论和模型，以及产业链比较成熟，而且基于模型的收发信机技术的性能能够满足当前用户的业务需求，另一方面是因为物理层的信号处理技术是基于芯片内部的算法实现，其数据一般难以被外部获取，物理层数据的采集往往依赖于物理层协议及芯片设计中可开放端口的设计。虽然物理层真实数据采集的困难一定程度上制约了训练和测试的方法，但是基于仿真数据的研究仍然开展得如火如荼，因为基于模型化设计的无线通信技术的性能瓶颈难以打破，而随着人工智能技术的深入发展，越来越多的研究人员开始将人工智能技术应用在物理层中，以获取更多的增益。

本章详细阐述了物理层技术中人工智能方法的应用，详细描述一些经典应用技术的基本原理，并基于案例的形式给出实验方案和软件仿真结果。人工智能技术应用于基带收发信机设计有两种分支，一种是基于传统模型和人工智能技术结合的应用，另一种是完全基于数据和人工智能技术的收发信机端到端联合设计。第4.2~4.5节属于第一种应用，目前该类应用能够优化现有物理层技术，技术成熟度较高，产业化前景较近。第4.6节属于第二种应用，目前虽然已经证明这种设计能够在某些简单场景达到传统通信系统的性能，但是还存在一些不确定性，尤其还无法达到5G的多样化产业应用需求，因此还有待大量的研究以促进其产业化发展。物理层技术中应用人工智能的一个难题是数据获取，目前缺乏权威的开源数据，本章的数据都是基于软件仿真获得，主旨是验证应用技术的有效性，仿真结果不具有绝对性，仅供参考。

习　　题

1. 以模块化方式简述5G物理层包含哪些具体技术，并进一步说明人工智能在哪些技术中已经有所应用，具体情况如何。

2. 说明神经网络如何在信道编译码技术中应用，其具有哪些优势。

3. 分别介绍自动调制识别有哪些技术方案，并举例说明机器学习在自动调制识别技术中的一个具体设计方案，并进行仿真验证。

4. AI技术在信道编译码和信号识别方面有着广泛的应用，试通过调研说明AI在信道编译码领域还有哪些应用。

5. 在5G中，为什么需要反馈CSI信息？简述深度神经网络在CSI反馈中的应用及优势。

6. 通过简述和案例的方式，对比传统信道估计和基于AI的信道估计，并进行仿真评估，分析其优缺点。

7. 综述深度学习应用于信号检测的现状如何？请结合5G技术，举例说明如何设计一款基于深度学习的信号检测方案，并进行仿真验证和分析说明。

8. 物理层端到端设计的概念是什么？进一步说明基于自编码器结构的物理层端到端设计基本原理，列举当前存在哪些技术问题及可能的解决思路。

参考文献

第5章 基于人工智能的移动通信网络流量预测

【导引】

移动通信流量预测是通过分析移动通信流量的历史数据和实时数据来对未来的流量进行预测，并根据预测的流量需求和用户分布情况，合理地规划网络覆盖和网络容量，调配网络资源（如带宽、信道等）。事实上，流量预测的思想从古到今都曾被应用，如《史记·孙子吴起列传》中的“孙膑减灶”典故：

魏与赵攻韩，韩告急于齐。齐使田忌将而往，直走大梁。魏将庞涓闻之，去韩而归，齐军既已过而西矣。孙子谓田忌曰：“彼三晋之兵素悍勇而轻齐，齐号为怯，善战者因其势而利导之。兵法，百里而趣利者蹶上将，五十里而趣利者军半至。使齐军入魏地为十万灶，明日为五万灶，又明日为三万灶。”庞涓行三日，大喜，曰：“我固知齐军怯，入吾地三日，士卒亡者过半矣。”乃弃其步军，与其轻锐倍日并行逐之。

在这个故事中，孙膑命令齐国军队先设十万个灶，过一天设五万个灶，再过一天设三万个灶以此干扰庞涓的判断。灶的数量类似于今天移动通信网络的流量，庞涓通过灶的数量变化预测出齐国士兵数量的变化进而作出军事部署，这是一个典型的流量预测案例。

随着移动通信网络（mobile communication network，MCN）的迅猛发展，网络运营管理的复杂度日益增加。流量预测是移动通信网络管理中的关键技术，基于人工智能（artificial intelligence，AI）技术的移动通信网络流量预测[①]，能够有效地建模流量数据中的复杂变化规律，提升预测的准确性，帮助移动通信网络运营商提高移动通信网络资源利用率、降低运营成本、改善用户体验。本章的主要目标是以移动通信网络流量预测为实际应用场景，深入探讨人工智能技术在移动通信网络时空流量数据建模方面的应用。具体而言，本章选取了移动通信网络中区域汇聚流量预测这一案例，将其建模为时间序列和时空序列的预测问题。借助人工智能技术，可以对时间维度和空间维度的数据进行协同建模和学习，从而提升移动网络流量预测的准确性。本章将详细阐述时间序列和时空序列预测技术在移动通信网络流量预测案例中的实际应用和实践。具体内容如下：

5.1 节分析了流量预测技术在移动通信网络中的应用需求和场景，定义了移动通信网络智能化运营管理中的流量预测问题，探讨了人工智能在流量预测中的技术路线；

5.2 节介绍了移动通信网络的流量数据，以及流量数据的时间和空间维度特征，为后续

---

① 简称“移动流量预测”。在本书中，“移动通信网络流量预测”“移动通信流量预测”“移动流量预测”三个称谓可相互替换。

流量预测建模奠定了基础；

5.3 节重点阐述了移动通信网络流量预测建模方法，基于流量预测问题的定义，着重介绍了时间序列和时空序列建模思路下的移动流量预测模型，并给出了预测性能的评估指标；

5.4 节围绕时间序列移动流量预测案例，介绍了数据预处理、基本预测方法、基于自回归整合移动平均（autoregressive integrated moving average，ARIMA）模型的时间序列预测，以及基于长短期记忆网络（long short-term memory，LSTM）的时间序列预测的具体操作方法；

5.5 节围绕时空序列移动流量预测的深度学习案例，介绍了基于卷积神经网络的时空序列移动流量预测模型，并讨论了一些改进方案。

5.1　流量预测在移动通信中的应用

流量预测（traffic prediction）是指通过分析历史的流量数据和其他相关因素数据，对未来特定时间段内的流量情况进行预测的技术。流量预测技术思想从古至今，在包括后勤、交通、通信、能源甚至城市管理等多个领域，具有广泛的应用，如《史记·孙子吴起列传》中的“孙膑减灶”典故。

在移动通信网络中，流量预测是指对网络基站流量、区域聚合流量、细分应用所消耗的流量和各种网元设备产生的数据流量等相关数据的预测①。随着移动应用对网络流量需求的持续增长，网络拥塞、资源受限等问题日益显著，流量预测成为移动通信网络智能运营和管理的重要手段。对未来特定时间内的移动通信网络流量等状态的预测，可以帮助运营商进行以下工作。

网络规划和优化

移动流量预测可以帮助移动通信运营商进行网络覆盖和容量的规划，并配以如信道、带宽等网络资源更优化的调配策略，以满足用户通信体验需求。例如，运营商可以根据移动流量预测结果，合理部署基站和天线，以满足不同区域的流量需求；也可以根据流量预测结果，制定网络容量扩容计划，以应对未来的流量变化需求。

资源分配与调度

移动流量预测可以帮助运营商在满足用户体验的前提下，进行基站不同粒度资源的关断或休眠，以实现节能的能效目标。例如，运营商可以根据移动流量预测的结果，在夜间等流量较少的时间段，关闭部分基站或降低基站的功率，以减少能源消耗，提高网络资源利用效率。

网络故障诊断

移动流量预测可以支持网络运维系统发现潜在故障问题等异常事件，以便运营商迅速采取优化和修复措施，以确保网络的稳定性和可靠性。例如，运营商可以根据流量预测结果，识别网络中出现的异常流量模式，并通过故障诊断系统进行分析，以确定故障原因。

① 泛指的移动通信网络流量预测，还包括其他随时间变化特性的性能指标数据的预测，如带宽利用率、丢包率、网络时延等。

营销策划

移动流量预测可以帮助运营商制定更好的营销策略和业务策略,改善用户体验和网络收益。例如,运营商可以根据移动流量预测结果,制定针对不同区域、不同时间段的营销活动,以吸引用户使用网络。

开展移动通信网络的流量预测,需要理解移动通信网络中业务流量的变化是随时间和空间动态进行的,且不同类型业务具有不同的变化模式,此外,流量还受外部事件如天气、重大活动等的影响,因此,预测模型需要对流量的时间和空间维度的变化规律进行有效建模,支持多种流量模式的捕捉,并考虑外部事件及其对流量变化的因果作用。

传统的基于规则、统计模型的方法进行移动网络流量预测时表现有所不足。因此,业界寻求人工智能尤其是深度学习模型的助力,希望凭借人工智能的学习表示能力与方法,有效捕捉流量数据中的复杂规律,提高流量预测的准确性,扩展流量预测的应用范围,以更好帮助运营商提高网络资源利用率、减少能源消耗、降低运营成本、改善用户体验。

本节将先从人工智能求解角度,对流量预测问题进行定义,随后分析流量预测技术在移动通信智能化运营和维护管理中的应用场景,并介绍在移动网流量预测中使用的人工智能技术。

5.1.1 移动通信网络流量预测问题定义

移动通信网络中用于流量预测的数据,例如,用户使用网络的流量、基站流量、区域流量、各种应用的流量和各种网元设备产生的数据流量等,以及其他随时间变化的指标数据,如带宽利用率、丢包率、网络时延等,往往蕴含使其具有可预测性的规律。预测问题的本质,就是找到可预测性的规律,即模式。

根据需要预测的变量的数量、输入参数变量的数量和维度,以及相互之间的关联关系特性,可以将流量预测问题分为四类:单变量时间序列预测、单变量时空序列预测、多变量时间序列预测和多变量时空序列预测。与时间序列预测相比,时空序列预测需要考虑不同空间位置上的变量之间的相关性,以此来实现更准确的预测。单变量和多变量预测的差别,主要在于后者需要考虑多个变量之间的关联关系。

根据需要预测的时间步数,还可以将上述预测类型进一步分为单步预测(仅预测下一个时间步的流量)或多步预测(需要预测下面多个时间步的预测)。

对具体的流量预测问题进行定义,假设第 i 个时间步的流量表示为 $\boldsymbol{x}_i$,前 n 步的历史数据作为输入表示为 $\boldsymbol{X}=\{\boldsymbol{x}_{t-n},\boldsymbol{x}_{t-n+1},\cdots,\boldsymbol{x}_{t-1}\}$,则流量预测问题可表示成:寻找一个函数 f,对于单步预测,即为实现由 $t-n$ 步到 $t-1$ 步历史流量数据预测第 t 步的流量 $\hat{\boldsymbol{y}}_t$;对于多步预测,即为实现由 $t-n$ 步到 $t-1$ 步历史流量数据预测第 t 步到第 $t+N-1$ 步的流量 $\{\hat{\boldsymbol{y}}_t,\cdots,\hat{\boldsymbol{y}}_{t+N-1}\}$,这个函数可以记作 $\boldsymbol{y}=f(\boldsymbol{X})$。

对于单变量时间序列预测,$\boldsymbol{x}_i$转化为一个标量值,代表在时间步 $\boldsymbol{i}$,对特定类型流量的观测值,如同一基站的下行数据流量或图 5-1-1 所示示例;

对于单变量时空序列预测,向量 $\boldsymbol{x}_i$中的每一个元素代表在时间步 $\boldsymbol{i}$,对特定类型流量从不同的空间位置采集的变量值,如不同基站的上下行数据流量;

对于多变量时间序列预测，向量 $\boldsymbol{x}_i$ 中的每一个元素代表在时间步 $\boldsymbol{i}$，对不同类型采集的变量值，如同一基站的上行流量、下行流量、带宽利用率等；

对于多变量时空序列预测，向量 $\boldsymbol{x}_i$ 中的每一个元素代表在时间步 $\boldsymbol{i}$，从不同的空间位置采集的不同类型的变量值。

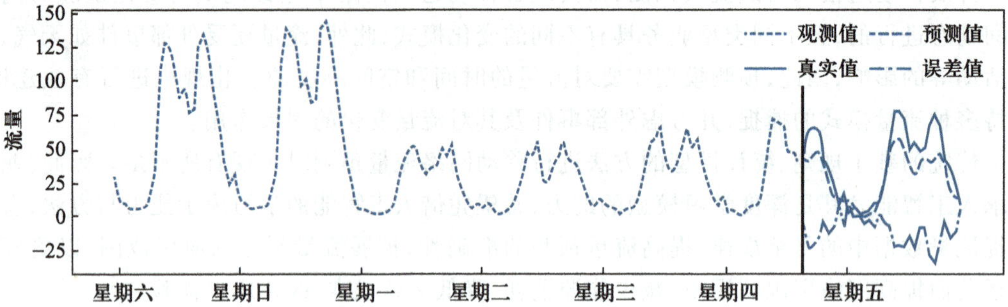

图 5-1-1 流量预测问题示例（单变量时间序列预测，区域 ID=60）

5.1.2 移动通信网络智能化运维与流量预测

移动通信网络中无处不在的互联互通行为，产生并积淀了海量的数据，包括无线网、核心网、传输网中的各种网元产生的流量数据、带宽利用率等性能指标数据，计费数据、故障数据等网络管理数据，以及用户位置数据、用户通信行为数据等。对这些数据的充分利用、分析和挖掘，可以在移动通信网络智能化运营与维护过程中，帮助网络运营商提高网络资源利用率、减少能源消耗、降低运营成本、改善用户体验。流量数据刻画了移动通信网络容量及其消耗的动态画像，而针对基站或者区域的流量需求的建模及预测是网络智能运维的重要支撑之一。

移动通信网络的各个基站服务特定地理区域并协同实现全局覆盖，每个区域内满足业务需求并保证服务质量，是运营移动通信网络的关键目标。其目标实现与基站或区域内的资源容量与动态负载相关。通过移动流量预测，从而洞察不同基站和区域的通信业务负载及资源容量之间的关系，能帮助运营商进行更好的网络规划和优化，更合理地分配网络资源，提高网络的灵活性和可扩展性，有效助力网络运营运维的提质增效。

表 5-1-1 给出了流量预测在移动通信网络资源管理、网络规划优化、网络运行维护、网络安全管理等方面的智能化中可能的应用，相应的流量预测需求、任务和目标，以及预测问题类型。

表 5-1-1 流量预测在移动通信智能化中的应用

智能化应用场景	智能化功能需求	流量预测需求	任务和目标	预测问题类型
网络资源管理	功率/频谱资源分配和调度	不同基站和时段的短期流量预测	动态调整不同基站的功率和频谱资源分配，决定为用户分配的网络资源，达到减小干扰、满足用户服务质量、负载均衡、降低能耗等目的	时间序列/时空序列预测

续表

智能化应用场景	智能化功能需求	流量预测需求	任务和目标	预测问题类型
网络资源管理	接纳控制	基站流量、用户业务需求的短期预测	基于预测流量和需求评估网络资源是否能够满足要求，进行接纳决策，达到保证用户服务质量，防止网络过载的目的	时间序列/时空序列预测
	移动性管理	基站流量短期预测、用户位置预测	基于预测流量和位置信息，优化切换决策及资源分配，提升用户服务体验、提高网络资源利用率等目标	时空序列预测
	基站节能	基站流量短期预测	根据预测的基站流量执行基站休眠及唤醒策略，降低基站能耗的同时保证不影响用户的服务质量	时间序列/时空序列预测
网络规划优化	负载均衡	基站流量的短期及长期预测	基于网络流量预测进行网络资源重新分配的决策，以确保网络的均衡利用，提高网络资源利用率、预防网络拥塞，提高网络性能和用户体验	时空序列预测
	容量规划	不同区域和时段的用户数量及容量需求的长期预测	基于需求预测，进行网络资源规划、基站部署规划、频谱管理等，以满足不断增长的用户需求，提高网络性能和用户体验	时空序列预测
	覆盖优化	不同区域短期和长期的流量预测	根据对不同区域的流量预测，进行增加基站数量、部署室内小区或分布式天线系统等决策，从而提高覆盖质量、提高网络性能和用户体验	时空序列预测
网络运行维护	故障检测和预测	设备及网络异常流量检测和预测	基于流量预测识别设备或网络中的异常流量模式，从而发现或预测网络故障，以便及时采取措施，提高网络可靠性、减少服务中断，提高用户满意度	时间序列/时空序列预测
	设备状态指标预测	多种设备状态指标的短期预测	通过设备状态指标预测，进行设备故障预测，以便采取预防性维护措施，减少服务中断，提高网络可用性，降低维护成本	时间序列预测
网络安全管理	入侵检测/拒绝服务攻击检测	网络流量短期预测	通过流量预测建模正常流量，识别异常流量，进行入侵行为识别和恶意流量识别，从而减少恶意攻击对网络和用户的影响	时间序列/时空序列预测

在网络规划优化、网络运行维护管理的智能化层面，通过对移动网络流量需求的短期和长期预测，以及对网络中各种网元设备状态指标的预测，一方面可以帮助网络运营商更好地进行网络资源的规划和优化，另一方面可以发现网络异常流量模式，进行网络异常或故障的早期识别，以及实现设备的故障检测和预测，以便采取预防性维护措施，从而降低网络故障时间，减少服务中断，提高网络运行的可靠性和稳定性。

移动通信网络中的功率/频谱等资源，是根据网络负载情况、用户流量需求、用户信道特性等因素来进行动态分配的，需要在满足用户服务质量要求的情况下，实现网络容量、频谱效率、能量效率等目标的优化，以确保移动通信网络高效率低能耗地运行。流量预测可以提供不同区域和时段内的流量需求信息，提示高峰和低谷时段的流量变化。基于准确的基站流量预测，可以更好地分配基站的功率/频谱资源，减小基站间干扰，优化基站覆盖范围，提高用户服务质量，使网络适应不断变化的需求高效运行。

以绿色移动通信需求场景为例，移动通信基站在整个网络基础设施中占据了大部分的能源消耗。因此，基站的节能措施对推动移动通信网络的绿色发展至关重要。一个有效的节能方法是基站休眠，这种方法可以根据流量需求的高峰和低谷来动态调整基站的工作状态，从而降低能源消耗。

传统的基站休眠策略通常依赖于对基站流量静态特性的总结，这种方法难以应对流量情况的复杂变化。为了提高节能效果并保持服务质量，需要通过更精准的流量预测来指导基站的休眠操作。这种预测能够为基站及其部分工作单元的休眠提供更灵活和高效的管理手段，从而在节省能源的同时不影响用户业务的服务质量。

具体来说，基于移动流量预测实现基站节能的流程可以如下进行（见图 5-1-2）：

首先，通过网络管理系统或专门的数据采集系统获取基站的流量数据。然后，利用历史数据对未来时段的基站流量需求进行预测。根据这些预测数据，结合设定的阈值和相邻基站的休眠策略，确定基站的休眠时间。接着，将休眠策略下发给基站执行。同时，实时监测和评估预测模型和休眠策略的实际效果，并进行优化调整。此外，类似的流量预测方法也可以用于其他网络资源管理策略，如接纳控制和移动性管理等。

在网络安全管理层面，流量预测作为重要手段，可以提升威胁识别和预警能力、优化安全资源配置、提高安全事件响应效率，帮助运营商提升网络安全防护能力，降低安全风险。例如，根据流量预测结果，分析识别网络流量突然激增或异常波动的情况，发现异常流量模式，甚至推理识别出网络攻击等潜在威胁，并提前制定应急预案，从而提高安全事件响应效率，以便在安全事件发生时能够迅速采取有效措施，降低损失。再如，运营商可以根据流量预测结果，预测某一区域发生网络攻击的可能性。流量预测可以帮助运营商根据预测的流量情况，合理配置安全资源，提高安全防护效果。又如，运营商可以根据流量预测结果，在流量密集区域增加安全设备的部署，从而提高该区域的安全防护能力。

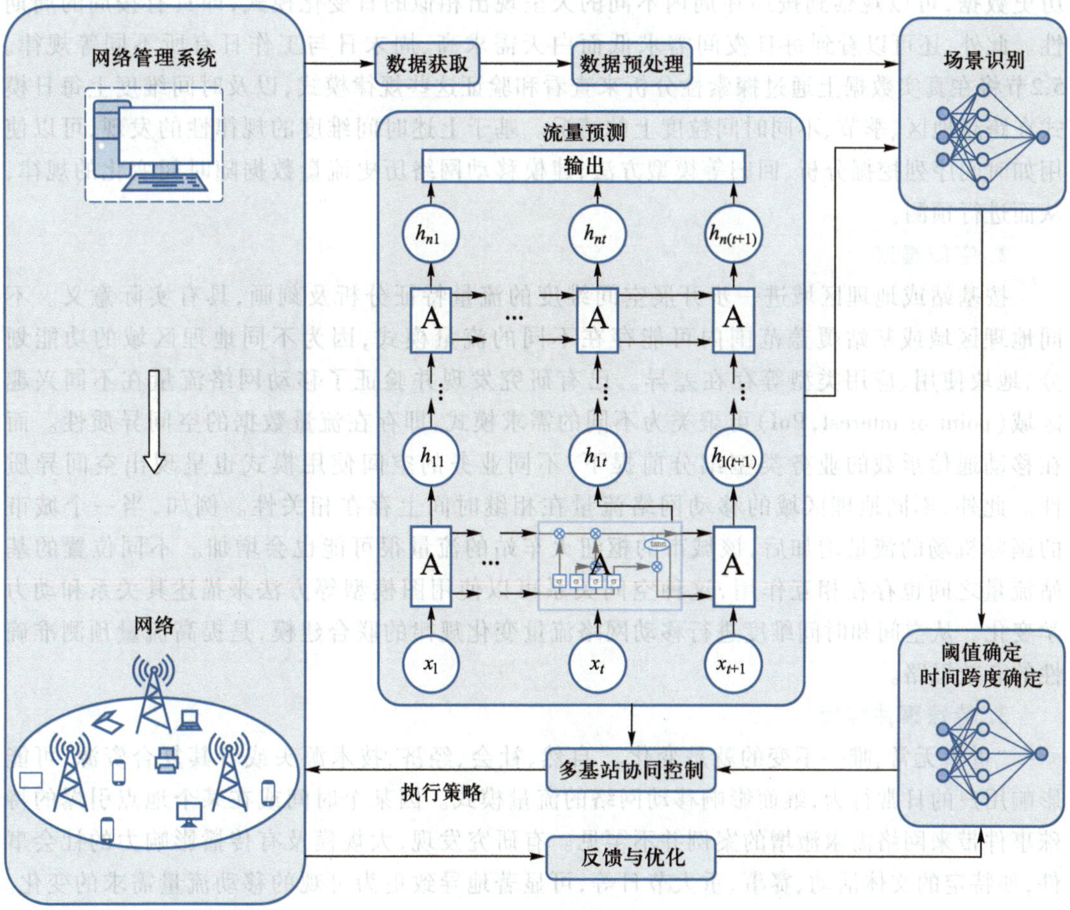

图 5-1-2 基于流量预测的移动通信网络基站节能流程

5.1.3 人工智能在流量预测中的应用

精准的流量预测对确保移动网络智能化的效果及性能至关重要。如前所述,流量预测可建模为时间/时空序列预测问题。围绕时间序列预测问题的模型已有多年的研究,其目标是通过对历史观测值的分析,发现数据中存在的时间相关性模式,并利用这些模式来预测未来时间的数值。而对于时空序列预测问题,数据间除了存在时间相关性,还存在空间相关性。因此需要通过发现数据的时间和空间相关性模式来预测不同空间上未来时间的数值。

移动网络中的流量数据,通常反映了用户对通信需求的变化,并与用户移动性和行为模式密切相关,在时间维度和空间维度都表现出特定的规律性。此外,流量数据的变化还受到各种不确定的特殊事件引发的异常移动和通信行为的影响。因此,流量预测需要首先分析移动网中的流量数据在时间维度、空间维度及特殊事件维度方面所表现出的相关性和模式,作为预测模型构建的基础信息。

1. 时间维度

移动通信流量的变化往往遵循一定的时间维度的规律。通过分析多个基站的流量负载历史数据,可以观察到按周在周内不同的天呈现出相似的日变化模式,即具有按周的周期性。此外,还可以看到每日夜间需求低而白天需求高、周末日与工作日有所不同等规律。5.2节将在真实数据上通过探索性分析来查看和验证这些规律模式,以及时间维度上每日模式在跨越地区、季节、不同时间粒度上的情况。基于上述时间维度的规律性的发现,可以使用如时间序列挖掘分析、回归等模型方法,建模移动网络历史流量数据随时间变化的规律,从而进行预测。

2. 空间维度

按基站或地理区域进一步开展空间维度的流量特征分析及刻画,具有实际意义。不同地理区域或基站覆盖范围内可能存在不同的流量模式,因为不同地理区域的功能划分、地块使用、应用类型等存在差异。已有研究发现并验证了移动网络流量在不同兴趣区域(point of interest,PoI)可聚类为不同的需求模式,即存在流量数据的空间异质性。而在移动通信承载的业务类型细分前提下,不同业务的空间使用模式也呈现出空间异质性。此外,不同地理区域的移动网络流量在相继时间上存在相关性。例如,当一个城市的国际机场的流量增加后,该城市的枢纽火车站的流量很可能也会增加。不同位置的基站流量之间也存在相互作用,这种空间关系可以使用图模型等方法来描述其关系和动力学变化。从空间和时间维度进行移动网络流量变化规律的联合建模,是提高流量预测准确性的有效思路。

3. 特殊事件维度

"世事无常,唯一不变的就是变化。"自然、社会、经济、技术源头或者其复合资源,可能影响用户的日常行为,继而影响移动网络的流量模式。因某个时间或在某个地点引爆的特殊事件带来网络需求激增的案例并不罕见。有研究发现,大规模及有传播影响力的社会事件,如特定的文体活动、赛事、重大节日等,可显著地导致更为可观的移动流量需求的变化。灾害等事件也会影响所涉及的基站的流量使用行为。因此,在流量预测中,对特殊事件的考虑会对预测结果产生重要影响。

时间序列预测在统计学领域已有了较为深入的研究,常用的基于统计的预测模型包括移动平均法(moving average,MA)、指数平滑法(exponential smoothing,ES)、季节性分解法(seasonal decomposition of time series,STL)、自回归移动平均模型(autoregressive integrated moving average,ARIMA)、季节性自回归积分移动平均模型(seasonal autoregressive integrated moving average,SARIMA)等。这类模型主要是利用时间序列的自相关性,通过对历史值或历史误差值的线性组合等,来建模时间序列。这类模型具有较好的可解释性,但难以捕捉数据间的非线性关系和复杂的数据模式,且不适用于长期预测。

另一类时间序列预测模型是基于机器学习的模型,包括随机森林(random forest,RF)、多元线性回归(multiple linear regression,MLR)和高斯过程回归(gaussian process regression,GPR)等。这些模型通常需要基于领域知识,先利用特征工程得到模型输入,再利用模型对选择的特征和历史数据拟合与待预测的目标变量之间的关系,利用训练数据学习合适的模型参数,继而对未来的时间训练值进行预测。基于机器学习的模型也具有较好的可解释性和一定的适用性,但同样存在建模非线性关系的能力差,并受到数据特征假设限制,长期预测能力较弱的问题。

近年来,基于深度学习的算法在移动网络流量预测领域取得很大进展。深度学习模型能够处理和挖掘时间序列数据中复杂的非线性关系和模式,在捕捉大规模移动通信流量数据中复杂的关系与非线性特征时能有很好的表现。此外,深度学习模型突破了过于依赖人工构建特征的约束,可以通过端到端的方式学习从输入序列数据到预测结果的映射关系。基于深度学习的模型具有较强的泛化能力,能适应各种类型的时间序列数据。

目前常用的时间序列预测的深度学习模型包括前馈神经网络（feed-forward neural network,FFNN）、循环神经网络（recurrent neural network,RNN）、长短期记忆网络（long short-term memory,LSTM）、门控循环单元（gated recurrent unit,GRU）、变换器（Transformer）、卷积神经网络（convolutional neural network,CNN）等。

FFNN 作为最基础的深度神经网络模型可以用于时间序列预测,将历史观测序列数据及特征信息作为输入,利用多个隐藏层和非线性激活函数学习输入数据和下一时刻的预测值之间的关系。

CNN 模型虽然目前在图像处理方面应用较多,也可以应用在序列数据建模表示中。利用 CNN 进行时间序列数据的处理时,可以采用其变种的模型,包括一维卷积神经网络(1D CNN)、时序卷积网络(temporal convolutional network,TCN)、因果卷积网络(causal convolution network,CCN)等。

如 2.3 节所述,很适合进行时间序列处理的一类深度学习模型是循环神经网络,包括 RNN 及其变种的 LSTM 和 GRU 模型。利用 RNN 类型的序列模型进行时间序列预测时,通常可以将历史的时间序列数据以滑动窗口的形式逐段输入,利用多个单元学习序列数据间的依赖关系,最后得到单步或多步预测的结果。由于 RNN 在处理较长序列数据时存在梯度消失和梯度爆炸问题,实际应用中通常选用 LSTM 或 GRU 模型。

变换器(Transformer)模型是一种基于自注意力机制(self-attention)的深度学习模型架构。因在自然语言处理和其他序列到序列的任务中较好的性能表现,Transformer 模型也开始应用于时间序列预测任务。与 RNN 和 CNN 不同,Transformer 模型没有显式的循环或卷积结构,它使用自注意力机制计算输入序列中每个位置与其他位置的相关性,从而将全局的上下文信息融入每个位置的表示中,以支持预测。

表 5-1-2 给出了几种深度学习模型在时间序列预测应用中的性能对比。

表 5-1-2 基于深度学习的时间序列预测方法对比

模型名称	优点	缺点
FFNN	能够捕捉数据中的非线性关系,通过多层结构提取特征	难以捕捉序列的长距离依赖关系,存在梯度消失和爆炸问题
CNN	提取局部信息聚合得到整体信息,可以处理高维数据,利用并行计算加速计算速度	难以学习动态时间特征,没有对序列数据的记忆功能
RNN	利用记忆单元可以学习动态时间特征	序列较长时存在梯度消失和梯度爆炸现象,难以捕捉序列的长距离依赖关系

续表

模型名称	优点	缺点
LSTM/GRU	通过设计门来学习长距离的依赖关系，解决训练中较长序列的梯度消失和梯度爆炸问题	参数较多，不能并行运算，计算成本较高，缺少邻近数据时预测性能较差
Transformer	能够并行处理整个时间序列，更好地捕捉长距离的依赖关系。自注意力机制可以学习到序列不同位置的重要性，扩展性好	计算资源消耗大，训练数据需求量大，存在序列中时间顺序信息的损失

深度学习模型通过分析历史流量数据，确定历史流量序列对未来序列的长期或短期影响，学习历史的流量趋势、规律和季节性变化等特征，或者根据自注意力、自相关机制学习出历史数据在点和点之间、序列段和序列段之间的相互影响，并基于这些特征或影响来预测未来的流量趋势，在移动网络流量预测这类复杂多变时间序列预测任务中，能够获得较好的预测性能。

针对时空序列预测问题，可以在时间序列预测的基础上，通过多个不同空间位置的时间序列模型的联合应用来达到时空序列预测的目标。为了达到更好的预测性能，不同空间位置的数据的相关性的建模具有重要意义。这种空间相关性的建模，可以通过利用 CNN 在处理二维图像数据时，建模不同像素点或不同图像区域间的依赖关系的能力来实现。也可以利用专门建模空间关系的模型，例如，图神经网络(graph neural network，GNN)学习不同空间位置的数据间的依赖关系来完成空间表示建模。在 5.4 节和 5.5 节将通过具体的案例来学习利用时间序列流量预测和时空序列流量预测的建模方法。

基于人工智能的流量预测的整个过程，包括数据采集与数据预处理、模型建立与特征提取、模型训练与预测，以及根据相应性能指标对模型进行评估等环节。

5.2 移动通信网络流量数据

移动通信网络智能化中进行流量预测所利用的数据，包括了移动网络中各类网元产生的数据，如无线网中的基站、核心网中的路由器和交换机产生的流量数据或设备的性能指标数据等；来自移动网络运营商的记录的流量数据、网络性能监测数据等；来自网络内容提供商采集的移动应用和云平台的流量数据等。基于这些数据的预测分析为移动网络的智能化提供了重要基础。

由于移动网络数据反映了用户的通信和移动行为规律，以及网络运行的规律，涉及用户和网络的各类敏感信息，数据的采集、存储、应用及开放共享都需要着重考虑数据安全和隐私保护问题。因此，移动网络智能化中所应用的流量数据大多为网络设备商、网络运营商、网络内容服务商的私有数据集。然而，数据驱动的人工智能技术的发展离不开行业数据的开放和共享。人工智能在计算机视觉和自然语言处理领域的应用和飞速发展很好地印证了这一点。近年来，移动通信网络领域中也发布了不少来源于真实的移动网络流量数据的数据集,极大地推动了移动网络智能化技术研究的进展。此外,在缺少真实数据的应用场景或领域中,基于各种数据仿真和生成技术的移动网络仿真数据集也为基于人工智能的技术发展提供了一定的研究基础。

5.2.1 移动通信网络的流量数据集

用于移动通信网络流量预测的数据主要包含两类:时间序列流量数据和时空序列流量数据。目前已有的用于流量预测的公开数据集中,时间序列流量数据主要对应单个基站的流量数据,使用的来自运营商的基站流量数据,是根据通话详单记录(call detail records, CDR)数据汇聚后得到的以 5 分钟为时间间隔的单个基站的流量数据。还有的研究工作采用的是在用户侧通过抓包软件采集的数据包的相关特征数据,如包的到达/离开时间、包长度、包类型等,再通过汇聚得到不同时间片内的流量数据等。国内可用的有中国移动运营商为网络流量预测竞赛所提供的数据集,包括 3 个城市近 2 年的以小时为单位的汇聚的流量数据。尽管数据集是针对 3 个不同城市的,但是数据中的流量是以城市为单位的汇聚数据并没有包含基站或区域的空间信息,因此其流量预测属于时间序列预测问题。

时空序列流量公开数据集通常也由运营商提供,涉及某一城市区域某个时间区间内的多个基站流量数据。例如,大量流量预测模型使用的意大利电信发布的某城市的流量数据集,该数据集是根据 CDR 数据按时间和区域汇聚后得到的区域流量数据,包含收发的短消息(short messaging service, SMS),呼入/呼出电话及用户上网数据。此外,时空序列流量数据还包括中国电信运营商提供的某城市区域的 3 233 个基站 9 481 个用户匿名处理后的 6 个月的轨迹数据,该数据包含单个用户以基站经纬度为空间坐标的轨迹信息。本章参考中提供的时空移动数据集格式模板,构建了基于移动 CDR 的时空流量数据。移动 CDR 数据记录了有关移动运营商用户包含通话、短信和访问互联网等各种类型的通信活动时的详细信息,例如,通信活动开始和结束时间、用户 ID、通信类型及通信所接入的基站信息等。由于所接入的基站本身还有空间位置属性,CDR 数据可构建用户通信活动的时间和空间数据。将同一个基站下的同一时段的用户通信数据汇聚,即可得到对应该基站空间位置和相应时间段的流量数据。

为标准化空间位置,空间区域进一步以空间栅格[①]对地理区域进行划分,如 100×100 个栅格。空间栅格划分如图 5-2-1 所示,基站物理覆盖图 C_{map},将 CDR 数据中记录的每一次通信活动汇聚到相应的栅格中。时间 t 栅格 ID=i 中的通信记录数 $S_i(t)$ 为

$$S_i(t)=\sum_{v\in C_{\text{map}}}\frac{R_v(t)A_{v\cap i}}{A_v} \tag{5-2-1}$$

其中,$R_v(t)$ 是基站覆盖区域 v 在时间 t 的记录数,A_v 是覆盖区域 v 的面积,$A_{v\cap i}$ 是 v 和正方形栅格 i 之间的空间交集的面积。这样就将来自基站不规则覆盖区域的流量映射为标准的以栅格 ID 指示其空间位置的栅格流量数据。

---

① 栅格也可称为"网格"(grid)。

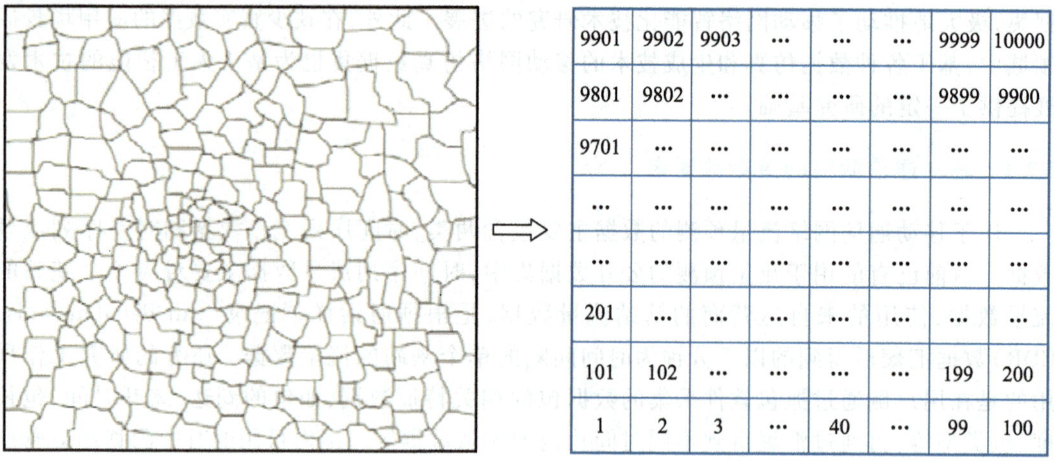

图 5-2-1　物理区域基站流量汇聚到栅格

在时间层面，汇聚以 1 h(60 min)为单位进行。对应收发短信和呼入/呼出通话，每次用户发生此类通信行为时，均产生一条对应的 CDR 记录。对于互联网访问通信行为，每次用户开始发起或结束一个互联网连接时都会生成一条 CDR 记录，此外，如果连接持续超过 15 min 或者传输超过 5 MB 时，也会生成一个 CDR 记录。数据集中分别包含这 5 种类型的通信类型汇聚的流量数据，其在空间维度分为 100×100 个栅格，时间维度按照 1 h 汇聚，跨度 2 个月时长，从 2013 年 11 月 1 日 0 时起，到 2013 年 12 月 31 日 24 时结束。CDR 时空数据集的示例如表 5-2-1 所示。

表 5-2-1　CDR 时空数据集的示例

Grid_ID	Time_interval	SMS_in_activity	SMS_out_activity	Call_in_activity	Call_out_activity	Internet_traffic_activity
1	1388273400000	0.162725247	0.062998709	0.027300465	0.081901395	8.914049649
1328	1383321600000	2.3850435271025567	1.5425292387024614	0.715034476171733	0.715034476171733	10.165298319695756
3429	1383303600000	0.014549272120518101		0.4760817842968961		
6944	1383294600000	0.31851312801033266	0.33649680255471726	0.6968008363018905	0.3742376730813567	6.4613549161821435

表中各个字段的含义如下。

Grid_ID：栅格 ID。

Time_interval：以毫秒为单位的通信活动开始时间。将这个值加上 3 600 000 ms(1 h)就可以得到时间维度汇聚的时段结束时间。

SMS_in_activity/SMS_out_activity：与给定 Grid_ID 和 Time_interval 内的接收/发送短信数量成正比的接收/发送短信活动流量。这里给出的接收/发送短信数量并不是真实的短信数量，但是和真实的短信数量成正比，因此其变化规律和真实情况是一致的。其他通信类型的数据都做了类似处理。

Call_in_activity/Call_out_activity：与给定 Grid_ID 和 Time_interval 内的呼入/呼出通话数量成正比的呼入/呼出通话活动流量。

Internet_traffic_activity：在给定 Grid_ID 和 Time_interval 内产生的移动互联网访问流量。本章节的案例选择 Internet_traffic_activity 字段对应的互联网访问流量数据作为探索性分析和预测处理的移动流量数据。

5.2.2 移动通信的流量数据探索性分析

本节从具体案例出发，围绕拟开展预测的流量数据进行探索性分析，主要在时间和空间方面分析流量变化的特点和规律，从而为时间序列流量预测和时空序列流量预测建模提供基础。

代码 5-1：导入所需库函数并加载移动流量数据

数据集对应空间栅格为 100×100，数据处理量较大。为了便于学习并实践本章中的代码，这里将该数据进一步聚合为 20×20 的栅格，以减少计算开销和复杂度。数据处理中，将数据导入及加载所需 Python 代码可参考二维码 5-1。

1. 流量数据的时间维度特征分析

移动流量数据是一种随时间变化的数据。单个栅格区域中的流量数据可以看作时间序列数据，在时间维度上呈现出临近性、周期性和趋势性等特征。下面，将以移动流量数据中某个栅格为例，分析其流量数据在时间维度上的特性。

代码 5-2：单个区域一天的流量值折线图绘制（第 45～77 行）

移动流量数据在时间维度呈现出临近性，即相距较近的时间点的流量值更接近，而相距较远的时间点的流量值则变化会更大。因为通常情况下，由用户移动和通信行为产生的流量数据经过聚合后吸收了个体产生流量可能出现的突变，所以相邻时间点的流量数据会更相近。理解这种临近性特性为流量预测模型的构建提供了支持。

对某个 ID 的栅格在一天（24 h）的流量观测值绘制折线图，如图 5-2-2 所示，其代码可参考二维码 5-2。

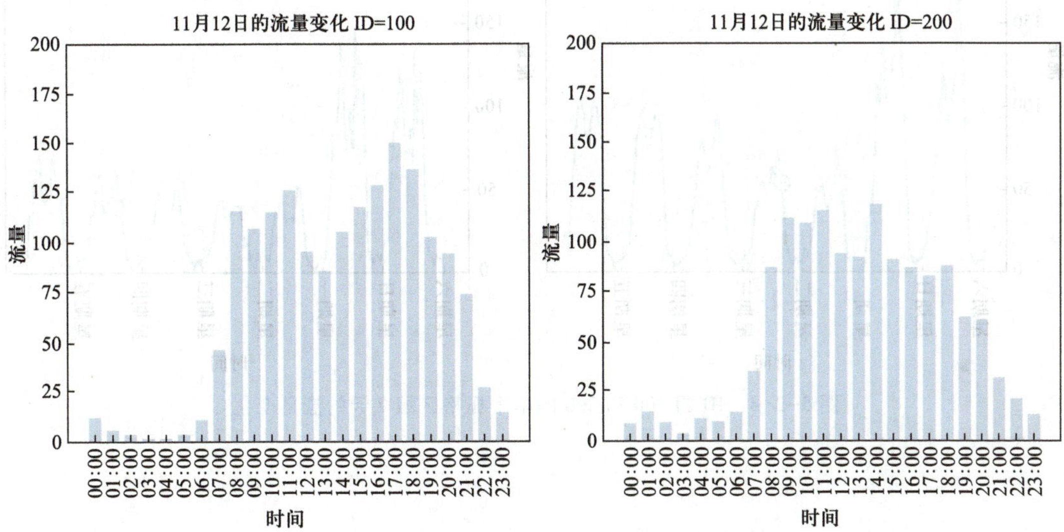

图 5-2-2 ID 为 100 和 200 单个栅格一天流量值变化

由图 5-2-2 可以明显看出，移动流量值在凌晨 0~6 点普遍偏低，在凌晨 4 点左右达到一天的最低值。随后逐渐升高，在上午 11 点左右达到高位。下午 2 点左右出现一定下降。ID 为 100 的栅格区域下午 5 点左右流量达到一天内的峰值，而 ID 为 200 的栅格下午 2 点左右达到流量峰值。之后流量值开始逐渐降低。图中流量变化整体较为平稳，可以看到其具有时间临近性。

下面分别针对 7 天和 60 天的数据，观察不同栅格区域的流量在较长时间内的变化，其代码可参考二维码 5-3。

代码 5-3：移动流量在较长时间内的变化（第 79~132 行）

ID 为 100 和 200 的单个栅格区域 7 天的流量变化如图 5-2-3 所示，ID 为 100 的单个栅格区域 60 天的流量变化如图 5-2-4 所示。从图 5-2-3 中可以明显看出，移动流量在时间维度具有周期性，这是用户的活动方式，例如，社交、工作和生活习惯等通常具有周期性所致。从图 5-2-4 中可以观察到，栅格内的流量存在一个以 7 天，即 1 周为单位的变化周期，以及一个以 1 天为单位的周期性。事实上，如果能够采集更长时间的数据，则可查看在更长的时间尺度下，如月或年的周期性。流量的时间周期性特征有时候抑制了时间临近性特性。例如，图 5-2-3 中，ID 为 100 时，周一上午 8 点和周二上午 8 点的流量值更接近（标点处），尽管周一上午 8 点和上午 11 点更临近但和上午 11 点的流量值差距更大。

对流量周期性的分析可以为流量预测的建模提供重要信息，通过一定的方式将周期性特征引入模型，对模型预测性能的提升具有实际意义。

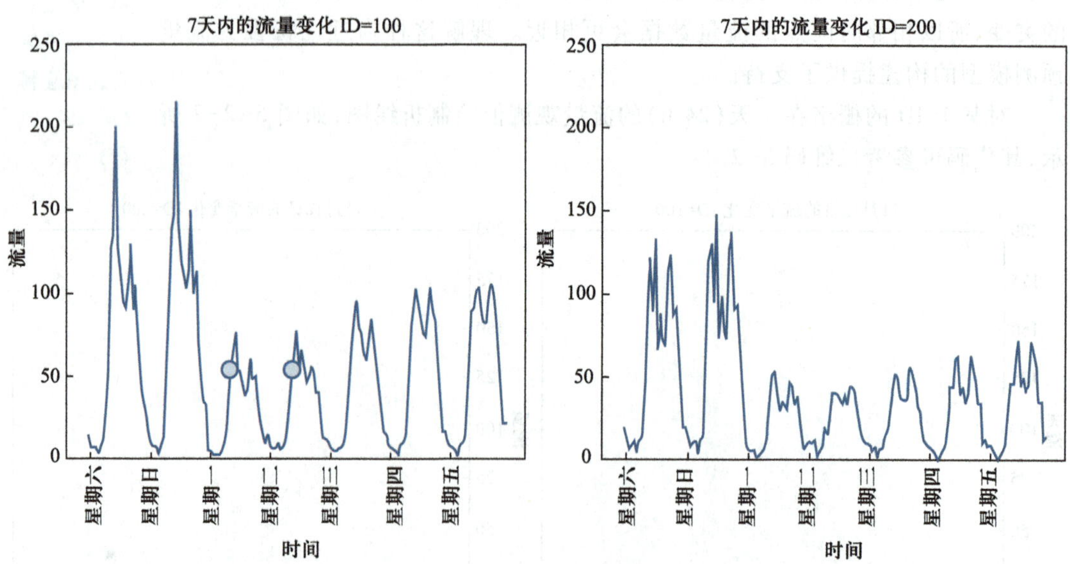

图 5-2-3　ID 为 100 和 200 的单个栅格区域 7 天的流量变化

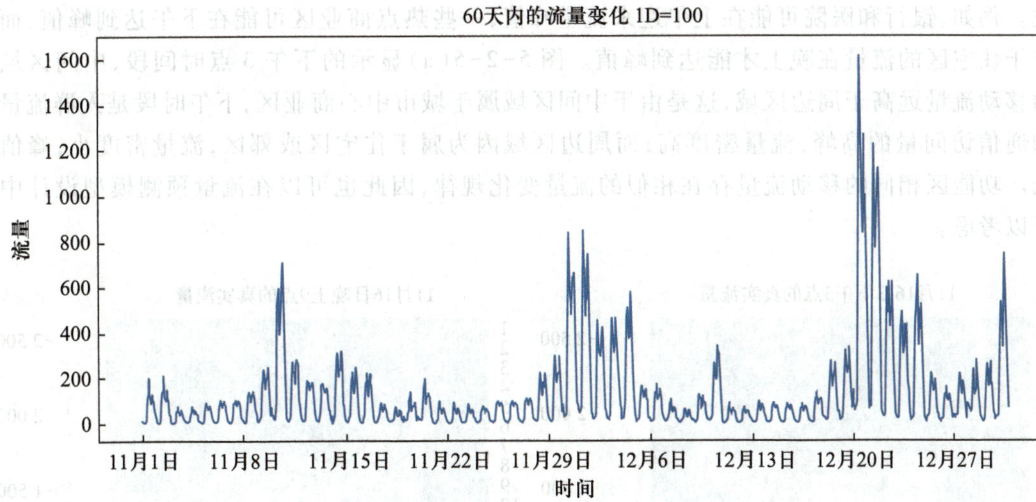

图 5-2-4 ID 为 100 的单个栅格区域 60 天的流量变化

从图 5-2-4 的 60 天流量变化中可以看到流量值在 12 月 21 日后有明显上升。因为这里分析的数据是互联网访问数据,所以图中显示的流量增长,可能是由于节日来临导致的互联网访问量增大。这一方面体现出流量的增长趋势,另一方面还可以看到节假日对流量变化的影响。因此在流量预测模型设计中,这种趋势特征的捕获,以及特殊事件的影响都应纳入考虑的范畴。

2. 移动流量数据的空间维度特征分析

由图 5-2-3 可以看到,ID 为 100 和 200 的栅格区域中的数据流量虽然在时间特征上具有一定的相似之处,例如,都具有以天为单位的周期性,每天会有两个高峰时段等。但这两个区域的流量仍存在一定差异,说明移动流量在空间分布上的规律特征也待挖掘。

移动流量数据在空间维度的特征,主要包括空间相关性和语义相关性两个重要的属性。

下面以热力图的形式对移动流量数据空间上的分布进行探查。热力图是一种数据可视化技术,通过不同的色温或饱和度来表示数据的大小,能使人们对数据有较为直观的感受。流量分布热力图绘制代码可参考二维码 5-4。

代码 5-4:流量分布热力图绘制(第 135 ~ 164 行)

图 5-2-5 给出了移动流量数据在 11 月 16 日下午 3 点和晚上 9 点的流量分布。图中颜色越亮的区域流量越大,越暗的区域流量越小。从图中分析,中心城区的流量高于周边区域,下午 3 点的流量明显高于晚上 9 点的流量。此外,不同区域的流量颜色过渡较平滑,反映出移动流量在空间维度具有邻近相关性,即相邻区域的流量比距离较远区域的流量更为相似,这符合地理学第一定律①。

移动流量在空间上除了具有邻近相关性,还具有一定的语义相关性。这里的语义相关性是指不同的城市功能区,如银行、CBD、住宅、大学城、医院等,流量模式和其功能特点相

① 地理学第一定律(Tobler's first law of geography),由沃尔多·托布勒提出,主要观点为"所有事物都与其他事物相关,但是近处的事物总比远处的事物更相关"。该定律是空间相关性和空间自相关性的概念基础。

关。例如,银行和医院可能在上午迎来流量峰值,一些热点商业区可能在下午达到峰值,而位于住宅区的流量在晚上才能达到峰值。图 5-2-5(a)显示的下午 3 点时间段,中间区域的移动流量远高于周边区域,这是由于中间区域属于城市中心商业区,下午时段是人群流量和通信访问量的高峰,流量密度高;而周边区域因为属于住宅区或郊区,流量密度小,峰值低。功能区相同的移动流量存在相似的流量变化规律,因此也可以在流量预测模型设计中予以考虑。

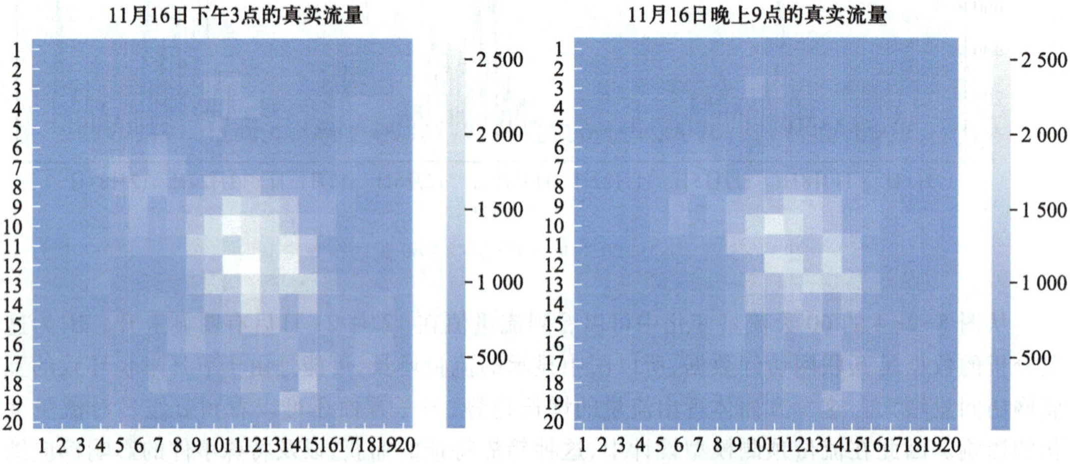

(a) 11月16日下午3点的流量分布　(b) 11月16日晚上9点的流量分布

图 5-2-5　11 月 16 日下午 3 点和晚上 9 点的流量分布

3. 移动流量数据的外部因素影响

有多种外部因素会对流量预测产生影响。节假日和社会事件是影响移动流量的重要因素,例如,春节、体育赛事或者大型娱乐活动期间,各相关赛事或活动,都会影响数据流量的消费模式。在节假日期间,人们有更多的时间出行和娱乐,因此移动流量会出现明显的上升趋势,如图 5-2-4 所示,在移动流量数据的探索分析中,ID 为 100 的栅格区域,在 12 月 20 日—12 月 26 日的移动流量值比平日明显有提高,可能受到元旦等节假日活动的影响。另外,天气状况和自然灾害,例如,暴雨、大雪和沙尘暴等极端天气,甚至地震和海啸等自然灾害等都会导致流量发生不同于通常情况的改变。在寒冷的天气下,人们更有可能使用移动设备来娱乐和交流,因此移动流量也会出现上升趋势。因此,在流量预测模型中引入外部因素的特征信息,会有效提升对应外部因素发生时的流量预测准确性。

5.3 流量预测建模

针对移动网络流量进行预测的建模,即通过构建模型捕捉或表示数据蕴含的决定可预测性的规律,具体可以分为时间序列预测和时空序列预测两大类,有基于传统的时间序列建模、基于机器学习的建模、基于深度学习的建模等多种方式实现。一些代表性的流量预测建模分类如表 5-3-1 所示。

表 5-3-1 流量预测的模型分类

建模方法类别	模型举例
基于传统的时间序列建模	自回归移动平均模型及变体、分量分解的拟合/回归(线性或非线性)等
基于机器学习的建模	隐马尔可夫模型(hidden markov model,HMM)、条件随机场(conditional random field,CRF)、K 近邻算法、支持向量回归(support vector regression,SVR)等
基于深度学习的建模	循环神经网络(RNN)、长短期记忆网络(LSTM)、变换器(Transformer)、卷积神经网络(CNN)、图神经网络(GNN)等

5.3.1 时间序列和时空序列流量预测模型

1. 移动流量数据时间维度建模

时间序列和时空序列流量预测都需要针对时间维度的流量特性及不同时间之间的依赖关系进行建模。从时间维度来看,流量预测需要考虑数据的时间序列特征挖掘,即在一组基于时间顺序排列的有序的数据序列中,挖掘出经常出现的序列组合模式,在时间上有规律出现的数据序列,并利用这些序列模式来预测未来的移动流量。

序列模式挖掘的结果,可以揭示依赖于当前步骤输入的输出,以及依赖于之前其他步骤输入或输出的模式。在序列挖掘领域,基于机器学习的建模方法中,隐马尔可夫模型和条件随机场、K 近邻算法、支持向量回归等被广泛应用。

隐马尔可夫模型可以建模序列中的状态转移概率,将时间序列的观测序列建模为隐藏马尔可夫过程,它通过学习隐藏马尔可夫过程的参数来预测观测序列的未来状态,能够捕捉时间序列的隐藏趋势或模式。条件随机场则是一种判别式模型,它将序列预测问题建模为图模型问题,通过学习图模型中的参数来学习输出序列的条件概率分布,条件随机场可以用于捕捉输出序列之间的依赖关系,从而提高预测的准确性。K 近邻算法是一种简单但有效的方法,对于给定的数据点,将它与训练集中最近的 K 个数据点进行比较,然后根据这 K 个数据点的值来预测该数据点的值。支持向量回归是一种非线性回归方法,它将目标函数定义为一个支持向量机问题,即将输入数据映射到一个高维特征空间中,然后在该特征空间中找到一个超平面,使得训练集中的数据点尽量远离该超平面,通过求解这个支持向量机问题来找到目标函数的最优解。

基于深度学习的建模方法中,如循环神经网络和长短期记忆网络,也广泛应用于处理序列数据。同第 2 章中所介绍的,RNN 通过循环连接,将 $t-1$ 时刻输出的隐藏状态 h_t 输到下一时间步 t 的神经元中,存储并传递历史信息,从而捕捉时序数据在时间上的依赖关系。由于 RNN 存在梯度消失和梯度爆炸问题,RNN 的变体,如长短期记忆网络(LSTM)和门控循环单元(GRU)等被提出并得到广泛应用。LSTM 网络通过输入门、遗忘门和输出门分别决定是否允许新输入进入、删除不重要的信息或通过其确定当前时间步的输出,从而学习输入数据的长期依赖关系。

移动流量预测针对时间序列特征挖掘以捕获时间依赖性的需求,可以利用上面所述的各类模型来实现。由于流量数据是以连续的时间步持续到达，为了将其转换为模型可以处理的格式，需要对流量数据进行时间窗的划分。图5-3-1给出了一个基于RNN的流量预测示例。通过划分时间窗，可以将流量数据组织成模型的输入序列，每个序列包含时间窗内的数据，如图中的$\{\boldsymbol{x}_{t-n},\boldsymbol{x}_{t-n+1},\cdots,\boldsymbol{x}_{t-1}\}$作为模型输入，使模型可以基于$t-n$到$t-1$时间步的流量信息，预测第$t$时刻流量$\hat{y}_t$。通过时间窗的设置，可以使模型学习历史数据中的模式和趋势，捕捉数据间的时间相关性。时间窗的大小决定模型在预测时考虑多少历史数据，较大的时间窗可以学习更多的数据模式及数据间的时间依赖关系，但会增加模型的复杂性和计算开销。时间窗过小则会导致模型无法捕获时间模式中的长期趋势。通过对时间窗进行滑动，可以从原始的时间序列中生成训练数据，训练数据包括模型的输入及相应的输出值，如图中的$\{\boldsymbol{x}_{t-n},\boldsymbol{x}_{t-n+1},\cdots,\boldsymbol{x}_{t-1}\}$和$\boldsymbol{x}_t$分别构成了模型的输入和输出标签，即预测流量在第$t$时刻的真实值$\boldsymbol{y}_t=\boldsymbol{x}_t$。

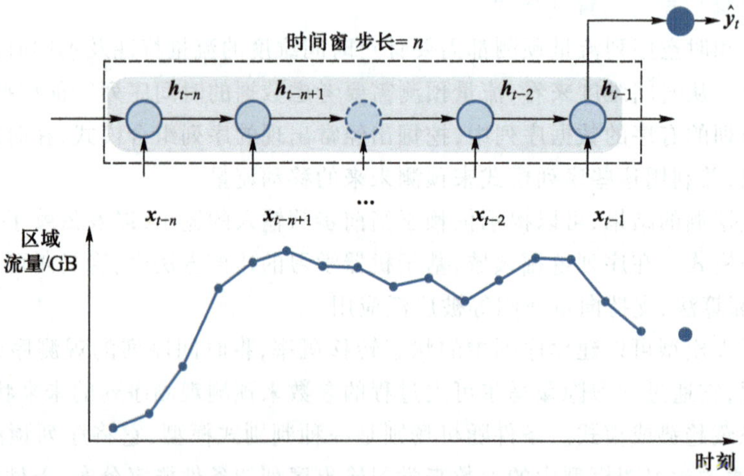

图5-3-1　利用RNN模型进行流量预测示例

流量预测模型的损失函数可以采用Huber损失函数。Huber损失——平滑平均绝对误差，是一种对异常值较为鲁棒的损失函数。它集MAE与MSE的优势于一身①，即将两者的优势集中在一起而尽可能地规避劣势，通常表示为

$$\boldsymbol{L}=\sum_{i=1}^{N}\begin{cases}\dfrac{1}{2}(\boldsymbol{y}_i-\hat{\boldsymbol{y}}_i)^2 & |(\boldsymbol{y}_i-\hat{\boldsymbol{y}}_i)|\leqslant\boldsymbol{\delta},\\ \boldsymbol{\delta}|\boldsymbol{y}_i-\hat{\boldsymbol{y}}_i|-\dfrac{1}{2}\boldsymbol{\delta}^2 & |(\boldsymbol{y}_i-\hat{\boldsymbol{y}}_i)|>\boldsymbol{\delta}\end{cases}\tag{5-3-1}$$

其中，$\boldsymbol{y}_i$是第i个时间步的流量真实值，$\hat{\boldsymbol{y}}_i$是模型预测值，N是预测样本数，$\boldsymbol{\delta}$是一个预先设定的阈值②。

① 在梯度下降时，MSE较MAE更为准确，而在异常值出现时，MAE较MSE更加鲁棒。

② δ作为超参数，需要在训练中选择，选取直接影响训练效果的好坏。在本章所有采用Huber损失函数的案例中，δ默认取值为1.0，建议读者使用交叉验证法选取其他更为合适的超参数δ，或尝试其他的损失函数。

除了循环神经网络，一维卷积神经网络（1D CNN）也可以用于对移动流量数据在时间维度上的建模，它能够有效捕获时间序列数据中的局部，并通过堆叠多个卷积层和池化层，在更高层次中捕获更复杂的模式。同时，1D CNN 对时间序列的平移不变性，使其能够识别与具体时间点无关的模式，从较短的时间片段中提取有效特征，并且这些特征在时间片段中的位置不具有相关性。时间卷积网络（temporal convolutional network，TCN）作为一种专门为时间序列数据设计的卷积神经网，通过因果卷积（causal convolution）和扩张卷积（dilated convolution）可以有效地扩展感受野，从而更好地捕获时间序列数据中的长期依赖关系，同时学习到不同时间尺度下的模式和特征。因而在时间序列流量预测中可以取得较好的性能。此外，在 Transformer 模型提出后，因其强大的建模序列数据能力，也被应用于时间序列预测中。Transformer 模型通过自注意力机制可以更好地捕捉数据间的长期依赖，且由于自注意力机制可以方便地实现并行计算，因此可以更有效地利用硬件资源，提高运行效率。

在进行流量时间序列预测时，输入流量通常是一个非常长的观测序列，因此即使采用各种可对时间序列长期依赖关系建模的模型，在流量波动剧烈，或受到不同的周期特性及外部事件影响的情况下，模型的预测性能仍然具有很大挑战。在预测模型中融入移动流量预测领域的知识，并在模型构建中融入，有助于进一步提升预测的准确性。在第 5.4 和 5.5 节的案例中，将通过具体的流量预测实例，了解流量预测模型的设计和实现方法，并对不同方法的特点及性能进行评估和分析。

2. 移动流量数据空间维度建模

移动流量数据在空间维度的建模主要是通过学习和捕获不同空间位置上的流量间的关联关系，提升流量预测的准确性。不同区域的流量变化，与区域的功能，如居民区、商务区等，以及移动用户在区域间的移动规律存在相关性。地理分布上的相邻区域，或具有同样功能的区域之间，其流量分布都可能存在一定的相似性。因此通过对流量空间维度的建模有助于发现区域间可能存在的相互影响和相互作用，并基于此来提升流量在空间维度上的预测性能。

移动流量数据的空间建模首先需要进行空间流量的表示，两种常用的方法如下：一是将流量分布用栅格划分，将不同栅格区域内的流量对应为图像（image）像素点的取值；二是利用图（graph）的形式来建模流量的空间特性，即将单个小区或多个小区聚合区域的流量构建为图的节点，基于区域间的相对位置或流量分布相似性等信息表示为节点间的关系。这两种表示方法如图 5-3-2 所示。

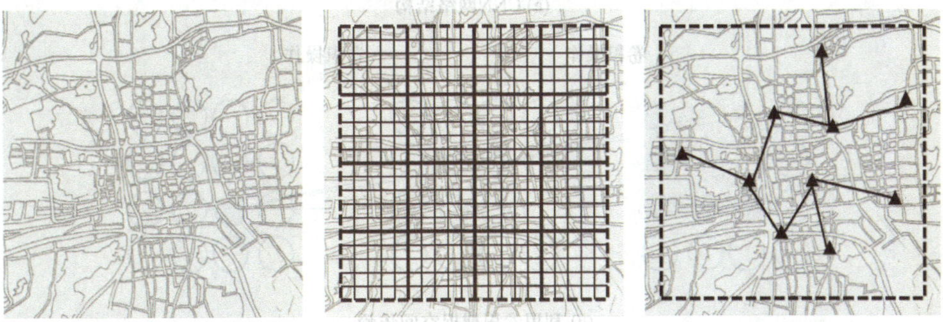

(a) 需要建模的空间区域　　(b) 基于图像的表示　　(c) 基于图的表示

图 5-3-2　移动流量数据空间维度表示的两种方式

将流量数据看作图像是指将待研究的区域以一定空间粒度划分成栅格，将一个栅格内的流量总和看成图像中的一个像素点的灰度值，这样整个地区的流量就可以看成一幅灰度图，如图 5-3-2(b)所示。将流量数据抽象为图像之后就可以使用图像处理中的常用模型，如 CNN 来捕获空间特征。

如第 2 章中介绍，CNN 是一类擅长分析和处理视觉图像的深度神经网络。由于其在空间域中具有较强的捕获相关性能力，因此被广泛用于移动流量数据等的时空数据挖掘，特别是如图 5-3-2(b)所示的时空栅格数据。典型的 CNN 模型如图 5-3-3(a)所示，通常包含输入层、卷积层、池化层、全连接层和输出层。卷积层是 CNN 的核心，它利用可学习的卷积核对输入数据进行滤波操作，通过在输入数据的局部区域进行滑动，提取局部特征。池化层将沿着给定输入的空间维度执行下采样，以减少参数的数量。全连接层将上一层中的每个神经元连接到下一层中的每个神经元，以学习用于预测的最终特征向量。

CNN 模型进行移动流量空间维度建模时，利用其卷积算子来捕获空间依赖。在进行图像处理时，经典卷积的输入是张量，如 RBG 图像数据。将 CNN 应用于移动流量预测时，每个像素点可以是所属栅格区域中的流量数据值，也可以将多个对应该位置下不同时间点(如前一个时刻、前两个时刻及前三个时刻)采集的数据，或者不同维度采集的数据(如上行和下行流量、功率等)，规整在每个像素点的多个通道进行表示。如图 5-3-3(b)所示，通过

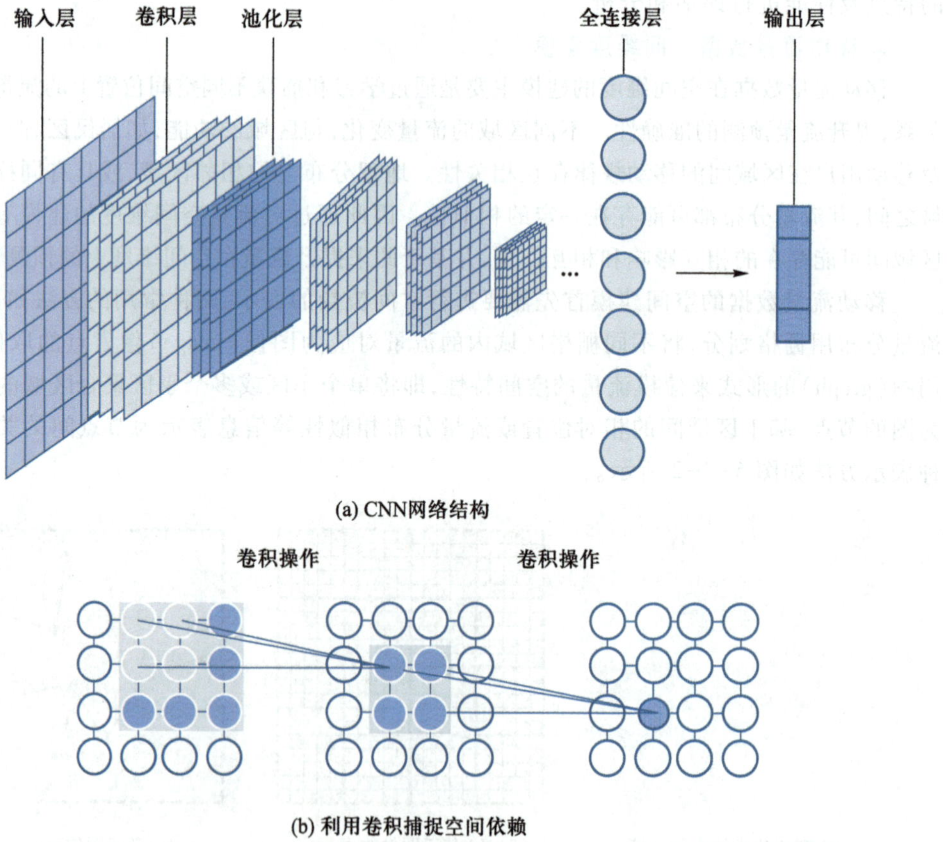

图 5-3-3　CNN 网络结构与卷积过程

使用卷积操作,在一个卷积层中可以有效地捕捉到空间区域中的邻近区域的局部依赖关系。卷积层通过卷积核的滑动,将输入数据和卷积核进行逐个元素的相乘和求和,使其能够对相邻区域的特征进行感知和提取。当引入更多的卷积层时,可以进一步捕捉到远距离的空间依赖关系。随着层数的增加,卷积网络可以学习到待预测的移动网络更大范围内的空间特征,并通过多层卷积操作将这些特征传递下去,从而在更深的层次上捕捉到不同尺度和更大区域之间的依赖关系。

除了将流量数据表示为图像数据,还可以用图(graph,G)的形式来对移动流量数据的空间特征进行建模,如图 5-3-2(c)所示。图用点和边的元素形式来对不同的网络关系结构进行建模表示。例如,将移动网络定义为一个带权重的有向图 $G=(V,E,W)$,V(Vertex)为图的顶点集合,每个顶点可以对应基站或多个基站聚合的区域中的移动流量。E 是边的集合,表示顶点之间存在关系。在对移动流量数据进行空间建模时,可以定义不同的顶点间关系,例如,相应的顶点是否空间相邻,顶点间的空间距离,或顶点间存在流量相似性,如果关系存在方向性,则可建模为有向图,当空间上相邻、空间距离超过阈值,或流量相似性超过阈值时,则顶点之间存在边。W 是一个带权重的邻接矩阵,它代表了顶点之间关系对应的权重,例如,可以将空间距离、流量相似度作为边的权重。

利用构建图的方式对移动流量的空间信息及空间关联信息表示后,就可以使用深度学习领域内受到广泛关注的图神经网络来实现移动流量数据的空间建模。图 5-3-4 给出了一种广泛应用于图数据处理任务的图卷积网络(graph convolutional network,GCN)模型的结构图示。图卷积运算是一种将卷积变换应用于图结构数据的操作,可以实现对图上节点特征的聚合和更新。通过堆叠多个图卷积层,每个节点的潜在嵌入表示可以包含来自更远距离邻居的信息。这意味着每个节点的表示会融合来自多跳距离的邻居的特征,从而丰富了节点的表示能力。一旦生成了图中节点的潜在嵌入表示,后续就可以利用前馈网络,实现节点回归、分类等目标。由于图卷积运算在捕捉节点之间的相关性和节点特征方面具有强大的能力,因此它可以很好地处理节点之间复杂的依赖关系和时空交互,从而更好地实现移动网络流量预测。

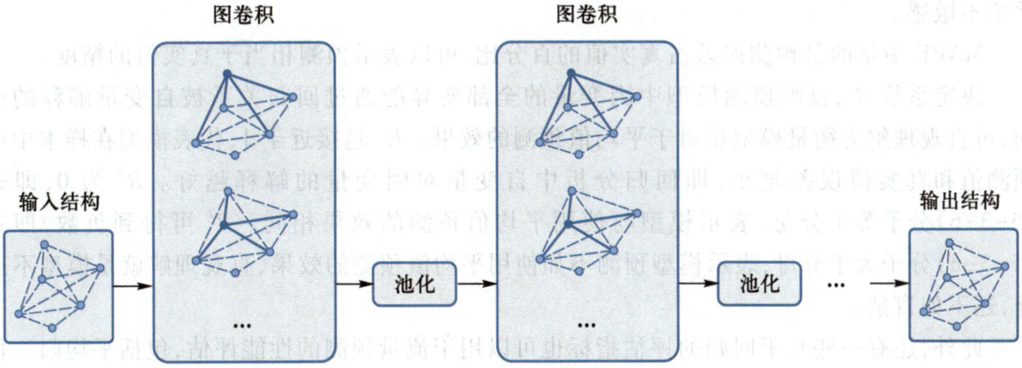

图 5-3-4 图卷积网络处理过程

移动流量数据预测可根据需求进行时间序列的流量预测及时空序列的流量预测,预测模型可基于本节所给出的基础模型及其应用原则进行构建,实现对流量数据时间维度和空间维度特性的建模。5.4 节和 5.5 节将通过具体案例给出移动流量的时间序列预测和时空序列预测的实现方法。

5.3.2 流量预测的性能指标

在进行实际的模型建立之前,本节对流量预测的性能评估指标进行介绍。一般的预测性能指标关注预测值和真实值之间的误差,该误差可通过一系列的回归评估指标来进行衡量,例如,均方误差、均方根误差(root mean squared error, RMSE)、平均绝对误差(mean absolute error, MAE)、平均绝对百分比误差(mean absolute percentage error, MAPE)和决定系数 R^2。定义真实值用 $\boldsymbol{y}$ 表示,预测值用 $\hat{\boldsymbol{y}}$ 表示,以上评估指标的计算公式通常表示如下:

$$\mathrm{MSE}(\boldsymbol{y},\hat{\boldsymbol{y}})=\frac{1}{N}\sum_{i=1}^{N}(\boldsymbol{y}_i-\hat{\boldsymbol{y}}_i)^2 \tag{5-3-2}$$

$$\mathrm{RMSE}(\boldsymbol{y},\hat{\boldsymbol{y}})=\sqrt{\frac{1}{N}\sum_{i=1}^{N}(\boldsymbol{y}_i-\hat{\boldsymbol{y}}_i)^2} \tag{5-3-3}$$

$$\mathrm{MAE}(\boldsymbol{y},\hat{\boldsymbol{y}})=\frac{1}{N}\sum_{i=1}^{N}|\boldsymbol{y}_i-\hat{\boldsymbol{y}}_i| \tag{5-3-4}$$

$$\mathrm{MAPE}(\boldsymbol{y},\hat{\boldsymbol{y}})=\frac{1}{N}\sum_{i=1}^{N}\left|\frac{\boldsymbol{y}_i-\hat{\boldsymbol{y}}_i}{\boldsymbol{y}_i}\right|\times 100\% \tag{5-3-5}$$

$$R^2=1-\frac{\sum_{i=1}^{N}(\boldsymbol{y}_i-\hat{\boldsymbol{y}}_i)^2}{\sum_{i=1}^{N}(\boldsymbol{y}_i-\bar{\boldsymbol{y}}_i)^2} \tag{5-3-6}$$

MSE 是预测值与真实值差的平方的均值,由于计算平方项会放大较大的误差,因此 MSE 对大误差的惩罚更多。RMSE 是 MSE 的平方根,与原始数据具有相同的单位,更能体现预测误差的绝对大小。

MAE 衡量的是预测值与真实值之间的绝对误差的均值,因不存在对误差的平方,对异常值不敏感。

MAPE 衡量的是预测误差占真实值的百分比,可以表示预测相当于真实值的精度。

决定系数 R^2,反映预测模型中因变量的全部变异能通过回归关系被自变量解释的比例,可直观理解为衡量模型相对于平均值预测的效果。R^2 越接近于 1,代表模型在样本中得预测值和真实值误差越小,即回归分析中自变量对因变量的解释越好。R^2 为 0,即式(5-3-6)分子等于分母,表示模型与使用平均值预测的效果相同。R^2 可得到负数,即式(5-3-6)分子大于分母,表示模型预测不如使用平均值预测的效果,直观理解就是模型不适合,还不如盲猜。

此外,还有一些基于回归的评估指标也可以用于流量预测的性能评估,包括平均归一化均方根误差(average normalized root mean squared error, ANRMSE)、均方对数损失(mean squared logarithmic error, MSLE)和绝对积累误差(absolute cumulative error, ACE)等。考虑在实际情况下的模型应用,其运行时间(包括训练时间和预测时间)也可作为评价指标。

5.4 时间序列流量预测案例

本节仍然使用按照栅格划分的移动流量数据，用移动通信中的互联网访问数据流量作为案例的预测对象。

首先回顾数据和问题：移动流量数据，在空间方面，根据经纬度将该城市划分为一个$M\times N$栅格地图，其中一个栅格代表一个区域，即空间语义位置标识栅格 ID；在时间方面，以十分钟为粒度统计每个栅格的移动流量数据，从而形成时空流量数据。对于第i个栅格（$1\leqslant i\leqslant M\times N$），第$k$时刻处的移动流量，可以表示为$x_k^i$。因此，第$k$时刻处整个$M\times N$栅格区域中的移动流量可以用$M\times N$维的向量$x_k$表示。地区的时间序列流量预测，是基于区域移动流量在一定时间窗口内的历史观测数据，例如，$\{x_{t-n},x_{t-n+1},\cdots,x_{t-1}\}$预测该区域未来时刻，如第$t$时刻的$M\times N$栅格的流量数据为$y_t$。

接下来，介绍数据的预处理，以及基于历史平均（history average，HA）的简单流量预测方法、基于自回归差分移动平均模型（ARIMA）的时间序列流量预测和基于长短时记忆单元（LSTM）的时间序列流量预测的三种预测方法。

5.4.1 数据预处理

具体预测模型方法引入之前，对时空数据的处理和准备是必要的，该环节称为数据预处理。基本预处理准备包括但不限于：数据聚合、处理缺失值、归一化等。

按照栅格划分的移动流量数据，分别用 data_11 和 data_12 来标识 2013 年 11 月和 12 月的流量数据。data_11 和 data_12 以序列化方式输入。

1. 数据聚合

首先在空间和时间维度上进行粒度上的数据聚合处理。数据聚合是指考虑到数据稀疏和计算规模等问题，对时空数据做空间和时间维度上一定粒度的聚合。本案例中，空间上将图 5-2-1 中细粒度（100×100）数据聚合成粗粒度数据（20×20）；时间粒度上，把一个栅格十分钟的移动流量数据聚合为一个小时的数据。实际应用中也可以根据不同的需求进行不同时空间粒度的聚合。

2. 数据缺失值处理

真实的情境中，数据可能会有丢失或者误报，最终体现为待处理的数据表中有缺失值，处理缺失值也是对预测发挥作用的必要环节。处理缺失值具体的做法有以下三种：第一种是直接删除。这是最简单和最直接的做法，通常也是最有效的。它的缺点是可能会丢失一些信息。具体操作可以是删除包含缺失数据的样本或删除具有过多缺失数据的特征。第二种是补全。在这种方法中，使用规则或模型来填充缺失数据。这种方法的缺点是可能引入噪声。具体操作包括使用平均值、中位数、众数等统计量来替换缺失值，或者建立一个模型来预测缺失的数据。第三种是忽略。某些模型，例如，随机森林，在处理数据缺失时具有内置的能力，无须对缺失数据进行任何处理。这种方法的缺点是在模型选择上有一定的局限性。选择适当的缺失值处理方法取决于具体情况和任务要求。如果缺失值较少，并且删除不会导致严重的信息损失，则直接删除可能是一个可行的选择。如果缺失值较多或删除会导致严重的信息损失，则补全方法可以用于填充缺失值，但需要谨慎处理，以避免引入噪声。对于那些能够处理缺失数据的特定模型，可以考虑直接使用该模型而无须额外处理。

综上所述，处理缺失值的方法包括直接删除、补全和忽略。选择适当的方法需要根据实际情况和任务要求进行判断，并权衡信息损失和噪声引入等因素。在本案例选择以补全方案来处理缺失值。假设缺失值是地区 i 的 t 时刻的流量值，理论上有两种取平均的方案来替换，一是取 t 时刻相邻栅格的平均值来填充，即在空间上取平均；二是取地区 i 前后一段时刻区间里的平均值来替换，即在时间上取平均。

$$x_t^i = \frac{1}{|\{j\,|\,j \in \text{Neighbor}(i), x_t^j \neq \text{null}\}|} \sum_{j \in \text{Neighbor}(i), x_t^j \neq \text{null}} x_t^j \tag{5-4-1}$$

$$x_t^i = \frac{\sum_{k=t-p}^{t+p} x_k^i \delta_k}{\sum_{k=t-p}^{t+p} \delta_k} \tag{5-4-2}$$

其中，Neighbor(i)表示栅格 i 的相邻栅格，$x_t^j \neq \text{null}$ 时，$\delta_k = 1$，否则 $\delta_k = 0$。

在本案例中，使用空间维度的均值的缺失值补全方案，即公式(5-4-1)所对应的方案，详情可参考二维码 5-5。

代码 5-5：基于空间均值方案来处理数据集中的缺失值（第 48 ~ 67 行）

3. 数据异常值处理

处理数据中的异常值在数据分析和智能模型训练的预处理中具有至关重要的作用。异常值(outliers)是指数据集中与大多数数据点显著不同的观测值，可能由于测量误差、记录错误、自然波动或其他未知因素引起。异常值的存在可能对整个数据的分布和可信度产生不利影响①，包括增加误差差异、降低统计测试的能力、破坏数据分布，以及误导模型适应异常值而不是数据主要模式，从而降低模型的泛化能力。

为确保数据质量和模型的可靠性，需要在数据预处理的阶段进行异常值的检测和处理。以年龄属性为例，假设正在进行医疗数据分析，研究患者的年龄对某种疾病的影响。这个过程中，包含患者年龄的数据由于数据记录错误或输入错误可能存在异常值。

异常值的检测通常采用两种方法：一是简单统计分析，通过计算均值、标准差等统计量观察数据的统计特征，识别不合理的值；二是可视化分析，通过绘制箱线图、散点图、直方图等图表观察异常值。例如，对于年龄属性，可以检查其取值范围是否在合理区间内，如[0:146]。绘制的直方图清晰地展示了患者年龄在不同范围内的分布，从图中可检测和识别出可能的异常值。

在检测异常值时，常用的方法之一是采用 3σ 原则。当数据服从正态分布时，距离平均值 3 个标准差之外的概率较小②，可认为是异常值。对于不服从正态分布的数据，可以根据经验和实际情况调整判定标准。一旦检测到异常值，处理方法类似于处理缺失值，可以选择删除、替换为特定值(如均值或中位数)，或采取其他适当的方式进行处理，如忽略。

---

① 异常值的存在可能会引起误差差异的增加，并降低统计测试的能力；如果异常值不是随机分布的，那么它可能会破坏数据的正态性；异常值可能误导模型适应异常值而不是数据主要趋势，降低模型的泛化能力。

② 根据正态分布的定义可知，距离平均值 3σ 之外的概率为 $P(|x-\mu|>3\sigma) \leqslant 0.003$，可认为距离超过平均值 3σ 的样本是极小概率事件。

在具体案例中，可针对每个栅格区域每个时刻的流量值，应用 3σ 原则来检测异常值。通过比较流量值与均值的偏差，就可以判断是否存在异常值。如果超出了设定的合理范围，可将其认定为异常流量值，并采用处理缺失值的均值方案进行处理。详细的操作步骤可以参考相应的代码（二维码 5-6）实现。这样的处理过程有助于提高数据质量，确保在进一步分析和建模阶段获得可靠的结果。

代码 5-6：数据异常值处理（第 69~115 行）

4. 数据归一化

在机器学习领域中，特征向量通常包含具有不同量纲和量纲单位的不同特征，这种差异可能对数据分析和模型训练产生重要影响。为了消除特征之间的量纲影响，需要进行数据归一化处理，以解决不同数据指标之间的可比性问题。

数据归一化的过程旨在将原始数据进行特定数学变换，将其映射到一个统一的范围内，使得具有不同量纲的特征数据被放缩到相同的数量级上，从而更容易进行对比和分析。

数据归一化的转换函数适用于进行数据归一化的数学函数，常用归一化方法包括最大值最小值归一化、Z-score 标准归一化和非线性归一化等。

最大值最小值归一化又称为离差归一化，通过一个转换函数将结果映射到[0,1]之间，其转换函数为

$$x'=\frac{x-\min(x)}{\max(x)-\min(x)} \tag{5-4-3}$$

其中，x 是原始数据，$\min(x)$ 和 $\max(x)$ 分别是数据的最小值和最大值。这种归一化方法有助于确保数据的数值范围在[0,1]，进而提升模型的稳定性。

Z-score 标准归一化是使数据处理后符合零均值，单位标准差的正态分布，其转换函数为

$$x'=\frac{x-\mu}{\sigma} \tag{5-4-4}$$

其中，μ 为所有样本数据的均值，σ 为所有样本的标准差。这种归一化方法能够进一步消除特征间的差异，使得数据更符合正态分布，有助于一些基于统计学的模型的表现。

非线性归一化的方法经常用于数据分化比较大的场景，其中一些数值较大而另一些数值较小。转换函数包括对数函数转换、反正切函数转换等。这样的方法能够更灵活地适应不同类型的数据分布，提高模型对数据的拟合能力。

本案例中，选择采用最大值最小值法进行归一化处理。详细的逻辑和实现步骤可参考相应的代码（二维码 5-7）。该过程确保了 400 个栅格地区每个小时的数据在相同的尺度上，为后续的建模和分析提供了更为可靠的基础。

代码 5-7：最大最小值数据预处理（第 117 ~ 153 行）

5.4.2 简单流量预测方法

在着手解决流量预测问题之前，首先将基于历史平均的方法作为基准。这种方法不仅可以作为一种合理性检查，还可以作为一个基准，以便对比验证其他流量预测方法的性能。面对一个尚没有已知解决方案的新问题时，这种基于常识的基准方法也有一定效果。

本案例将城市区域划分成 $M\times N$ 的栅格图，即 M 行和 N 列共 $M\times N$ 个区域 ID。这里的流量预测问题是如何用区域 i①的 $t-n$ 到 $t-1$ 时刻历史流量数据 $\{x_{t-n}^i, x_{t-n+1}^i, \cdots, x_{t-1}^i\}$ 预测 t 时刻的流量 y_t^i。

第 5.2 节对移动通信网络流量数据的探索分析可以看出，流量数据具有周期性变化，因此采用基于历史平均的预测方法，可以通过计算过去 K 个历史周期数据的均值，来预测下一时刻的流量数据。假设流量数据的周期为 p，则在第 t 时刻栅格区域 ID 为 i 的流量预测值可表示为

$$\hat{y}_t^i = \frac{\sum_{k=1}^{K} x_{t-kp}^i}{K} \tag{5-4-5}$$

其中，x_{t-kp}^i 表示在时刻 $t-kp$ 的历史流量数据。这种基于历史平均的预测方法能够简单地利用过去的观测值进行流量的估计。

接下来，在栅格时空流量数据集上进行一次预测实验。按照 5.4.1 节中提到的数据聚合方法，本节案例已经将这组数据聚合为 20 行、20 列的粗粒度栅格数据，即 $M=20$，$N=20$。时间粒度上以小时为单位，时刻 t 表示为 (d,h)，$d\in\{0,1,2,\cdots,30\}$ 表示天，$h\in\{0,1,2,\cdots,23\}$ 表示小时，例如，当 t 是第一天的第一个小时，则对应 $d=0$，$h=0$，以此类推。

代码 5-8：基于历史平均法的流量数据估计（第 126～152 行）

实验将选择一个时刻 t_0，利用 t_0 之前的数据对 t_0 之后一周的流量进行预测。本次实验选择的 t_0 是 12 月 8 日 0 时，数据起始日期为 11 月 8 日，因此将利用 11 月 8 日至 12 月 7 日的流量数据预测 12 月 8 日至 12 月 14 日的流量数据。其中，公式(5-4-5)中的 p 值取为 168，即周期为一周，$K=4$，意味着使用四个历史周期对应时刻的流量平均值来做预测。代码可参考二维码 5-8。

代码 5-9：三种模型评价指标（第 131～174 行）

为了评估模型性能，本案例采用了常用的回归模型指标，包括均方根误差、平均绝对误差和 R^2 分数。对于 N 次预测，三种指标的计算公式分别为（代码可参考二维码 5-9）：

$$\mathrm{RMSE} = \sqrt{\frac{1}{N}\sum(\hat{y}_t^i - y_t^i)^2} \tag{5-4-6}$$

$$\mathrm{MAE} = \frac{1}{N}\sum|\hat{y}_t^i - y_t^i| \tag{5-4-7}$$

$$R^2 = 1 - \frac{\sum(\hat{y}_t^i - y_t^i)^2}{\sum(y_t^i - \overline{y_t^i})^2} \tag{5-4-8}$$

其中，y_t^i 表示真实标签值，$\hat{y}_t^i$ 表示模型的预测值，$\overline{y_t^i}$ 表示真实标签的均值。

基于历史平均的预测方法得到如下评价结果：

$$\mathrm{RMSE}=16.40, \mathrm{MAE}=11.64, R^2=0.73$$

---

① 区域 $\mathrm{ID}=(m-1)\times N+n$，如果 $M=100$，$N=100$，当第 $m=5$ 行，第 $n=4$ 列时，$\mathrm{ID}=404$。

此外，本案例通过绘制预测曲线和真实数据的对比图，以直观了解预测效果。由于数据在预处理时进行了归一化，因此在展示时需要对归一化之后的数据归一化的逆操作——解归一化（代码参考二维码 5-10）。

代码 5-10：对数据解归一化并进行结果可视化（第 41 ~ 76 行）

预测数据与真实数据的误差较为明显，如图 5-4-1 所示。这是由于基于历史平均的预测方法，对地理位置和数据变化规律的挖掘和利用还不够充分[①]。

接下来介绍基于机器学习的流量预测案例，它们使用更复杂的模型结构增强了对流量数据变化规律的捕捉能力，从而获得更高的预测性能。

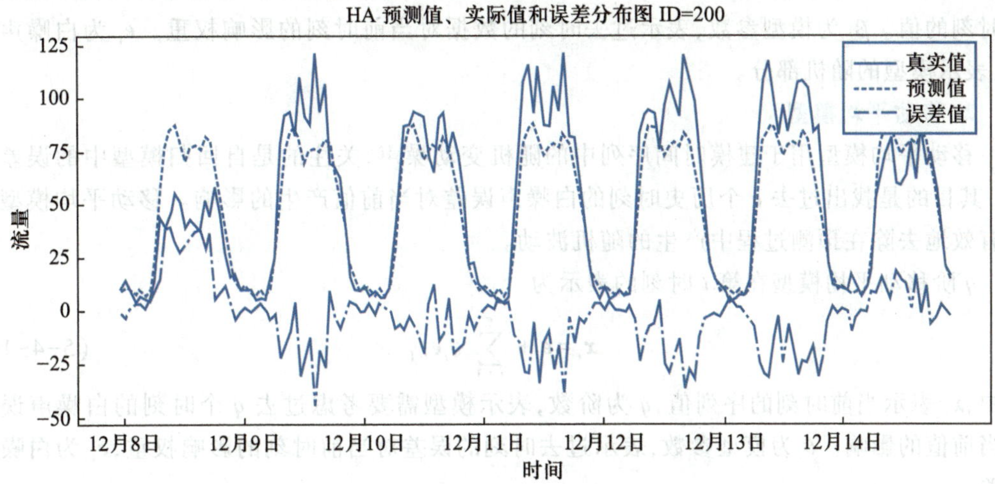

图 5-4-1　基于历史平均的流量预测结果

5.4.3　基于 ARIMA 的时间序列流量预测

基于历史平均的流量预测方法主要利用了时间序列数据的周期性规律，而时间序列其实还蕴含如临近相关性、趋势性，以及不同粒度周期性等更为复杂的规律。本节将使用差分整合移动平均自回归（ARIMA）算法对流量数据预测问题进行建模和求解。

ARIMA 算法是时间序列预测中的经典算法，其核心思想是将时间序列数据看作由带有趋势性（trend）和周期性（seasonal）的规律性序列和无规律噪声组成。算法从数据中提取有规律的信息，而没有规律的部分建模为噪声。

ARIMA 算法是由自回归（auto regression，AR）、整合（integrated）和移动平均（moving average，MA）三部分组成。首先，通过对时间序列进行差分操作，使非平稳的数据变得平稳；然后，再对数据进行自回归与移动平均处理。下面分别介绍自回归模型、移动平均模型、自回归移动平均模型，以及差分整合移动平均自回归模型的基本原理。

---

① 思考：读者可以尝试不一样的区域 ID、调整周期 p，如按照一周为一个周期，以及 K 的取值，观察是否可以得到更优化的 HA 方法的预测性能，试着分析原因。

1. 自回归模型

自回归模型用于建模当前时刻数据与过去时刻数据之间的关系。当前时刻的时序值可以由过去时刻时序值的线性组合及一个白噪声的和表示，模型的目的是找出过去 p 个时刻的历史值对当前时刻产生的影响。使用自回归模型要求时间序列必须满足平稳性要求，且具有自相关性。

p 阶自回归模型在 t 时刻的表示为

$$\boldsymbol{x}_t = \sum_{i=1}^{p} \beta_i \boldsymbol{x}_{t-i} + \boldsymbol{e}_t \tag{5-4-9}$$

其中，$\boldsymbol{x}_t$ 表示 t 时刻的序列值，p 为阶数，决定模型需要考虑过去多少时刻的历史值来推断当前时刻的值。β_i 为模型参数，表示过去时刻的数据对当前时刻的影响权重。$\boldsymbol{e}_t$ 为白噪声误差，表示模型的随机部分。

2. 移动平均模型

移动平均模型用于建模时间序列中的随机变动噪声，关注的是自回归模型中的误差项 $\boldsymbol{e}_t$。其目的是找出过去 q 个历史时刻的白噪声误差对当前值产生的影响。移动平均模型可以有效地去除在预测过程中产生的随机波动。

q 阶移动平均模型在第 t 时刻的表示为

$$\boldsymbol{x}_t = \boldsymbol{e}_t + \sum_{i=1}^{q} \theta_i \boldsymbol{e}_{t-i} \tag{5-4-10}$$

其中，$\boldsymbol{x}_t$ 表示当前时刻的序列值，q 为阶数，表示模型需要考虑过去 q 个时刻的白噪声误差对当前值的影响。θ_i 为模型参数，表示过去时刻的误差对当前时刻的影响权重，$\boldsymbol{e}_t$ 为白噪声误差。

3. 自回归移动平均模型

将自回归和移动平均两部分方法组合，可以得到 ARMA 模型，表示为

$$\boldsymbol{x}_t = \sum_{i=1}^{p} \beta_i \boldsymbol{x}_{t-i} + \boldsymbol{e}_t + \sum_{i=1}^{q} \theta_i \boldsymbol{e}_{t-i} \tag{5-4-11}$$

当 $q=0$ 时，该模型便成为 AR(p) 模型；当 $p=0$ 时，该模型便成为 MA(q) 模型。ARMA 模型必须满足平稳性要求，即时间序列的统计性质在时间平移中不变。

4. 差分整合移动平均自回归模型

对于非平稳时间序列来说，通过差分处理可以将时间序列中的趋势或周期性因素去除，转换为平稳时间序列。ARIMA 即是在对时间序列数据进行差分平稳处理后再利用 ARMA 对平稳时间序列进行预测。ARIMA 同时关注序列的趋势性、序列相关性和随机性，因此可以应用于非平稳时间序列的预测。

一阶差分序列可定义为

$$\Delta \boldsymbol{x}_t = \boldsymbol{x}_t - \boldsymbol{x}_{t-1} = \boldsymbol{x}_t - B\,\boldsymbol{x}_t = (1-B)\boldsymbol{x}_t \tag{5-4-12}$$

二阶差分序列的定义为

$$\Delta(\Delta \boldsymbol{x}_t) = \Delta \boldsymbol{x}_t - \Delta \boldsymbol{x}_{t-1} = (\boldsymbol{x}_t - \boldsymbol{x}_{t-1}) - (\boldsymbol{x}_{t-1} - \boldsymbol{x}_{t-2}) = (1-B)^2 \boldsymbol{x}_t \tag{5-4-13}$$

以此类推，则 d 阶差分序列为

$$\nabla_d \boldsymbol{x}_t = (1-B)^d \boldsymbol{x}_t \tag{5-4-14}$$

其中,Δ 表示差分算子,$\nabla_d \boldsymbol{x}_t$ 表示 d 阶差分序列,B 为滞后算子。将时间序列进行差分得到平稳时间序列后,便可符合 ARMA 算法的预测要求。

ARIMA 模型含有三个参数 p,d,q。其中,p 代表预测模型中采用的时序数据本身的滞后项数,即自回归项数;d 代表使该序列成为平稳序列所做的差分阶数;q 代表预测模型中采用的预测误差的滞后项数,即移动平均项数。

确定参数 p 和 q 的值,可通过自相关函数(autocorrelation function,ACF)和偏自相关函数(partial autocorrelation function,PACF)来判定。ACF 描述时间序列观测值与其过去的观测值之间的线性相关性。PACF 描述在给定中间观测值的条件下时间序列观测值与其过去的观测值之间的线性相关性。

对于参数 d 的确认,可通过增广迪基-富勒(augmented Dickey-Fuller,ADF)检验①来判断原时间序列的平稳性。若原时间序列已经是平稳序列,则 d 设为 0;若原始数据不平稳,则使用 ADF 检验直到时间序列平稳为止。

ADF 检验的步骤如下。

(1) 提出假设

① 零假设(**H0**):存在单位根,即时间序列不是平稳的。

② 备择假设(**H1**):不存在单位根,即时间序列是平稳的。

(2) 计算 ADF 统计量

ADF 统计量是一个检验统计量,用于衡量时间序列是否有单位根。

(3) 计算 p-value

根据 ADF 统计量的计算结果,计算出对应的 p-value。

(4) 判断平稳性

比较 p-value 和显著性水平:如果 p-value 小于显著性水平,拒绝零假设,认为时间序列是平稳的;如果 p-value 大于显著性水平,不能拒绝零假设,认为时间序列不是平稳的。

需要注意的是,ADF 检验是一种常用的平稳性检验方法,但并不是所有时间序列都适用于 ADF 检验,因此在实际应用中需要谨慎选择检验方法。

基于 ARIMA 模型的流量预测实验案例,使用了 11 月 8 日—12 月 7 日这一个月的数据,并将栅格划分为 20×20,使用栅格 ID 为 200 的流量数据进行多个单点的流量预测,划分训练集和测试集比例为 8∶2。

首先,本案例基于 ADF 方法判断栅格 ID 为 200 的流量时序数据的平稳性。根据 p-value 判断该时间序列是平稳,即可以将差分阶数 d 设置为 0。基于 ADF 的单元根方法确定栅格流量时间序列数据的差分阶数 d,并生成待处理的时序数据的代码,可参考二维码 5-11。

代码 5-11:基于 ADF 单元根方法确定流量时序差分阶数 d(第 14 ~ 38 行)

为直观体现差分效果,本案例还对流量时序数据进行了一阶和二阶差分处理,结果如图 5-4-2 所示。

① ADF 检验通常在时间序列分析中用于确定差分阶数(d),即需要对时间序列进行多少次差分才能使其成为平稳序列。

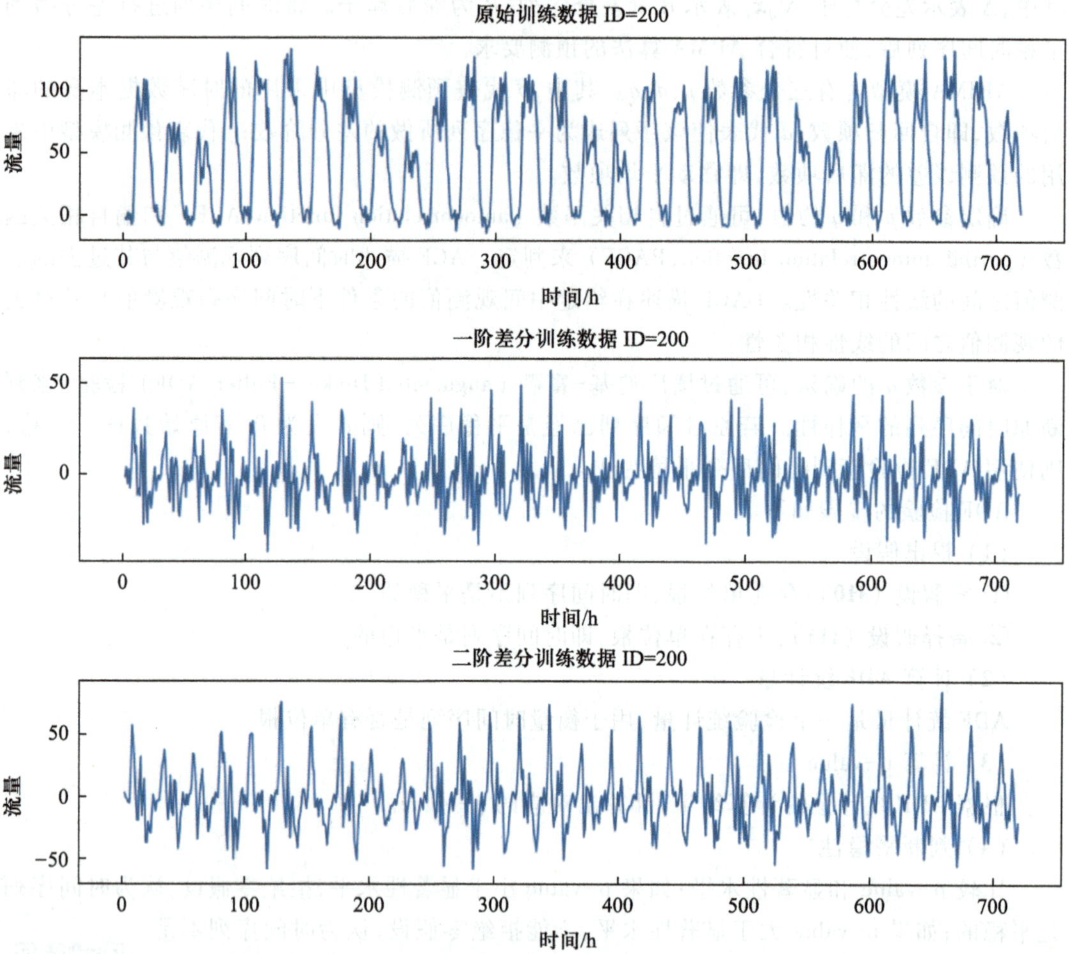

图 5-4-2　流量时间序列数据的差分处理结果

代码 5-12：绘制 ACF（自相关）和 PACF（偏自相关）图（第 112~135 行）

代码 5-13：基于ARIMA 算法的数据预测（第 137~160 行）

然后，基于本次差分阶数 $d=0$ 的平稳序列数据，即原始流量时序数据绘制了 ACF（自相关）图和 PACF（偏自相关）图（如图 5-4-3 所示），用于确定 q 和 p，绘制操作可参见二维码 5-12。ACF 图和 PACF 图都呈现振荡型，ACF 图中 $q=5$ 阶后衰减落在置信区间，以及 PACF 图中 $p=4$ 阶后衰减落在置信区间，研判 ARIMA 算法参数 $(p,d,q)=(4,0,5)$，并进行了预测，代码参见二维码 5-13，预测结果如图 5-4-4 所示①。

① 思考：读者可以尝试不一样的区域 ID，或者尝试不同 (p,d,q)，观察 ARIMA 算法的预测性能，并试着分析原因。

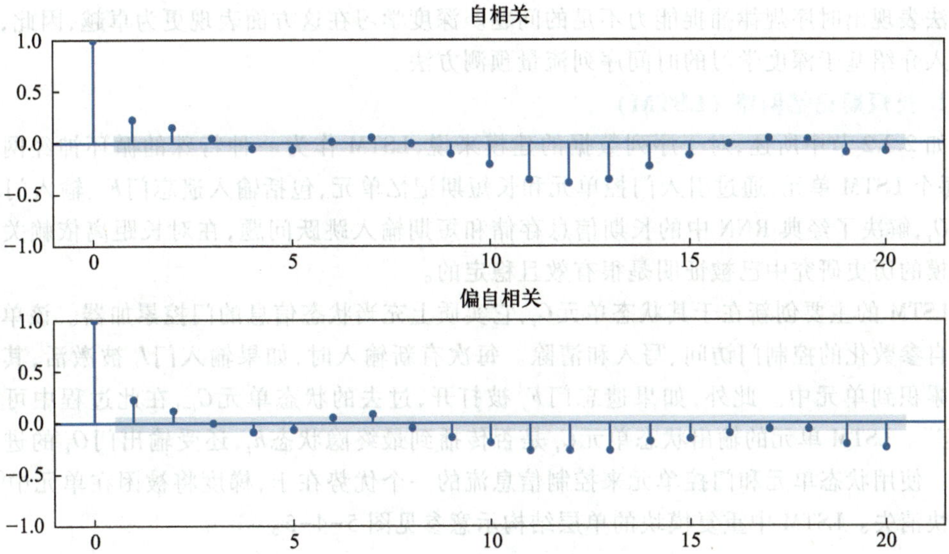

图 5-4-3　自相关(上)和偏自相关(下)图

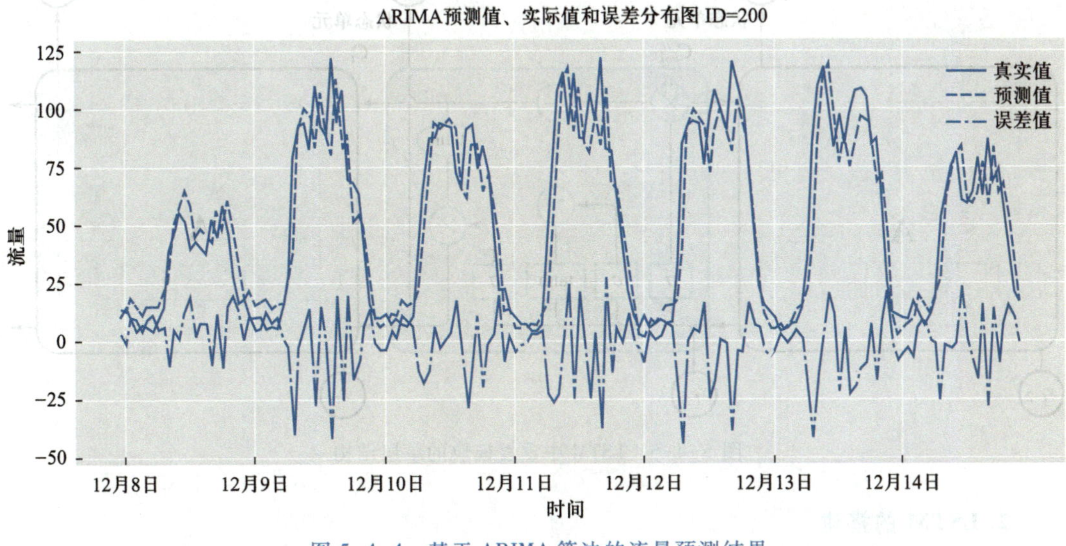

图 5-4-4　基于 ARIMA 算法的流量预测结果

ARIMA：RMSE = 14.29，MAE = 10.64，$R^2 = 0.83$。

上述实验使用 ARIMA 算法，可对历史流量数据进行线性表示，同时兼顾序列的趋势和周期性规律。不过，ARIMA 算法是在需要平稳性条件的 ARMA 算法基础上，通过一定的差分操作来处理变化较为复杂的序列。在实际场景中，复杂的变化与波动常常出现，使用类似历史平均、ARIMA 等线性累加思想的时序预测算法来说，预测效果较难保证。接下来，将介绍基于深度学习模型的时间序列预测方法及案例。

5.4.4　基于 LSTM 的时间序列流量预测

在面对具有复杂变化和波动的实际场景时，基于历史平均和自回归移动平均的流量预测方法表现出时序规律捕捉能力不足的问题。深度学习在这方面表现更为卓越，因此，本节将深入介绍基于深度学习的时间序列流量预测方法。

1. 长短期记忆网络（LSTM）

如2.3.2节中所述，对于序列数据的建模来说，LSTM作为一种特殊的循环神经网络结构，每个LSTM单元，通过引入门控单元和长短期记忆单元，包括输入遗忘门F_t、输入门I_t、输出门O_t，解决了经典RNN中的长期信息存储和短期输入跳跃问题，在对长距离依赖关系进行建模的历史研究中已被证明是很有效且稳定的。

LSTM的主要创新在于其状态单元C_t，它实质上充当状态信息的门控累加器。该单元由若干自参数化的控制门访问、写入和清除。每次有新输入时，如果输入门I_t被激活，其信息将被累积到单元中。此外，如果遗忘门F_t被打开，过去的状态单元C_{t-1}在此过程中可能被“遗忘”。LSTM单元的输出状态单元C_t是否传播到最终隐状态h_t，还受输出门O_t的进一步控制。使用状态单元和门控单元来控制信息流的一个优势在于，梯度将被困在单元中①，防止过快消失。LSTM中重复模块的单层结构示意参见图5-4-5。

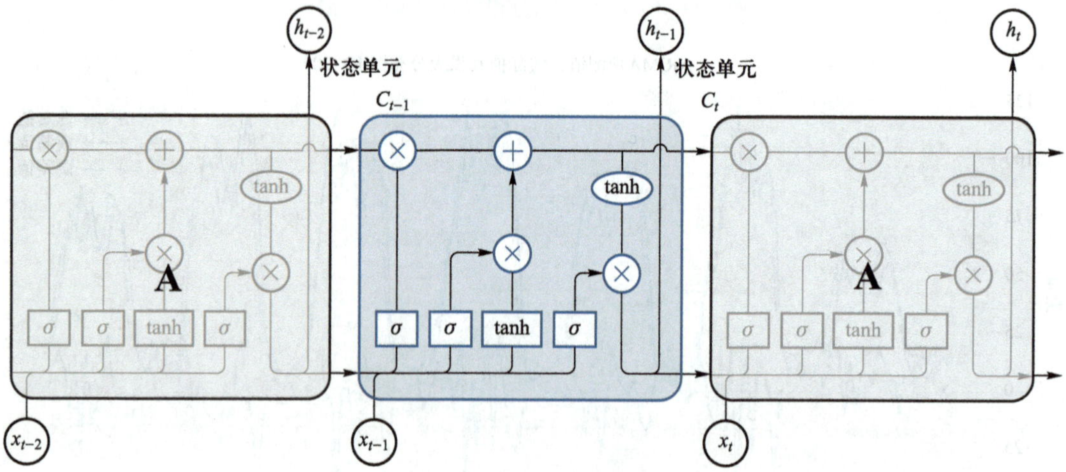

图5-4-5 LSTM中重复模块的单层结构

2. LSTM的搭建

将LSTM应用于移动流量时间序列预测，需明确LSTM如何处理输入序列$\boldsymbol{x}=\{x_{t-n},x_{t-n+1},\cdots,x_{t-1}\}$，并产生下一时刻的流量值预测输出$\hat{y}_t$。本案例搭建的LSTM模型的框架如图5-4-6所示，用到了LSTM单元与全连接层等网络单元。以历史流量时序观测值为输入$\boldsymbol{x}$，按时间维延展后依次输入LSTM单元。每个时刻t，LSTM会更新其单元状态C_t和隐藏状态h_t。在处理完所有时间步后，LSTM生成的最后一个隐藏状态h_{t-1}，在时序上对整个输入序列的信息进行了表征。LSTM单元可以使用多层叠加，在处理复杂的时间序列数据时能学习到更复杂的数据、捕获更长期的依赖关系，从而提高预测准确率。

① 也称为恒定误差轮播。

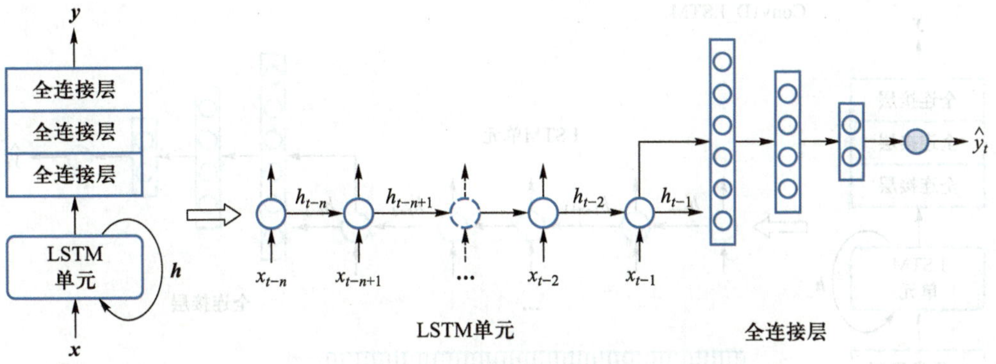

图 5-4-6 基于 LSTM 的流量预测模型框架

本案例只使用一层 LSTM 层。隐藏状态 h_{t-1} 作为 LSTM 单元的输出,通过一个或多个全连接层,来产生预测输出 $\hat{y}_t$。

$$\hat{y}_t = g(W * h_{t-1} + b) \tag{5-4-15}$$

其中,$g()$ 为激活函数,本案例实验需要预测的流量值理论上都是正数,为了保证预测值大于 0,采用 ReLv 函数作为输出函数。编程逻辑可参考二维码5-14。基于 LSTM 的流量预测模型程序结构如图 5-4-7 所示。

```
_________________________________________________________________
Layer (type)                 Output Shape              Param #
=================================================================
lstm (LSTM)                  (None, None, 60)          14880
_________________________________________________________________
dense (Dense)                (None, None, 30)          1830
_________________________________________________________________
dense_1 (Dense)              (None, None, 10)          310
_________________________________________________________________
dense_2 (Dense)              (None, None, 1)           11
_________________________________________________________________
lambda (Lambda)              (None, None, 1)           0
=================================================================
Total params: 17,031
Trainable params: 17,031
Non-trainable params: 0
_________________________________________________________________
```

图 5-4-7 基于 LSTM 的流量预测模型程序结构

代码 5-14:基于 LSTM 的流量预测模型(第 109~116 行)

3. 一维卷积加上 LSTM (Conv1D_LSTM)

在本案例中,还有一种尝试设计,是为 LSTM 的输入增加一维卷积层 (Conv1D) 的结构。一维卷积与 LSTM 结合的模型设计称为 Conv1D_LSTM,期待能更好地处理不同时间尺度的特征,一维卷积可以有效地捕捉时间序列中的局部/短期模式,LSTM 可以处理更长期的依赖关系。本案例 Conv1D_LSTM 网络模型的框架如图 5-4-8 所示,用到了一维卷积、LSTM 单元与全连接层等网络单元。基于 Conv1D_LSTM 的流量预测模型程序结构如图 5-4-9 所示。

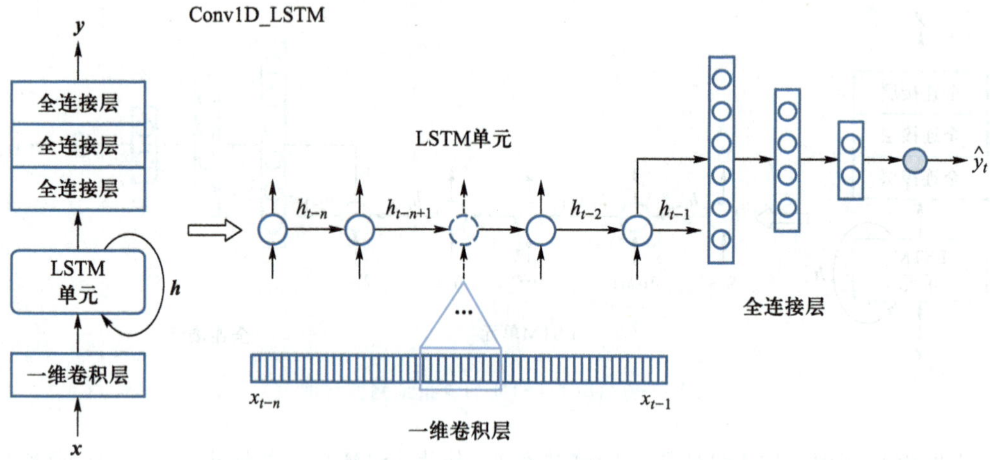

图 5-4-8　基于 Conv1D_LSTM 的流量预测模型框架

```
Layer (type)                 Output Shape              Param #
=================================================================
conv1d (Conv1D)              (None, None, 60)          2220
_________________________________________________________________
lstm (LSTM)                  (None, None, 60)          29040
_________________________________________________________________
dense (Dense)                (None, None, 30)          1830
_________________________________________________________________
dense_1 (Dense)              (None, None, 10)          310
_________________________________________________________________
dense_2 (Dense)              (None, None, 1)           11
_________________________________________________________________
lambda (Lambda)              (None, None, 1)           0
=================================================================
```

图 5-4-9　基于 Conv1D_LSTM 的流量预测模型程序结构

代码 5-15：区域栅格流量数据可视化（第 31～52 行）

代码 5-16：基于滑动窗口的训练集/测试集制作（第 69～85 行）

4. 数据集处理

本案例使用 11 月 8 日—12 月 7 日 30 天的数据进行实验。空间维度划分为 20×20 的栅格，并挑选 ID 为 200 的栅格来进行预测实验。区域栅格流量数据可视化代码参考二维码 5-15。该 ID 栅格的 30 天的流量数据曲线绘制如图 5-4-10 所示。

本案例[①]将 11 月 8 日—12 月 7 日数据作为训练集样本进行训练，12 月 8 日—12 月 14 日的数据作为测试集。本案例使用的是基于滑动窗口的训练集/测试集划分法，具体操作逻辑可参考二维码 5-16。

① 思考：目前 Huber 损失函数的 δ 取值为默认值 1.0，建议同学们使用交叉验证法选取其他更为合适的超参数 δ，或尝试其他损失函数。

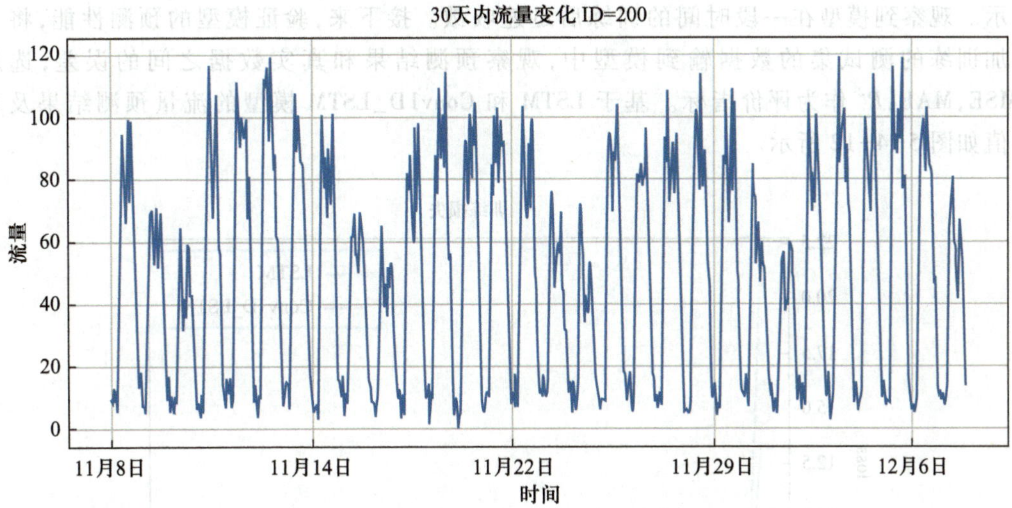

图 5-4-10 区域 ID 为 200 的栅格的 30 天流量数据

5. 模型定义、训练与评估

本节案例定义了一个包含 LSTM 层和全连接层的神经网络模型。其中，LSTM 层用于建模序列数据的长期依赖关系，而全连接层用于生成最终的预测结果。模型的损失函数选择了 Huber 损失函数，对于处理异常值具有鲁棒性。在模型定义后，训练与评估过程使用 TensorFlow 和 Keras 构建时间序列预测模型。进行模型编译、训练，并可视化模型收敛过程的代码可参考二维码 5-17。

代码 5-17：编译、训练模型，并对模型结果进行可视化（第 117~125、151~181 行）

首先，对时间序列数据进行准备。通过设置 t_time 和 split_time 两个参数来定义总的时刻步数和分界点，将数据分成训练集和测试集，从而支持构建模型和进行模型预测时分离数据以进行评估。本案例中，t_time = 720，split_time = 600。

其次，定义滑动窗口的大小 window_size 和批处理大小 batch_size，这些参数决定了训练数据的结构和模型训练的方式。另外，使用 shuffle_buffer_size 来表示数据集中批量数据可打乱顺序的批次大小，其目的是通过非顺序的数据输入增加训练数据的多样性。本案例中，window_size = 100，batch_size = 32，shuffle_buffer_size = 200。

代码中的 windowed_dataset( ) 函数用于创建基于滑动窗口的训练数据集，将数据按照窗口大小和步长切分，并进行随机采样。这为模型提供了适当的输入和目标数据，使其能够学习时间序列的模式和趋势。

通过调用 model.fit( ) 方法，模型在训练集上进行训练，训练过程中会根据损失函数不断调整模型参数。训练完成后，可以使用 model_forecast( ) 函数对历史序列进行预测，得到模型的输出结果，并根据结果绘制训练过程中损失值的变化曲线，以了解模型在每个训练周期中的性能表现。损失曲线的下降趋势通常表示模型的训练效果逐渐改善。可以根据实际数据和需求来调整参数和模型结构，以获得更好的预测性能。

LSTM 及 Conv1D_LSTM 模型训练过程其损失函数值(loss)的变化趋势如图 5-4-11

所示。观察到模型在一段时间的训练后迅速收敛。接下来，验证模型的预测性能，将未参加训练的测试集的数据输到模型中，观察预测结果和真实数据之间的误差，选用 RMSE，MAE，R^2 作为评价指标。基于 LSTM 和 Conv1D_LSTM 模型的流量预测结果及真实值如图 5-4-12 所示。

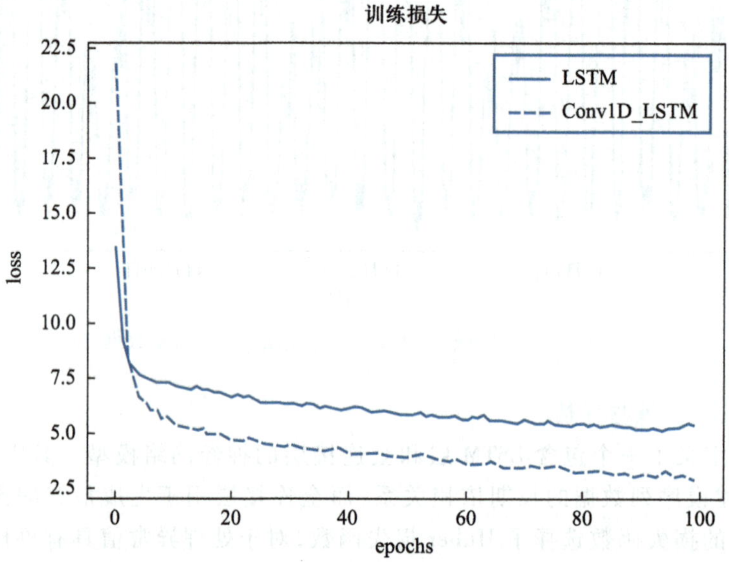

图 5-4-11　LSTM 及 Conv1D_LSTM 模型损失函数值(loss)变化曲线

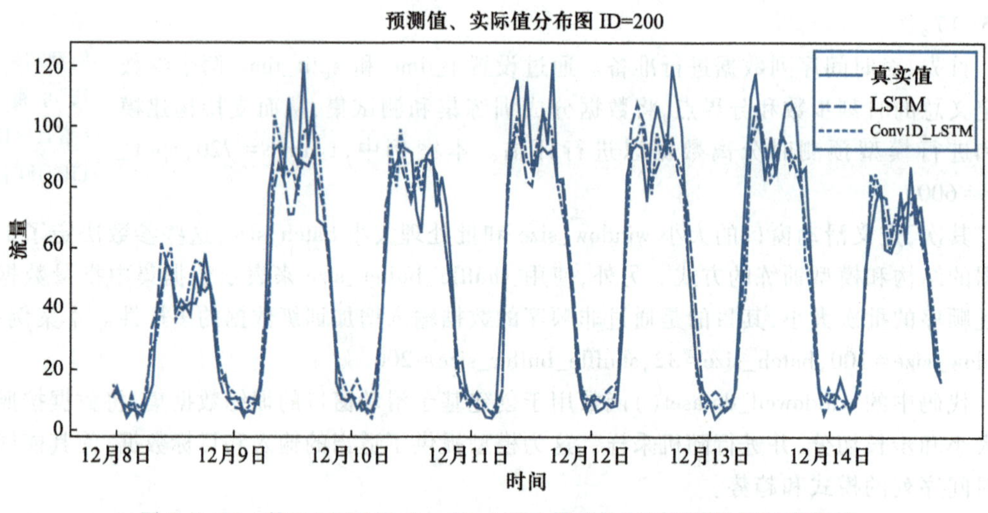

图 5-4-12　基于 LSTM 和 Conv1D_LSTM 模型的流量预测结果及真实值

LSTM：RMSE = 10.72，MAE = 7.79，R^2 = 0.90。

Conv1D_LSTM：RMSE = 10.51，MAE = 7.34，R^2 = 0.91。

5.5 时空序列流量预测案例

基于统计和 LSTM 的流量预测方法在每次预测时只考虑了时间序列关系，即只是简单地用一个地区的流量预测这个地区未来的流量，忽略了跨空间序列之间的相互影响。基于前述探索性分析的结论，流量时空数据也具有空间相关性，本节将介绍基于深度学习实现时间和空间维度相关性特征的联合提取，并进行流量预测的案例。

5.5.1 基于空间 CNN 的时空序列流量预测

分析移动流量的时空序列预测的问题，本案例的数据仍然使用前述移动流量时空数据集。城市分割成 M 行 N 列的栅格地图，每个栅格代表一个子区域。如图 5-5-1 所示，每个时刻的流量数据可由一张栅格地图（一帧像素图像）来表示，即在第 t 时刻，整个城市区域内按照栅格图组织的移动通信网络流量为 $\boldsymbol{x}_t \in \mathbb{R}^{M\times N}$①。在实验中，数据集的采样时间间隔是小时，一天 24 小时就可以产生 24 个 $M\times N$ 的栅格数据。将该栅格图数据在时间上延展后，变为如图 5-5-2 所示的栅格流量时空序列数据。

以单步序列预测为例，栅格流量时空序列数据上的预测问题可表述为：给定历史观测值 $\boldsymbol{x}=\{\boldsymbol{x}_{t-n},\boldsymbol{x}_{t-n+1},\cdots,\boldsymbol{x}_{t-1}\}$，预测下一时刻的流量分布 $\hat{\boldsymbol{y}}_t(\hat{\boldsymbol{y}}_t \in \mathbb{R}^{M\times N})$。

本节的时空序列预测案例，参考来自微软研究院的郑宇团队于 2016 年提出的深度空时模型（deep spatio-temporal, DeepST）。该模型采用卷积神经网络 CNN 进行空间维度特征表示，在时间维度上采用人工特征工程进行特征选择。下面以 DeepST 模型介绍如何实现移动流量时空序列预测。

图 5-5-1 某时刻的空间栅格流量数据及像素图像示意

① 不失一般性，如果对于由 $M\times N$ 栅格图表示的空间区域上随时间变化的流量测量值共有 K 个的话，任何时间的流量测量值都可以用张量 $x_t \in \mathbb{R}^{K\times M\times N}$ 来表示。

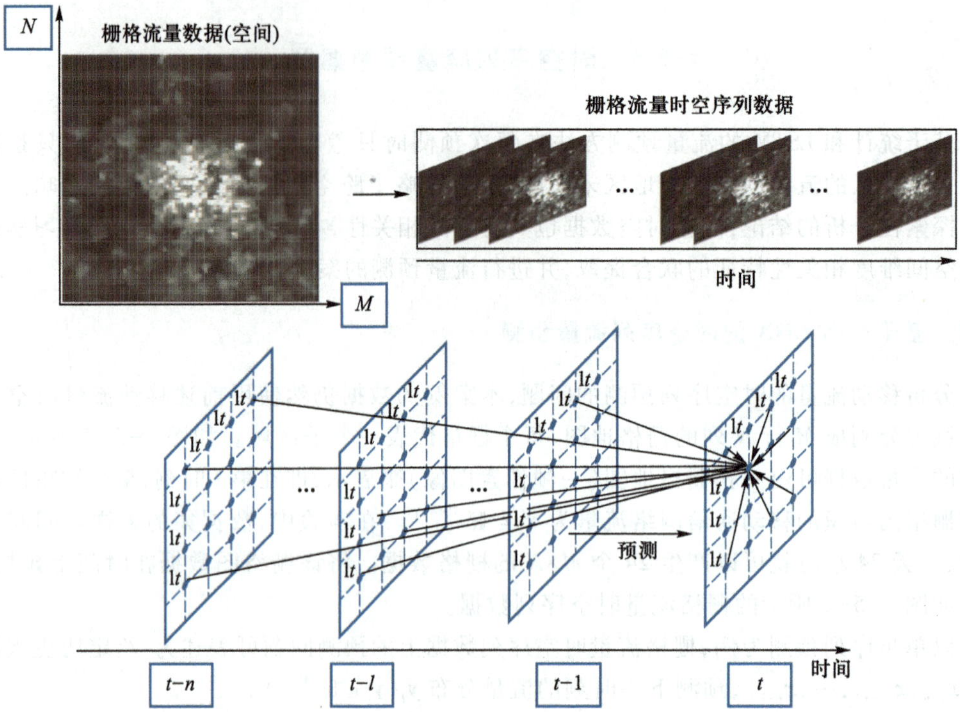

图 5-5-2 栅格流量时空序列数据及预测示意

1. DeepST 网络构建

DeepST 提供了同时处理空间和时间数据,以及全局元信息的能力,可建模并捕捉时空维度、特殊时间维度数据的相关性,从而对未来区域流量进行预测。基于 DeepST 的流量预测模型框架如图 5-5-3 所示。

空间维度上,DeepST 网络基于卷积神经网络的技术,从每时刻对应空间流量分布的栅格图数据中提取相关性特征,类似于在图像处理中通过卷积神经网络提取图像不同像素点的空间关系特征。

时间维度上,DeepST 模型通过人工特征工程,从时序上延展的栅格流量时序数据中,提取出分别代表临近性(closeness)、周期性(period)和趋势性(trend)的栅格数据时间分量,并将其输到可提取空间关系特征的卷积网络单元进行计算,输出得到各自卷积处理后的输出向量 H_c, H_p, H_s。在本例中,第 l 时刻的栅格流量数据表示为 X_l。每个卷积神经网的参数都由权重 W 和偏置项 b 组成,对于神经网输入 X_l,神经网的计算流程可以写为 $f(W * X_l+b)$,在卷积神经网中,“ * ”表示输入向量与卷积核之间进行的运算,这种运算需要函数 $f(\,)$ 定义卷积核大小与步长。因此,临近性、周期性和趋势性三个时间维度分量上的空间栅格数据的卷积神经网络的处理公式表示为

$$H_c = f\left(\sum_{j=1}^{l_c} W_{cj} * X_{t-j} + b_c \right) \tag{5-5-1}$$

$$H_p = f\left(\sum_{j=1}^{l_p} W_{pj} * X_{t-j\times p} + b_p \right) \tag{5-5-2}$$

$$H_s=f\Big(\sum_{j=1}^{l_s} W_{sj} * X_{t-j\times s}+b_s\Big) \tag{5-5-3}$$

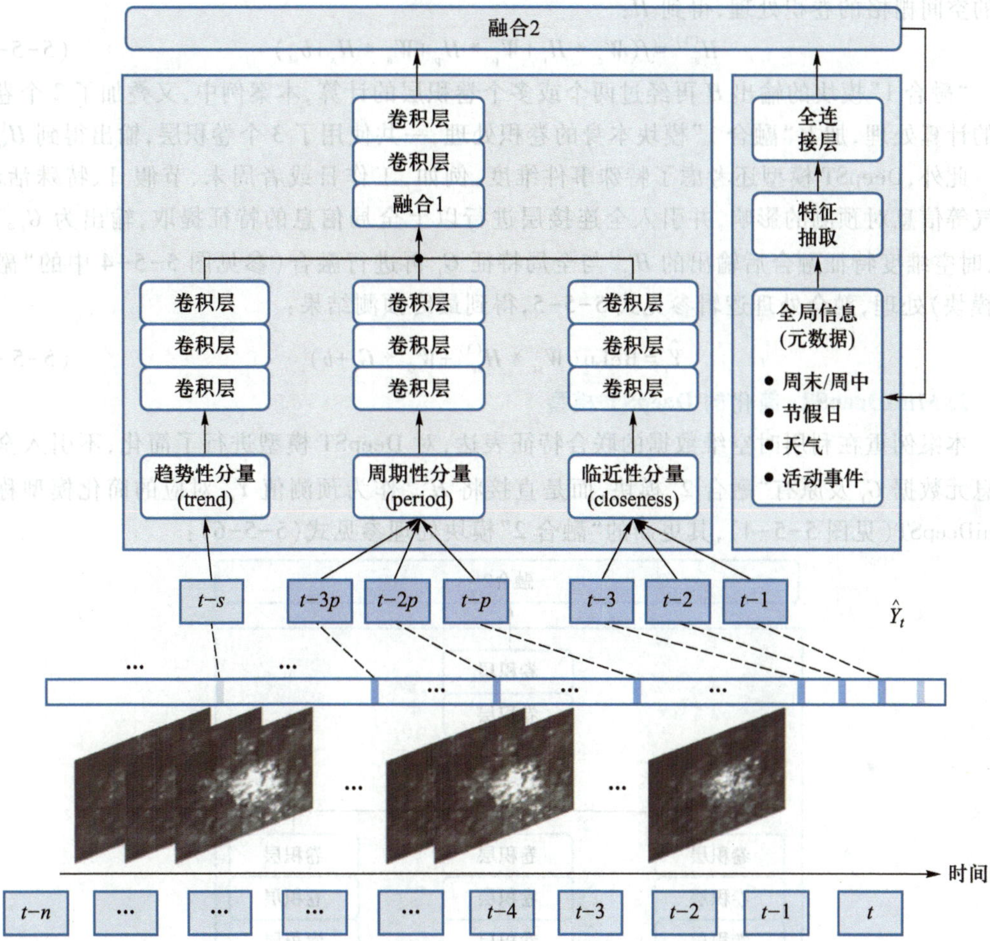

图 5-5-3 基于 DeepST 的流量预测模型框架

其中,式(5-5-1)中的 l_c 是计算临近性 H_c 时采用的数据个数。在本案例中,$l_c=3$,表示预测时刻 t 的流量时,会采用 t 之前最近 3 个时刻的流量数据:X_{t-3},X_{t-2},X_{t-1}作为模型的输入。

式(5-5-2)中的 l_p 是计算周期性 H_p 时使用的历史周期数据个数。在本次实验中,设周期 $p=24$,即一天作为一个周期;$l_p=3$,即每次预测会使用预测时刻 t 往前三个周期点的数据:X_{t-3p},X_{t-2p},X_{t-p}作为模型的输入。

式(5-5-3)中的 l_s 是表示趋势性用到的数据个数。本次实验中,设 $s=7\times24$,$l_s=1$,即采用上周对应时刻的数据来代表趋势。

在本案例中,移动流量时空数据,采用第 5.4.1 节的数据聚合,把整个区域 100×100 的栅格数据聚合为 20×20 的栅格,即 $M=20$,$N=20$。时间维度上提取出了 $l_c=3$ 个临近性分量、$l_p=3$ 个周期性分量,以及 $l_s=1$ 个趋势性分量,一共 7 个时间维度栅格数据作为三个空间卷积处理的输入。各自卷积处理后的输出向量 H_c,H_p,H_s 分别对应临近性分量、周期性分量及趋势性分量。随后，在前续卷积层输出得到的 H_c，H_p，H_s 之上进行融合处理（参见图 5-5-4 中"融合 1"模块），以实现时空特征的融合，如式(5-5-4)的计算方法，实质是 7 个通道的空间栅格的卷积处理，得到 H：

$$H_{st}^{(1)} = f(W_c * H_c + W_p * H_p + W_s * H_s + b_{st}) \tag{5-5-4}$$

"融合 1"模块的输出 H 再经过两个或多个卷积层的计算，本案例中，又叠加了 2 个卷积层的计算处理，加上"融合 1"模块本身的卷积处理，一共使用了 3 个卷积层，输出得到 $H_{st}^{(3)}$。

此外，DeepST 模型还考虑了特殊事件维度，例如，工作日或者周末、节假日、特殊活动、天气等信息对预测的影响，并引入全连接层进行以上全局信息的特征提取，输出为 G_t。随后，时空维度特征融合后输出的 $H_{st}^{(3)}$ 与全局特征 G_t 再进行融合（参见图 5-5-4 中的"融合 2"模块）处理，融合处理逻辑参见式 5-5-5，得到最终预测结果：

$$\hat{Y}_t = \text{ReLu}(W_{st} * H_{st}^{(3)} + W_G * G_t + b) \tag{5-5-5}$$

2. MiniDeepST：简化的 DeepST 模型

本案例重在利用时空维数据的联合特征表达，对 DeepST 模型进行了简化，不引入全局信息元数据 G_t 及原有"融合 2"模块，而是直接将 $H_{st}^{(3)}$ 作为预测值 $\hat{Y}_t$，对应的简化模型称为 MiniDeepST（见图 5-5-4），其更新的"融合 2"模块处理参见式(5-5-6)：

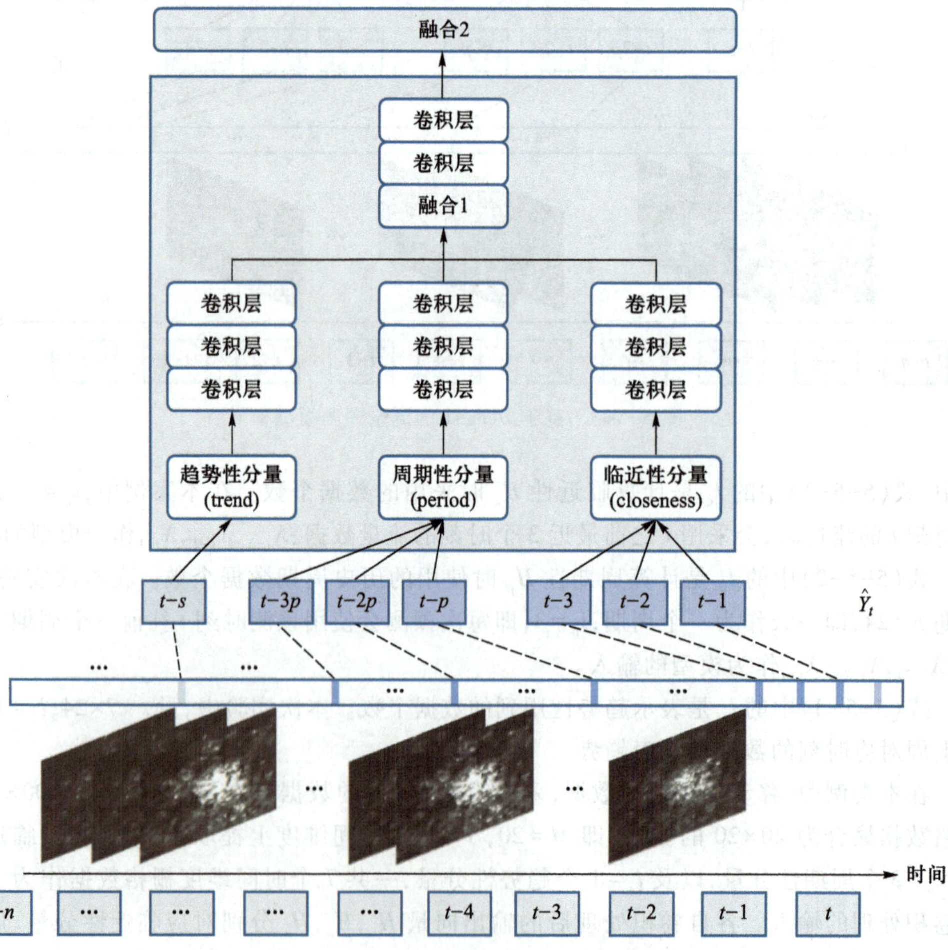

图 5-5-4　基于 MiniDeepST 的流量预测模型框架

$$\hat{Y}_t = \mathrm{ReLu}(W_{st} * H_{st}^{(3)} + b) \tag{5-5-6}$$

本次实验需要预测的流量值理论上都是正数，为了保证预测值大于 0，采用 ReLu 作为输出函数。

MiniDeepST 模型的处理逻辑可参考二维码 5-18，程序结构如图 5-5-5 所示。

代码 5-18：基于 MiniDeepST 的模型（第 19~35 行）

```
Layer (type)               Output Shape          Param #    Connected to
==========================================================================================
closeness (InputLayer)     (None, 20, 20, 3)     0
__________________________________________________________________________________________
period (InputLayer)        (None, 20, 20, 3)     0
__________________________________________________________________________________________
trend (InputLayer)         (None, 20, 20, 1)     0
__________________________________________________________________________________________
conv2d_1 (Conv2D)          (None, 20, 20, 64)    1792       closeness[0][0]
__________________________________________________________________________________________
conv2d_2 (Conv2D)          (None, 20, 20, 64)    1792       period[0][0]
__________________________________________________________________________________________
conv2d_3 (Conv2D)          (None, 20, 20, 64)    640        trend[0][0]
__________________________________________________________________________________________
conv2d_4 (Conv2D)          (None, 20, 20, 64)    36928      conv2d_1[0][0]
__________________________________________________________________________________________
conv2d_5 (Conv2D)          (None, 20, 20, 64)    36928      conv2d_2[0][0]
__________________________________________________________________________________________
conv2d_6 (Conv2D)          (None, 20, 20, 64)    36928      conv2d_3[0][0]
__________________________________________________________________________________________
conv2d_7 (Conv2D)          (None, 20, 20, 64)    4160       conv2d_4[0][0]
__________________________________________________________________________________________
conv2d_8 (Conv2D)          (None, 20, 20, 64)    4160       conv2d_5[0][0]
__________________________________________________________________________________________
conv2d_9 (Conv2D)          (None, 20, 20, 64)    4160       conv2d_6[0][0]
__________________________________________________________________________________________
add_1 (Add)                (None, 20, 20, 64)    0          conv2d_7[0][0]
                                                            conv2d_8[0][0]
                                                            conv2d_9[0][0]
__________________________________________________________________________________________
conv2d_10 (Conv2D)         (None, 20, 20, 64)    36928      add_1[0][0]
__________________________________________________________________________________________
conv2d_11 (Conv2D)         (None, 20, 20, 64)    36928      conv2d_10[0][0]
__________________________________________________________________________________________
conv2d_12 (Conv2D)         (None, 20, 20, 64)    36928      conv2d_11[0][0]
__________________________________________________________________________________________
conv2d_13 (Conv2D)         (None, 20, 20, 1)     577        conv2d_12[0][0]
__________________________________________________________________________________________
output (Flatten)           (None, 400)           0          conv2d_13[0][0]
==========================================================================================
Total params: 238,849
Trainable params: 238,849
Non-trainable params: 0
__________________________________________________________________________________________
```

图 5-5-5 基于 MiniDeepST 的流量预测模型程序结构

3. 残差连接的引入

如果在流量预测任务中，仅使用 MiniDeepST 性能还未能达到要求，可以考虑在 MiniDeepST 的基础上加上残差连接技术。残差连接在图像领域已然成了一种主流模型。残差连接是为了解决深度神经网络隐藏层过多时的网络退化问题而提出①。

引入了残差连接技术的 MiniDeepST 模型（参考郑宇团队的相关论文），被称为 MiniSTResNet。残差单元可以以跳层连接的形式实现，即将单元的输入直接与单元输出加在一起，然后再激活，如图 5-5-6 所示。因此残差连接的深度学习网络可以轻松地用主流深度学习框架实现，直接使用 BP 算法更新参数。在前向传播时，输入信号可以从任意低层直接

① 这里退化问题是指当网络隐藏层变多时，网络的准确度达到饱和后急剧退化。

传播到高层。由于包含了一个天然的恒等映射,一定程度上可以解决网络退化问题。MiniSTResNet 网络框架设计与 MiniDeepST 的主要区别,是在空间卷积表示后的不同时间维度分量,如临近性分量、周期性分量和趋势性分量的原有多层卷积层处理,替换成了包含残差单元的卷积层处理,如图 5-5-6 所示,其具体操作逻辑及参数配置可参考二维码 5-19。

代码 5-19:融合残差网络 MiniST-ResNet 的流量预测模型(第 44~64 行)

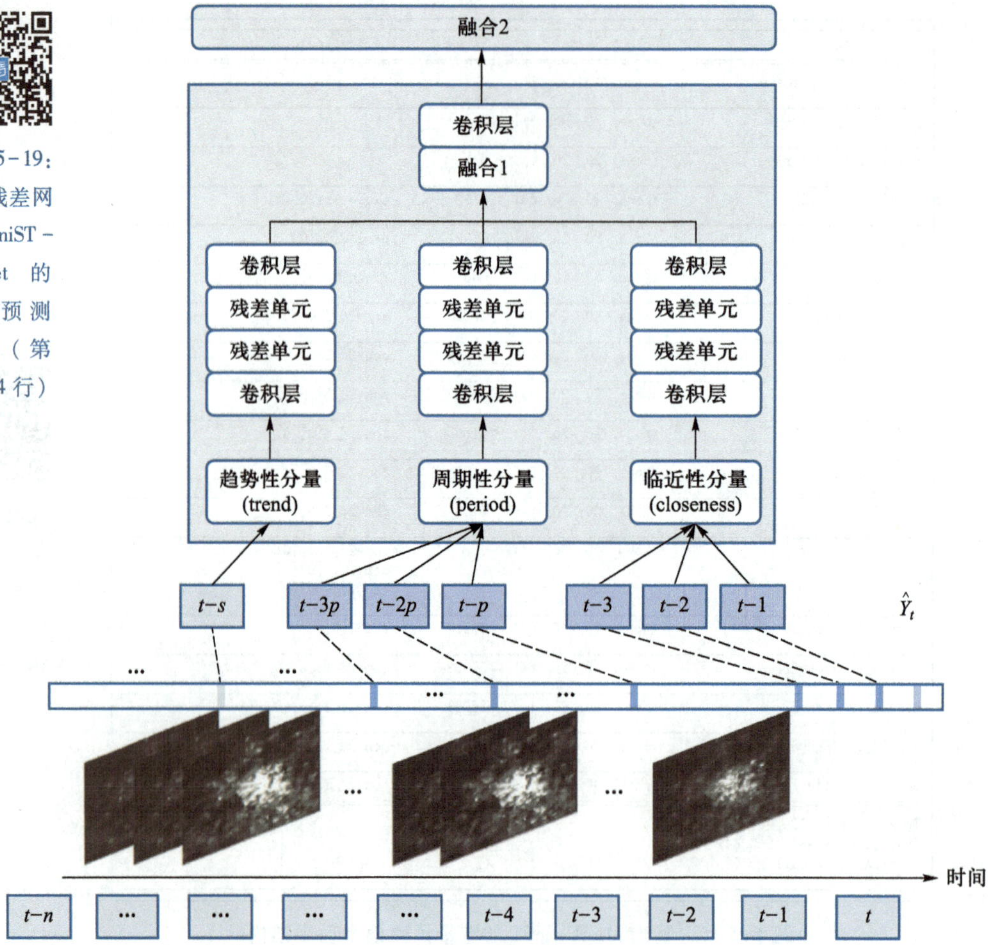

图 5-5-6　MiniSTResNet 模型框架

4. 使用随机失活(dropout)

在机器学习的模型中,如果模型复杂度太高,而训练数据又不充分的情况下,训练出来的模型很容易产生过拟合的现象。过拟合具体表现为模型在训练数据上损失函数较小,预测准确率较高,但是在测试数据上损失函数比较大,预测准确率较低。过拟合是很多机器学习的通病,如果模型过拟合,其可用性较低。

随机失活作为训练深度神经网络的一种调试方法,在一定程度上达到正则化的效果,有效提升了深度神经网络对新数据的泛化能力,是防止深度学习模型过拟合的重要手段之一。随机失活通过在每次训练迭代中,以一定的概率(通常是 0.5 或 0.2),随机选择一定比例的神经元,并将这些神经元的输出暂时设置为零,从而使它们在前向传播和反向传播中不起作用。在下一次迭代中，又以相同的概率随机选择不同的一些神经元进行“失活操作”，而之前被失活的神经元则被恢复。这个操作过程减少甚至忽略了这部分神经元之间的相互依赖作用，从而减少了神经元之间的共适应性（co-adaptation），迫使网络神经元不能通过学习而依赖于特定的其他神经元，必须学习更加鲁棒的特征，减少过拟合的风险。

MiniSTResNet 运用随机失活模型（MiniSTResNet_Dropout）的具体实现逻辑及参数配置，可参考二维码 5-20。

代码 5-20：MiniSTRes-Net_Dropout 降低过拟合实现（第 69~72 行）

5. 数据集制作、模型训练与评估

在本次实验中，拟使用 11 月 8 日—12 月 7 日的 30 天数据作为训练集，12 月 8 日—12 月 14 日这 7 天的数据作为测试集，在时间维度上最小单位为 1 小时，空间维度上划分为 20 行，20 列的栅格。在这个过程中，数据首先从一个路径（total_data_path）加载，分为训练数据（train_data）和测试数据（test_data）。这些数据被分解为不同的部分：*c* 代表 closeness，*p* 代表 period，*t* 代表 trend，以及流量标签。代码中定义了需要训练的模型 MiniDeepST、MiniSTResNet、MiniSTResNet_Dropout。模型使用生成器函数 TrainModel.Generator 进行训练，模型的损失函数选择的是 Huber。模型训练完成后，它的权重被保存到一个文件中，方便以后使用。随后，使用测试数据进行预测，并将预测结果保存。具体操作逻辑及参数配置，可参考二维码 5-21。模型训练参数如表 5-5-1 所示。

表 5-5-1 模型训练参数

参数名称	参数取值
批量大小 batch_size	32
学习率 lr	5e-5
卷积核大小 kernel_size	(3,3)
优化器 OPTIMIZER	Adam
激活函数 activation	ReLu
随机失活率 dropout	0.25
遍历次数 EPOCHS	100

代码 5-21：数据集制作、编译、训练和保存模型

由图 5-5-7 可以观测到，MiniDeepST、MiniSTResNet、MiniSTResNet_Dropout 三个流量预测的深度学习网络模型，均在经过一段时间的训练之后较快收敛。为验证模型的预测性能，将未参加训练的测试数据输入模型中，观察预测结果和真实数据之间的误差，选用 RMSE，MAE，R^2 作为评价指标，本章所有实例模型的参考性①预测结果性能对比如表 5-5-2 所示。

① 参考性，指不同模型存在跟数据、跟调参相关的性能浮动，且还有调参能实现的优化空间。同时，LSTM、MiniDeepST、MiniSTResNet 和 MiniSTResNet_Dropout 这几个深度学习模型无法在复现时重现一样的性能指标结果。

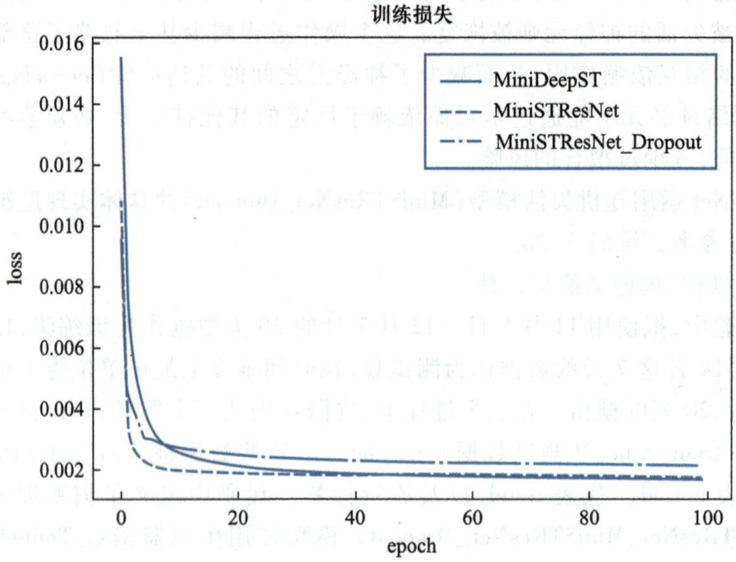

图 5-5-7　MiniDeepST、MiniSTResNet 与 MiniSTResNet_Dropout 模型损失函数数值(loss)变化曲线

表 5-5-2　不同算法的参考性预测结果性能对比

算法	HA	ARIMA	LSTM	Conv1D_LSTM	MiniDeepST	MiniSTResNet	MiniSTResNet_Dropout
RMSE	16.40	14.29	10.72	10.51	9.70	9.49	9.09
MAE	11.64	10.64	7.79	7.34	6.76	6.79	6.55
R^2	0.73	0.83	0.90	0.91	0.92	0.93	0.94

可以看出,这三种方法相对于 HA、ARIMA 和 LSTM 方法,在 RMSE、MAE 和 R^2 指标上,大部分有提升,时空序列模型方法在引入残差连接及使用随机失活技术后,得到了较好的性能表现提升,也验证了其有效性。三个模型的预测结果和真实数据放在一起比较,如图 5-5-10 所示。

由图 5-5-8 可知,预测结果大体上与真实数据较为接近,趋势上也基本相同。相较于 MiniDeepST,引入残差连接的 MiniSTResNet 在峰值上明显更接近真实值。除了通过折线图观察预测误差在时间维度上的分布,也可以以热力图①的形式展示真实值、预测值及误差值在空间上的分布,如图 5-5-9 所示。

① 热力图是一种可视化工具,通常用于显示数据分布的密度和强度,以帮助观察者识别数据中的模式和趋势。热力图通常以色彩映射的方式展示数据,其中颜色的深浅或明暗表示数据的强度或密度。

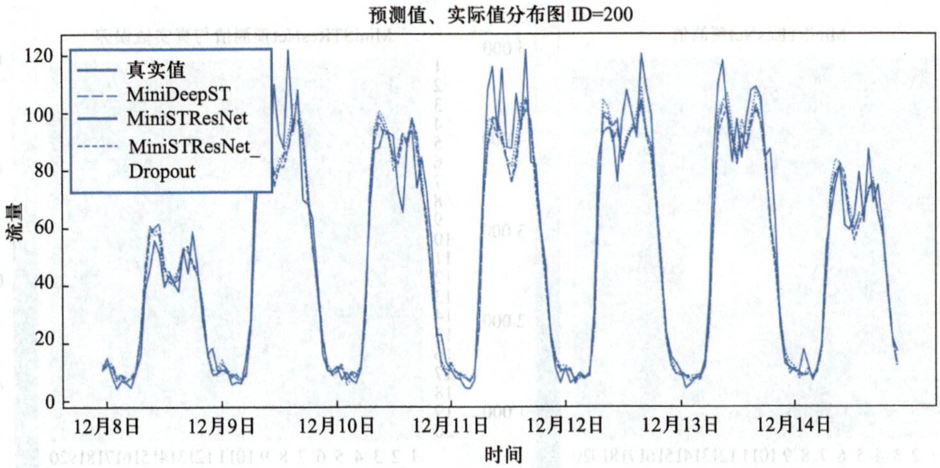

图 5-5-8 基于 MiniDeepST、MiniSTResNet 与 MiniSTResNet_Dropout 模型的流量预测结果

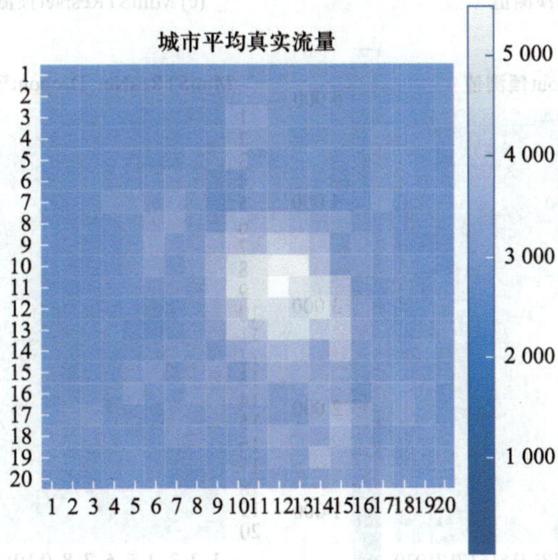

(a) 真实流量值

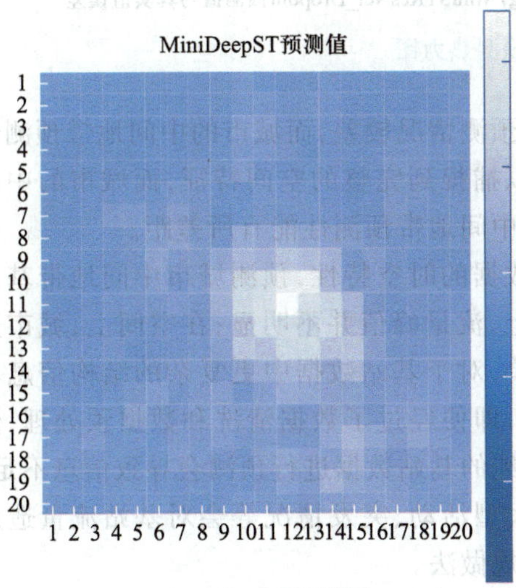

(b) MiniDeepST预测值

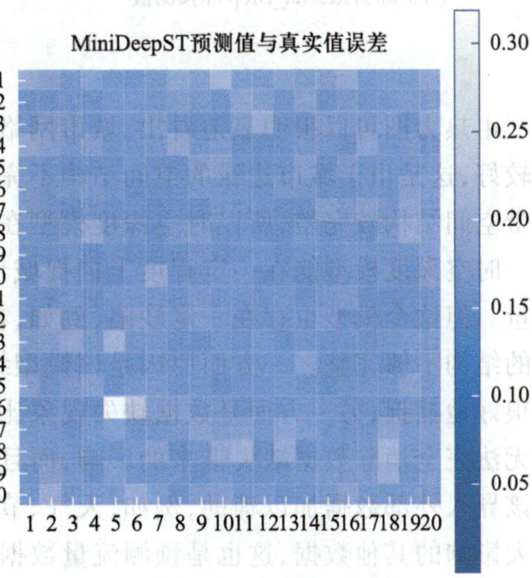

(c) MiniDeepST预测值与真实值误差

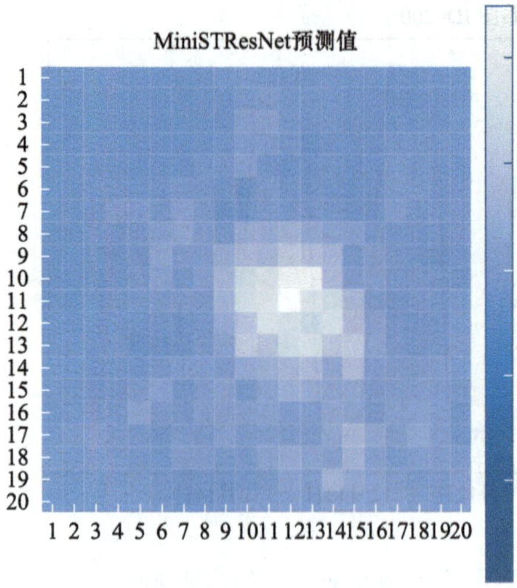

(d) MiniSTResNet预测值

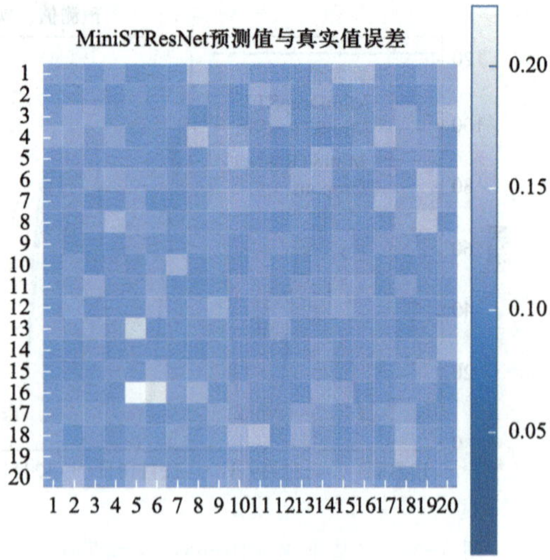

(e) MiniSTResNet预测值与真实值误差

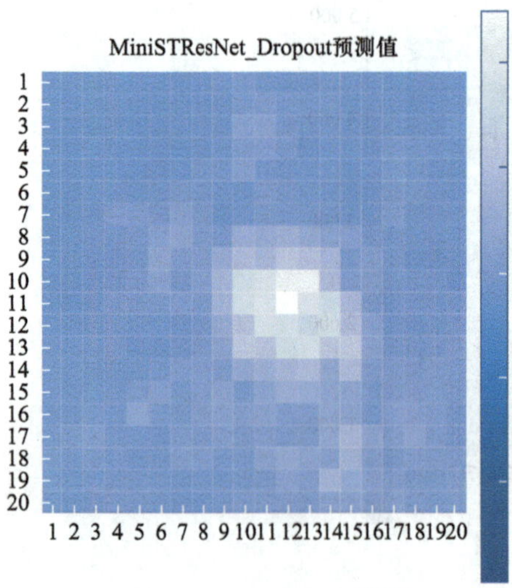

(f) MiniSTResNet_Dropout预测值

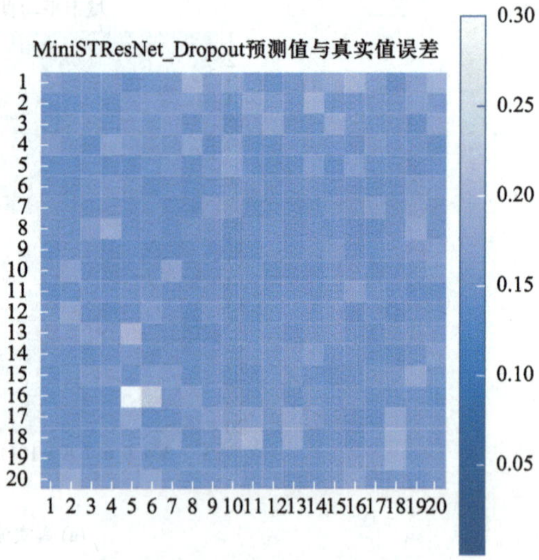

(g) MiniSTResNet_Dropout预测值与真实值误差

图 5-5-9 模型流量预测热力图

由热力图可以很明显地看出，城市网络的边缘预测情况较差，而城市的中间地带预测情况较好，这是由于城市边缘的空间结构不完整，难以捕捉到完整的空间特征，而城市的中间地带空间结构较完整，所以时空深度模型在边缘和中间地带预测性能有所差距。

时空深度模型能在一定程度上捕捉城市基站数据的时空特性，预测城市中间地带基站流量。但这个模型也存在一定缺陷，例如，在时间上，流量峰值并不明显；在空间上，城市边缘的结构不够完整。一方面原因是该模型结构简单，对于基站数据中更复杂的结构信息不能很好地捕捉；另一方面是数据缺失现象比较严重，即便经过了数据清洗和数据预处理，但是无法完全消除数据缺失带来的影响，而且利用单纯的基站数据进行预测会导致信息不足。应该导入外部数据加以辅助，例如，天气、节假日、大型活动、突发情况等会对基站流量造成很大影响的其他数据，这也是预测流量数据时的常规做法。

5.5.2 其他时空序列流量预测

使用深度学习框架来进行时空序列流量预测，还可以尝试使用卷积长短期记忆网络（convolutional LSTM network，ConvLSTM）。ConvLSTM 模型于 2015 年被提出，也是较为主流的时空序列分析模型之一。当时提出来是在气象领域，利用 6 分钟或者 12 分钟采集一次的历史观测雷达回波图，去预测将来一段时间内的雷达回波图（序列），从而帮助更精准地预报降水，跟本章利用历史采集的空间栅格“流量图像”序列，去预测将来一段时间内的“流量图像”序列相似，都是时空序列预测问题。ConvLSTM 是作为 LSTM 的变体提出的，其基本结构是在 LSTM 输入隐藏状态，以及隐藏状态到下一层次隐藏状态的处理中，将全连接层使用卷积计算来代替，即矩阵乘法变成卷积计算，由卷积操作提供对空间相关性的捕捉能力，克服了原有 LSTM 的全连接处理方式欠缺空间信息编码的不足，从而实现时间和空间维度的联合特征提取。ConvLSTM 模型示意图如图 5-5-10 所示，具体处理逻辑可参考二维码 5-22。

代码 5-22：基于卷积长短期记忆网络的时空预测模型（第 94~160 行）

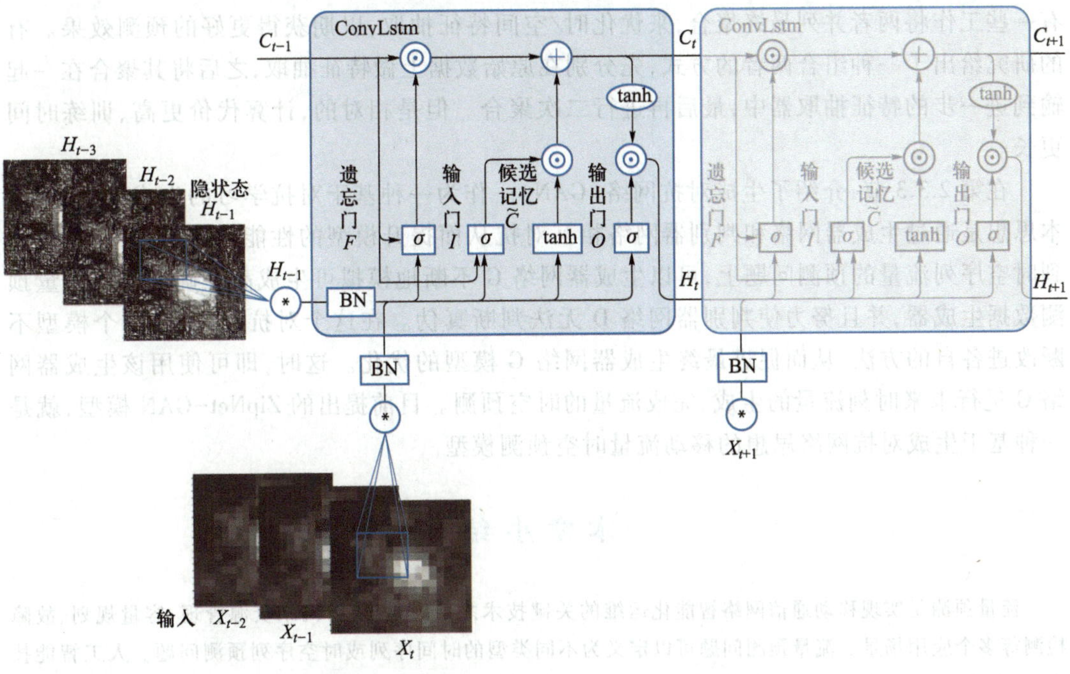

图 5-5-10 卷积长短期记忆网络模型示意图

除此之外，还有基于三维卷积网络的预测模型。与二维卷积网络相比，三维（3D）卷积网络（Conv3D）能够通过 3D 卷积和 3D 池化操作更好地联合建模表示空间和时间的特征信息。在 3D 卷积网络中，卷积和池化操作在时空上执行，而在 2D 卷积网络中，可视为仅在空间上完成卷积和池化的操作。3D 卷积网络能够联合建模表示空间和时间的特征信息，与 DeepST 或 ConvLSTM 不同的是，这里将时间信息作为一个维度，使原来的二维矩阵变成三维矩阵,以便通过三维卷积神经网络对数据进行处理。三维卷积神经网络 Conv3D 模型示意图如图 5-5-11 所示。

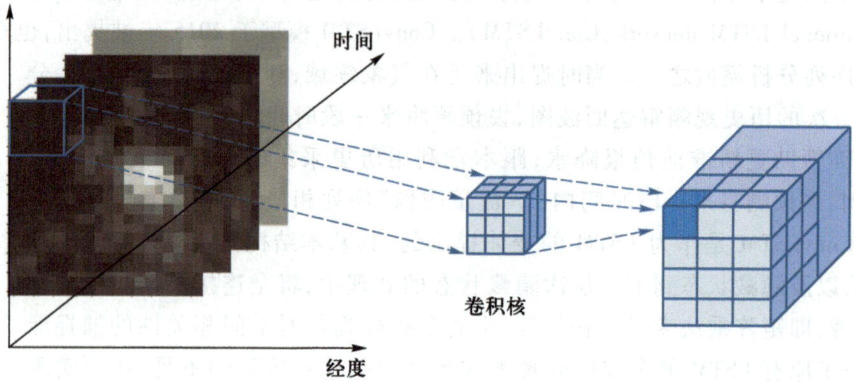

图 5-5-11 三维卷积网络模型示意图

更进一步,在 ConvLSTM、3D 卷积网络均可以实现时/空间特征的联合抽取的基础上,也有一些工作将两者并列最终聚合,来优化时/空间特征抽取,以期获得更好的预测效果。有的研究给出了一种组合两者的方式,先分别在原始数据上做特征抽取,之后将其聚合在一起输到进一步的特征抽取器中,最后再进行二次聚合。但是相对的,计算代价更高、训练时间更长。

在第 2.3.3 节,介绍了生成对抗网络(GAN)。作为一种基于对抗学习的生成模型,其基本思想是通过生成器网络和判别器网络相互对抗从而提升模型的性能。如果将 GAN 应用到时空序列流量的预测问题上,可以生成器网络 G 不断地模拟可生成高准确度移动流量预测数据生成器,并且努力使判别器网络 D 无法判断真伪。在这个对抗过程中,两个模型不断改进各自的方法,从而促进最终生成器网络 G 模型的优化。这时,即可使用该生成器网络 G 进行未来时刻流量的生成,完成流量的时空预测。目前提出的 ZipNet-GAN 模型,就是一种基于生成对抗网络思想的移动流量时空预测模型。

本章小结

流量预测是实现移动通信网络智能化运维的关键技术之一,可以支持网络资源管理、容量规划、故障检测等多个应用场景。流量预测问题可以定义为不同类型的时间序列或时空序列预测问题。人工智能技术(如深度学习)可以有效提取复杂网络流量数据中的时间模式、空间相关性等,实现更精准的流量预测。

本章以移动通信网络中的流量预测为应用场景,对人工智能技术在流量预测中的应用和实施方法进行了详细介绍。首先,对移动通信网络中的流量预测问题进行了定义,对流量预测在移动通信网络智能化应用中所起的重要作用进行了阐述,并对应用人工智能技术进行时空流量建模的方法进行了总结;其次,介绍了移动流量预测所需使用的数据集,对流量数据的特点进行了数据探索分析,展现出流量数据时间上的临近性、周期性、趋势性等支撑其可预测的规律特性,为构建时间序列和时空序列预测模型奠定基础。在此基础上给出了进行流量的时间序列预测和时空序列预测的基本模型和性能评估指标;最后,通过具体的时间序列和时空序列流量预测案例,详细介绍了时间序列流量预测和时空序列流量预测的数据预处理及各类模型构建的原理和实现方法,还介绍了一些性能优化技巧及新模型的思路。

习题

1. 移动通信网络流量预测的准确性对网络运营和维护有什么帮助?

2. 选取某个栅格 ID 区域,参考第 5.2.2 节,使用 Python 代码观察其流量数据在 60 天内的变化,并从时间临近性、周期性、趋势性、事件性,以及空间语义方面分析其规律。

3. 简述移动通信网络流量的数据预处理中,处理缺失值的两种主要方法及其优缺点。

4. 解释移动通信网络栅格流量数据进行归一化处理的目的和基本原则。

5. 选取某个栅格 ID 区域,基于其时序流量数据,参考第 5.4.3 节,绘制该数据的 ACF 图和 PACF 图,并根据图形特征确定 ARIMA(p,d,q)模型的三个参数。

6. 选择其他栅格区域 ID,并使用 LSTM 网络模型对该栅格区域流量进行时序预测。

7. ARIMA 模型和 LSTM 模型相比,各自有什么优势?

8. 在第 5.4.1 节的移动通信网络流量的数据预处理中,使用其他计算方法对缺失值进行补全,评估下游流量预测任务性能的变化。

9. 时空数据的定义、属性及特征是怎样的?

10. 如何针对时间或空间数据进行建模预测?

参考文献

第6章 移动性管理中人工智能的应用

【导引】

用户终端总是处于不间断的移动状态，其位置可以按需变化，在网络覆盖的范围内，无论用户移动到哪里，都要保证用户可以享受无中断的服务。移动性管理可以完成用户位置信息的实时上报和更新，完成通话过程中的切换处理，尽可能使用户与网络的联系状态达到最佳，保证业务连续性进而保障各种网络服务质量和用户体验。移动性管理与中国古代户籍档案管理制度有异曲同工之妙。

中国古代户籍档案管理制度起源于商代，发展至西周已经基本成型，《周礼》中有记载。政府通过户籍制度可以掌握个人及他们所依附的家庭。编户民著籍于一地，政府就能掌控一户的人力资源。里耶秦简公布了24枚户籍登记档案的木牍，每枚木牍登记一户家庭，木牍分栏、分项登记每户的资料，每枚木牍约划分有五栏。第一栏书：户人的里、爵及姓名；第二栏书：妻、妾；第三栏书：户人的儿子及弟子之名；第四栏书：户人及弟女之名；第五栏书：与户或户人有关的资料。与里耶秦简同时出土的邮驿距离木牍，一些木牍清晰地记录了人们在北方南来的迁徙路线，各地都有道路网络和驿站联系，这类似于我们今天的移动性管理。

在移动通信系统中用户随意改变其位置信息的需求，使得网络需具有移动性管理(mobility management)功能，即通过不同网元和终端的密切配合，完成用户位置信息的实时上报和更新，完成通话过程中的切换处理，从而保证业务连续性并提升客户体验。人工智能技术融入移动性管理，一方面可以储存、处理用户数据；另一方面可以借助相关学习算法对用户行为进行预测，以此达到减少切换时延，提高定位精度的效果。

本章首先介绍移动性管理的基本概念，并从位置管理和切换管理两个角度详细叙述。然后，讨论当前5G移动性管理的发展现状和标准化进展。最后，基于移动性管理的基本内容分两节分别给出两个案例，验证人工智能应用于当前移动性管理中的优势。具体内容如下：

6.1节主要介绍了移动性管理的定义及发展历程，重点介绍了5G中的移动性管理和标准化的进展。6.2节主要从切换管理和位置管理两个方面介绍了移动性管理的内容。6.3节给出了基于人工智能的切换管理的案例和基于人工智能的高精度无线定位的案例，并阐述了相较于传统的移动性管理的流程引入人工智能后的优势。6.4节介绍了基于AI的高精度无线定位的相关案例。

6.1 移动性管理的基本概念

6.1.1 移动性管理的定义

移动性管理是移动通信系统的一项基本功能，是网络对移动终端的位置信息、安全性及业务连续性方面的管理，用于保证在网络覆盖的范围内，无论用户终端或者移动设备移动到哪里，都可以享受无中断的服务。移动性管理主要是通过不同网元和终端的密切配合，完成用户位置信息的实时上报和更新，完成通话过程中的切换处理，尽可能使终端与网络的联系状态达到最佳，保证业务连续性进而保障各种网络服务质量和用户体验。

通过移动性管理，用户可以在不同的地理位置和无线接入网之间享受到无缝、高质量、多样化的通信服务，不会因为用户的移动而影响到语音、数据和多媒体等业务的服务体验。同时，网络也可以通过移动性管理，有效地获取和更新移动终端的位置信息，减少位置更新的开销和呼叫失败的风险。通过选择合适的切换时机和目标，降低切换延迟和数据丢失。同时，移动性管理支持多种无线接入技术之间的互操作，可以实现异构网络之间的协同和融合，适应不同场景和业务的需求，提供定制化的移动性策略和解决方案。

6.1.2 5G 中的移动性管理

移动性管理作为移动通信网络的核心组成部分，从 1G 到 5G 经历了持续的演进和优化。1G 网络为模拟蜂窝网络，采用频分多址接入技术（FDMA），它的移动性管理比较简单，主要依靠分区域和分频道的方式来实现用户的定位和呼叫，但缺点是频谱利用率低、容量有限、保密性差、干扰严重。2G 网络为窄带数字网络，采用时分多址接入技术（TDMA）和码分多址技术（CDMA）两种。2G 时代的移动性管理技术主要是基于电路交换的网络，采用了位置区和寻呼区的概念来实现用户的定位和呼叫，但存在网络结构复杂、切换延迟大、数据业务支持不足的缺点。

3G 网络实现了真正意义上的移动多媒体通信。在 3G 时代，移动性管理主要基于分组交换网络，采用核心网与无线接入网分离的架构。核心网负责处理用户的身份认证和业务控制，而无线接入网则负责分配无线资源和数据传输。当用户在不同无线接入网之间移动时，系统通过锚点切换或路径切换来实现数据流的重定向和连续传输，确保通信不中断。3G 网络引入了软切换（soft handoff）技术，该项技术允许手机在通话过程中同时与多个小区或扇区连接，大大减少通话中断的可能性，并提高信号覆盖的连续性。4G 网络进一步扩展了移动性管理的能力，4G 扁平化的网络架构简化了数据路径，降低了切换时延迟，提高了效率。4G 网络支持无缝切换，当用户从一个小区移动到另一个小区时，可以实现数据连接的平滑过渡，避免数据传输的中断，提升用户体验。4G 网络中的移动性管理还增强了载波聚合技术，它允许多个频段或载波同时进行数据传输，从而大幅度提高网络的峰值速率和容量。

5G 网络不仅提供了前所未有的高速数据传输（可达几 Gbit/s）和极低延迟，还引入了更复杂的移动性管理策略来适应更广泛的应用场景。5G 网络的移动性管理特点包括网络切片(network slicing)和边缘计算(edge computing)的支持,网络切片是一种使网络能够根据不同服务需求提供定制化资源和网络配置的技术。该技术可以根据不同的服务需求定制网络资源。边缘计算则是将数据处理功能从中心网络转移到网络边缘的技术,即更靠近用户设备的位置。在移动性管理方面,边缘计算允许更快速和高效地处理移动设备的数据请求和移动性事件。此外,5G 网络使用更高频段的毫米波技术,需要处理更短的覆盖范围和更密集的基站部署。这要求 5G 网络的移动性管理能够高效处理大量的网络切换和确保服务的连续性。随着物联网(IoT)设备的增多,5G 网络的移动性管理也必须适应大量低功耗设备的接入和管理。

在当前的国际标准中,移动性管理的研究主要是基于无线资源控制(radio resource control,RRC)的不同状态。具体来说,3GPP 协议将 NR(new radio)系统的移动性管理分为非连接态的移动性管理和连接态的移动性管理。在 NR 系统中,非连接态下的移动性管理主要是通过用户设备(user equipment,UE)自主控制的小区选择或重选机制来完成。而在连接态下,移动性管理则主要依靠切换操作来达到目的。3GPP 协议规定 NR 系统中的 RRC 有三种状态:RRC_IDLE(空闲态)、RRC_INACTIVE(非激活态)和 RRC_CONNECTED(连接态),其中,RRC_IDLE 和 RRC_INACTIVE 属于非连接态。非连接态与连接态的基本特征如图 6-1-1 所示。

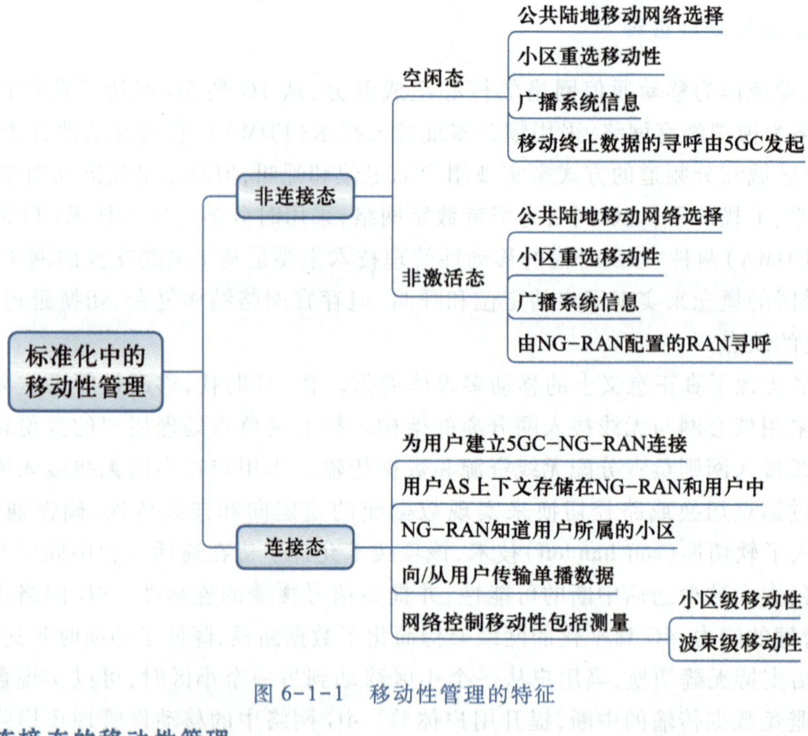

图 6-1-1 移动性管理的特征

1. 非连接态的移动性管理

开机后,处于非连接态的 UE 需要完成的功能包括:公共陆地移动网络(public land mobile network,PLMN)选择(公共陆地移动网络是由移动通信运营商提供的网络,可提供覆盖特定地理区域的通信服务)、小区选择/重选、位置登记和基于 RAN 的通知区域更新

(RAN-based notification area update,RNAU)等。本节主要介绍小区选择和小区重选。

(1) 小区选择

小区选择通常发生在UE未与RRC建立连接或要建立新的RRC连接时,例如,当用户初始接入网络,用户进入没有网络覆盖的区域,主广播系统信息发生变化等场景。根据UE有无先验信息可以将小区选择分为两大类:初始小区选择和存储信息小区选择。

初始小区选择:UE无关于NR系统频率的先验信息。UE通过其自身的能力范围扫描所有NR频段,找到合适的小区进行驻留。在每个频段中,UE寻找信号质量最好的小区。一旦找到一个适合的小区,UE便会选择该小区并在其上驻留。

存储信息小区选择:UE已经存储与载波频率相关的信息。UE首先会基于这些存储信息对相关小区进行测量。一旦发现合适的小区,它便会选择该小区进行驻留。如果基于存储信息的所有小区都被认为不适合,UE将重新启动初始小区选择流程。

UE在进行小区选择时,遵循以下协议规定:

① 小区选择一般基于同步光栅上的CD-SSB(cell defining SSB,小区定义SSB,是5G NR频谱的一个特定位置,UE在这个位置上查找SSB,以便进行同步并获取系统信息);

② UE搜索NR频段,根据CD-SSB在每个载波频率识别最强的小区,读取该小区系统广播消息,以识别其PLMN;

③ UE可以依次搜索每个载频(初始小区选择)或利用存储信息缩短搜索(存储信息小区选择);

④ UE寻找识别合适的小区,若无法找到合适的小区,它寻求识别一个可接受的小区,当找到一个合适的小区或只有一个可接受的小区被发现时,它在该小区上驻留并进入小区重选过程。其中,合适的小区是被测小区属性满足小区选择标准的小区。小区PLMN是所选的PLMN、注册的或等效的PLMN。小区不被禁止或保留,即小区不属于"禁止漫游的跟踪区域"列表中的跟踪区域。可接受的小区是指测量的小区属性满足小区选择标准且小区不被禁止。

小区选择流程如图6-1-2所示。UE在小区选择过程中,会对将要选择的附近的小区进行信号质量测量,通过测量来判定这些小区是否适合驻留。其中,判决小区是否可以驻留的测量标准被称为"S准则"。该小区的信号质量要满足S准则才能被选择作为驻留小区。

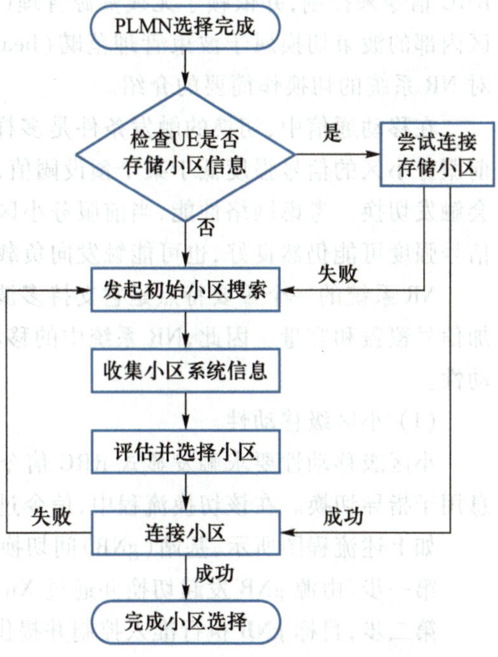

图6-1-2　小区选择流程图

(2) 小区重选

UE在非连接态时会持续地搜索并评估周围的小区,寻找信号质量佳或优先级高的小区驻留。不同的频率点被网络设置成不同的优先级,帮助UE驻留。在这个过程中,UE通常会优先选择信号最强的小区,确保其获得最佳的服务体验。

小区重选可以被分为同频小区重选和异频小区重选。同频小区重选主要针对优化无线信号覆盖,而异频小区重选主要是实现 UE 从一个频段平滑切换到另一个频段应对不同场景下的网络需求,例如,从高频段(容量层)向低频段(覆盖层)迁移以改善覆盖,或者根据网络策略和负荷情况进行优化选择。小区重选遵循"R 准则",R 准则是 3GPP 国际标准规范中定义的一套用于决定是否触发小区重选的条件集合,主要包括一些参数,如 R_S、R_Q、R_n 等,用来比较当前服务小区与邻区的信号质量及考虑小区优先级等,从而决定是否执行重选。

UE 执行小区重选的原则包括:小区重选基于同步信号块进行测量和评估;UE 对服务小区和相邻小区的参考信号接收功率、参考信号接收质量等属性进行测量,以启动重选过程;网络侧只需要指示载波频率,UE 即可搜索和测量该频率上的相邻小区。

小区重选的目标是确定 UE 应该驻留的最优小区。同频重选通常基于小区的排序和优先级,UE 倾向于选择优先级高、信号质量好的小区。异频重选则基于绝对优先级,UE 会尝试驻留在可用的最高优先级频率上。为了辅助重选过程,服务小区可以提供邻小区列表,引导 UE 测量特定的同频和异频邻小区,也可以通过黑名单机制,限制 UE 重选到特定小区。

2. 连接态的移动性管理

在 NR 系统中,RRC_CONNECTED 状态下 UE 的移动性管理一般指的是网络控制移动性,包括小区之间的移动性管理和小区内部的波束之间的切换管理。小区之间的切换通过 RRC 信令来控制,并依赖于无线资源管理(radio resources management,RRM)设计和测量,小区内部的波束切换属于波束管理范畴(beam management,BM),不涉及 RRM 测量。本节将对 NR 系统的切换作简要的介绍。

在移动通信中,切换的触发条件是多样且复杂的。例如,当移动台(如手机)检测到当前服务小区的信号强度低于某个预设阈值,而相邻小区的信号强度高于另一个阈值时,可能会触发切换。考虑网络性能,当前服务小区接近满载或者过载时,为了平衡网络资源,即使信号强度可能仍然良好,也可能触发向负载较低小区的切换。

NR 系统的一个重要特点是它支持多波束操作,这使 NR 系统能够通过多波束技术来增加信号覆盖和容量。因此,NR 系统中的移动性切换被分为两类:小区级移动性和波束级移动性。

(1) 小区级移动性

小区级移动性要求触发显式 RRC 信令,即直接且明确地通过 RRC 层传递给 UE 控制信息用于指导切换。在该切换流程中,信令过程需要包含图 6-1-3 所示几个最基本的组件。

如上述流程图所示,基站(gNB)间切换过程可以分为以下四步:

第一步,由源 gNB 发起切换并通过 Xn 接口发出切换请求;

第二步,目标 gNB 执行准入控制并提供 RRC 配置以完成切换确认;

第三步,源 gNB 在切换命令中向 UE 提供 RRC 配置。小区 ID 和接入目标小区所需的所有信息需在切换命令消息中,以便 UE 可以在不读取系统信息的情况下接入目标小区。在某些情况下,基于争用和无争用随机接入所需的信息可以包含在切换命令消息中。对目标小区的接入信息可以包括波束特定信息;

第四步,UE 将 RRC 连接移动到目标 gNB 并回复切换完成。

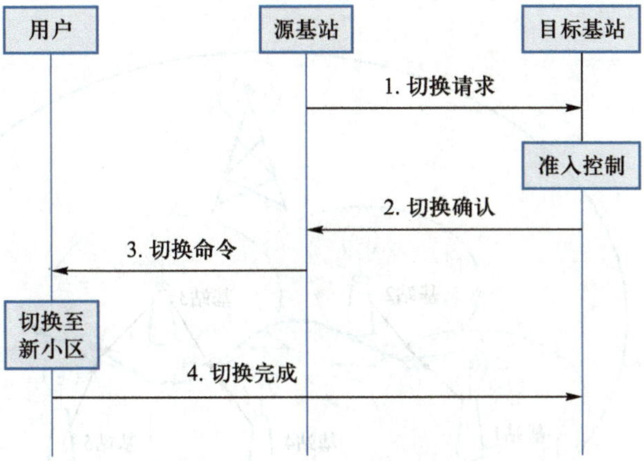

图 6-1-3　gNB 间切换过程

(2) 波束级移动性

与小区级移动性不同,波束级移动性主要关注在同一个小区内,UE 从一个波束切换到另一个波束。

波束级移动性的切换通常不需要通过显式的 RRC 信令来触发。相反,它主要依赖于物理层和 MAC 层的控制信令来实现。在这种情况下,波束切换过程主要在底层处理,通常不需要 RRC 来知道在给定时间点 UE 使用了哪个波束。波束级移动性的主要优点是它可以更快、更灵活地响应 UE 和网络条件的变化,而不需要通过 RRC 信令增加网络的信令负担。

6.2　移动性管理的基本内容

6.2.1　切换管理

切换管理是移动性管理中的核心内容,直接影响用户的体验感。切换是指移动终端在无线接入网的控制下完成从源小区到目标小区的无线链路连接的迁移,是保证无缝的移动通信服务的基本技术手段,也称为自动链路转移(automatic link transfer,ALT),其示意图如图 6-2-1 所示。随着移动通信的不断演进,除了狭义的越区频率切换概念之外,更加广义的越区切换概念和技术也随之出现,为了保证网络的服务质量,当出现掉话率高、用户阻塞率高等现象时,也会发生切换。切换的对象也不只局限于频率,也可以发生在时隙、地址码、小区及基站控制器(base station controller,BSC)等不同参量和实体之间。

切换涵盖了切换的触发、决策和执行等过程。切换的触发是指网络或者用户根据一定的条件和策略,发起切换的请求。切换的触发条件可以有多种,如信号强度、信噪比、速度、负载、服务质量等。切换的决策是基于对移动用户的信号质量、速度、位置、业务需求等因素的测量和评估,以及对网络状态信息和切换策略的获取和分析,来确定是否需要进行切换,以及是否选择最优的目标小区或基站。切换的执行是指网络或者用户根据一定的协议和流程，完成切换所需的信令交互和资源分配。

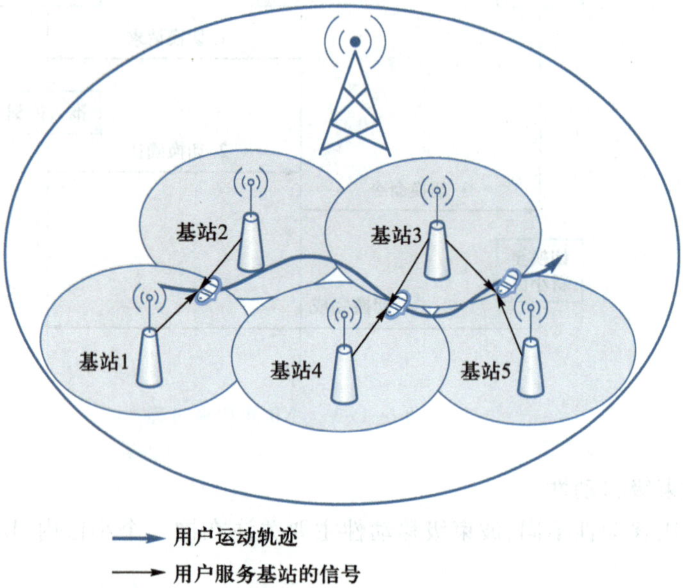

彩图 6-2-1

图 6-2-1　切换示意图

2G GSM 系统采用硬切换技术。硬切换是通过首先断开与当前基站的连接，然后再与另一个基站建立新的连接来实现，即"先断后通"，通常会导致通话短暂中断，其示意图如图 6-2-2 所示。硬切换的优势在于移动设备同一时间仅使用一个无线信道，而其不利之处在于会引起通信传输的短暂中断，从而在一定程度上降低了通信质量和用户体验。

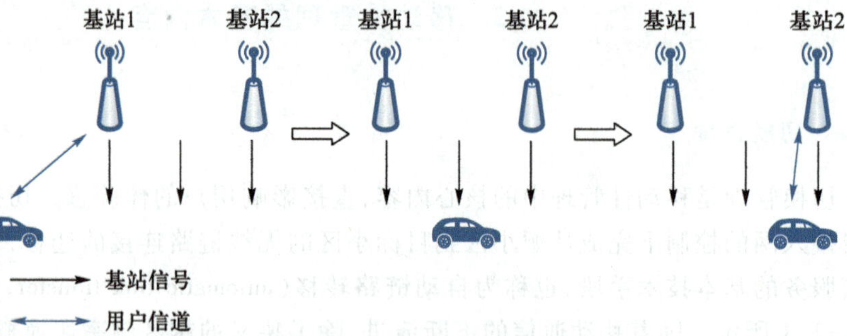

彩图 6-2-2

图 6-2-2　硬切换示意图

为了提高切换的可靠性，减小切换掉话率，3G WCDMA 移动通信支持的切换包括了硬切换、软切换、更软切换。与硬切换不同，软切换的工作原理是在不中断与原基站的连通情况下与新的基站连通，再与原基站断开连接，即"先通后断"，其示意图如图 6-2-3 所示。更软切换则是类似于软切换，但它发生在同一站点的不同扇区之间。例如，当移动设备从一个基站的某个扇区移动到同一基站的另一个扇区时，会发生更软切换。

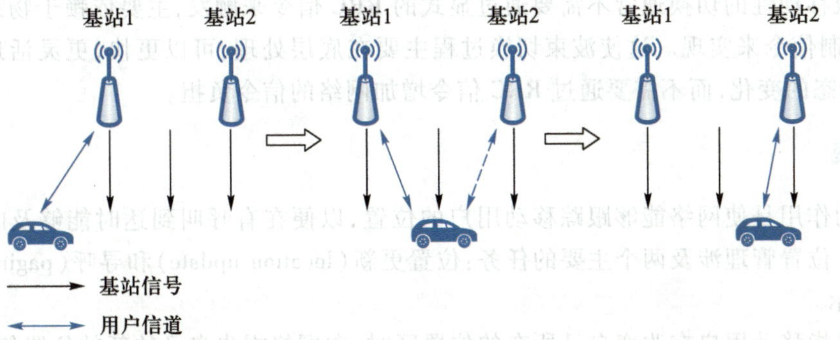

图 6-2-3 软切换

彩图 6-2-3

4G采用的是基于X2接口的全球陆地无线接入网(Evolved UTRAN,E-UTRAN)内切换框架,移动管理实体(mobility management entity,MME)和信令网关(signaling gateway,SG)保持不变。基于X2的E-UTRAN内切换框架如图6-2-4所示,首先,源基站根据UE报告的测量结果或是自己的测量结果来完成“切换判断”。一旦做出切换判断,源基站在X2接口上向目标基站发送一个切换请求(handover request)消息。目标基站为将要到达的UE和相关承载进行“无线资源分配”。完成分配后,目标基站向源基站返回切换请求确认(acknowledgement,ACK)消息,源基站发送ACK消息给UE,UE离开旧小区,开始同步到新小区。

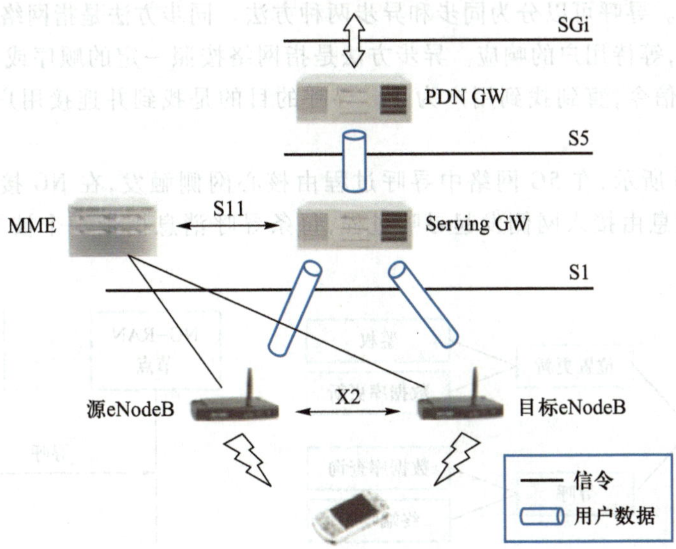

图 6-2-4 基于X2接口的E-UTRAN切换框架

在5G中,移动性管理被划分为连接态和非连接态两种情况。当UE处于连接态时,网络通过执行切换操作来管理设备的移动性。切换可能由终端的信道条件变化或网络为实现负载均衡而主动触发。在连接态下,用户设备完全处于网络控制之下,因此,此过程也被称为网络控制的移动性管理过程。由于NR系统支持多波束的操作,所以网络控制的切换可以分为两类:小区级的移动性切换和波束级的移动性切换。小区级的移动性切换要求触发显式RRC信令,波束级的移动性切换主要关注在同一个小区内,UE从一个波束切换到另一个波束。波束级移动性的切换通常不需要通过显式的 RRC 信令来触发,主要依赖于物理层和 MAC 层的控制信令来实现。这使波束切换过程主要在底层处理,可以更快、更灵活地响应 UE 和网络状态的变化,而不需要通过 RRC 信令增加网络的信令负担。

6.2.2 位置管理

位置管理的作用是使网络能够跟踪移动用户的位置,以便在有呼叫到达时能够及时找到并连接用户。位置管理涉及两个主要的任务:位置更新(location update)和寻呼(paging),如图 6-2-5 所示。

位置更新是指移动用户在改变自己所在的位置区时,向网络报告自己的新的位置信息,以便网络能够及时更新用户的位置档案。位置更新可以分为静态和动态两种方法。静态方法是指网络按照固定的区域划分来发起位置更新,当用户从一个区域移动到另一个区域时,就进行一次位置更新。动态方法是指网络根据用户的运动模式和呼叫特征来发起位置更新,例如,基于时间、距离或运动的方法。位置更新的目的是减少网络对用户位置的不确定性,从而降低寻呼的代价。

寻呼是指当有呼叫到达移动用户时,网络如何在用户所在的位置区内找到用户的具体小区,并建立通信连接的过程。当网络存在下行信令或数据需要向终端分发时,网络会向终端发送寻呼请求。用户收到寻呼后,会通过服务请求流程恢复与核心网的连接,完成后续的数据或信令传输。寻呼可以分为同步和异步两种方法。同步方法是指网络同时在所有小区内广播寻呼信令,等待用户的响应。异步方法是指网络按照一定的顺序或策略在不同小区内逐个发送寻呼信令,直到找到用户为止。寻呼的目的是找到并连接用户,从而提供通信服务。

如图 6-2-6 所示,在 5G 网络中寻呼过程由核心网侧触发,在 NG 接口消息中,核心网侧使用寻呼消息由接入网侧发起寻呼过程,每条寻呼消息携带一个被寻呼用户的基本信息。

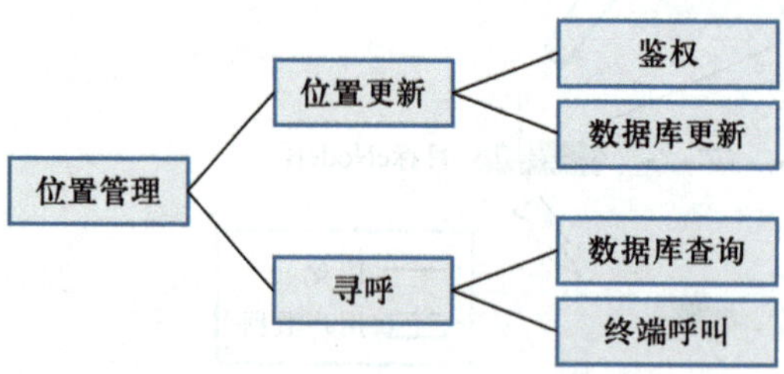

图 6-2-5 位置管理功能框图

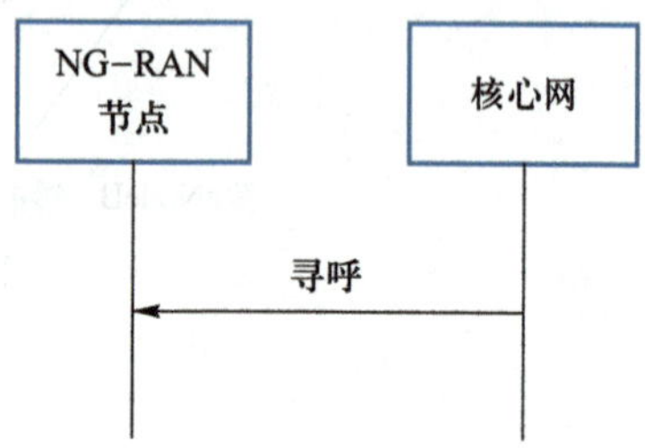

图 6-2-6 寻呼过程

在移动性管理中,除了位置更新和寻呼这两个核心任务外,定位技术也扮演着至关重要的角色。定位技术使移动通信网络能够更准确、更高效地确定移动用户的具体位置。这对于紧急呼叫服务、位置依赖服务和资源优化分配尤为重要。定位方法可以大致分为两类:基于网络的定位和基于移动终端的定位。基于网络的定位主要依赖于网络侧的信息,如基站信号的时间差或信号强度;而基于移动终端的定位则依赖于设备本身的传感器。

6.2.3 AI 赋能移动性管理

移动性管理作为无线网络的基本功能,是保障用户通信业务连续性和可达性的关键技术,它不仅要保证用户设备和终端在移动过程中数据传输的连续,还要防止用户接入某些受限区域或者请求不该使用的服务。然而,随着移动通信向 5G 增强和 6G 不断演进,网络结构和形态愈加复杂,这不仅衍生了更丰富的应用场景,也对网络性能增强和优化提出了更高的要求。

网络超密集化、大规模机器类通信等新技术的引入使基站密度(单位面积基站数量)和连接密度(单位面积连接的 UE 数量)急剧增加,用户移动过程中经历无线接入点之间切换的频率大幅升高。然而,传统切换管理技术难以高效处理移动过程中复杂而频繁的连接变化,易造成切换失败而产生丢包或额外时延等问题,导致用户体验感变差。传统的位置管理技术在精确定位方面也显示出局限性,尤其是在室内场景,GPS 精度误差较大,难以满足高精准度定位的需求。在 AI 的快速发展和应用驱动下,引入 AI 技术解决传统移动性管理面临的挑战成为必然趋势。

AI 技术可以帮助移动性管理更有效地利用和处理网络中大量的历史数据信息(如用户历史位置信息、历史流量信息、移动用户轨迹、用户驻留时间等)。一方面,借助于深度学习等算法对用户行为进行预测,以精准的移动性预测和移动性决策辅助越区切换的判决,可以减少切换时延,增强用户体验。另一方面,通过强化学习等算法进行最优的切换判决,自动化、精细化调整小区重选、小区切换和基站移动性配置参数,如越区切换阈值、触发时间等参数,可以提高切换的成功率。此外,AI 还可以基于大量的信道数据,利用机器学习方法训练模型,挖掘信道响应与位置坐标之间的映射关系,解决 LOS/NLOS 信道共存场景下传统定位算法无法应用的问题,提高定位精度。

因此,与传统方案相比,基于 AI 的移动性管理技术更加高效、可靠和智能化,从而更好地满足用户的需求和提升用户体验。目前,AI 赋能的移动性管理技术已然成为移动通信网络的前沿研究热点,下面将给出两个案例进行详细介绍。

6.3 基于 AI 的切换管理案例

6.3.1 切换管理场景介绍

传统的切换管理技术在第 6.2.1 节中已经介绍,主要包括触发、决策和执行三个步骤。触发即指网络或者用户根据一定的条件和策略,发起切换的请求。决策是基于对移动用户的信号质量、速度、位置、业务需求等因素的测量和评估,以及对网络状态信息和切换策略的获取和分析,来确定是否需要进行切换,选择最优的目标小区或基站。执行是指网络或者用户根据一定的协议和流程,完成切换所需的信令交互和资源分配。

为了承载爆炸式增长的移动数据流量,5G 网络采用了超密集组网方式,即在宏基站覆盖区内更加密集地部署不同类型的低功率无线接入点,通过多层覆盖大幅提升网络容量。然而,基站的密集部署导致用户在移动过程中会经历频繁的无线接入点间的切换,这不仅严重影响用户体验,还会增加系统的信令开销。AI 技术可以被用来协助移动网络进行更有效的切换管理,做出最佳的切换决策。

在移动通信网络中,用户的设备可能会选择上传其位置信息。当用户同意共享位置数据时,这些信息被网络基站或数据中心收集并存储。运用深度学习等先进的 AI 技术,网络运营商能够对这些数据进行深入分析,以识别并学习用户的移动模式,这能够帮助运营商准确预测用户未来的位置,从而为网络切换决策提供辅助。基于位置的数据分析使得网络能够预先准备必要的资源,优化切换流程,从而降低通信时延,提升网络的整体效率。

利用 AI 驱动的预测方法也可以对移动通信网络中的物理资源块(physical resource block,PRB)利用率和无线资源控制(radio resource control,RRC)连接数等关键指标进行建模和分析,有助于预测未来一段时间内的网络流量变化趋势。通过 AI 技术预测到即将到来的流量高峰时,网络可以提前进行小区切换协调,以实现对网络负载的均衡分配和有效管理,从而确保链路的通信质量。对参考信号接收功率(reference signal receiving power,RSRP)和参考信号接收质量(reference signal receiving quality,RSRQ)的 AI 预测可以用于对接收参考信号的所有小区进行优先级排序,这有助于确定最佳的小区切换搜索顺序,从而减少切换后小区频繁的重选问题,降低信令和能耗开销。

接下来,为了说明 AI 技术在切换管理中的应用,本章将引入一个基于深度学习技术来完成用户移动性预测的案例,首先介绍该案例中的数据集处理方法。

6.3.2　移动性数据集处理

在数据科学领域,数据集的处理是确保研究和应用成功的关键步骤。数据处理的目的是提高数据质量,确保其适用于机器学习模型的训练。处理不良数据不仅可以减少误导信息的风险,还可以帮助研究人员更准确地解读数据分析结果。

本案例采用的是一个公开的 4G 轨迹数据集,该数据集由移动运营商收集的客户端蜂窝关键性能指标组成,涵盖了不同的移动模式,如图 6-3-1 所示。该数据集包含 135 条轨迹,即 135 个表格。每条轨迹的平均持续时间为 15 分钟,可视吞吐量范围为 0～173 Mbit/s,每秒一个样本。

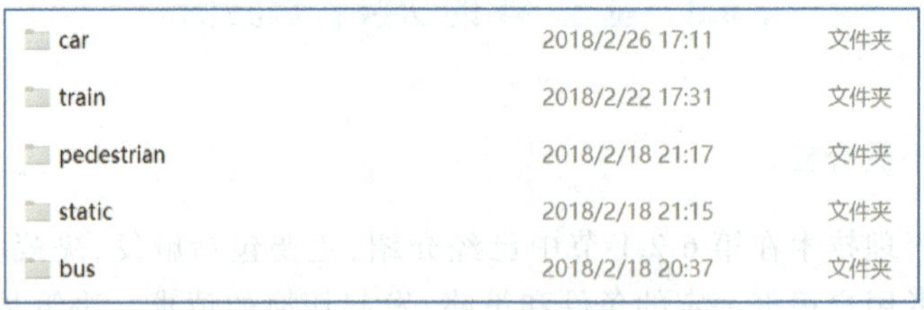

图 6-3-1　数据集

鉴于本案例的研究目标是预测具体的地理坐标,即经度和纬度,而在小尺度上的移动对这些坐标的影响相对较小,因此,为了提高预测精度,本研究选择了移动速度较快的一种移动模式,即公交车这种移动模式作为案例进行分析。具体方法如下:

① 遍历所有文件夹及其子文件夹中的 CSV 文件,读取其中的数据,并将数据按照基站名称和 Cell ID 分组,分组后的数据将存储在字典(Python 中内建的一种具有弹性储存能力

的数据结构,可存储任意类型对象,与序列使用整数索引不同,它使用键进行索引)中。

② 对于字典中的每个基站,可以检查其中每个样本的长度。如果样本长度小于某个值(如 10),将其删除(过短的样本可能不包含足够的信息来进行有效的模式识别或其他数据分析任务。删除这些样本可以防止模型学习到错误或不充分的信息,从而提高模型的准确性和可靠性);如果样本长度大于某个值(如 30),将其拆分为长度为该值的子样本(过长的样本如果包含多种模式或变化,可能会导致模型难以捕捉到具体的特征。通过将这些样本拆分成较小的块,可以帮助模型更有效地学习和识别数据中的关键特征)。经过这样处理后,可以确保所有样本的长度都将在某一范围之内。

③ 如果某个基站的样本数小于某个值(如 16),则可以从字典中删除该基站。因为,某个基站的样本数量过少,那么这些样本可能无法代表该基站下用户的典型行为。在这种情况下,使用这些样本进行训练可能导致模型过拟合,即模型只能对训练数据进行预测,而不能泛化到新的或未见过的数据。删除这些基站的数据可以提高模型的泛化能力。

④ 对于每个基站,可以将样本按一定的比例(如 9∶1)划分为训练集和测试集。将数据分为训练集和测试集可以提供一个公正的方式来评估模型的性能。训练集用于建立或训练模型,而测试集则用于评估模型的泛化能力。

⑤ 将处理后的训练集和测试集数据分别保存为 pickle 文件。使用 pickle 保存处理后的数据集可以方便地在不同的计算环境中重用这些数据,无须重新进行预处理。其中,pickle 是 Python 的内置库,可以轻松地保存和加载复杂的数据结构,如字典、列表等。

在处理完并获得上述数据以后,针对相关数据还可以进一步采用传统 AI 技术中的数据聚合、异常值处理,以及数据归一化等方法来对数据进行进一步加工和清洗,相关的类似算法可以参考 5.4 节中针对数据进行预处理的方式来完成。

6.3.3 基于 LSTM 用户移动性预测的切换管理

移动性预测是指使用不同的技术或算法来预测移动用户未来的行为和路径。常见的移动性预测方法主要包括基于历史轨迹的分析,如马尔可夫链模型、移动平均法等;基于信号强度的预测,如最近邻算法;基于机器学习的方法,如随机森林、多元线性回归等。在本案例中,将提供一种应用深度学习中的 LSTM 来进行用户移动性预测的方法。LSTM 是一种循环神经网络,它能够处理和记忆长期依赖信息,这使它特别适合处理时间序列数据,如移动用户的位置和速度信息。通过使用 LSTM,可以更准确地预测用户的移动轨迹,从而有效地指导无线网络中的切换管理,减少切换次数,降低信令成本,并提高整体网络性能和用户体验,如可以减少“乒乓效应”的发生。所谓的“乒乓效应”是指当用户处于两个基站信号强度相近的区域时,由于信号波动,手机可能会不断地在基站间切换,而不是稳定连接在一个基站上。

LSTM 的原理已在第 2 章和第 5 章中进行了详细介绍,因此这里不再赘述。下面将详细介绍案例实验过程。

本案例分为三个关键阶段:模型训练与评估、用户移动模拟及小区切换模拟。其中,模型训练与评估阶段给出模型的各个参数,进行系统性的训练,并评估模型性能,确保模型的准确性和泛化能力;用户移动模拟阶段通过设定用户的移动方式,模拟出用户移动轨迹,用于后续切换策略的比较分析；小区切换模拟阶段详尽地描述了小区切换的具体操作步骤，并且对两种切换策略（基于门限的传统切换与基于预测模型的切换）进行对比分析，揭示了基于预测的切换策略在减少切换频率方面的潜在优势。

(1) 模型训练与评估

在数据集处理完成之后，将进入模型训练与评估的阶段。这是数据科学重要的一环，直接影响到模型的性能和最终应用效果。接下来，使用 PyTorch 这一强大的深度学习框架来构建一个 LSTM 模型。

在构建时间序列预测模型时，需要仔细选择和调整多种模型参数，以确保最佳性能。以下是一些关键的模型参数设置步骤：

① 输入数据的维度(input_size)：由于数据集包括经度和纬度信息，需要设置输入层的维度来匹配这两个特征。在实际应用中，可以根据数据的具体特征调整这一参数。

② 隐藏层状态的维度(hidden_size)：隐藏层的大小直接影响模型的复杂度和学习能力。一般来说，较大的隐藏层可以模拟更复杂的数据模式，但也可能导致过拟合，因此需要根据数据的复杂程度和训练样本的数量进行适当的调整。

③ LSTM 网络的层数(num_layers)：增加层数可以增强网络的学习能力，但同时也会增加计算负担，并可能引入过拟合的风险。选择合适的层数是实现良好泛化能力的关键。

④ 输出层的维度(num_classes)：基于具体任务来设置。本案例模型目的是预测地理位置，包括经度和纬度，那么输出层的维度可以设置为 2。

⑤ 优化器的选择和调整：可以选择使用 Adam 优化器，它是一种高效的自适应学习率优化方法，特别适合处理大规模和非平稳的数据集。初始学习率的选择可以基于先前的经验，但在实际训练过程中可能需要根据模型的表现进行调整。

在图 6-3-2 中，X 轴代表迭代次数，而 Y 轴代表损失值。该图显示了在训练 LSTM 模型时，损失函数值随着迭代次数的增加而下降。损失函数的下降表明模型的预测准确性正在提高。由图 6-3-2 可以看到，损失值在训练的初期急剧下降，随着迭代次数的增加，下降速率减缓，趋向于平稳。

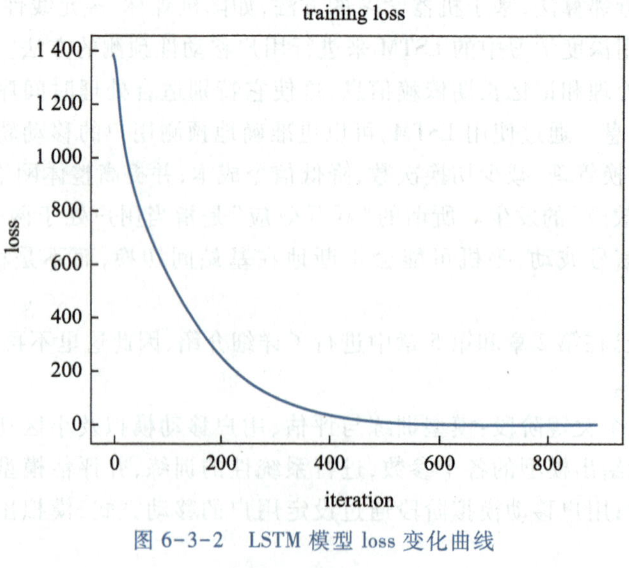

图 6-3-2　LSTM 模型 loss 变化曲线

虽然损失值的降低通常意味着模型性能的提高,但也存在过拟合的可能性。过拟合发生时,模型在训练数据上的表现很好,但在未见过的数据上则表现不佳。为了避免这种情况,下面使用测试集对模型进行评估,验证模型泛化能力。测试集在模型训练阶段未被利用,以确保评估结果能客观反映模型对于新数据的处理能力。

使用在第一步中划分得到的测试集对模型进行评估,模型展现出了优秀的性能。这一低损失率不仅反映了模型对未知数据的高度适应性,也暗示了其优秀的泛化能力。泛化能力是模型在处理未曾训练过的数据时的表现能力,而低测试损失率意味着模型在这些新数据上的预测与真实情况之间的误差较小。

(2) 用户移动模拟

在研究用户在动态环境中的行为模式和这些模式如何影响切换管理时,用户移动模拟成了一个不可或缺的工具。为了更好地理解和模拟用户的移动行为,常用的模型包括随机游走模型、高斯-马尔科夫模型等。

随机游走模型是一种简单却极具代表性的用户移动模拟方法。在这个模型中,用户的下一个位置是基于其当前位置随机决定的。这种模型假设用户向任何方向移动的概率相等,且每次移动的距离固定或符合某种分布。该模型通常用于模拟用户在没有明确目的地的情况下的移动行为,例如,在一个开放区域内随意行走的情况。

高斯-马尔科夫模型是一种更为复杂的用户移动模拟方法。这个模型假设用户的移动具有一定的方向性和速度,而且这些参数随时间变化而呈现高斯分布。用户的当前位置和速度都会受到前一时刻状态的影响,符合马尔科夫性质。该模型适用于模拟有目的性移动的用户行为,例如,通勤者从家到工作地点的移动。

当然,也可以简单地通过定义用户运动状态来模拟用户的移动。例如,可以直接实施一个类,其实例代表移动用户,属性包括用户当前的坐标位置、运动状态、方向及过去的位置历史。用户的运动状态可以被定义为"前进(forth)""左转(left)"和"右转(right)";移动方向可以被定义为四个基本的地理方向:"东(East)""南(South)""西(West)"和"北(North)"。

(3) 小区切换模拟

通过之前的步骤,我们已经可以预测用户下一时刻的位置。接下来,将使用这些信息来做出小区切换的决策。

在移动通信系统中,切换策略通常涉及多个指标的综合考虑,包括 RSRP、RSRQ 和 SINR。这些指标帮助系统评估当前的连接质量,并决定是否需要向邻近小区进行切换。以 RSRP 为例,RSRP 是衡量小区信号强度的指标,表示用户设备接收的来自基站的特定参考信号的平均功率。若 RSRP 值低于预设的门限(Threshold),这通常意味着用户与当前小区的信号连接较弱,可能需要切换到信号更强的小区。然而,实际的切换决策是一个多方面、多指标的复杂过程,不仅需要考虑传统指标,还需考虑用户设备的移动速度、小区干扰情况等其他用户行为和网络环境变化因素,要求切换算法既高效又具有足够的灵活性,以适应多变的网络条件和用户需求。

本案例为了更好地体现 AI 在切换决策中的作用,简化了切换决策过程,在利用 LSTM 预测出 UE 下一时刻与小区的距离后,将距离作为切换触发的标准,即切换的门限由距离决定。

首先,进行环境的配置,确保所有工具都能正确显示中文和特殊字符。接着,初始化基站的数据,每个基站都有一个具体的地理位置。每个基站还关联了一个 SVG 格式的图标,这些图标后续将在地图上表示基站的位置。

在开始模拟之前设置一个绘图环境,用于在每个模拟步骤中显示用户的移动和基站的位置。同时创建一个用户,其初始位置是所有基站坐标的平均值。这样做的目的是模拟用户从城市中心出发这种常见的场景。

模拟开始后,不断更新用户的位置,并利用 LSTM 预测其下一步的位置。如果当前位置与当前基站的距离超过门限,并且最近基站不同于当前基站,则进行基站切换并更新相关计数器。然后可以对用户在一定范围内的移动及小区切换模拟进行可视化展示,如图 6-3-3 所示。

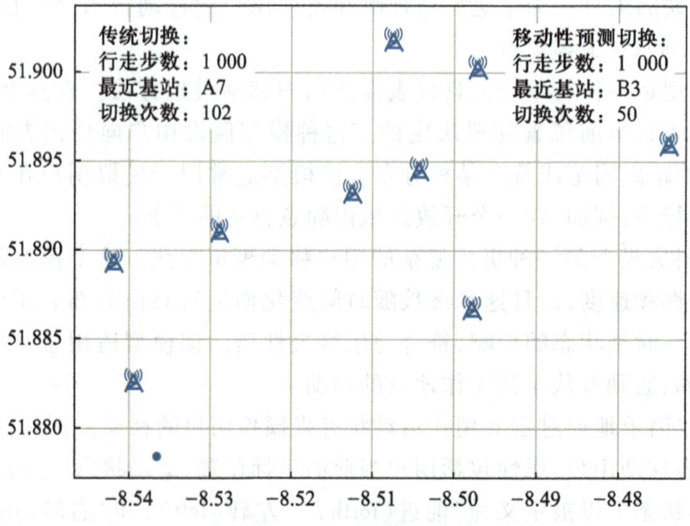

图 6-3-3　用户移动模拟

从图 6-3-3 可以看出 AI 在单个用户的小区切换决策中的应用。为了更全面地展示 AI 的作用,我们将模拟的规模从单个用户设备扩展至多个用户设备,每个设备移动固定步数。通过这种方式,可以更加深入地观察和比较 AI 在不同切换方法下的表现。假定存在 10 个 UE,各自移动 1 000 步后,在两种不同切换方法下的次数对比图,如图 6-3-4 所示。

在图 6-3-4 中,横轴表示步数,纵轴表示平均切换次数。这里的“平均”是指在所有模拟的 UE 上取平均值。可以看到,随着步数的增加,两种策略的切换次数都逐渐增加,但是,预测切换在整个模拟过程中通常具有较低的平均切换次数,这表明通过使用预测算法减少了切换的频率,从而提高了网络效率和用户体验。另外,在步数增加的后期,两种策略的平均切换次数差距有所增大,这说明随着时间的推移,预测方法的优势更为显著。

代码 6-1:基于 LSTM 的用户移动性预测的切换案例的代码

通过上述步骤和分析可以看出,无线网络中引入 AI 技术能够对用户的移动轨迹进行有效的预测,从而可实现基于用户未来的移动轨迹辅助的切换管理,在一定程度上降低切换次数,减少切换信令开销。本案例的程序代码,以及涉及的具体操作逻辑及参数配置可参考二维码 6-1。

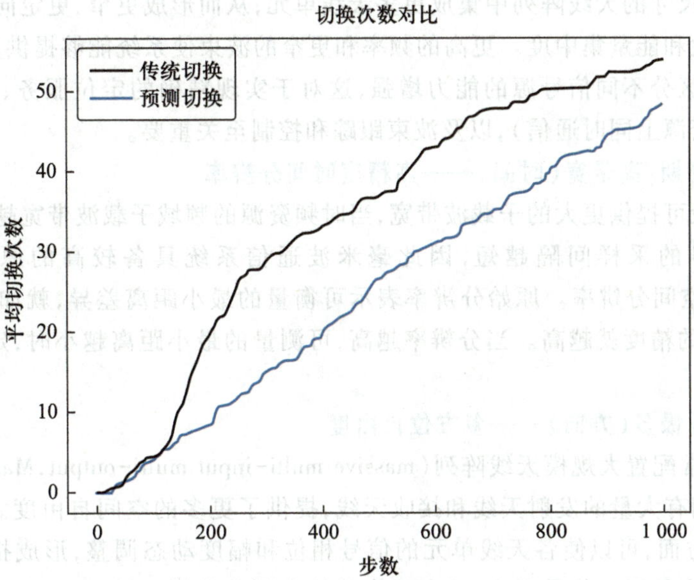

图 6-3-4　小区切换性能对比

彩图 6-3-4

6.4　基于 AI 的高精度无线定位案例

6.4.1　高精度定位场景介绍

在移动性管理中，网络需要跟踪移动用户的位置，用户的高精准定位尤为重要。传统基于小区 ID 的定位精度为 300~500 米，误差较大，不适用于定位精度要求较高的场景。传统的手机定位主要采用卫星导航的全球定位系统（global positioning system，GPS）。在室外场景，GPS 的定位精度可以达到 10 厘米，但是对于室内场景、地下停车场、隧道等 GPS 信号很弱或无信号覆盖的场景，GPS 定位技术就不再适用。LTE 和 Wi-Fi 定位技术的精度不高，虽然可以通过蓝牙、超宽带（ultra wide band，UWB）等技术实现提供较高精度的室内定位，但这些技术无法在更广泛的领域应用。

5G 标准在其演进的重要阶段 3GPP Release 16 版本中增强了定位服务的功能和性能，旨在满足不同垂直行业对于高精度、低延迟定位服务的需求。5G 赋能垂直行业的应用中存在大量高精度定位需求的场景，如工业自动导向车（automated guided vehicle，AGV）、自动驾驶、设备追踪等。这些应用场景要求至少达到以下性能：对于 80% 的 UE，水平定位精度优于 3 米（室内）和 10 米（室外）；对于 80% 的 UE，垂直定位精度优于 3 米（室内和室外）。

当前 5G 网络利用大规模 MIMO 的多波束特性，通过接入点的信号到达时间、到达角测量法等技术可以实现室内高精度定位。

1. 高载波频率（空间）——高精度空间分辨率

5G 为了实现更高的数据传输速率和更大的系统容量，采用了比 4G 更高的载波频率，特别是毫米波（mmWave）频段。高载波频率意味着更短的波长，短波长允许天线设计得更小，可以在相同尺寸的天线阵列中集成更多天线单元，从而形成更窄、更定向的波束，有利于提高信号指向性和能量集中度。更高的频率和更窄的波束使系统能够提供更高的空间分辨率，即在空间上区分不同信号源的能力增强，这对于实现精确的定位服务、空间复用（多用户在同一频谱资源上同时通信），以及波束跟踪和控制至关重要。

2. 短符号周期/高带宽（时间）——高精度时间分辨率

毫米波频段可提供更大的子载波带宽，当时频资源的频域子载波带宽越大，每个符号的周期越短，信号的采样间隔越短，因此毫米波通信系统具备较高的原始分辨率（raw resolution）或者空间分辨率。原始分辨率表示可衡量的最小距离差异，就如同使用尺子时，刻度越细，测量的精度就越高。当分辨率越高，可测量的最小距离越小时，定位的精确度就越高。

3. 天线数量极多（方向）——多方位自由度

5G基站通常配置大规模天线阵列（massive multi-input multi-output，Massive MIMO），这意味着基站端拥有大量的发射天线和接收天线，提供了更多的空间自由度。基站借助于大规模MIMO，一方面，可以使各天线单元的信号相位和幅度动态调整，形成指向不同用户或方向的窄波束，有效提高信号强度，减少干扰并扩大覆盖范围。另一方面，多根天线各自接收、发送不同角度的信号，当空间样本数的变量增加，更多的信号角度信息增加，定位的分辨率可以跟着提升，能够判别更精准的地理位置。即不同天线可以从多个不同方向、不同角度接到终端的信号。

定位技术可以根据不同的标准和角度进行归类。根据定位的使用场景的不同，定位技术可以分为室内定位技术和室外定位技术。定位技术可以根据是否融合其他设备与通信网络划分为协作定位与非协助定位。定位技术还可以划分为基于测距的定位和非测距定位，如图6-4-1所示。

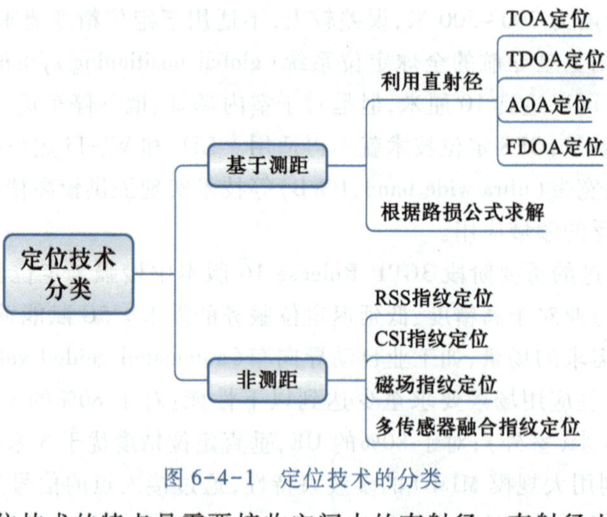

图6-4-1 定位技术的分类

基于测距的定位技术的特点是需要接收空间中的直射径。直射径也称为直射路径或视距路径，是指从发射器直接到接收器的信号传播路径。基于测距的定位根据测量的物理量不同还可以继续进行分类。测量信号的时间到达（time of arrival，TOA）、到达时间差（time different of arrival，TDOA）、到达角（angle of arrival，AOA）和频率差分到达定位（frequency difference of arrival,FDOA)的定位技术是相对比较成熟的。

TOA 定位是通过测量信号从发射点到达接收点所需的准确时间来计算发射源和接收器之间的距离。在实际应用中,需要同步发射源和接收器的时钟,这对设备的要求很高,通常利用三个或更多的接收站点来精确计算出信号源的位置,形成所谓的“三边测量”。与 TOA 定位略有不同,TDOA 定位技术不直接测量信号的传播时间,而是测量信号到达两个或多个接收站的时间差。这种方法的优势在于不需要发射源和接收站之间的时钟同步,而是基于多个接收站之间的时间差数据来确定发射源的位置。AOA 定位是一种基于测量无线信号到达接收器的角度来确定信号源位置的方法,它主要依赖于接收器能够准确测定信号的到达角度,这需要使用具有方向性的天线阵列或多个天线实现。相比于 TOA 定位技术,AOA 定位不需要在信号源和接收器之间进行精确的时钟同步,但是对测向设备的精度要求高,稍有偏差就会造成定位的大误差。

指纹定位技术不依赖于传统的距离测量,而是采用一种非测距的方式,通过收集并利用环境中的信号、图像、传感器数据等构建位置指纹来实现定位。指纹定位技术常用于室内定位,在 GPS 信号不足的环境中发挥着巨大作用。指纹定位技术通常有指纹构建和指纹匹配两个阶段。指纹构建阶段需要完成指纹的整理和采集,系统会在监测站捕获收集信号指纹,这些指纹信息包括捕获时间、信号强度、信噪比、信道状态信息等特征。这些从特定位置收集的数据的必要特征被存储在一个数据库中,构造位置指纹特征,完成指纹的整理。信号指纹的采集则通过训练设备在监测区内进行移动并记录相关的位置指纹特征。在指纹匹配阶段,该设备会实时收集当前环境中相同类型的数据,与数据库中存储的位置指纹进行比较,通过匹配算法系统可以找到与当前环境数据最匹配的位置指纹,并据此推断设备的位置。

经典的指纹定位技术包括接收信号强度(received signal strength,RSS)指纹定位技术和信道状态信息(channel state information,CSI)指纹定位技术。CSI 指纹定位是对传统 RSS 指纹定位方法的一个重要改进,它利用 Wi-Fi 信号的 CSI 来建立位置指纹数据库,并通过匹配算法实现高精度定位。信道状态信息矩阵(CSI matrix)是指纹定位的一个重要指标,CSI 提供了 Wi-Fi 信号在经过传输路径中的细致信息,包含了信道的幅度、相位等信息,反映了信号在传输过程中受到的衰减、多径效应等影响,这些信息能够有效提高定位精度。

CSI 指纹定位技术的步骤分为离线阶段和在线阶段,具体步骤如下。

(1) 离线阶段

① 选择参考点:在定位区域内选择多个参考点。

② 数据采集:在每个参考点采集 Wi-Fi 信号的 CSI 数据。

③ 特征提取:从采集到的 CSI 数据中提取信号的关键特征。

④ 构建位置指纹数据库:将提取的特征与对应的位置信息相关联,建立位置指纹数据库(radio map)。

(2) 在线阶段

① 实时数据采集:在需要定位的设备上实时采集 CSI 数据。

② 在线特征提取:提取实时 CSI 数据的特征。

③ 应用匹配算法:使用匹配算法比较在线数据和位置指纹数据库中的数据。

④ 位置估计:根据匹配结果,估计设备的位置。

为了说明 AI 技术在高精度无线定位中的应用，本章引入一个基于卷积神经网络的 CSI Wi-Fi 定位案例。本案例所使用方法的主要思想是通过为多个载波构建时间-频域二维矩阵，再将时频矩阵按天线映射到图像的不同颜色通道以获得 CSI 特征图，通过神经网络分析 CSI 特征图，获得目标在不同位置的概率，得到最终的预测结果。

6.4.2 信道状态信息特征图构建

CSI 特征图是根据无线通信系统中收集到的 CSI 数据，将 CSI 以图像的形式展现出来，通常是将 CSI 数据在时间和频率域上进行处理，生成二维图像。在这些特征图中，不同的图像区域对应着不同的信道状态，例如，高衰减区域、多径传播区域等，这有助于系统对信道状况进行分析和理解。已有的研究表明在进行 CSI 分析时噪声和衰落的影响不可忽视。为了实现更高水平的定位精度，并减少数据预处理所需的操作，可以利用参考位置处 N 个载波在 T 个时刻上的 CSI 状态，通过提取幅值信息来构建 CSI 特征图。

如图 6-4-2 所示，对同一位置的三根天线收集了来自 30 个子载波的 5 000 组 CSI 数据进行了测试分析，图中横坐标表示载波编号，纵坐标则表示对应载波的信道状态响应的幅度。

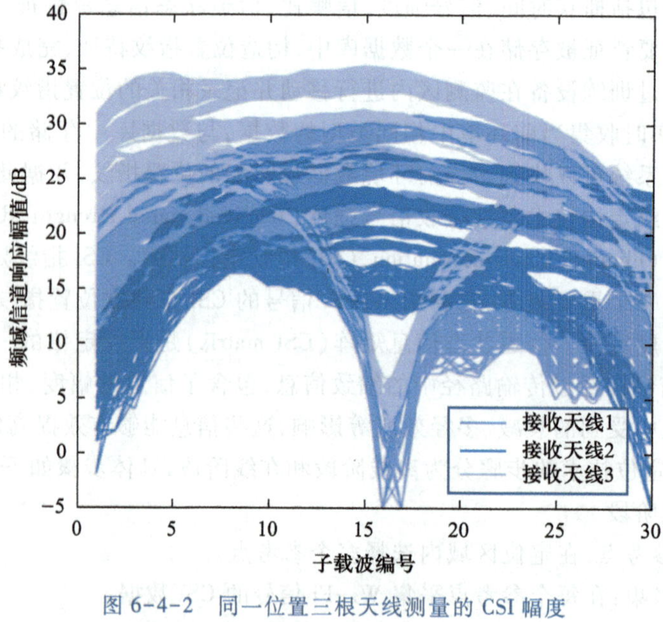

彩图 6-4-2

图 6-4-2 同一位置三根天线测量的 CSI 幅度

首先，不同天线的 CSI 特征呈现出明显不同的趋势，这表明在相同位置的不同接收天线所感知到的信道环境存在着显著差异，这可能受到天线方向及信号传播路径等因素的影响。其次，可以观察到相邻载波的 CSI 特征信息之间存在着相似性，这是因为在频域上相邻载波之间的信号受到了相似的信道衰落影响。最后，还可以看出即使是同一根天线所获取的 CSI 特征，也可能存在着不同的趋势。

所构建的 CSI 特征矩阵为

$$|\boldsymbol{H}|_i=\begin{pmatrix}|\boldsymbol{H}_{11}| & \cdots & |\boldsymbol{H}_{1T}| \\ \vdots & & \vdots \\ |\boldsymbol{H}_{N1}| & \cdots & |\boldsymbol{H}_{NT}|\end{pmatrix}_i$$

其中，i 代表着天线的编号，N 代表子载波的数量，而 T 则代表 CSI 特征图中的时间维度。对不同天线的 CSI 数据进行分别处理，以构建对应的特征子图。与传统图像不同，传统图像通常使用 RGB 三个通道来表示颜色信息，而本案例所使用的特征图则采用由天线数量决定的通道数。这意味着，如果一个 Wi-Fi 接入点（access point, AP）配备了多根天线，那么对应的特征图将具有相应数量的通道。

在卷积神经网络的训练过程中，通常会运用各种数据增强技术（如旋转、镜像等方法），以扩充样本数量，从而提高模型的泛化能力。然而，对于 CSI 特征图而言，采用这些传统的数据增强方法可能会带来问题，因为特征图中的像素点位置不仅仅包含空间信息，还蕴含了重要的时间维度信息。针对该问题，可以进一步利用一些数据扩充方法，如基于滑动窗口的策略，如图 6-4-3 所示，将两幅特征图中相连续的 T 时间段内的数据进行拼接，从而形成新的扩充样本。这种方法有效地保留了原始数据的时空信息，能够在不引入额外噪声的情况下，有效地增加训练样本的数量，从而提升模型的性能和鲁棒性。

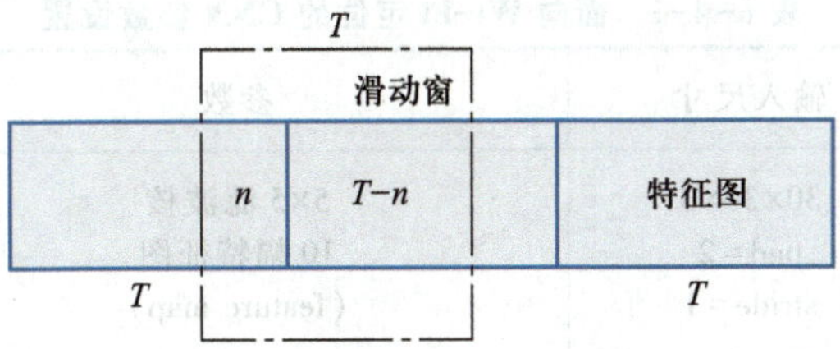

图 6-4-3 使用滑动窗扩充 CSI 特征图样本方法示意

6.4.3 基于 CNN 的 Wi-Fi 定位案例

通过对 CSI 数据的观测和分析，构造了用于提取特征的 CSI 特征图，下面将着重介绍基于 CSI 特征图进行位置指纹信息提取的方法，以及利用 CSI 特征图实现 Wi-Fi 定位的系统模型。

下面介绍基于卷积神经网络的定位方法，该方法是在指纹定位方法的基础上改进而来的，由离线阶段和在线定位阶段两个阶段构成。

（1）离线阶段

利用采集的样本信息，即 CSI 特征图，对神经网络进行训练，当模型收敛后得到的是以代价函数最小化为目标进行优化的神经网络，模型中并未存储位置指纹信息，仅仅包含神经元之间连接的权重系数。

（2）在线定位阶段

特征信息输入神经网络模型后，无须进行数据库搜索，直接输出得到最终位置的估计。

由上述可知，CNN 的设计是整个定位模型的关键。接下来，将介绍本案例的 CNN 网络结构设计。本案例设计了一个面向 Wi-Fi 定位的 CNN 结构，如图 6-4-4 所示。

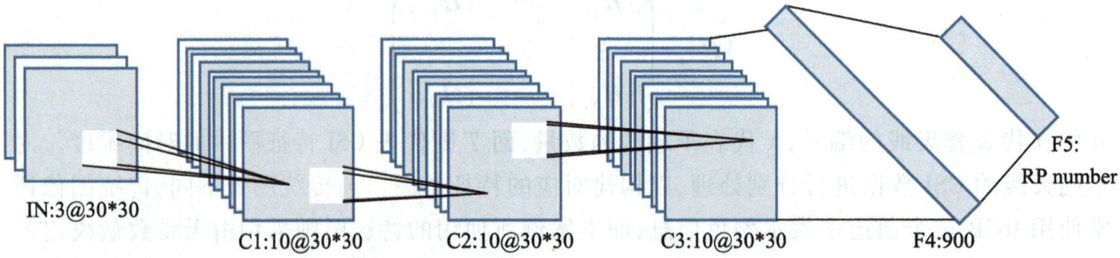

图 6-4-4 面向 Wi-Fi 定位的 CNN 结构

该网络共有五层,由三层卷积层和两层全连接层构成。与传统的卷积层在提取特征时缩小图片的尺寸不同,在基于定位问题的应用中,我们希望 CSI 特征子图尽可能完整地输入后续全连接层,使各层有效提取特征。因此,对 CSI 特征子图边缘进行填补(padding)操作,并且将卷积核的滑动步进(stride)设置为 1,确保特征图在经过卷积运算后尺寸不会缩小。池化层(pooling layer)是对特征图进行下采样,降低图像的维度,而类似操作会将不同像素中包含的信息混淆在一起,使提取的特征难以准确与物理位置对应,降低定位性能。因此,在卷积层后不使用池化层。其具体参数设置的一个示例如表 6-4-1 所示。

表 6-4-1 面向 Wi-Fi 定位的 CNN 参数设置

层类型	输入尺寸	参数	激活函数
卷积层	30×30×3 pad = 2 stride = 1	5×5 滤波核 10 幅特征图 (feature map)	ReLu
卷积层	30×30×10 pad = 2 stride = 1	5×5 滤波核 10 幅特征图 (feature map)	ReLu
卷积层	30×30×10 pad = 2 stride = 1	5×5 滤波核 10 幅特征图 (feature map)	ReLu
全连接层	9000	900 个神经元 50%丢弃	ReLu
全连接层	900	神经元数量与参考位置数量一致	softmax

由表 6-4-1 的参数设置可知,该网络利用了 AP 的三根发射天线的 CSI 信息构造了30×30×3 的 CSI 特征图。因此,输入网络的图像尺寸是 30×30,具有 3 个平面。将其直接送入神经网络的首层,网络中的每一层都设计有多个小区域,每个区域都可以捕捉到输入图像的特定部分的信息。这些区域通过一种特殊的过滤方式(卷积核)来处理信息,每个卷积核都可以看到图像的一个 5×5 的小区域,并从中提取特征。这个网络有多个这样的处理层,每一层都使用 10 个这样的 5×5 的卷积核来提取更多的信息。为了确保每个信息点都能被处理到,网络在处理前会对图像边缘进行一些填补,并且卷积核在图像上移动的步骤很小(一

个像素点，即滑动步进设置为 1)，这样可以更精细地捕捉信息。在网络的最后部分，有一个全连接层，它帮助整合前面所有层提取的信息。为了防止网络学习到的模式过于依赖训练数据（如过拟合），层中使用了一种称为丢弃率的技术（dropout，表中设置为 50%，随机忽略一半的数据连接），使网络更能适应新数据。

下面进一步探讨构成多层神经网络的基本单元——神经元。神经元是使网络能进行如此复杂计算的核心，理解它们的工作原理对于全面理解整个网络架构是必不可少的。

稀疏连接和权重共享是卷积神经网络的重要特征。以图 6-4-5 为例，正方形表示为了保持图像尺寸而添加的填充元素（通常是零），而圆形则代表神经元。每个神经元仅与上一层的 5 个神经元连接，这就意味着它使用的是一个长度为 5 的滤波器（对应于二维结构，即使用 5×5 的卷积核对图像像素进行卷积）。此外，相同颜色的神经元连接使用相同的权重系数，即权重共享。得益于此结构，卷积神经网络的参数规模大大缩减，通过去掉不必要的权值连接避免了过拟合现象的发生。

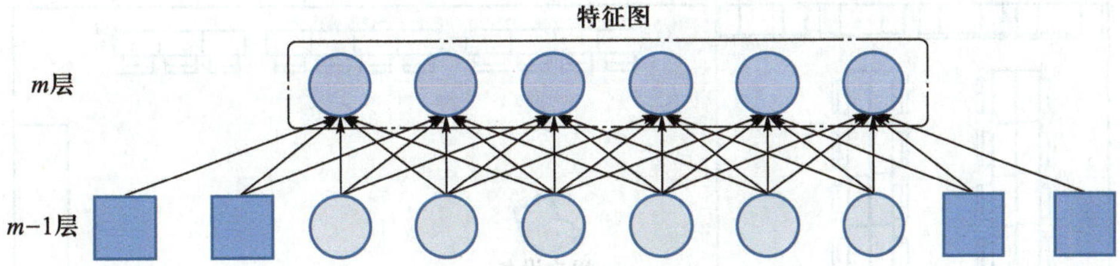

图 6-4-5 神经元结构及连接方式

在前面的部分，已经介绍了 CNN 网络结构和神经元结构。那么，一旦建立网络结构，下一步就是要让它真正地工作起来，这就引出了目标函数的优化。目标函数也称为损失函数，是衡量模型预测值与实际值之间差异的指标。优化目标函数的目的是找到最佳的网络参数，使模型的预测结果尽可能地接近真实情况。通过系统地调整网络参数，可以最小化目标函数的值，从而提升模型的性能。

彩图 6-4-5

在本案例的定位问题中，使用方差代价函数描述单个样本 $(\boldsymbol{x}_i^{(s)},\boldsymbol{L}^{(s)})$ 中模型估计值与真实值之间的差别：

$$J(\boldsymbol{W},\boldsymbol{b};\boldsymbol{x}_i^{(s)},\boldsymbol{L}^{(s)})=\frac{1}{2}\|\hat{\boldsymbol{L}}(\boldsymbol{x}_i^{(s)})-\boldsymbol{L}^{(s)}\|^2 \tag{6-4-1}$$

其中，$\boldsymbol{W}$、$\boldsymbol{b}$ 表示待估计的模型参数，$\boldsymbol{L}^{(s)}$ 为第 s 组样本的真实位置坐标，$\hat{\boldsymbol{L}}(\boldsymbol{x}_i^{(s)})$ 为使用卷积神经网络模型对输入特征 $\boldsymbol{x}_i^{(s)}$ 估计出的目标所在位置的坐标。对于含有 S 个样本的数据集，其整体代价函数可定义为

$$J(\boldsymbol{W},\boldsymbol{b})=\frac{1}{S}\sum_{s=1}^{S}J(\boldsymbol{W},\boldsymbol{b};\boldsymbol{x}_i^{(s)},\boldsymbol{L}^{(s)})+\frac{\lambda}{2}R(\boldsymbol{W}) \tag{6-4-2}$$

其中，第一项为所有训练样本的平均代价，$R(\boldsymbol{W})=\sum_{l=1}^{S}\|\boldsymbol{W}^l\|^2$ 为权重衰减项。通过加入权重衰减项惩罚过大的参数值，防止产生过拟合现象。

模型训练的目标就是寻找参数 $\boldsymbol{W}$、$\boldsymbol{b}$ 使得代价函数 $J(\boldsymbol{W},\boldsymbol{b})$ 最小化。由于代价函数是非凸的,鞍点和局部极值点将导致代价函数可能收敛到局部最优,因而在使用梯度下降算法进行求解时,需要对所有参数进行合适的随机初始化,而不能初始化为相同的值。

考虑一个典型的室内场景,如图 6-4-6 所示,其尺寸:长为 17.3 m、宽为 16.25 m。在这个场景中,设置了混凝土墙和玻璃隔断墙以模拟真实环境中常见的障碍物。在本案例的实验中,选取 64 个参考位置,用以接收来自信号发射装置发送的数据包,并进行 CSI 特征分析。整个实验过程中,共进行了十次数据采集,每次采集的时长为两分钟,而数据包的发送间隔则为 0.01 s。最终,在每个参考位置都获得了数量为 120 000 的数据样本。为了更好地进行数据处理和模型训练,需要将采集到的数据按照一定规则进行划分。具体而言,本案例将所有数据以每 30 个数据样本为一组构建了 CSI 特征图,并以 7∶2∶1 划分训练、验证与测试集。实验表明,诸如卷积核大小、卷积核数量、CSI 特征图尺寸、数据增强方法与神经网络丢弃率等参数都会对最终的定位性能产生影响。

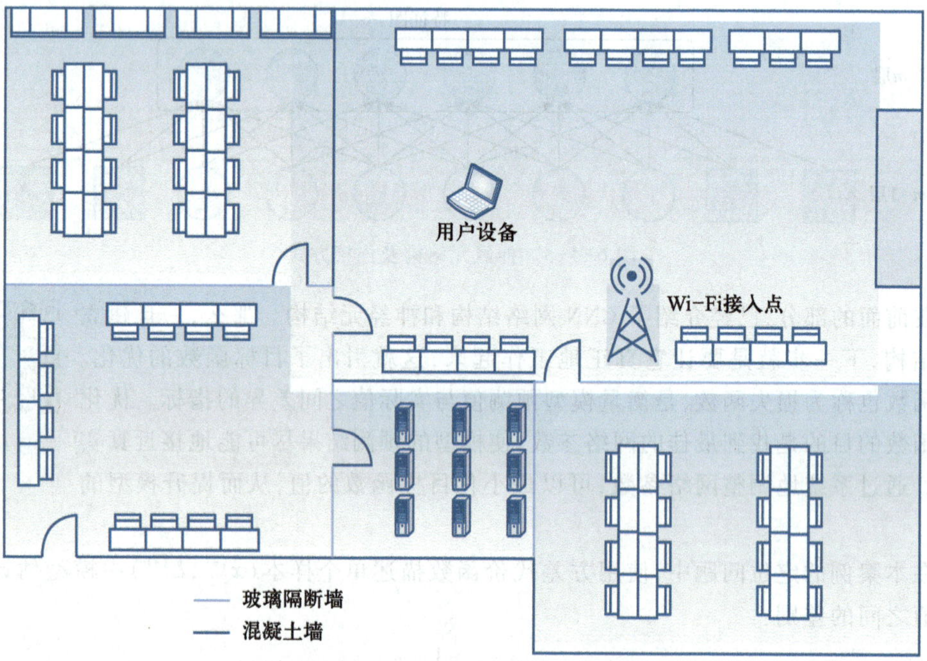

图 6-4-6 室内实验场景图

彩图 6-4-6

下面以 CSI 特征图尺寸这一参数为例进行分析。如前所述,将采集的 CSI 信息以不同的时间尺度构造特征图,并按照 7∶2∶1 的比率划分训练、验证与测试集,得到的模型性能如表 6-4-2 所示。表中的实验结果显示,模型在特征图尺寸为 30×30 时获得了最佳的性能,主要原因是对于 30×15 尺寸的特征图,其关注的时间尺度过短,不足以充分表征 CSI 特征,而对于30×60、30×90 尺寸的特征图,其包含的时间尺度过长而引入了不必要的噪声信息,导致模型精度下降。

表 6-4-2　CSI 特征图尺寸对分类准确度的影响

特征图尺寸	30×15		30×30		30×60		30×90	
分类准确度	训练集	测试集	训练集	测试集	训练集	测试集	训练集	测试集
	91.46%	87.17%	95.83%	89.58%	92.86%	88.02%	90.97%	88.63%

本案例中将基于 CNN 的定位方法与其他两种典型的 CSI 特征图定位方法，即细粒度室内定位(fine-grained indoor localization，FILA)和 CSI-MIMO 技术，进行性能对比。FILA 将多个接收器的 CSI 幅度总和作为特征，CSI-MIMO 将多天线的复数 CSI 状态作为特征。如表 6-4-3 所示，基于 CNN 的定位方法显著优于其他两种方法，这显示了 AI 算法对于高精度无线定位的有效性和优越性。

表 6-4-3　定位方法误差比较

算法	FILA	CSI-MIMO	CNN
误差均值/m	1.793	1.608	1.365 4
误差标准差/m	1.154	1.077	0.900 5

AI 技术不仅可用于基于 CNN 的 Wi-Fi 定位，也可用于基于蜂窝基站无线信号的用户定位。受篇幅所限，另一个案例——基于 CNN 的蜂窝基站无线定位的程序代码、详细操作逻辑及参数配置可参考二维码 6-2。基于 CNN 的基站无线定位案例主要考虑视距/非视距传输共存场景，基站采用大规模多天线阵列，可以收集每个用户的历史 CSI 信息数据，并针对视距传输和非视距传输训练两个高精度定位神经网络，最终利用这两种神经网络来估计用户在不同运动场景下的实际位置。实验结果显示，通过 AI 技术学习无线信道与用户位置之间的内在关系，无论是视距还是非视距传输场景下均能实现高精度定位，并且不会给大规模多天线通信系统带来额外开销。

代码 6-2：基于 CNN 的蜂窝基站无线定位案例

本章小结

移动性管理是移动通信系统的一项基本功能，是网络对移动终端的位置信息、安全性及业务连续性方面的管理。通过移动性管理，用户可以在不同的地理位置和无线接入网之间享受到无缝、高质量、多样化的通信服务，不会因为用户的移动而影响到语音、数据和多媒体等业务的服务体验。

为了深入理解移动通信系统中移动性管理的过程，特别是其关联的 AI 相关应用，本章对移动性管理中 AI 的应用进行了详细讲述。首先讲述了移动性管理的基本原理及概念，然后介绍了移动性管理的核心内容——切换管理和位置管理，最后给出了基于 LSTM 用户移动性预测的切换管理和基于 CNN 的高精度无线定位两个实践案例，并详细讲解了案例相关数据的预处理、模型构建的原理和实现方法，实验验证了 AI 技术的应用增强了移动性管理中的性能。

习 题

1. 什么是无线通信网络中的移动性？移动性有哪些类型？举例说明。
2. 什么是移动通信网络中的切换？切换有哪些原因和目的？简要描述切换的过程。
3. 简述当前主流的室外/室内无线定位技术有哪些？介绍其工作原理及优缺点。
4. 设计一个典型的 CNN 网络，并给予该网络实现基于 CSI 的无线定位。

参考文献

第 7 章　智能边缘网络中的多维资源调度

【导引】

众所周知，网络为用户提供服务必然需要消耗一定的资源。资源总是有限的，当多个用户竞争有限资源的时候，就涉及如何合理统筹分配资源的问题，此类问题即所谓资源管理问题。资源管理问题的本质是规划问题，在各行各业中普遍存在，人们很久之前就遇到了这样的问题。例如，在《九章算术》中就有所谓“均输问题”，即“今有均输粟：甲县一万户，行道八日；乙县九千五百户，行道十日；丙县一万二千三百五十户，行道十三日；丁县一万二千二百户，行道二十日，各到输所。凡四县赋，当输二十五万斛，用车一万乘。欲以道里远近，户数多少，衰出之。问粟、车各几何？”这一问题，既涉及对各县各户的公平性，又涉及资源的消耗代价及可能的收益，就是一种典型的资源管理问题。宋代王安石变法中也采用均输法，其主要目的是为了解决东南六路（路是宋朝的行政单位，相当于现在的省）往汴京运输物资当中存在的问题。

在移动无线通信领域，带宽、功率、频率、时隙、优先级等都可以被视为资源，只有当网络资源的分配与时变的无线信道、用户流量、业务模式相匹配，才能最优化系统性能和用户体验。通信系统中各类资源的调度问题本质是量化系统资源的约束条件（如多用户间接入冲突、同频干扰、传输功率、带宽上限等）下优化通信系统的性能（如吞吐量或延迟）。

移动通信系统的性能不仅取决于硬件性能，还取决于系统内多维资源的参数配置方式。只有当网络中各类资源参数的设置与时变的无线信道、用户流量、业务模式相匹配，才能发挥出其最佳性能。例如，基站可以根据信道状态信息、服务器占用状态、用户移动速度来配置系统中计算、通信、传输功率等参数，从而最优化用户体验。通信系统中各类资源的调度问题通常由数学优化问题表示，其目标是量化系统资源的约束条件（如多用户间接入冲突、同频干扰、传输功率、带宽上限等），并在约束条件下优化通信系统的性能（如吞吐量或延迟）。在本章中，我们将着重介绍如何对多维资源调度问题进行“问题公式化”，并通过两个设计案例来展示基于强化学习和深度学习的算法设计。具体内容如下：

7.1 节主要讲述网络中多维资源调度的基本概念，包括有哪些资源可以调度，网络资源调度问题的分类，以及网络资源调度问题的建模方法。7.2 节主要讲述如何使用强化学习技术来实现智能边缘网络中通信资源和计算资源的联合分配，包括如何建立系统模型，如何设计强化学习算法中的奖励函数，以及如何通过仿真来分析算法性能。7.3 节主要讲述如何将深度学习与强化学习相结合来求解网络切片的动态资源管理问题，包括网络虚拟化技术概述，如何建立网络切片编排模型，如何设计基于深度强化学习的切片管理算法，以及如何通过仿真来分析算法性能。

7.1 智能边缘网络中的资源调度问题

7.1.1 智能边缘网络中的多维资源

随着信息通信技术产业的不断发展，移动通信进入了迅速发展的时代，移动通信网络的持续更新换代彻底地改变了人们的日常生活。值得注意的是，百亿级别用户终端的接入导致数据流量爆炸式增长，因此网络中的资源始终处于相对稀缺的状态。仅依靠增加/升级基础设施的"堆叠式"演进路线无法从根本上解决网络资源与用户需求的匹配问题。因此，如何通过合理的资源配置方式来提高现有网络的资源利用率，从而实现以最少的资源消耗来满足用户的多样化服务需求是值得关注的问题。

随着移动通信网络与物联网的深度融合，车联网、无人机网、智能家居、工业控制网络等新型控制类应用场景快速涌现。在此类场景中，终端设备不仅是数据收集器，更是决策执行器。设备将采集的数据上传至计算中心，经过处理与分析后，生成的决策将被返还至设备端以指导其行为。随着百亿级别的设备联网，生成的数据呈持续爆炸式增长，仅靠通信能力的增强难以满足控制类应用场景中对数据处理的实时性要求。在此情况下，国内外研究机构提出以边缘计算为核心的智能边缘网络架构。如图 7-1-1 所示，通过借助网络边缘及设备端的通信及计算能力，可实现在靠近设备端的一侧完成数据收集、处理、分析及决策的全过程，避免核心网络拥塞产生的时延弊端，从而可以大幅度提升数据处理响应速度。

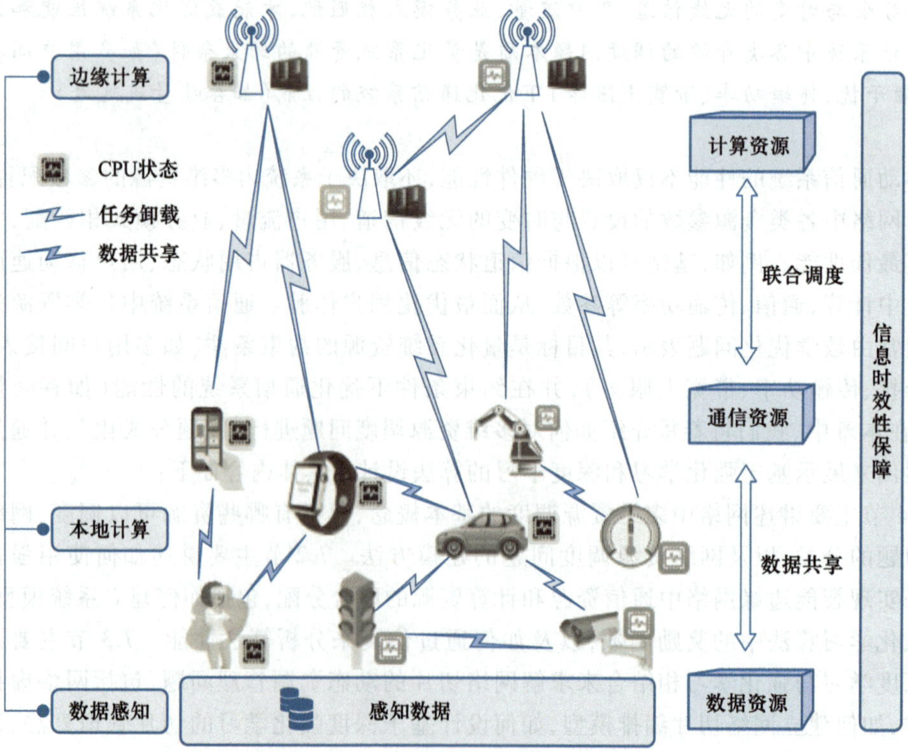

图 7-1-1 智能边缘网络示意图

通信网络中的多维资源主要包括通信资源、计算资源和存储资源等。其中，通信资源一般包括频谱资源、传输功率等；计算资源一般包括本地计算资源（移动终端设备的计算资源）、服务器计算资源（边缘服务器或云服务器的计算资源）等；存储资源一般指的是终端、服务器侧的缓存单元。由于终端设备采集的海量数据需要实时处理，对有限的系统资源提出了很大挑战。边缘网络环境的复杂时变特性严重制约了通信与计算协同作用的发挥，系统状态及资源占用情况的随机特性导致协同调度决策的实时性及合理性难以保障。因此，针对通信及计算资源的双重随机性，二者深层次的融合需要借助人工智能技术，以增强资源利用率，保障数据处理的时效性。

具体来说，通信资源的调度需要考虑多用户间接入冲突规避、发射功率限制、频谱资源总量限制和用户间干扰等限制条件。例如，超密集组网技术通过构建分层异构宏蜂窝/小蜂窝网络来提升系统容量，但宏基站之间存在同层干扰，低功率基站的密集部署又导致宏基站与低功率基站之间存在跨层干扰。因此，针对此类干扰复杂的通信场景，通信资源的调度优化需要联合考虑小区选择、子载波分配、功率分配等问题，从而提升系统的能量效率、频谱效率等。

此外，新兴的移动应用（如面部识别、交互式在线游戏、超高清视频、虚拟/增强现实等）给多维资源的优化调度带来了挑战。具体来说，计算资源分配一般指在特定业务的处理时延限制下，给相应计算任务配置计算资源（以计算频率或内核数量来衡量）。存储资源的调度不仅需要考虑终端用户数据的存储需求，还需要考虑应用服务的内容缓存问题，即需要根据用户对不同应用需求的流行度差异，将热点内容提前缓存至网络边缘侧的存储单元来缓解核心网负载，以提升用户获取内容的效率。在此类新型应用场景中，应用类别、用户偏好、用户移动性等因素均与用户的服务需求紧密相关，导致用户间服务需求的差异显著，为多维资源的联合配置带来了挑战。

7.1.2　多维资源调度问题的分类

多维资源配置的本质是数学中的最优化问题。最优化理论在解决经济金融、交通运输、信息科学和航空航天等领域的统筹问题中发挥了非常重要的作用。最优化问题根据其元素特性，可以分为以下几类。

1. 约束条件

根据不同的约束条件，可以将优化问题分为无约束最优化问题和约束最优化问题两大类。

（1）无约束最优化问题

在此类优化问题中，目标函数的优化可以在整个状态空间中进行，对变量的取值没有约束条件。

（2）约束最优化问题

在此类优化问题中，目标函数的优化需要在有约束的状态空间内进行。根据约束条件的特点，又分为等式约束问题和不等式约束问题。等式约束表示问题中存在相等关系的条件，在无线网络中，多用户的资源配置常涉及固定的资源总量阈值或者特定的性能要求。例如，多用户的带宽需求之和等于系统总带宽。不等式约束表示问题中存在不等关系的条件，通常用于限制资源的使用范围或确保性能要求。例如，每个用户的资源分配不能超过某上限。

2. 优化变量

根据优化变量的类型，最优化问题可以分为离散型最优化问题和连续型最优化问题。

（1）离散型最优化问题

在此类优化问题中，变量只能取有限个离散值，典型问题包括 0-1 背包问题、整数规划问题及旅行商问题等。例如，用户接入时需选择特定的频段、分配特定个数的资源块。

（2）连续型最优化问题

在此类优化问题中，优化变量在其定义域内取值是连续的。例如，用户占用的带宽、传输功率水平等。当目标函数和约束条件均为连续函数时，该问题为连续型最优化问题。如果目标函数和所有约束函数都是连续可微的，则称为光滑连续最优化问题；如果存在任何一个非连续可微的函数，则称为非光滑连续最优化问题。对于光滑连续的最优化问题，可以根据目标函数和约束函数的线性特征，将问题进一步分为线性规划问题和非线性规划问题。对于线性规划，其目标函数和约束函数都是线性函数。如果目标函数和约束函数至少有一个是非线性函数，则该问题称为非线性优化问题。

3. 状态空间

根据状态空间的变化特点，最优化问题可以分为静态优化问题和动态优化问题。

（1）静态优化问题

在此类优化问题中，状态空间不随时间发生变化，仅在某一个时间对目标函数进行优化。例如，无线网络中通常以“帧”为基本时间单位进行资源分配。我们通常假设无线网络的各类参数在一帧内是准静态的，即多维资源的状态（包括无线信道、可用计算资源、可用存储空间、用户位置等）在短期内是可以假设为不变的。因此，在建模短期内的资源优化问题时，可在每帧的起始时刻通过对系统状态进行估计来得到当前帧中资源分配问题的超参数，从而建立确定性优化问题去刻画多维资源的配置问题。

（2）动态优化问题

在此类优化问题中，考虑到了状态空间随时间变化的情况，而系统状态的随机时变特性增加了寻找最优解的复杂性。例如，在高动态的通信场景（车联网、无人机通信、高铁通信）中，终端的移动性导致网络拓扑和流量呈现时变特性。此外，当我们想要获得长时间内系统资源的配置策略，就需要考虑到不同帧间配置决策的时序积累效应，以及如何在不同时间点上取得最优解。因此，求解动态优化问题将涉及时间序列分析，解决时序决策问题的有效方法是强化学习等机器学习方法能够适应不断变化的环境。

7.1.3 多维资源调度问题的建模

1. 确定性优化问题

在处理短期内的资源调度问题时，我们可以将系统资源状态近似为准静态，从而将其建模为确定性优化问题。确定性优化问题通常涵盖以下几个要素。

系统状态：由一组能够区别不同系统状态的参数组成。

决策变量：包含一组可调整的变量，用于调度网络资源。

目标函数:通常表达为关于系统状态和决策动作的函数,用于衡量决策的好坏。通过最大化或最小化目标函数,可以得到最优的决策变量组合。

约束条件:通常表达为关于系统状态和决策动作的一组不等式,用于约束系统状态的取值范围和决策变量的优化空间。例如,系统资源的总量上限、决策变量的耦合关系、服务性能的规范约束等。

基于以上几点,确定性优化问题可以建模为

$$\begin{aligned} \mathbf{P1}: & \max_{a} \text{ or } \min_{a} f(\boldsymbol{s},\boldsymbol{a}) \\ \text{s.t. } & f_i(\boldsymbol{s},\boldsymbol{a}) \leqslant 0, i=1,\cdots,m \\ & h_j(\boldsymbol{s},\boldsymbol{a})=0,\ j=1,\cdots,l \end{aligned}$$

其中,$\boldsymbol{s}$ 表示系统状态,$\boldsymbol{a}$ 表示决策变量,$f(\boldsymbol{s},\boldsymbol{a})$ 表示目标函数,$f_i(\boldsymbol{s},\boldsymbol{a})$ 和 $h_j(\boldsymbol{s},\boldsymbol{a})$ 表示约束条件。对于该问题,可以通过预估系统状态,并假设该状态在短期内不变,从而根据目标函数选择一组最优的决策变量,实现该时间段内系统性能的最优化。针对该类问题,一种常见的求解思路是寻找满足该问题卡罗需-库恩-塔克(Karush-Kuhn-Tucker,KKT)条件的点,即局部最优解。具体来说,如果一个点是局部最优解,那么它不仅要满足无约束情况下目标函数梯度为零的条件,还要满足由约束条件带来的对可行域的附加条件,而 KKT 条件是这些条件的总和。进而若该问题为凸优化问题(目标函数和不等式约束均为凸函数,等式约束为线性函数的情况),局部最优解同时也是全局最优解。这种特性使凸优化问题在理论和实践中都非常重要,因为它们可以有效地通过多种低复杂度的算法来求解,如梯度下降法、牛顿法等,这些方法能够保证找到全局最优解。在实际应用中,这意味着可以通过求解凸优化问题来获得最优的资源分配策略。

然而,并非所有资源配置问题都是凸优化问题的。非凸优化问题因其局部最优解不一定是全局最优解,求解起来更加复杂。为了处理这类问题,常用的方法是将非凸问题转化为凸问题,可以通过各种松弛技术实现,如线性松弛、拉格朗日松弛等。这些技术通过放宽或修改原问题的某些条件,将其转化为凸问题,进而再利用凸优化的方法得到原始问题的近似解。此外,当原始问题的约束条件很难直接处理时,可以使用拉格朗日对偶性将原始问题转化为其对偶问题,通过求解对偶问题,可得到原始问题的下界,进而得到原始问题的近似解或确界。这种方法适用于大规模、干扰复杂、多维资源强耦合的网络环境中。

综上所述,确定性优化问题的求解方法多种多样,从直接求解 KKT 条件到利用对偶性,都是寻找最优解的有效途径。在实际应用中,选择哪种方法取决于问题的特性,例如,是否为凸问题,以及问题的规模和复杂度。

2. 随机优化问题

在实际通信系统中,由于用户移动性导致的通信信道时变、干扰关系复杂等因素使系统的状态参数随时间发生随机变化,并且当前时段的资源分配结果将影响后续时段中的系统状态与服务需求。举例来说,基站侧会为其覆盖的每个用户建立并维护一个业务包队列。如果在当前时段中,基站为某用户分配了较多的传输资源,则可以减轻该用户在下一时段中的业务负载。由此可见,由于系统状态受到很多随机因素的影响,实际系统性能的优化需要在多个连续时段内进行,从而保证网络运行的稳定性和可靠性。由于系统状态的变化通常是随机的,在当前时刻无法预知后续时段的系统状态,因此确定性优化问题并不适用,需要引入随机优化问题来建模时变系统的性能优化过程。

对时变通信系统进行性能优化时,不仅涉及对状态不确定性的管理,还需要对系统动态作出快速反应。马尔可夫决策过程(Markov decision process,MDP)提供了一个结构化和理论上可行的解决框架,通过整合系统状态、控制动作和成本函数这三个基本元素,MDP能够系统地处理时序决策问题。

系统状态 $\boldsymbol{s}$ 是由一系列能够唯一标识系统在某一时刻状况的参数集合表示。所有可能的系统状态构成的集合是状态空间 $\boldsymbol{S}$,而状态空间的大小,即所有可能的状态数量,通常记为 $|\boldsymbol{S}|$。在给定的状态 $\boldsymbol{s}$ 下,系统可以通过一系列控制参数来改变其状态,这些控制参数被称为控制动作 $\boldsymbol{a}$,并且所有可能的控制动作构成动作空间 $\boldsymbol{A}$。

对于离散时间的MDP,我们假设在时间 t 的系统状态和控制动作分别表示为 $\boldsymbol{s}_t$ 和 $\boldsymbol{a}_t$。控制动作 $\boldsymbol{a}_t$ 由系统状态 $\boldsymbol{s}_t$ 唯一决定,形成了从系统状态到控制动作的映射关系,称为控制策略。控制策略在时间 t 表示为 $\Omega_t:\boldsymbol{S}\to\boldsymbol{A}$,即 $\Omega_t(\boldsymbol{s}_t)=\boldsymbol{a}_t$。

在MDP框架中,系统状态的演变遵循马尔可夫性质,即下一状态仅取决于当前时段状态和所采取的控制动作,而与之前的系统状态或控制动作无关。因此,给定每个时段的控制策略,系统状态的演变就形成了一个马尔可夫链。系统状态 $\boldsymbol{s}_t$ 在控制动作 $\boldsymbol{a}_t$ 的作用下转移到 $\boldsymbol{s}_{t+1}$ 的概率称为状态转移概率,通常用 $P_{\mathrm{r}}(\boldsymbol{s}_{t+1}\mid\boldsymbol{s}_t,\boldsymbol{a}_t)$ 来表示。

在成本函数方面,它量化了在特定状态下采取特定控制动作所产生的成本或奖励。具体来说,在时间 t,系统状态为 $\boldsymbol{s}_t$,若此时采取控制动作 $\boldsymbol{a}_t$,则成本函数记为 $g_t(\boldsymbol{s}_t,\boldsymbol{a}_t)$。这种成本函数设计能够激励系统朝着预定目标演进,例如,减少延迟、节省能量或提高传输效率。MDP的流程框图如图7-1-2所示。

在MDP中,通过观测当前系统状态,智能体会根据既定策略采取相应的动作。这一动作的发生将会改变系统状态,从而对预期目标的优化带来正向或反向的作用。这一过程会不断重复,新的系统状态将成为下一时刻的当前状态,直至发展出一套系统状态和控制动作的映射关系,能够最大化正面影响或最小化负面影响。MDP可分为有限时间范围MDP和无限时间范围MDP,后者根据成本函数的不同又分为两类:具有平均成本函数的无限时间范围MDP和具有折扣成本函数的无限时间范围MDP。

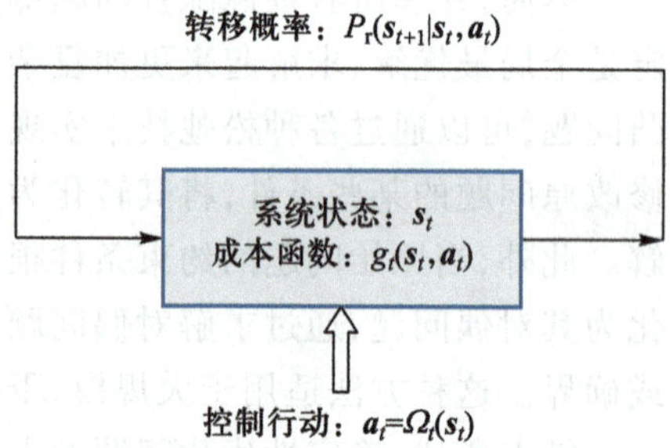

图7-1-2 MDP的流程框图

有限时间范围MDP关注的是固定时间段内的资源优化问题,T 时间段内一系列控制行为的总成本可以表示为

$$\overline{G}(\{\Omega_n\mid n=1,2,\cdots,T\})=\mathbb{E}\left[\sum_{t=1}^{T}g_t(\boldsymbol{s}_t,\boldsymbol{a}_t)\right] \tag{7-1-1}$$

公式(7-1-1)中的期望值考虑了系统状态的随机性及其对应的控制策略。整体成本函数依赖于所有时间段内采用的控制策略,目标是最小化整体成本。有限时间范围MDP问题可表示为

$$\{\Omega_t^* \mid t=1,2,\cdots,T\} = \arg\min_{\{\Omega_t \mid t=1,2,\cdots,T\}} \overline{G}(\{\Omega_t \mid t=1,2,\cdots,T\}) \tag{7-1-2}$$

需要注意的是，在有限时间范围 MDP 中，不同时间段可能需要不同的最优策略。例如，在策略制定时，早期阶段需要考虑当前和未来的成本，而在后期阶段则只需关注当前成本。为了求解，可定义对于系统状态 $\boldsymbol{s}_t$ 的值函数，表示为

$$V_t(\boldsymbol{s}_t) = \min_{\{\Omega_k \mid k=t,t+1,\cdots,T\}} \mathbb{E}\left[\sum_{k=t}^{T} g_k(\boldsymbol{s}_k,\boldsymbol{a}_k)\right], \forall t,\boldsymbol{s}_t \tag{7-1-3}$$

它表示系统状态 $\boldsymbol{s}_t$ 下，从时刻 t 开始的最小成本，进而可以得到贝尔曼方程：

$$V_t(\boldsymbol{s}_t) = \min_{\boldsymbol{a}_t}\left[g_t(\boldsymbol{s}_t,\boldsymbol{a}_t) + \sum_{\boldsymbol{s}_{t+1}} P_{\mathrm{r}}(\boldsymbol{s}_{t+1} \mid \boldsymbol{s}_t,\boldsymbol{a}_t) V_{t+1}(\boldsymbol{s}_{t+1})\right], \forall t,\boldsymbol{s}_t \tag{7-1-4}$$

由于值函数表示的是最小成本，能够满足贝尔曼方程的控制动作即为满足优化目标的最优控制动作。由贝尔曼方程可知，为了在状态为 $\boldsymbol{s}_t$ 的情况下获得最佳控制动作，必须知道所有可能的下一状态 $\boldsymbol{s}_{t+1}$ 的值函数 V_{t+1}。也就是说，在求解最佳控制动作之前，我们需要先使用后向递归依次求解 $V_T, V_{T-1}, \cdots, V_1$。

对于无限时间范围 MDP，求解策略和有限时间范围 MDP 的解法有所不同。有限时间范围 MDP 的成本是所有时间段的累积。如果时间扩展到无限，系统成本将无限增长，无法量化。因此，在无限时间范围 MDP 中，一般采用折扣成本来度量。在折扣成本函数的 MDP 中，成本函数和控制策略在每个时段都是相同的。因此对于任意控制策略 Ω，令 γ 表示折扣因子，$\boldsymbol{s}_1$ 表示系统初始状态，其总折扣成本可表示为

$$\overline{G}(\Omega) = \lim_{T\to\infty}\mathbb{E}\left[\sum_{t=1}^{T} (\gamma^{t-1} g(\boldsymbol{s}_t,\boldsymbol{a}_t) \mid \boldsymbol{s}_1\right] \tag{7-1-5}$$

由于折扣因子 $\gamma \in (0,1)$，上述无穷序列通常能收敛。γ 越接近 1，表示越重视未来成本；γ 越接近 0，则表示越倾向于只考虑当前成本。

无论是有限时间范围 MDP 还是无限时间范围 MDP，都可以通过值迭代算法来求解。值得注意的是，在利用值迭代算法求解 MDP 时，需要假设每个时段的状态转移概率 $P_{\mathrm{r}}(s_{t+1} \mid s_t, a_t)$ 和成本函数 $g_t(s_t, a_t)$ 都是已知的。也就是说，在求解问题之前，我们需要获取关于通信系统状态时变规律的先验知识。此类先验知识可以通过收集并分析通信系统运行过程的历史数据来获取。

然而，在实际通信系统中有些状态信息是无法提前获取的，或是没有规律可言的。这种情况下，强化学习（reinforcement learning，RL）成为解决随机优化问题的重要方法。强化学习是一种机器学习范式，它允许算法通过与环境的交互来学习如何在特定情境中做出最优决策。与传统的值迭代算法不同，强化学习不需要对系统的全部状态转移概率和成本函数有完全的先验知识。基于强化学习的求解方案可以动态调整策略，以适应不断变化的网络条件和需求，例如，强化学习可以用于动态频谱分配、能量管理、信号调制策略优化等。由于这些问题往往涉及非确定性的环境和复杂的动态系统，传统的优化方法可能难以应对。强化学习通过持续地探索和利用，可以在没有明确模型的情况下学习最优策略。此外，强化学习在处理具有长期依赖性的决策时尤其有效。在 MDP 框架中，一个时刻的决策可能会影响未来几天或几周内的网络性能。强化学习算法能够考虑这种长期的影响，并相应地调整策略，以优化长期的系统性能。

此外,随着深度学习技术的发展,深度强化学习(deep reinforcement learning,DRL)成为一种比强化学习更强大的工具,用于解决传统强化学习算法难以处理的高维和复杂问题。在通信网络中,DRL 可以用于处理大规模的状态空间和动作空间,使优化决策更加精准和有效。因此,在通信网络中多维资源分配的随机优化问题中,强化学习提供了一种灵活且有效的解决方案。通过持续的学习和调整,它可以有效应对环境的不确定性和动态变化,为实现高效、可靠的通信网络提供了新的可能性。

7.2　基于强化学习的通信与计算资源联合调度

7.2.1　智能边缘网络中的计算卸载

随着 5G 行业专网技术的快速发展,通信网络在行业场景中的应用正在从简单叠加或松耦合,加速向信息空间与物理系统的高度耦合演变,有力推动了物联网、人工智能和自动化技术与传统产业的深度融合,也支撑了智慧能源、智能交通等国家"十四五"规划发展的新型重点应用。这些新型应用通过智能机器,从物理系统感知状态,并利用网络将状态数据汇聚至信息空间,建立虚拟模型对物理系统的过程进行模拟和预测,从而生成控制决策来调控物理系统。基于"感知-传输-决策"的反馈循环,信息空间与物理系统共同演化并紧密交互,实现对物理系统进行实时观测和远程控制,进而实现 5G 垂直行业的生产管理高效化、协同化、智能化运行。云计算是支撑这一过程的重要方法,终端设备可通过无线和有线网络将数据传输到云数据中心进行处理。然而,由于数据中心位于核心网,限制了服务应用的响应时间,难以满足远程实时控制类业务对低时延和高可靠性的需求。此外,随着数据流量的爆炸性增长,将所有数据传输到远程数据中心处理,不仅会导致巨大的能源消耗,还可能引发网络拥塞。

为了应对这些挑战,移动边缘计算(mobile edge computing,MEC)技术应运而生。MEC 技术的核心思想是将计算任务"下放"至网络边缘,即用户接入网络的地方进行数据的处理和分析,从而减少数据传输到云中心的需要,显著降低响应时间,提高数据处理的速度和效率,这对于需要快速决策和响应的应用来说至关重要。它还能提高带宽利用率,减轻核心网络的负担,同时提供更加个性化和本地化的服务。此外,它还提高了操作的隐私性和安全性,因为数据可以在本地处理,不必通过不安全的网络传输到远端服务器。移动边缘计算网络架构如图 7-2-1 所示,其主要流程包括以下几个方面。

数据捕获:在用户设备或网络边缘的传感器上捕获数据。

本地数据处理和分析:数据在接近数据源的边缘节点进行预处理和分析,这些节点可能是基站、路由器或专门的边缘服务器。

决策和执行:根据分析结果,系统在边缘做出快速决策并执行相应的操作,例如,调整智能工厂中的机器人动作或自动驾驶车辆的导航路径。

可选的端边协同:对于需要更深入分析或长期存储的数据,可以选择性地发送到边缘服务器进一步处理。

反馈和优化:基于边缘计算结果和云端处理的数据,系统可以不断学习和自我优化,以提供更精确和有效的服务。

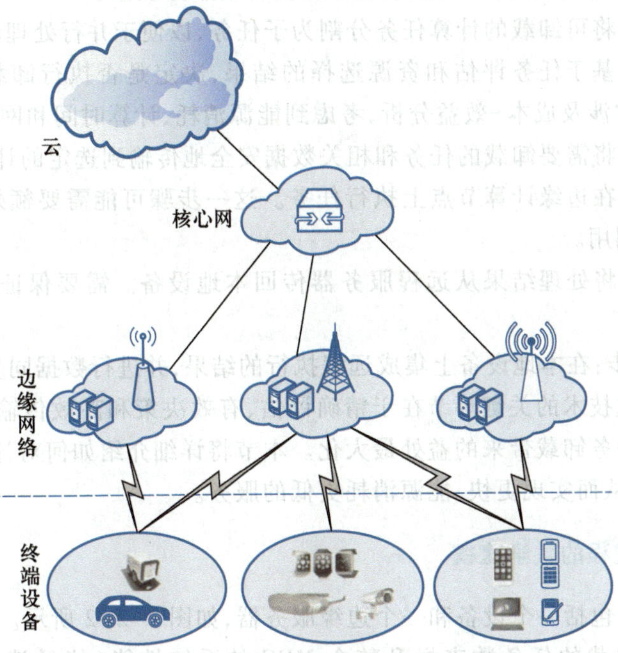

图 7-2-1 移动边缘计算网络示意图

彩图 7-2-1

移动边缘计算在学术和工业界引起了广泛关注。以下是两个应用实例的介绍。

1. 自动驾驶

在自动驾驶领域,实时性和可靠性是至关重要的。边缘计算作为一种分散式计算框架,能够将数据处理任务从数据中心转移到网络边缘,即车辆附近的节点,从而显著减少数据传输的延迟。这对自动驾驶车辆来说尤为重要,因为它们需要即时处理巨量的传感器数据,并做出快速反应以确保安全和效率。边缘计算使车辆能够实时分析和响应其周围环境的变化,例如,交通状况、道路障碍物或其他车辆的动态。此外,通过在本地处理数据,驾驶数据无须传送到远程服务器,还可以增强自动驾驶的安全性。

2. 智慧工厂

随着物联网和移动通信的深度融合,智慧工业物联网中,对计算能力有巨大需求。部署在工业场景中的监测物联网设备需要持续收集和分析环境信息。由于物联网设备通常计算能力有限,通过在设备附近部署具有较强计算能力的边缘服务器可以就地处理感知数据,并实时反馈结果,满足工业控制应用对数据分析的实时性要求。

由上述两个例子可知,计算卸载是 MEC 的关键环节,通过将计算密集的任务从本地设备转移到边缘计算节点上执行,可显著提高处理计算任务的时间效率和能量效率。计算任务卸载的流程主要包括以下几步。

① 任务评估:首先评估本地设备上的计算任务,确定哪些任务适合卸载。这一评估基于任务的计算需求、对延迟的敏感性、数据传输需求和移动设备的能源效率。

② 资源发现与选择：确定可用的卸载目标，如边缘服务器、邻近设备资源。这一步骤需要考虑网络条件、计算资源的可用性及服务提供者的服务质量。

③ 任务分割：将可卸载的计算任务分割为子任务，以便于并行处理和效率最大化。

④ 卸载决策：基于任务评估和资源选择的结果，决定是否执行卸载，以及如何分配任务。这个决策通常涉及成本-效益分析，考虑到能源消耗、计算时间和网络带宽。

⑤ 数据传输：将需要卸载的任务和相关数据安全地传输到选定的计算资源。

⑥ 远程执行：在边缘计算节点上执行任务。这一步骤可能需要额外的调度和优化，以确保资源的有效利用。

⑦ 结果回传：将处理结果从远程服务器传回本地设备。需要保证数据的完整性和安全性。

⑧ 集成与同步：在本地设备上集成远程执行的结果，并进行数据同步。

计算任务卸载技术的关键环节在于精确评估、有效决策和高效传输。正确的评估和决策能够确保计算任务卸载带来的益处最大化。本节将详细介绍如何对计算卸载的关键过程进行建模与优化，从而实现更快、能源消耗更低的服务。

7.2.2 计算卸载过程的数学建模

计算卸载场景包括一个设备和一个边缘服务器，如图 7-2-2 所示。通过控制本地处理的任务数和计算卸载的任务数来提升整个 MEC 的系统性能（能量消耗和任务处理时延等）。

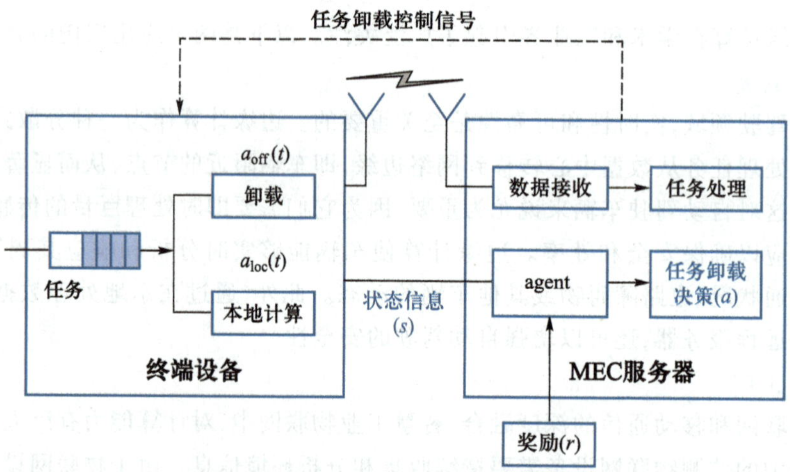

图 7-2-2 计算卸载模型示意图

本节主要考虑计算任务在终端处随机到达的模型，设备端具有一个先进先出（first-in-first-out，FIFO）的任务队列，用于存储到达的任务。我们使用 $l(t)$ 来表示在时隙 t 开始时任务队列长度，任务队列最大长度设为 l_{max}。假设在时隙 t 时，设备端随机达到 $\Lambda(t)$ 个任务，它是一个独立同分布随机过程，其平均任务达到率 $\mathbb{E}[\Lambda(t)]=\lambda$。另外，假设在时隙 t 时，设备本地处理 $a_{loc}(t)$ 个任务，卸载 $a_{off}(t)$ 个任务到 MEC 服务器进行处理。在下一个时隙，队

列长度 $l(t+1)$ 可以根据下面公式进行更新：

$$l(t+1)=\min\{l(t)+\Lambda(t)-a_{\text{loc}}(t)-a_{\text{off}}(t),l_{\max}\} \tag{7-2-1}$$

由于处理的任务数不能超过队列中的任务总数，需要设置：

$$a_{\text{loc}}(t)+a_{\text{off}}(t)\leqslant l(t) \tag{7-2-2}$$

一般地，可以利用任务的数据大小 I 和处理任务的所需要的 CPU 转数 J 两个参数来表示任务模型。对于任务的平均处理时延，包括任务队列缓冲区的等待时间、任务处理时间、任务传输时间及任务反馈时间。任务等待时间为

$$D_{\text{w}}(t)=l(t)/\lambda \tag{7-2-3}$$

对于本地处理，令 f 表示 CPU 转数频率，本地处理任务的时延为

$$D_{\text{c}}(t)=Ja_{\text{loc}}(t)/f \tag{7-2-4}$$

对于任务卸载，令 $r(t)$ 表示传输速率。假设传输速率在每个时隙内保持不变，在不同时隙间随系统环境变化。任务卸载的传输时延为

$$D_{t}(t)=Ia_{\text{off}}(t)/r(t) \tag{7-2-5}$$

此外，设备的能量消耗包括本地处理和任务卸载两个阶段。令 η 表示设备的能量系数，本地处理任务的能量消耗为

$$E_{\text{loc}}(t)=\eta f^{2}Ja_{\text{loc}}(t) \tag{7-2-6}$$

令 P 表示传输功率，任务卸载消耗的能量为

$$E_{\text{off}}(t)=PIa_{\text{off}}(t)/r(t) \tag{7-2-7}$$

7.2.3 基于强化学习的卸载算法

强化学习算法的原理在第 2.3 节给出了详细介绍。强化学习作为机器学习的一个重要分支，主要用于解决序列决策问题，其核心目标是使 agent 在与环境的持续交互中找到最大化回报或实现特定目标的最优策略。序列决策问题的挑战在于复杂的时序耦合关系，即当前的决策不仅影响当前环境的反馈，还会改变未来环境状态，这增加了找到最优策略的难度。强化学习通过让智能体与环境不断交互，并根据环境反馈自行调整策略，通过试错方法总结各状态下的最佳决策，逐步逼近最大回报策略。

强化学习主要涉及三个基本要素：动作（action）、状态（state）和奖励（reward）。这三个要素构成了强化学习问题的基础框架，定义了 agent 如何与环境互动并学习最优策略的过程。

（1）动作（action）

动作是 agent 在当前状态下可以执行的行为。这些行为会对环境产生影响，改变状态，并为智能体带来相应的反馈。在不同的强化学习任务中，动作可能包括离散的选择或连续的行为。

（2）状态（state）

状态是对环境在特定时刻的描述，为 agent 提供了做出决策时所需的关键信息，如 agent 的观测数据、环境的物理特性等。

（3）奖励（reward）

奖励是 agent 执行动作后从环境中获得的反馈。其目的是指导智能体学习在特定状态

下选择最佳动作的规则，以最大化长期累积奖励。

强化学习算法的基本框架如图7-2-3所示，其可以概括为以下几个步骤：首先，agent观察当前环境状态 $\boldsymbol{s}$。然后，基于当前状态，agent选择一个动作 $\boldsymbol{a}$。在学习的初期，这些动作可能是随机选择的；但随着学习的深入，动作的选择将越来越多地依赖于已经学习到的策略。agent执行动作后，会对环境造成影响，环境会根据agent的动作给出相应的奖励，并转移到一个新的状态 $\boldsymbol{s}'$。这个过程不断重复，agent逐渐学习并优化其决策。

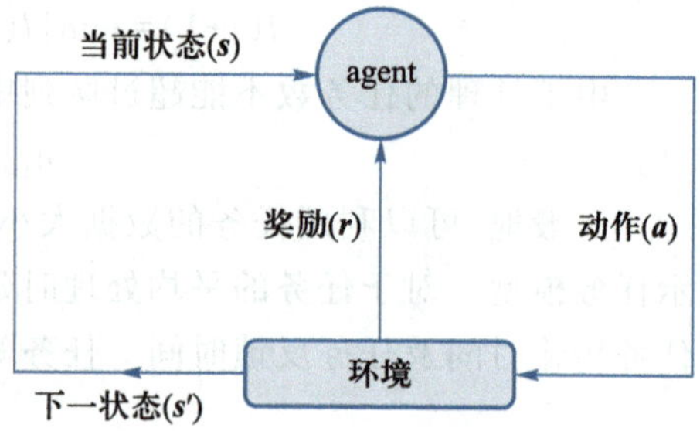

图7-2-3　强化学习算法基本框架图

在计算卸载过程中，通信环境、设备侧和服务器侧的计算资源占用情况呈动态时变特性，通常难以预测。强化学习可以用来处理不确定性的环境。边缘服务器作为agent学习并适应变化的网络状态，以获取最优的计算卸载决策。在这个过程中，定义合适的state、action及reward函数是至关重要的。在如图7-2-2所示的计算卸载过程中，可定义如下：

① action：它包括 $a_{\mathrm{loc}}(t)$ 和 $a_{\mathrm{off}}(t)$，即 $\boldsymbol{a}(t)=\{a_{\mathrm{loc}}(t),a_{\mathrm{off}}(t)\}$。

② state：它由队列长度和数据传输速率组成，即 $\boldsymbol{s}(t)=(l(t),r(t))$，$r\in U$，$\boldsymbol{l}\in\{0,1,\cdots,l_{\max}\}$，这里，$U$ 表示数据传输速率集合。系统状态集合 $\boldsymbol{S}=U\times\{0,1,\cdots,l_{\max}\}$。

③ reward：它主要考虑任务处理得到的收益，处理任务引起的能量消耗及任务处理的时延。令 θ 表示收益常数，对于任务处理得到的收益可以表示为

$$u(\boldsymbol{s}(t),\boldsymbol{a}(t))=\theta\log(1+a_{\mathrm{loc}}(t)+a_{\mathrm{off}}(t)) \tag{7-2-8}$$

对于任务处理的平均时延 D，包括队列缓冲区的等待时间 $D_{\mathrm{w}}(t)$、任务处理时间 $D_{\mathrm{c}}(t)$ 和任务传输时间 $D_t(t)$，其可以表示为

$$D(\boldsymbol{s}(t),\boldsymbol{a}(t))=D_{\mathrm{w}}(t)+\frac{D_{\mathrm{c}}(t)+D_t(t)}{a_{\mathrm{loc}}(t)+a_{\mathrm{off}}(t)} \tag{7-2-9}$$

任务处理引起的能量消耗 E 表示为

$$E(\boldsymbol{s}(t),\boldsymbol{a}(t))=E_{\mathrm{loc}}(t)+E_{\mathrm{off}}(t) \tag{7-2-10}$$

这里，将奖励函数 R 定义为

$$R(\boldsymbol{s}(t),\boldsymbol{a}(t))=u(\boldsymbol{s}(t),\boldsymbol{a}(t))-D(\boldsymbol{s}(t),\boldsymbol{a}(t))-E(\boldsymbol{s}(t),\boldsymbol{a}(t)) \tag{7-2-11}$$

强化学习包含多种算法，如Q学习、深度Q网络(DQN)等，每种算法适用于不同的场景并具有不同的特点。算法的选择取决于具体的应用场景和任务需求。考虑到计算卸载问题通常涉及离散动作和较小状态空间，适合采用Q-learning算法求解。

Q-learning的核心是学习一个动作价值函数，即 Q 函数——$Q(s,\boldsymbol{a})$，来估计在给定状态 $\boldsymbol{s}$ 下采取特定动作 $\boldsymbol{a}$ 所带来的预期收益。Q 值越高，表明该动作在特定状态下的价值越大。基于Q-learning的计算卸载算法流程如下。

Step 1 初始化：初始化状态、动作和奖励函数；初始化学习率 α、折扣因子 γ 等参数，并且获取初始状态矩阵。

Step 2 重复执行：按照预定的时隙数重复以下步骤。

Step 3 获取奖励：根据当前动作，获取奖励矩阵。

Step 4 选择动作：采用 ε-greedy 策略。当一个随机数大于 $\varepsilon(0<\varepsilon<1)$ 时，贪婪地选择最佳动作；否则，随机选择一个动作。

Step 5 执行动作：执行选定动作，并观察获得的奖励和新的状态；

Step 6 更新 Q 值：根据以下公式，更新 Q 值：

$$Q(\boldsymbol{s},\boldsymbol{a}) \leftarrow Q(\boldsymbol{s},\boldsymbol{a})+\alpha\left[R+\gamma\max_{a'}Q(\boldsymbol{s}',\boldsymbol{a}')-Q(\boldsymbol{s},\boldsymbol{a})\right] \tag{7-2-12}$$

其中，$\boldsymbol{s}$，$\boldsymbol{a}$ 分别代表当前状态和动作，$\boldsymbol{s}'$ 为新状态，R 为获得的奖励，α 为学习率，γ 为折扣因子。

Step 7 状态转移：将当前状态更新为新状态，即 $\boldsymbol{s} \leftarrow \boldsymbol{s}'$。

Step 8 终止条件：重复 Step 2～Step 7，直到达到预定的最大时隙数。

Q-learning 算法中 Q 值的更新过程如图 7-2-4 所示。根据 Q 表格的估计，因为在状态 $\boldsymbol{s}_1$ 时，动作 $\boldsymbol{a}_2$ 的 Q 值较高。因此，根据之前的策略，agent 在状态 $\boldsymbol{s}_1$ 选择了动作 $\boldsymbol{a}_2$，并转移到了状态 $\boldsymbol{s}_2$，Q 表格更新。重要的是，agent 此时并不实际执行任何动作，而是在概念上考虑在状态 $\boldsymbol{s}_2$ 下采取不同动作的后果。例如，如果 $Q(\boldsymbol{s}_2,\boldsymbol{a}_2)$ 的值大于 $Q(\boldsymbol{s}_2,\boldsymbol{a}_1)$，则 agent 会将较大的 Q 值$[Q(\boldsymbol{s}_2,\boldsymbol{a}_2)]$乘一个折扣因子 γ，并加上到达状态 $\boldsymbol{s}_2$ 时所获取的奖励 R，作为新的 $Q(\boldsymbol{s}_1,\boldsymbol{a}_2)$ 值，以更新 Q 表格。这个更新过程基于现实获得的奖励和之前 Q 表格估计的差异。agent 将这个差异乘以学习率，并加上旧的 $Q(\boldsymbol{s}_1,\boldsymbol{a}_2)$ 值，从而得到新的 Q 值。

案例 7-1：基于 Q-learning 的边缘计算任务卸载策略代码解析

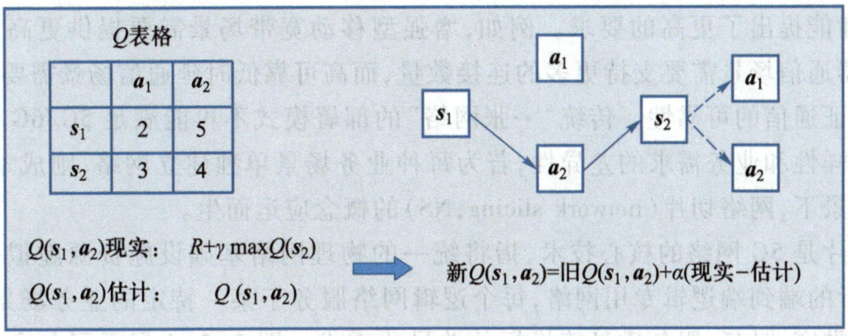

图 7-2-4　Q 值更新示意图

两种不同策略下的平均奖励变化曲线如图 7-2-5 所示。从图中分析，随着时间的推移，两种策略得到的平均奖励都逐渐趋于稳定，而基于 Q-learning 的任务卸载策略获得的奖励高于仅依赖本地计算的策略。

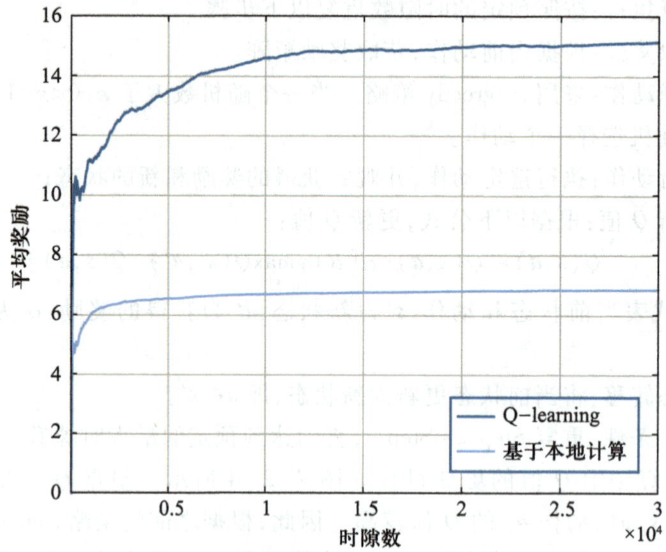

彩图 7-2-5

图 7-2-5　平均奖励

7.3　基于深度强化学习的网络切片动态调度

7.3.1　智能边缘网络中的网络切片技术

随着互联网的飞速发展，数据流量爆炸性增长，移动通信的应用场景更加多元化、差异化，对网络性能提出了更高的要求。例如，增强型移动宽带场景需要提供更高的速率和容量，海量机器通信场景需要支持更多的连接数量，而高可靠低时延通信场景需要实现超低时延的同时保证通信的可靠性。传统“一张网络”的部署模式不再能满足 5G/6G 时代网络业务类型的多样性和业务需求的差异性，若为每种业务场景单独建立网络，则成本花销巨大，在这样的背景下，网络切片（network slicing，NS）的概念应运而生。

网络切片是 5G 网络的核心技术，指将统一的物理网络基础设施资源虚拟化为多个相互独立、平行的端到端逻辑专用网络，每个逻辑网络服务于某一特定的业务场景，从而满足不同业务对带宽、时延、服务质量等指标的差异化需求。图 7-3-1 展示了包含三类典型应用场景的网络切片基本架构。

为了进一步理解网络切片的含义，需要思考以下三个问题。

（1）网络切片“切”的是什么

网络切片由一组特定的网络功能实例，以及其上拥有的计算、存储和网络资源组成，该逻辑网络能够满足特定业务的网络需求，从而为差异化的业务场景提供网络服务，其切分包括对网络功能（network function，NF）和切片资源（计算、存储、网络）的划分。

（2）网络切片与普通 4G 网络的区别在哪

网络切片的本质在于隔离和定制化。在同一张物理网络上，通过虚拟化技术实现网络之间的隔离，从而为不同业务场景提供定制化服务，实现按需定制、弹性伸缩。

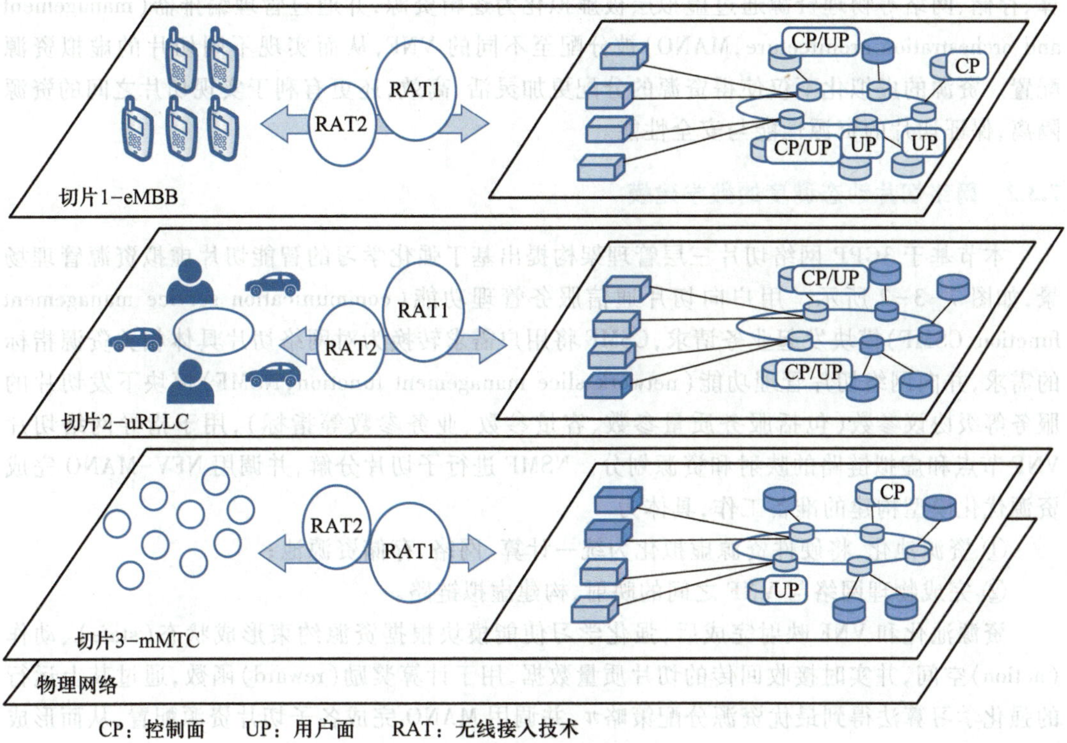

图 7-3-1 网络切片基本架构

(3) 为什么说切片是端到端的

网络切片可按域划分为核心网子切片、传输网子切片和接入网子切片。通过端到端的部署方式，从核心网、传输网和接入网侧进行不同切分，全面满足 5G 多样化的业务需求。

彩图 7-3-1

那么网络切片是怎样实现资源的统一管理和切分呢？这就要引入软件定义网络(software-defined networking, SDN)和网络功能虚拟化(network functions virtualization, NFV)技术了。

SDN 的核心思想在于使网络的控制面和转发面分离，并使用广泛定义的软件接口，使得上层控制面集中化，下层的网络传输管道更加智能化，网络功能更加开放化和可编程化。NFV 将网络中的软件与硬件解耦，并将网络功能从专用硬件设备迁移至基于云环境中运行的软件设备或通用服务器上，实现硬件设备的标准化、网络功能的虚拟化。

网络切片是一组虚拟网络功能及其上拥有通信、计算、存储资源的集合，不同的虚拟网络功能(virtual network function, VNF)可实现某个特定的网络功能，一个网络切片由多个 VNF 构成，从而形成一个完整的逻辑网络，实现定制化服务。随着 SDN 和 NFV 技术的成熟，网络切片实现了软硬件解耦、基础设施资源共享及按需调度，定制化的切片资源划分也成了可能。在本章提出的切片资源调度场景中，端到端网络切片资源管理依托于 NFV 技术实现。

在本章的切片资源管理方案中，考虑的是虚拟化后的逻辑资源。NFV 基础设施中的计算、存储、网络等物理资源通过虚拟层被虚拟化为逻辑资源，并通过管理编排器(management and orchestration architecture，MANO)被分配至不同的 VNF，从而实现不同切片的虚拟资源配置。资源的虚拟化不仅使得资源的分配更加灵活、高效，还更有利于实现切片之间的资源隔离，保证切片的资源性能与安全性能。

7.3.2 网络切片动态调度的数学建模

本节基于 3GPP 网络切片三层管理架构提出基于强化学习的智能切片虚拟资源管理场景，如图 7-3-2 所示。用户向切片通信服务管理功能(communication service management function，CSMF)模块发起业务请求，CSMF 将用户需求转换为对网络切片具体相关资源指标的需求，并向网络切片管理功能(network slice management function，NSMF)模块下发切片的服务等级协议参数(包括服务质量参数、容量参数、业务参数等指标)，用于指导网络切片 VNF 节点和虚拟链路的映射和资源划分。NSMF 进行子切片分解，并调用 NFV-MANO 完成资源优化模型构建的准备工作，具体为

① 资源池化，将硬件资源虚拟化为统一计算、网络、存储资源池；

② 完成物理网络与 VNF 之间的映射，构建虚拟链路。

资源池化和 VNF 映射完成后，强化学习使能模块根据资源约束形成状态(state)、动作(action)空间，并实时接收回传的切片质量数据，用于计算奖励(reward)函数，通过其上运行的强化学习算法得到最优资源分配策略 π，并调用 MANO 完成各子切片资源配置，从而形成基于强化学习的动态闭环控制，使网络切片的管理更加智能化、自动化。

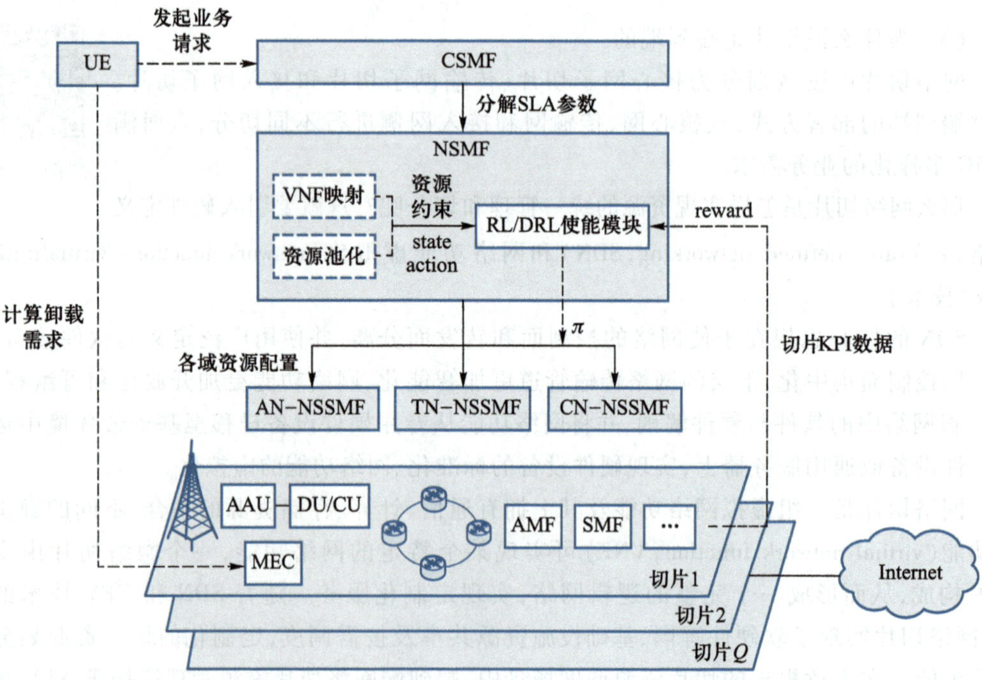

图 7-3-2 基于 RL/DRL 的智能切片资源管理场景

当接到来自 CSMF 下发的参数后，MANO 先将物理资源虚拟化为统一的逻辑资源池，其中应包括共享物理网络服务器中的剩余的计算资源 S_{CPU}、存储资源 S_{mey}、网络资源 S_{net}，以及物理链路的带宽资源 S_{band}。类似地，用 $\{C_{\text{cpu}}, C_{\text{mey}}, C_{\text{net}}, C_{\text{band}}\}$ 表示 VNF 节点和虚拟链路的资源分配量，用 $H=\{H_{\text{cpu}}, H_{\text{mey}}, H_{\text{net}}, H_{\text{band}}\}$ 表示资源需求量，资源需求量的大小由 CSMF 分解得到的参数决定。物理资源被虚拟化为统一的资源池后，通过不同 VNF 虚拟节点和虚拟链路在物理网络上的映射，实现多个网络切片对同一个物理网络的资源共享，如图 7-3-3 所示。一个网络切片由多个 VNF 组成，假设 $q=\{1,2,\cdots,Q\}$ 为网络切片的集合，切片中的 VNF 节点数和虚拟链路数分别为 N 和 L，而共享物理网络中有 N' 个服务器和 L' 条物理链路。

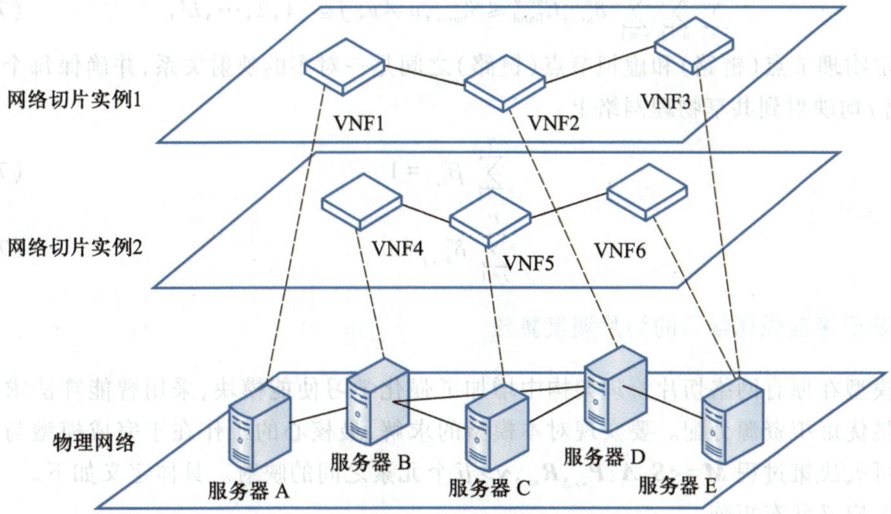

图 7-3-3 网络切片与物理网络映射示意图

利用二元指示变量 $\beta_{i,j}^{q}$ 和 $\delta_{uv,j}^{q}$ 分别表示节点和链路的虚拟资源与物理资源之间的映射关系，其中 q、i 和 j 分别为网络切片、虚拟节点和物理服务器节点（链路）的编号，u、v 分别为虚拟链路的起始和最终的 VNF 节点。若 $\beta_{i,j}^{q}=1$，则表示第 q 个切片中的第 i 个 VNF 节点映射到了物理网络的第 j 个物理服务器节点上。类似地，若 $\delta_{uv,j}^{q}=1$，则表示第 q 个切片中的第 u、v 个 VNF 节点之间的虚拟链路映射到了物理网络的第 j 条物理链路上。

考虑 MEC 计算卸载，用户计算任务可以卸载到中心云或 MEC 服务器。定义 $o_i^q \in [0,1]$ 表示计算卸载因子，用于表征第 q 个切片中的第 i 个 VNF 节点的计算卸载情况。当 $o_i^q=0$ 时，计算任务完全在切片中心云的 VNF 中执行；当 $o_i^q=1$ 时，计算任务完全卸载至网络边缘的 MEC 服务器中；当 $o_i^q \in (0,1)$ 时，则用于表示计算任务的卸载比例。

在进行网络切片资源划分时，有些资源划分的状态无法实现，是不能被转移的。在本节中，通过定义约束条件来区分出无效状态，并在 RL 的过程中不断标注这些无效状态，删除不符合资源约束条件的状态组合，以此来压缩状态-动作空间，从而在一定程度上简化计算量。根据上文中定义，该切片资源划分模型需满足以下资源约束条件。

所分配虚拟资源总和应不超过共享物理网络资源。令 $C_{\text{cpu}}^{i,q}$、$C_{\text{mey}}^{i,q}$ 和 $C_{\text{net}}^{i,q}$ 分别表示第 q 个切片中第 i 个节点的计算资源、存储资源和网络资源配置量，$C_{\text{band}}^{uv,q}$ 表示第 q 个切片中的第 u、

v 个 VNF 节点之间的虚拟链路带宽资源配置量，S^j_{cpu}、S^j_{mey} 和 S^j_{net} 分别表示第 j 个物理服务器的计算资源、存储资源和网络资源，S^j_{band} 表示物理网络的第 j 条物理链路上的带宽资源。则有

$$\sum_{q=1}^{Q}\sum_{i=1}^{N}(1-o_i^q)\beta_{i,j}^q C_{\text{cpu}}^{i,q} \leqslant S_{\text{cpu}}^j,\ j\in\{1,2,\cdots,N'\} \tag{7-3-1}$$

$$\sum_{q=1}^{Q}\sum_{i=1}^{N}\beta_{i,j}^q C_{\text{mey}}^{i,q} \leqslant S_{\text{mey}}^j,\ j\in\{1,2,\cdots,N'\} \tag{7-3-2}$$

$$\sum_{q=1}^{Q}\sum_{i=1}^{N}\beta_{i,j}^q C_{\text{net}}^{i,q} \leqslant S_{\text{net}}^j,\ j\in\{1,2,\cdots,N'\} \tag{7-3-3}$$

$$\sum_{q=1}^{Q}\sum_{u=1}^{N}\sum_{v=1}^{N}\delta_{uv,j}^q C_{\text{band}}^{uv,q} \leqslant S_{\text{band}}^j,\ u\neq v,\ j\in\{1,2,\cdots,L'\} \tag{7-3-4}$$

设定物理节点（链路）和虚拟节点（链路）之间是一对多的映射关系，并确保每个虚拟节点（链路）均映射到共享物理网络上：

$$\sum_{j=1}^{N'}\beta_{i,j}^q = 1 \tag{7-3-5}$$

$$\sum_{j=1}^{L'}\delta_{uv,j}^q = 1 \tag{7-3-6}$$

7.3.3 基于深度强化学习的切片调度算法

本模型在原有网络切片管理架构中增加了强化学习使能模块，采用智能算法求解网络切片的最优虚拟资源分配。要实现对本模型的求解，最核心的工作在于完成模型与强化学习马尔可夫决策过程 $\boldsymbol{M}=\langle\boldsymbol{S},\boldsymbol{A},\boldsymbol{P}_{\text{sa}},\boldsymbol{R}_{\text{sa}},\gamma\rangle$ 五个元素之间的映射。具体定义如下。

（1）定义状态矩阵

将各 VNF 资源分配的变化抽象为 MDP 的状态转移过程。根据资源片的划分情况定义 VNF 节点状态矩阵 $\boldsymbol{s}_{\text{node}}=\boldsymbol{s}_{Q\times N}=\{\boldsymbol{C}_{\text{cpu}},\boldsymbol{C}_{\text{mey}},\boldsymbol{C}_{\text{net}}\}$ 和虚拟链路状态矩阵 $\boldsymbol{s}_{\text{link}}=\boldsymbol{s}_{Q\times L}=\{\boldsymbol{C}_{\text{band}}\}$，则状态集为 $\boldsymbol{s}=\{\boldsymbol{s}_{\text{node}},\boldsymbol{s}_{\text{link}}\}$。

（2）定义动作集合

定义服务器动作集为 $\boldsymbol{a}_i=\{\widetilde{\boldsymbol{C}}_i^{\text{cpu}},\widetilde{\boldsymbol{C}}_i^{\text{mey}},\widetilde{\boldsymbol{C}}_i^{\text{net}}\}$，链路动作集为 $\boldsymbol{a}_j=\{\widetilde{\boldsymbol{C}}_i^{\text{band}}\}$，其中 $\widetilde{\boldsymbol{C}}_i^{\text{cpu}}$、$\widetilde{\boldsymbol{C}}_i^{\text{mey}}$ 和 $\widetilde{\boldsymbol{C}}_i^{\text{net}}$ 分别表示第 i 个物理服务器对各切片上各个节点所分配的计算、存储和网络资源，$\widetilde{\boldsymbol{C}}_i^{\text{band}}$ 表示第 j 条物理链路对各切片上各虚拟链路分配的带宽。动作集为 $\boldsymbol{a}=\{\boldsymbol{a}_i,\boldsymbol{a}_j\}$，$i\in\{1,2,\cdots,N'\}$，$j\in\{1,2,\cdots,L'\}$。资源划分的维度是多维的，动作由资源类型、切片编号和 VNF 编号（或虚拟链路编号）三个离散维度确定，如图 7-3-4 所示。在这里，将不同资源均视为离散的资源片，暂不考虑资源之间的异构性。

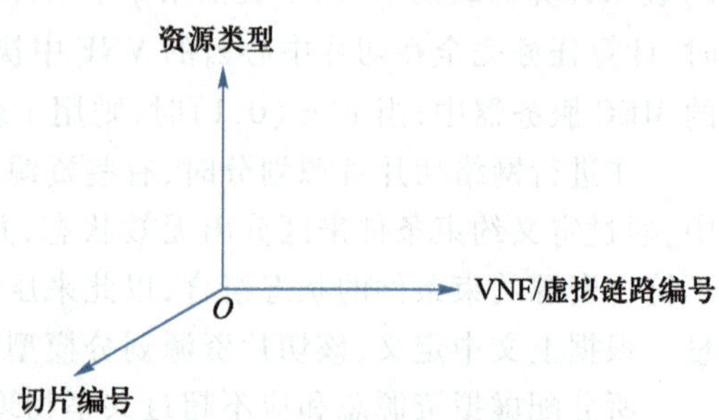

图 7-3-4 状态/动作维度空间

（3）根据优化目标定义奖励函数

奖励函数是系统在某一状态下做出某一动作后环境给予的反馈值，表示在该状态下采取特定动作的优劣程度。强化学习是奖励导

向的,因此奖励函数直接决定着算法的优化目标。在切片资源调度和计算卸载场景中,奖励函数应综合考虑切片的部署成本(从运营商角度出发)及性能需求(从用户角度出发)。

在本案例中,瞬时奖励函数综合考虑了切片的总资源部署成本 X、实际资源利用率与理想资源利用率偏差值 Y、切片时延 W 三方面指标,将其定义为

$$r=-[\varphi_1\times X+\varphi_2\times Y+\varphi_3\times W] \tag{7-3-7}$$

其中,φ_1、φ_2、φ_3 为权重因子,其应满足 $\varphi_1+\varphi_2+\varphi_3=1$,可根据切片类型和服务等级适当调整。例如,对于服务等级较高的切片,可适当减小成本的比重,更加注重时延等用户体验指标的考虑。

X_q 为第 q 个切片的总资源成本,包括 VNF 节点和虚拟链路的资源成本,其大小等于切片所分配资源(计算、存储、网络、带宽等)总量乘以资源的单价。另外,若考虑切片边缘计算的卸载,还需额外考虑边缘计算服务器的计算资源成本,此处为了简化模型,将其单价用一个常数 ω_{mec} 代替。由于受到不同地理位置和部署难度的影响,不同物理服务器上的单位资源成本应存在差异。令 ω^j_{cpu}、ω^j_{mey}、ω^j_{net} 和 ω^j_{band} 分别表示物理服务器 j 的单位计算、存储、网络和带宽资源成本。因此网络切片 q 的总资源成本可以表示为

$$\begin{aligned}X_q=&\sum_j\sum_i\beta^q_{i,j}[\omega^j_{\text{cpu}}(1-o^q_i)C^{i,q}_{\text{cpu}}+\omega^j_{\text{mey}}C^{i,q}_{\text{mey}}+\omega^j_{\text{net}}C^{i,q}_{\text{net}}]+\\&\sum_j\sum_{u,v}\delta^q_{uv,j}\omega^j_{\text{band}}C^{uv,q}_{\text{band}}+\sum_i\omega_{\text{mec}}o^q_iC^{i,q}_{\text{cpu}}\end{aligned} \tag{7-3-8}$$

Y 表示归一化 VNF 节点资源利用率和理想利用率之间的偏差值。为了保证资源分配的合理性和用户体验,切片资源的利用率不宜过大和过小,可设置一理想值,用实际值与理想值的偏差衡量当前策略的优劣程度。令 Y^i_q 表示第 q 个切片中第 i 个节点的偏差值,$H^{i,q}_{\text{cpu}}$、$H^{i,q}_{\text{mey}}$ 和 $H^{i,q}_{\text{net}}$ 分别表示第 q 个切片中第 i 个节点的计算资源、存储资源和网络资源需求量。VNF 节点资源利用率大小等于需求资源与分配资源的比值:

$$Y^i_q=\varepsilon_1\frac{H^{i,q}_{\text{cpu}}}{C^{i,q}_{\text{cpu}}}+\varepsilon_2\frac{H^{i,q}_{\text{mey}}}{C^{i,q}_{\text{mey}}}+\varepsilon_3\frac{H^{i,q}_{\text{mey}}}{C^{i,q}_{\text{mey}}} \tag{7-3-9}$$

其中,ε_1、ε_2、ε_3 为权重因子,用于调整不同节点资源需求的差异。由于某一切片中不同 VNF 节点的资源利用率不同,取平均值作为切片整体性能水平:

$$Y_q=\frac{1}{N}(Y^1_q+Y^2_q+\cdots+Y^N_q) \tag{7-3-10}$$

W_q 为第 q 个切片时延,在实际系统中由切片返回的数据得到。在本文的仿真中,由于无法实时接收切片的数据,切片时延通过近似计算得到。其应包括数据的传输时延和计算任务的执行时延(数据处理时延)。其中,传输时延由传输的数据量和带宽决定,计算时延由计算任务量和所分配计算资源的大小决定,包括切片 VNF 和边缘计算服务器两个部分。其余时延在本模型中暂不考虑。令 M^i_q 表示数据量,B^i_q 和 B^{mec}_q 分别表示第 q 个切片中第 i 个节点和 MEC 服务器的传输带宽,e 为频谱效率,其可由香农公式计算得到,在此处设为常数。切片时延近似计算公式为

$$W_q=\sum_i\left[\frac{(1-o^q_i)M^i_q}{B^i_q\cdot e}+\frac{o^q_iM^i_q}{B^{\text{mec}}_q\cdot e}+\frac{M^i_q}{C^{i,q}_{\text{cpu}}}\right] \tag{7-3-11}$$

公式(7-3-11)中的三项分别表示云端数据传输时延、边缘计算侧数据传输时延,以及计算

任务执行时延。

在强化学习中，令 γ^t 表示第 t 步的折扣因子，r_t 表示第 t 步的奖励，则 T 步累积奖励函数采用折扣奖励，即

$$Q(s)=\sum_{t=0}^{T}\gamma^t r_t,0\leqslant\gamma^t<1 \tag{7-3-12}$$

在本案例网络切片资源划分的情景下，若仅使用一般的强化学习算法，需要先将存储、网络、计算等资源离散化，如何对资源进行合理的离散化将是另一个难题。资源的离散化粒度决定了模型的准确程度和计算量的大小，如果资源离散化粒度过小，则状态-动作矩阵维度太高，计算时间太长，且不利于算法的实现；如果离散化粒度过大，虽然可以有效简化计算，但模型建立却很难逼近实际的场景。通过在算法中增加资源约束条件可以在一定程度上压缩状态-动作空间，但这种方法的效果仍是有限的。因此，在本案例的仿真中，采用柔性动作-评价框架（soft actor-critic，SAC）这种深度强化学习算法对连续状态空间模型的求解。

SAC 的前身是 Actor-Critic。Actor-Critic 是一种结合了基于值函数和基于策略函数思想的深度强化学习算法，其基本框架如图 7-3-5 所示。它包含一个独立的策略网络和一个独立的价值网络，分别表示为 $\pi(\boldsymbol{a}|\boldsymbol{s},\boldsymbol{\Phi})$ 和 $V(\boldsymbol{s},\boldsymbol{\psi})$。其中 $\boldsymbol{s}$ 和 $\boldsymbol{a}$ 分别表示智能体在各探索步骤的状态集合和动作集合，$\boldsymbol{\Phi}$ 和 $\boldsymbol{\psi}$ 分别表示两个神经网络的向量参数。策略网络作为行动者（Actor），用于给出动作，价值网络作为评价者（Critic），评价行动者给出动作的好坏，并产生时序差分误差值，用来指导价值函数和策略函数的更新。策略网络通过梯度计算进行更新，而价值网络根据目标值进行更新。同时，Actor-Critic 使用了经验回放机制和固定的目标 Q 网络。

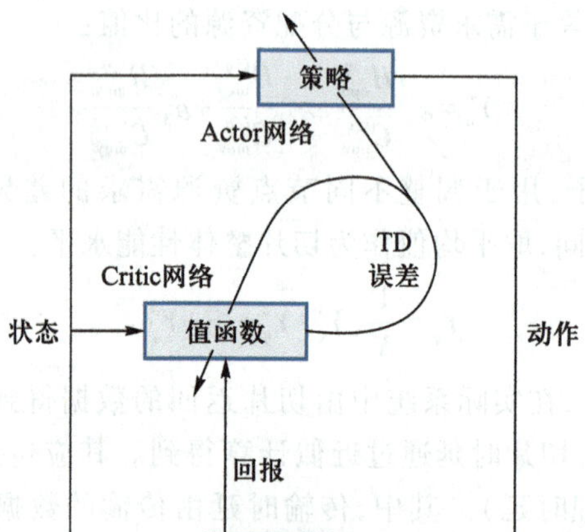

图 7-3-5　Actor-Critic 算法基本框架图

在 Actor-Critic 的基础上，为了使算法更加稳定和高效，有学者提出了 SAC 算法。相比于其他无模型的深度强化学习算法，SAC 算法具有更好的稳定性，且收敛性对学习步长 α、贪婪常量 ε 等超参数不敏感。

SAC 基于最大熵强化学习（maximum entropy reinforcement learning）框架。在这个框架

中,策略网络(Actor)的优化目标不仅要最大化期望奖励,同时还要最大化策略的熵,目标函数在原优化函数中加入了策略熵项,如:

$$
\begin{aligned}
J(\pi) &= E\Big[\sum_{t} r(\boldsymbol{s}_t,\boldsymbol{a}_t)+\alpha H(\pi(\boldsymbol{a}_t \mid \boldsymbol{s}_t))\Big] \\
&= E\Big[\sum_{t} r(\boldsymbol{s}_t,\boldsymbol{a}_t)-\alpha\log(\pi(\boldsymbol{a}_t \mid \boldsymbol{s}_t))\Big]
\end{aligned}
\tag{7-3-13}
$$

其中,智能体在第 t 次探索时的状态 $\boldsymbol{s}_t$ 下采取动作 $\boldsymbol{a}_t$,参数 α 用来决定熵对目标函数的影响。通过加入最大化熵的思想,强化学习不再只收敛于唯一的确定性最优策略(在某一状态下仅输出唯一最优动作),而是采用随机性策略,这意味着神经网络需要去探索所有可能的最优路径,这样可以在最大化期望奖励的同时尽可能地实现动作随机化,而不是很快收敛到一个局部最优解,从而提升算法探索性和鲁棒性。

除了策略网络 $\pi(\boldsymbol{a}|\boldsymbol{s};\boldsymbol{\Phi})$ 和价值网络 $V(\boldsymbol{s};\boldsymbol{\psi})$,SAC 还增加了第三个神经网络——Soft Q 网络,表示为 $Q(\boldsymbol{s},\boldsymbol{a};\boldsymbol{\theta})$。其中,$\{\boldsymbol{\Phi},\boldsymbol{\psi},\boldsymbol{\theta}\}$ 为神经网络向量参数。三个神经网络的损失函数分别为

$$
J_{\pi}(\boldsymbol{\Phi})=E[\alpha\log(\pi(\boldsymbol{a}|\boldsymbol{s};\boldsymbol{\Phi}))-Q(\boldsymbol{s},\boldsymbol{a};\boldsymbol{\theta})] \tag{7-3-14}
$$

$$
J_{V}(\boldsymbol{\psi})=E\left[\frac{1}{2}(V(\boldsymbol{s};\boldsymbol{\psi})-[Q(\boldsymbol{s},\boldsymbol{a};\boldsymbol{\theta})-\log(\pi(\boldsymbol{a}|\boldsymbol{s};\boldsymbol{\Phi}))])^{2}\right] \tag{7-3-15}
$$

$$
J_{Q}(\boldsymbol{\theta})=E\left[\frac{1}{2}(Q(\boldsymbol{s},\boldsymbol{a};\boldsymbol{\theta})-\hat{Q}(\boldsymbol{s},\boldsymbol{a}))^{2}\right] \tag{7-3-16}
$$

其中,$\hat{Q}(\boldsymbol{s},\boldsymbol{a})=r(\boldsymbol{s},\boldsymbol{a})+\gamma E[V(\boldsymbol{s};\boldsymbol{\psi}^{-})]$。

SAC 算法的具体流程如下。

Step 1 初始化经验池 $\boldsymbol{Z}$,设定其容量为 $\boldsymbol{K}$;初始化神经网络向量参数 $\boldsymbol{\Phi},\boldsymbol{\psi},\boldsymbol{\theta}$;TargetNet 的参数 $\boldsymbol{\psi}^{-}=\boldsymbol{\psi}$;初始化起始状态 $\boldsymbol{s}_t$;

Step 2 Actor 根据策略网络进行动作选择;

Step 3 计算即时奖励 $\boldsymbol{r}_t$,将状态由 $\boldsymbol{s}_t$ 转变为下一状态 $\boldsymbol{s}'_t$;

Step 4 将序列$(\boldsymbol{s}_t,\boldsymbol{a}_t,\boldsymbol{r}_t,\boldsymbol{s}'_t)$存入经验池 $\boldsymbol{Z}$ 中,作为训练网络的数据集;

Step 5 以最小批训练(min-batch)大小从经验池中采集数据样本$(\boldsymbol{s},\boldsymbol{a},\boldsymbol{r},\boldsymbol{s}')$,并计算 TargetQ 值;

Step 6 利用损失函来训练 $Q(\boldsymbol{s},\boldsymbol{a};\boldsymbol{\theta})$、$\pi(\boldsymbol{a}|\boldsymbol{s};\boldsymbol{\Phi})$、$V(\boldsymbol{s};\boldsymbol{\psi})$,通过梯度更新网络参数;

Step 7 每经过 C 次迭代后,$V(\boldsymbol{s};\boldsymbol{\psi}^{-})$ 复制 $V(\boldsymbol{s};\boldsymbol{\psi})$ 的参数,$\boldsymbol{\psi}^{-}=\boldsymbol{\psi}$;

Step 8 重复 Step 2—Step 7,直至算法收敛。

本案例是基于 Python 的仿真实现过程,并且将 SAC 算法下得到的奖励值(综合表征切片资源部署成本、资源利用率、时延三方面指标)与资源均分方案(可用资源平均划分给每个切片和 VNF 来进行资源管理)所得奖励值进行对比。

案例 7-2:基于深度强化学习的网络切片动态资源管理代码解析

SAC 算法奖励值曲线如图 7-3-6 所示。在图 7-3-6 中,蓝色曲线为 SAC 算法的奖励值迭代曲线,红色散点表示采用资源均分方案计算得到的相同数量级下的奖励值。从图中分析,当 SAC 迭代次数达到 25 次以后,奖励值趋于

平稳，算法收敛，且收敛后的奖励值大于均分方案的奖励值，在一定程度上提升了切片性能。

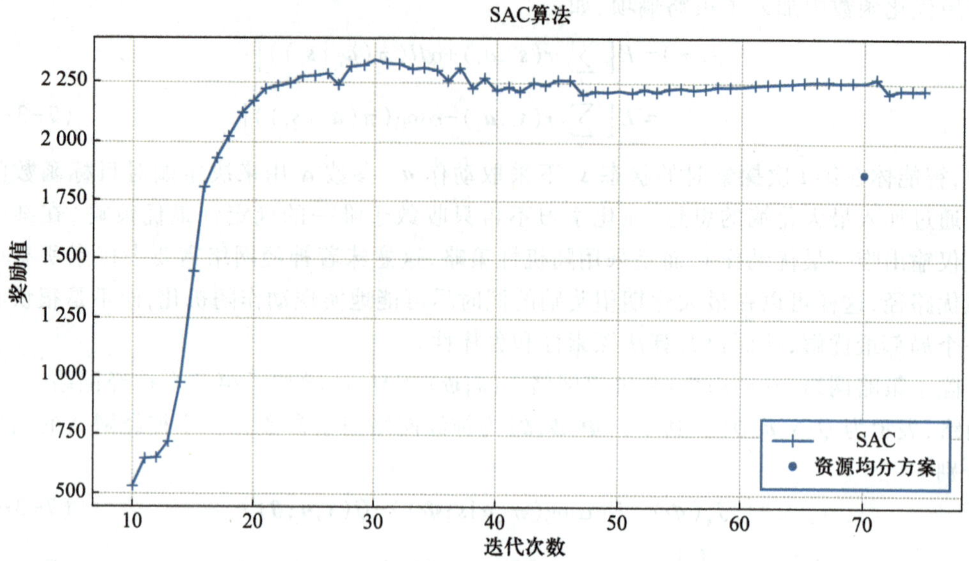

图 7-3-6 SAC 算法奖励值曲线

本章小结

网络资源的合理规划与分配是提升系统资源利用率和用户满意度的关键技术之一。资源分配问题通常被建模为最优化问题，通常需要考虑优化问题是否有系统物理约束、优化变量的取值范围和优化目标函数的连续性等。为了求解优化问题，需要选取适当的数学工具，如凸优化理论、博弈论与拍卖理论。考虑到系统资源状态空间的高维特征和不可预知性，人工智能技术（深度学习和强化学习）可通过与系统环境的不断交互来实现资源分配策略与系统状态变化的适配，从而提升系统的整体性能。

本章以智能边缘网络中多维资源的联合配置为应用场景，并通过两个实践案例详细展示了强化学习和深度学习在网络资源配置中的应用方法。首先，对网络中多维资源调度的基本概念进行了详细阐述，包括有哪些资源可以调度，网络资源调度问题的分类，以及网络资源调度问题的建模方法。其次，以终端侧的计算卸载问题为案例，详细讲述了如何使用强化学习技术来实现通信资源和计算资源的联合分配，包括如何建立系统模型，如何设计强化学习算法中的奖励函数，以及如何通过仿真来分析算法性能。最后，以网络切片的动态资源管理问题为案例，详细讲述了如何将深度学习与强化学习相结合来建立网络切片编排模型，以及如何通过仿真分析算法性能。

习 题

1. 根据第 7.1 节中介绍的最优化问题的分类，思考每类问题适用于建模通信网络中的什么资源配置问题。

2. 修改第 7.2 节中计算卸载算法中平均任务到达率的大小，通过仿真图观察并分析到达率对于平均奖励的影响。进而，对应到实际通信场景中，思考用户请求与服务质量的关系。

3. 根据第 7.3 节中介绍的网络切片技术，思考未来通信网络中会有什么新兴业务，新兴业务是否可以归类为 5G 网络的三大场景，如何根据新兴业务的特殊需求，创建网络切片。

4. 修改第 7.3 节算法代码中学习步长的大小，通过仿真结果观察并分析学习步长对于算法收敛速度和精度的影响。

参考文献

结 束 语

工程想象力:塑造未来的力量

在浩瀚的人类文明史中,工程想象力始终是推动社会进步与文明跃升的重要引擎。工程想象力是工程技术发明的源泉。例如,人类很久以来一直有飞天的梦想,人类所想象的各种神话人物通常具有飞行的能力,但真正实现飞行,却需要将幻想和实际结合在一起,这就需要一种工程想象力引导探索。据《韩非子》记载“墨子为木鸢,三年而成,蜚一日而败。”这被视为风筝的缘起,通过木片来模拟飞鸟飞行的想象与创作,体现出古人卓越的工程想象力。从这则记录来看,飞鸟激发了墨子的研发灵感,擅长木工的墨子形成了以木片来模拟飞鸟飞行的想法,而他研发三年之久才能使木鹞飞行,经历了反复失败反复尝试的艰辛的工程探索过程,尽管受限于当时的技术条件和材料,只能飞行一天就损坏了,但这一创举体现了先秦时期工匠们的智慧和创新精神。

汉朝以后有了造纸术,人们以纸代木,“纸鸢”取代了“木鸢”。到了唐宋时期,风筝在宫廷和民间都得到了普及和流行,放风筝逐渐成为一种人们喜爱的户外娱乐活动并流传至今。北宋张择端的《清明上河图》里也有放风筝的景象,说明宋朝放风筝已经十分普及。

风筝对人类的价值并非仅仅是娱乐,英国著名学者李约瑟把风筝列为中华民族的重大科学发明之一。在美国华盛顿国家航空航天博物馆的大厅里陈列着历史上最具有里程碑意义的飞行器,有蒙特哥菲尔兄弟第一只热气球的复制品,莱特兄弟的飞行者 1 号,还有中国古代的风筝与火箭模型。一边的标牌中写着:人类最早的飞行器是中国的风筝和火箭。现代人已经可以将飞行的想象延伸到遥远的外太空,并开始这样的尝试与探索。

工程想象力还是一股强大的社会变革力量。从互联网的普及到移动通信的飞跃,从物联网的构建到人工智能的应用,每一次技术革命都深刻改变了人类的生活方式、工作模式乃至思维方式。智能交通、远程医疗、在线教育、太阳能发电站、海洋风力发电、碳捕捉与储存……这些新兴领域的蓬勃发展,无不是工程想象力与社会需求紧密结合的产物。

在人才培养的过程中,工程想象力的重要性是不可忽视的。在这个日新月异的时代,应该鼓励读者们跳出传统思维框架,敢于质疑、勇于超越现实的局限,勇敢地向未知挑战,以科技的光芒照亮人类前进的道路。让我们携手并进,用无尽的工程想象力,共同塑造一个更加美好、智慧、可持续的未来。

编者

2024 年 4 月

郑重声明

读者意见反馈

为收集对教材的意见建议，进一步完善教材编写并做好服务工作，读者可将对本教材的意见建议通过如下渠道反馈至我社。

咨询电话　400-810-0598

反馈邮箱　gjdzfwb@pub.hep.cn

通信地址　北京市朝阳区惠新东街4号富盛大厦1座

高等教育出版社总编辑办公室

邮政编码　100029

防伪查询说明

用户购书后刮开封底防伪涂层，使用手机微信等软件扫描二维码，会跳转至防伪查询网页，获得所购图书详细信息。

防伪客服电话　(010)58582300